河南省"十四五"普通高等教育规划教材

环境影响评价

HUANJING YINGXIANG PINGJIA

黄健平　主　编

应一梅　金彩霞　副主编

化学工业出版社

·北京·

内容简介

本书为河南省"十四五"普通高等教育规划教材,系统介绍了环境评价的理论、环境法规与标准、技术原则和方法,论述了大气、水、噪声、生态、固体废物、规划环境评价,以及地下水、土壤、风险评价、环境经济损益分析、环境管理及监控计划等环境评价技术的新发展。本书主要章节配以一定的资料性的材料和案例,并附有习题,习题紧密结合了职业上岗和注册考试的内容与形式,便于学习。

本书为高等学校环境工程、环境科学、市政工程和生态学等专业的本科生教材,也可供从事环境评价及相关领域的技术人员、管理人员参考。

图书在版编目(CIP)数据

环境影响评价 / 黄健平主编;应一梅,金彩霞副主编. —北京:
化学工业出版社,2023.12
河南省"十四五"普通高等教育规划教材
ISBN 978-7-122-45006-7

Ⅰ.①环… Ⅱ.①黄… ②应… ③金… Ⅲ.①环境影响-评价-
高等学校-教材 Ⅳ.①X820.3

中国国家版本馆CIP数据核字(2023)第238222号

责任编辑:王文峡   文字编辑:丁海蓉
责任校对:李雨晴   装帧设计:王晓宇

出版发行:化学工业出版社
　　　　　(北京市东城区青年湖南街13号　邮政编码100011)
印　　装:河北延风印务有限公司
787mm×1092mm　1/16　印张19　字数490千字
2024年7月北京第1版第1次印刷

购书咨询:010-64518888   售后服务:010-64518899
网　　址:http://www.cip.com.cn
凡购买本书,如有缺损质量问题,本社销售中心负责调换。

定　　价:49.00元   版权所有　违者必究

环境影响评价（Environmental Impact Assessment，EIA）是年轻的交叉学科，也是一门环境领域综合性强的理论与实践相结合的学科，由于《环境影响评价》教材具有"梳理学科基础，强化相关理论；注重与时俱进，把握知识时效；着墨模拟训练，突出应用特点；利用网络信息，拓展教学资源"的特色，获得了河南省首届教材建设奖。

《中华人民共和国环境影响评价法》（以下简称《环评法》），自 2003 年 9 月 1 日起施行，于 2016 年第一次修正、2018 年第二次修正。在"放管服"改革背景下，修正后的《环评法》通过弱化行政审批，强化规划环评，加大未批先建处罚力度，取消建设项目环境影响评价资质行政许可事项，实现了从源头减少环境污染的目标。EIA 经过四十多年的发展，已经形成了由技术导则、评价标准等构成的完整的技术方法体系。为适应生态环境保护形势的发展，相关的导则、标准和法规一直在更新。2016 年之后，EIA 导则几乎全部进行了更新，不仅对专项 EIA 技术导则（如总纲、地表水、大气、声、生态、地下水、风险）进行了修订更新，还新制定了土壤污染源源强核算技术指南和多个行业建设项目 EIA 技术导则。EIA 工作进一步向内容和要求的规范化、技术和方法的可操作性方向发展。

环境影响评价课程为高等院校环境科学与工程类专业的专业主干课。2005 年注册环境影响评价工程师制度的实施更是使该课程引起了施教者和受教者的进一步重视。本教材系统介绍了环境评价的基础知识、基本程序、基础理论与基本方法。对环境影响分析、预测和评估的学科基础知识，以及相应的预防或者减轻不良环境影响的对策和措施，跟踪监测的方法与制度等做出系统性阐述，突出本教材的理论特色。随着生态文明建设的持续推进，相关评价导则、评价依据、关注重点、评价理念、技术手段等不断更新，因此本教材注重与时俱进，吸纳"生态文明建设"的先进理念，将产业文明、生态文明、人格文明的理念以"盐水互溶"方式融入教材。加强对预测模型适用条件的阐述；增加例题、案例和思考题、作业的编写，尤其引入注册环境影响评价工程师考试真题；单列"建设项目工程分析和污染源调查"一章，突出本教材的应用性。本教材系统整理了与环评相关的网站和扩展内容等，以链接的方式在书中附录中呈现，极大地方便了广大师生的教学和学习。

本书由黄健平担任主编，应一梅和金彩霞担任副主编。全书共分十二章，其中，第一章由刘纳编写；第二章由黄健平、李海华编写；第三章由邵玉敏编写；第四章由黄健平、刘纳、郭峰编写；第五章、第六章、第十章由应一梅编写；第七章由邓杨桦、金彩霞编写；第八章由宋新山、郭峰编写；第九章、第十二章由邓杨桦编写；第十一章由应一梅、王晓编写。所有作者均参与全书的统稿，最后由黄健平和应一梅定稿。

本书编写过程中，华北水利水电大学卞晓峥博士和硕士研究生吴永惠、吴越洋、出文峰参与了资料收集和文字整理等工作，山西农业大学郭锋、郑州大学宋宏杰提供了帮助。本书编写过程中引用了"环境影响评价技术导则"及有关国家标准和法律法规，参考了环境影响评价工程师职业资格考试系列教材和岗位培训教材，以及许多专家学者的著作和研究成果，在此一并表示感谢。

由于编者的水平所限，书中不妥之处在所难免，敬请各位读者批评指正。

编　者
2023 年 9 月

目录
CONTENTS

第四章 水环境影响评价 095

第五章　声环境影响评价 153

第六章　固体废物环境影响评价 175

第十二章　环境影响评价文件的编制 281

参考文献 292

二维码一览表

第一章
环境影响评价概论

学习目标

了解环境影响评价的基本概念及重要性。理解环境影响评价管理程序和工作程序的相关内容，掌握环境影响评价的法律依据。熟悉环境影响评价制度的形成过程、特点及环境影响评价资质管理方面的内容。

第一节 概述

一、环境影响评价的基本概念

1. 环境

环境是指某一生物体或生物群体以外的空间，以及直接或者间接影响该生物体或生物群体生存的一切事物的总和。环境总是针对某一特定主体或者中心而言的，是一个相对的概念，离开主体的环境是没有意义的。

在环境科学中，环境是指以人类为主体的外部世界，主要是地球表面与人类发生相互作用的自然要素及其总体。它是人类生存发展的基础，也是人类开发利用的对象。《中华人民共和国环境保护法》所称环境，是指影响人类生存和发展的各种天然的与经过人工改造的自然因素的总体，包括大气、水、海洋、土地、矿藏、森林、草原、湿地、野生生物、自然遗迹、人文遗迹、自然保护区、风景名胜区、城市和乡村等。

环境影响评价中所指的环境，是以人为主体的环境，即围绕着人群的空间以及其中可以直接、间接影响人类生存和发展的各种自然因素与社会因素的总体，包括自然因素的各种物质、现象和过程及人类历史中的社会、经济成分。

2. 环境影响

环境影响是指人类活动（经济活动和社会活动）对环境的作用和导致的环境变化以及由此引起的对人类社会的效应。研究人类活动对环境的作用是为了认识和评价环境对人类的反作用，从而制定出缓和不利影响的对策和措施，改善生活环境，维护人类健康，保证和促进人类社会的可持续发展。

在研究一项开发活动对环境的影响时，首先应关注那些受到重大影响的环境要素的质量参数变化。但是环境影响的重大性是相对的，如高强度噪声对居民住宅区的影响比对工业区的影响大。这种"环境影响"是由造成环境影响的源和受影响的环境（受体）两方面构成的。对人类开发行动进行系统的分析，辨识出该行动中那些能对环境产生显著和潜在影响的活动，这就是"开发行动分析"，对区域开发和建设项目而言即为"工程分析"，对规划而言则为"规划分析"。而辨识开发行动或建设项目对环境要素各种参数的各类影响，就是环境影响识别的任务，这也是环境影响评价最重要的任务之一。

环境影响按来源可分为直接影响、间接影响和累积影响；按影响效果可分为有利影响和不利影响；按影响性质可分为可恢复影响和不可恢复影响。另外，环境影响还可以分为短期影响和长期影响；地方影响、区域影响、国家影响和全球影响；建设阶段影响、运行阶段影响和服务期满后影响；单体影响和综合影响等。

3. 环境问题

环境问题主要是在人类与环境相互作用的过程中产生的，是指任何不利于人类生存和发展的环境结构与状态的变化。目前，人类社会面临的环境问题大体可以分为环境污染和生态破坏。

环境污染是指由于人为的或自然的因素，有害物质或者因子进入环境，破坏了环境系统正常的结构和功能，降低了环境质量，对人类或者环境系统本身产生不利影响的现象。环境污染除了本身对人类以及环境造成危害以外，还降低了水、生物和土地等资源中可利用部分的比例，使得资源短缺的局面更加严峻，加重了生态破坏，加快了植被的破坏和物种的灭绝，直接导致了一些生态灾难和环境灾难（如污染公害等）。

生态破坏是人类社会活动引起的生态退化及由此衍生的环境效应，导致了环境结构和功能的变化，对人类生存和发展以及环境本身产生不利影响的现象。生态环境破坏主要包括水土流失、沙漠化、荒漠化、森林锐减、土地退化、生物多样性减少等。

4. 环境影响评价

《中华人民共和国环境影响评价法》所称环境影响评价，是指对规划和建设项目实施后可能造成的环境影响进行分析、预测和评估，提出预防或者减轻不良环境影响的对策和措施，进行跟踪监测的方法与制度。

目前，我国的环境影响评价按照评价的对象不同，可以分为建设项目环境影响评价和规划（战略）环境影响评价两大类。**建设项目环境影响评价**是指在建设项目兴建之前，对项目的选址、设计以及建设施工过程中和建设完成投产后可能带来的环境影响进行分析、预测和评估。**规划环境影响评价**是指在规划编制阶段，对规划实施可能造成的环境影响进行分析、预测和评价，并提出预防或者减轻不良环境影响的对策和措施。规划和建设项目处于不同的决策层，因此，针对二者所做的环境影响评价的基本任务也有所不同。

环境影响评价作为环境法的基本制度之一，涉及多个主体和环节。建设单位、环境影响评价机构、环境影响评价文件的审批部门、建设项目的审批部门等都是环境影响评价制度实施过程中必不可少的。特别是环境影响评价的对象扩大到规划后，各级政府和政府有关部门如规划的审批、编制等机构也是不可缺少的相关主体，任何一个环节出现问题，都可能导致环境污染和生态破坏。

对于拟建中的建设项目，在动工之前进行环境影响评价，只是环境影响评价制度的一部分。一个完整的建设项目环境影响评价，还应包括后评价、"三同时"（即建设项目中防治污染的设施必须与主体工程同时设计、同时施工、同时投产使用）、排污许可、跟踪检查等一系列制度和措施。否则，环境影响评价制度就无法发挥其应有的作用。

二、环境影响评价的重要性

环境影响评价是对一个地区的自然条件、资源条件、环境质量条件和社会经济发展现状进行综合分析的研究过程，根据一个地区的环境、社会、资源的综合能力，把人类活动不利于环境的影响限制到最小。通过环境影响评价，可以正确认识经济发展、社会发展和环境发展之间的相互关系，正确处理经济发展并使之符合国家总体利益和长远利益。此外，环境影响评价的实施可以强化环境管理，在确定经济发展方向和保护环境等一系列重大决策上发挥重要的指导作用。

环境影响评价的重要性主要表现在以下几个方面。

1. 为开发建设活动的决策提供科学依据

开发建设活动的决策是综合性极强的工作，只有在全面、充分、客观、科学地考虑经济、技术、社会和环境诸方面条件之间相互关系的基础上，才能做出比较正确的开发决策。而通过环境影响评价，就可把环境保护工作与国民经济和社会发展规划、计划及其行动直接联系起来，为协调经济发展和环境保护提供科学依据。

2. 为经济建设的合理布局提供科学依据

开发建设的环境影响评价是对传统工业布局决策方式的重大改革，它可以把经济效益、社会效益和环境效益统一起来，使之协调发展。环境影响评价的过程，也是认识生态环境与人类经济活动相互依赖、相互制约、相互促进的过程。在这个过程中，不但要考虑资源、能源、交通、技术、经济、消费等因素，分析各种自然资源的支持能力，还要分析环境特征，了解环境资源的利用现状，预测开发建设活动对环境承载能力的消耗程度，阐明环境承受能力和防患对策。从建设项目所在地区的整体出发，考察建设项目的不同选址和布局对区域整体的不同影响，并进行比较和取舍，选择最有利的方案，保证建设选址和布局的合理性。

3. 为确定某一地区的经济发展方向和规模、制定区域经济发展规划及相应的环保规划提供科学依据

我国处在经济增长由粗放型向集约型转变的时期，各地区都将制定以强调效益为中心的社会经济发展规划，走可持续发展的道路。通过环境影响评价，特别是规划环境影响评价，对区域自然条件、资源条件、环境条件和社会经济技术条件进行综合分析研究，并根据区域资源优势及供给能力、环境承载能力、社会承受能力，为制定区域发展总体规划，确定适宜的经济发展方向、目标、速度、建设规模、产业结构、产品结构、布局等提供科学的依据。同时，也能通过环境影响评价，掌握区域环境状况，预测和评价拟议的开发建设活动对环境的影响，并为制定区域环境保护目标、计划和措施提供科学依据，从而达到宏观调控和全过程控制防治污染及生态破坏的目的。

4. 为制定环境保护对策和进行科学的环境管理提供依据

环境管理的实质是协调经济发展和环境容量这两个目标的过程，通过环境管理，解决经济发展和环境保护问题。发展经济和保护环境是辩证统一的关系，环境管理应该是在保证环境质量的前提下发展经济、提高经济效益；反过来，环境管理也必须讲求经济效益，要把经济发展和环境效益二者统一起来，选择它们之间最佳的"结合点"。这个结合点是以最小的环境代价取得最大的经济效益。环境影响评价就是找出这个最佳"结合点"的环境管理手段。

通过建设项目环境影响评价，可以明确将一个项目的污染或破坏限制在什么程度范围内才符合环境标准的要求。在此基础上，要充分考虑区域环境功能、环境容量以及当时、近

期、远期技术经济状况等条件，提出既能满足生产建设、经济发展，又能有效地控制污染、改善环境的污染防治对策和措施，从而获得最佳的环境效益和社会效益。由此可见，环境影响评价能指导工程的设计，使建设项目的环保措施建立在科学、可靠的基础上，从而保证环保设计得到优化，同时还能为项目建成后实现科学管理提供必要的数据和重点监督的对象，达到为环境管理提供科学依据的目的。

5. 促进相关环境科学技术的发展

环境影响评价涉及自然科学和社会科学的广泛领域，包括基础理论研究和应用技术开发。环境影响评价工作中遇到的问题必然会对相关环境科学技术提出挑战，进而推动相关环境科学技术的发展。

第二节　环境影响评价的基本程序

环境影响评价程序是指根据环境影响评价法律法规和技术标准完成环境影响评价工作的过程，包括环境影响评价管理程序和工作程序。

一、建设项目环境影响评价的管理程序

我国建设项目环境影响评价管理程序见图 1-1。环境影响评价的管理程序用于环境影响评价的监督和管理，保证环境影响评价工作顺利进行和实施，是管理部门的监督手段。

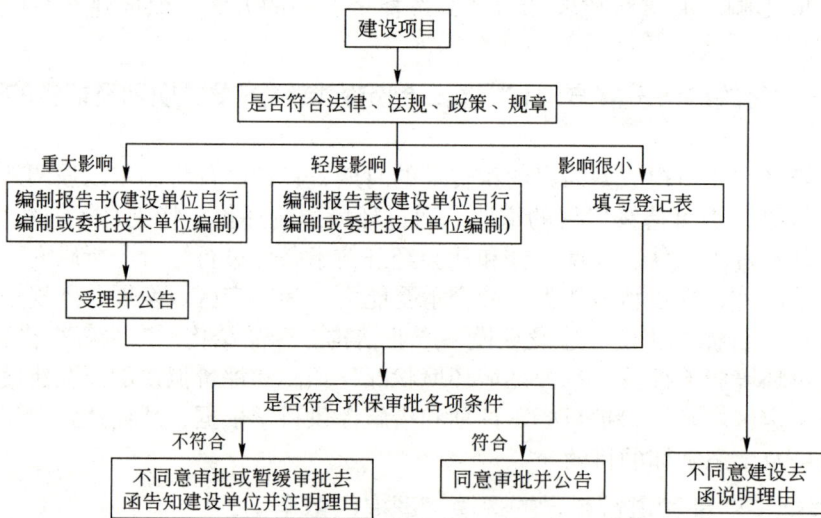

图1-1　我国建设项目环境影响评价管理程序

1. 环境影响评价的分类管理

根据《中华人民共和国环境影响评价法》第十六条的规定，2020 年生态环境部修订通过并实施《建设项目环境影响评价分类管理名录（2021 版）》。名录规定，根据建设项目特征和所在区域的环境敏感程度，综合考虑建设项目可能对环境产生的影响，对建设项目的环境影响评价实行分类管理。建设单位应当按照名录的规定，分别组织编制建设项目环境影响报告

书、环境影响报告表或者填报环境影响登记表。

（1）环境影响报告书

建设项目可能造成重大环境影响的，应当编制环境影响报告书，对产生的环境影响进行全面评价。

（2）环境影响报告表

建设项目可能造成轻度环境影响的，应当编制环境影响报告表，对产生的环境影响进行分析或者专项评价。

（3）环境影响登记表

建设项目对环境的影响很小，不需要进行环境影响评价的，应当填报环境影响登记表。

建设内容涉及名录中两个及以上项目类别的建设项目，其环境影响评价类别按照其中单项等级最高的确定。建设内容不涉及主体工程的改建、扩建的项目，其环境影响评价类别按照改建、扩建的工程内容确定。

《建设项目环境影响评价分类管理名录》未作规定的建设项目，不纳入建设项目环境影响评价管理；省级生态环境主管部门对名录未作规定的建设项目，认为确有必要纳入建设项目环境影响评价管理的，可以根据建设项目的污染因子、生态影响因子特征及其所处环境的敏感性质和敏感程度等，提出环境影响评价分类管理的建议，报生态环境部认定后实施。

2. 环境影响评价文件的审批

（1）分级审批的部门

为进一步加强和规范建设项目环境影响评价文件审批，提高审批效率，明确审批权责，根据《中华人民共和国环境影响评价法》《建设项目环境影响评价文件分级审批规定》等有关分级审批的规定，建设对环境有影响的项目，不论投资主体、资金来源、项目性质和投资规模，其环境影响评价文件均应按照规定确定分级审批权限，由生态环境部、省（自治区、直辖市）和市、县等不同级别生态环境主管部门负责审批，具体要求如下。

① 国务院生态环境主管部门负责审批环境影响评价文件的建设项目包括：核设施、绝密工程等特殊性质的建设项目；跨省、自治区、直辖市行政区域的建设项目；由国务院审批的或者由国务院授权有关部门审批的建设项目。

② 国务院生态环境主管部门负责审批以外的建设项目的环境影响评价文件的审批权限，由省、自治区、直辖市人民政府规定。

③ 建设项目可能造成跨行政区域的不良环境影响，有关生态环境主管部门对该项目的环境影响评价结论有争议的，其环境影响评价文件由共同的上一级生态环境主管部门审批。

（2）审批程序

环境影响评价从建设方的环境影响申报（咨询）开始。建设单位可以委托技术单位或自行编制建设项目环境影响评价报告书（表），建设单位应当对环评文件的内容和结论负责，接受委托的技术单位对其编制的环评文件承担相应责任。建设项目的环境影响报告书、报告表，由建设单位按照国务院的规定报有审批权的生态环境主管部门审批，环境影响评价文件未依法经审批部门审查或者审查后未予批准的，建设单位不得开工建设。

生态环境主管部门审批环境影响报告书、报告表，应当重点审查建设项目的环境可行性、环境影响分析预测评估的可靠性、环境保护措施的有效性、环境影响评价结论的科学性等，并分别自收到环境影响报告书之日起 60 日内、收到环境影响报告表之日起 30 日内，做出审批决定并书面通知建设单位。

建设项目的环境影响评价文件经批准后，建设项目的性质、规模、地点、采用的生产工艺或者防治污染、防止生态破坏的措施发生重大变动的，建设单位应当重新报批建设项目的环境影响评价文件。建设项目的环境影响评价文件自批准之日起超过 5 年，方决定该项目开工建设的，其环境影响评价文件应当报原审批部门重新审核；原审批部门应当自收到建设项目环境影响评价文件之日起 10 日内，将审核意见书面通知建设单位。

3. 环境敏感区的识别

《建设项目环境影响评价分类管理名录》所称环境敏感区，是指依法设立的各级各类保护区域和对建设项目产生的环境影响特别敏感的区域，主要包括下列区域。

① 国家公园、自然保护区、风景名胜区、世界文化和自然遗产地、海洋特别保护区、饮用水水源保护区。

② 除①外的生态保护红线管控范围，永久基本农田、基本草原、自然公园（森林公园、地质公园、海洋公园等）、重要湿地、天然林，重点保护野生动物栖息地，重点保护野生植物生长繁殖地，重要水生生物的自然产卵场、索饵场、越冬场和洄游通道，天然渔场，水土流失重点预防区和重点治理区、沙化土地封禁保护区、封闭及半封闭海域。

③ 以居住、医疗卫生、文化教育、科研、行政办公为主要功能的区域，以及文物保护单位。

环境影响报告书、环境影响报告表应当就建设项目对环境敏感区的影响做重点分析。

二、建设项目环境影响评价的工作程序

环境影响评价的工作程序用于指导环境影响评价的工作内容和进程。建设项目环境影响评价工作一般分三个阶段，即调查分析和工作方案制订阶段，分析论证和预测评价阶段，环境影响报告书（表）编制阶段。具体流程见图 1-2。

1. 环境影响评价的原则

环境影响评价的原则是：突出环境影响评价的源头预防作用，坚持保护和改善环境质量。

（1）依法评价

贯彻执行我国环境保护相关法律法规、标准、政策和规划等，优化项目建设，服务环境管理。

（2）科学评价

规范环境影响评价方法，科学分析项目建设对环境质量的影响。

（3）突出重点

根据建设项目的工程内容及其特点，明确与环境要素间的作用效应关系，根据规划环境影响评价结论和审查意见，充分利用符合时效的数据资料及成果，对建设项目主要环境影响予以重点分析和评价。

2. 环境影响因素识别与评价因子筛选

（1）环境影响因素识别

列出建设项目的直接和间接行为，结合建设项目所在区域发展规划、环境保护规划、环境功能区划、生态功能区划及环境现状，分析可能受上述行为影响的环境影响因素。

应明确建设项目在建设阶段、生产运行、服务期满后（可根据项目情况选择）等不同阶段的各种行为与可能受影响的环境要素间的作用效应关系、影响性质、影响范围、影响程度等，定性分析建设项目对各环境要素可能产生的污染影响与生态影响，包括有利与不利影响、长期与短期影响、可逆与不可逆影响、直接与间接影响、累积与非累积影响等。

环境影响因素识别可采用矩阵法、网络法、地理信息系统支持下的叠加图法等。

```
┌──────────────────────────────────────────────────────────┐
│              ┌────────────────────────────────────┐        │
│              │ 依据相关规定确定环境影响评价文件类型 │        │
│              └────────────────────────────────────┘        │
│                             │                              │
│                             ▼                              │
│   第      ┌────────────────────────────────────┐          │
│   一      │ 1.研究相关技术文件和其他有关文件    │          │
│   阶      │ 2.进行初步的工程分析                │          │
│   段      │ 3.开展初步的环境现状调查            │          │
│          └────────────────────────────────────┘          │
│                             │                              │
│                             ▼                              │
│          ┌────────────────────────────────────┐          │
│          │ 1.环境影响因素识别与评价因子筛选    │          │
│          │ 2.明确评价重点和环境保护目标        │          │
│          │ 3.确定工作等级、评价范围和评价标准  │          │
│          └────────────────────────────────────┘          │
│                             │                              │
│                             ▼                              │
│                  ┌──────────────────┐                     │
│                  │   制订工作方案    │                     │
│                  └──────────────────┘                     │
│─ ─ ─ ─ ─ ─ ─ ─ ─ ─ ─ ─ ─ ─ ─ ─ ─ ─ ─ ─ ─ ─ ─ ─ ─ ─ ─ ─│
│      ┌──────────────┐          ┌──────────────┐          │
│   第 │ 环境现状调查、│          │  建设项目    │          │
│   二 │ 监测与评价    │          │  工程分析    │          │
│   阶 └──────────────┘          └──────────────┘          │
│   段          │                      │                    │
│               └──────────┬───────────┘                    │
│                          ▼                                 │
│          ┌────────────────────────────────────┐          │
│          │ 1.各环境要素环境影响预测与评价      │          │
│          │ 2.各专题环境影响分析与评价          │          │
│          └────────────────────────────────────┘          │
│─ ─ ─ ─ ─ ─ ─ ─ ─ ─ ─ ─ ─ ─ ─ ─ ─ ─ ─ ─ ─ ─ ─ ─ ─ ─ ─ ─│
│          ┌────────────────────────────────────┐          │
│   第     │ 1.提出环境保护措施，进行技术经济论证 │          │
│   三     │ 2.给出污染物排放清单                │          │
│   阶     │ 3.给出建设项目环境影响评价结论      │          │
│   段     └────────────────────────────────────┘          │
│                          │                                 │
│                          ▼                                 │
│              ┌──────────────────────┐                     │
│              │ 编制环境影响报告书（表）│                   │
│              └──────────────────────┘                     │
└──────────────────────────────────────────────────────────┘
```

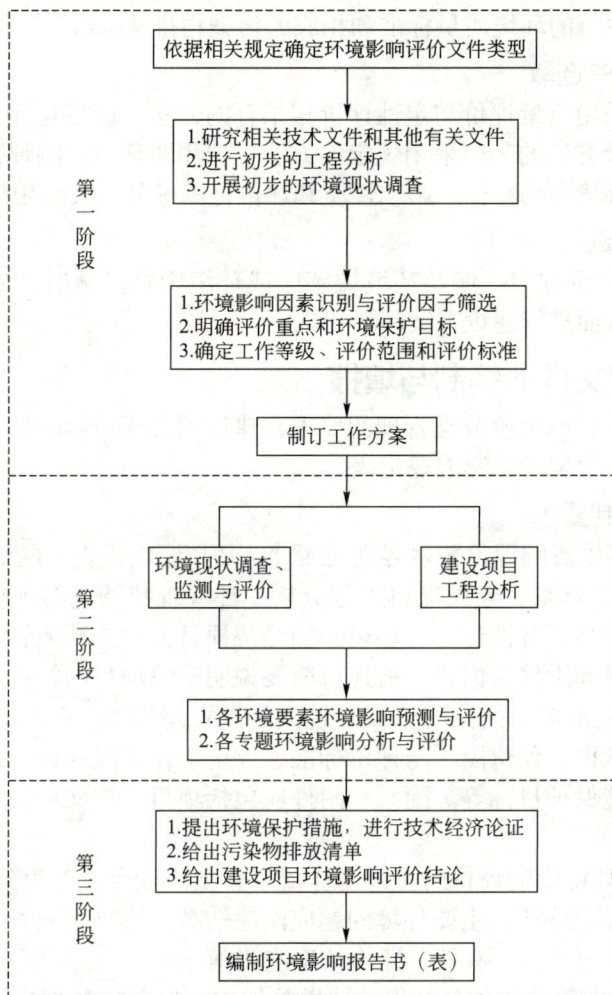

图1-2　建设项目环境影响评价工作程序

（2）评价因子筛选

　　根据建设项目的特点、环境影响的主要特征，结合区域环境功能要求、环境保护目标、评价标准和环境制约因素，筛选确定评价因子。

3.环境影响评价的分级管理

　　按建设项目的特点、所在地区的环境特征、相关法律法规、标准及规划、环境功能区划等划分各环境要素、各专题评价工作等级。具体由环境要素或专题环境影响评价技术导则规定。

4.环境影响评价范围的确定

　　环境影响评价范围指建设项目整体实施后可能对环境造成的影响范围，具体根据环境要素和专题环境影响评价技术导则的要求确定。环境影响评价技术导则中未明确具体评价范围的，根据建设项目可能影响的范围确定。

5.环境影响评价标准的确定

　　根据环境影响评价范围内各环境要素的环境功能区划确定各评价因子适用的环境质量标准及相应的污染物排放标准。尚未划定环境功能区的区域，由地方人民政府环境保护主管部门确认各环境要素应执行的环境质量标准和相应的污染物排放标准。

6. 环境影响评价方法的选取

环境影响评价应采用定量评价与定性评价相结合的方法，以量化评价为主。环境影响评价技术导则规定了评价方法的，应采用规定的方法。选用非环境影响评价技术导则规定方法的，应根据建设项目环境影响特征、影响性质和评价范围等分析其适用性。

7. 建设方案的环境比选

建设项目有多个建设方案、涉及环境敏感区或环境影响显著时，应重点从环境制约因素、环境影响程度等方面进行建设方案环境比选。

三、环境影响评价文件的编制与填报

根据建设项目环境影响评价分类管理的要求，建设项目环境影响评价文件分为环境影响报告书、环境影响报告表和环境影响登记表。

1. 环境影响报告书编制要求

根据《建设项目环境影响评价技术导则 总纲》，环境影响报告书的编制要求如下。

① 一般包括概述、总则、建设项目工程分析、环境现状调查与评价、环境影响预测与评价、环境保护措施及其可行性论证、环境影响经济损益分析、环境管理与监测计划、环境影响评价结论以及附录和附件等内容。概述可简要说明建设项目的特点、环境影响评价的工作过程、分析判定相关情况、关注的主要环境问题及环境影响、环境影响评价的主要结论等。总则应包括编制依据、评价因子与评价标准、评价工作等级和评价范围、相关规划及环境功能区划、主要环境保护目标等。附录和附件应包括项目依据文件、相关技术资料、引用文献等。

② 应概括地反映环境影响评价的全部工作成果，突出重点。工程分析应体现工程特点，环境现状调查应反映环境特征，主要环境问题应阐述清楚，影响预测方法应科学，预测结果应可信，环境保护措施应可行、有效，评价结论应明确。

③ 文字应简洁、准确，文本应规范，计量单位应标准化，数据应真实、可信，资料应翔实，应强化先进信息技术的应用，图表信息应满足环境质量现状评价和环境影响预测评价的要求。

（1）建设项目工程分析

包括建设项目概况、影响因素分析和污染源源强核算。其中建设项目概况采用图表和文字结合的方式，概要说明主体工程、辅助工程、公用工程、环保工程、储运工程以及依托工程等；影响因素分析包括污染影响因素分析和生态影响因素分析；污染源源强核算方法采用污染源源强核算技术指南规定的方法。

（2）环境现状调查与评价

对与建设项目有密切关系的环境要素应全面、详细调查，给出定量的数据并作出分析或评价。对于自然环境的现状调查，可根据建设项目情况进行必要说明。根据环境影响因素识别结果，开展相应的现状调查与评价。包括自然环境现状调查与评价、环境保护目标调查、环境质量现状调查与评价和区域污染源调查。

（3）环境影响预测与评价

环境影响预测与评价的时段、内容及方法均应根据工程特点与环境特性、评价工作等级、当地的环境保护要求确定。应重点预测建设项目生产运行阶段正常工况和非正常工况等情况的环境影响。

（4）环境保护措施及其可行性论证

明确提出建设项目建设阶段、生产运行阶段和服务期满后（可根据项目情况选择）拟采取的具体污染防治、生态保护、环境风险防范等环境保护措施；分析论证拟采取措施的技术可行性、经济合理性、长期稳定运行和达标排放的可靠性、满足环境质量改善和排污许可要求的可行性、生态保护和恢复效果的可达性。

各类措施的有效性判定应以同类或相同措施的实际运行效果为依据，没有实际运行经验的，可提供工程化实验数据。

（5）环境影响经济损益分析

将建设项目实施后的环境影响预测与环境质量现状进行比较，从环境影响的正负两方面，以定性与定量相结合的方式，对建设项目的环境影响后果（包括直接和间接影响、不利和有利影响）进行货币化经济损益核算，估算建设项目环境影响的经济价值。

（6）环境管理与监测计划

按建设项目建设阶段、生产运行、服务期满后（可根据项目情况选择）等不同阶段，针对不同工况、不同环境影响和环境风险特征，提出具体的环境管理要求。

给出污染物排放清单，明确污染物排放的管理要求。包括工程组成及原辅材料组分要求，建设项目拟采取的环境保护措施及主要运行参数，排放的污染物种类、排放浓度和总量指标，污染物排放的分时段要求，排污口信息，执行的环境标准，环境风险防范措施以及环境监测等。提出应向社会公开的信息内容。

提出建立日常环境管理制度、组织机构和环境管理台账相关要求，明确各项环境保护设施和措施的建设、运行及维护费用保障计划。

环境监测计划应包括污染源监测计划和环境质量监测计划，内容包括监测因子、监测网点布设、监测频次、监测数据采集与处理、采样分析方法等，明确自行监测计划内容。

（7）环境影响评价结论

对建设项目的建设概况、环境质量现状、污染物排放情况、主要环境影响、公众意见采纳情况、环境保护措施、环境影响经济损益分析、环境管理与监测计划等内容进行概括总结，结合环境质量目标要求，明确给出建设项目的环境影响可行性结论。

对存在重大环境制约因素、环境影响不可接受或环境风险不可控、环境保护经济技术措施不满足长期稳定达标及生态保护要求、区域环境问题突出且整治计划不落实或不能满足环境质量改善目标的建设项目，应提出环境影响不可行的结论。

2. 环境影响报告表编制要求

环境影响报告表应采用规定格式。可根据工程特点、环境特征，有针对性地突出环境要素或设置专题开展评价。

1999年8月国家环境保护总局制定了《建设项目环境影响报告表》（试行）内容及格式（环发〔1999〕178号）。编制报告表的项目是可能对环境造成轻度影响的项目，占全国环评审批项目数的90%以上，其中大部分是中小企业，是当前深化环评"放管服"改革、优化营商环境的重点。该报告表部分内容已不能满足现行管理要求，如存在环评资质证书、行业预审意见等法律法规已删除的内容；编制要求与报告书的差异不明显，对重点关注内容聚焦不足，导致报告表"虚胖"，影响环评效率和有效性等。生态环境部研究制定了新的报告表内容及格式，并配套印发《<建设项目环境影响报告表>内容、格式及编制技术指南的通知》（环办环评〔2020〕33号）。

与旧版报告表内容及格式对比，主要有以下变化：一是根据建设项目环境影响特点，将报告表分为污染影响类和生态影响类两种格式，同时涉及污染影响和生态影响的建设项目应填报生态影响类表格。二是明确了专项设置原则，并且判定流程简单，而且内容直观清晰，而且对专项数量做出明确规定。三是简化、优化报告表填报内容，对于须开展专项评价的要素，按照编制技术指南填报表格。为预估简化效果，我们选取报告表项目数量较大的行业进行了试填，与旧版报告表对比，污染影响类行业建设项目报告表篇幅精简率约40%，生态影响类报告表篇幅也精简约20%到40%。

根据《建设项目环境影响报告表编制技术指南（污染影响类）（试行）》，本指南适用于《建设项目环境影响评价分类管理名录》中以污染影响为主要特征的建设项目环境影响报告表的编制，包括制造业，电力、热力生产和供应业的火力发电、热电联产、生物质能发电、热力生产项目，燃气生产和供应业，水的生产和供应业，研究和试验发展，生态保护和环境治理业（不包括泥石流等地质灾害治理工程），公共设施管理业，卫生，社会事业与服务业的有化学或生物实验室的学校、胶片洗印厂、加油加气站、汽车或摩托车维修场所、殡仪馆和动物医院，交通运输业中的导航台站、供油工程、维修保障等配套工程，装卸搬运和仓储业，海洋工程中的排海工程，核与辐射（不包括已单独制定建设项目环境影响报告表格式的核与辐射类建设项目），以及其他以污染影响为主的建设项目。其他同时涉及污染影响和生态影响的建设项目，填写《建设项目环境影响报告表（生态影响类）》。以污染影响为主要特征的建设项目环境影响报告表依据本指南进行填写，与本指南要求不一致的以本指南为准。建设项目产生的环境影响需要深入论证的，应按照环境影响评价相关技术导则开展专项评价工作，专项评价一般不超过两项，印刷电路板制造类建设项目的专项评价不超过三项。

根据《建设项目环境影响报告表编制技术指南（生态影响类）（试行）》，本指南适用于《建设项目环境影响评价分类管理名录》中以生态影响为主要特征的建设项目环境影响报告表的编制，包括农业，林业，渔业，采矿业，电力、热力生产和供应业的水电、风电、光伏发电、地热等其他能源发电，房地产业，专业技术服务业，生态保护和环境治理业的泥石流等地质灾害治理工程，社会事业与服务业（不包括有化学或生物实验室的学校、胶片洗印厂、加油加气站、洗车场、汽车或摩托车维修场所、殡仪馆、动物医院），水利，交通运输业（不包括导航台站、供油工程、维修保障等配套工程），管道运输业，海洋工程（不包括排海工程），以及其他以生态影响为主要特征的建设项目（不包括已单独制定建设项目环境影响报告表格式的核与辐射类建设项目）。以生态影响为主要特征的建设项目环境影响报告表依据本指南进行填写，与本指南要求不一致的以本指南为准。一般情况下，建设单位应按照本指南要求，组织填写建设项目环境影响报告表。专项评价一般不超过两项，水利水电、交通运输（公路、铁路）、陆地石油和天然气开采类建设项目不超过三项。

3. 环境影响登记表填报要求

《建设项目环境影响登记表备案管理办法》自2017年1月1日起施行，适用于按照《建设项目环境影响评价分类管理名录》规定应当填报环境影响登记表的建设项目。

生态环境部统一布设建设项目环境影响登记表网上备案系统（以下简称网上备案系统）。省级环境保护主管部门在本行政区域内组织应用网上备案系统，通过提供地址链接方式，向县级环境保护主管部门分配网上备案系统使用权限。县级环境保护主管部门应当向社会公告网上备案系统地址链接信息。各级环境保护主管部门应当将环境保护法律、法规、规章以及规范性文件中与建设项目环境影响登记表备案相关的管理要求，及时在其网站的网上备案系统中公开，为建设单位办理备案手续提供便利。

建设单位应当在建设项目建成并投入生产运营前，登录网上备案系统，在网上备案系统注册真实信息，在线填报并提交建设项目环境影响登记表。建设单位在线提交环境影响登记表后，网上备案系统自动生成备案编号和回执，该建设项目环境影响登记表备案即为完成。建设单位可以自行打印留存其填报的建设项目环境影响登记表及建设项目环境影响登记表备案回执。建设项目环境影响登记表备案回执是环境保护主管部门确认收到建设单位环境影响登记表的证明。建设项目环境影响登记表备案完成后，县级环境保护主管部门通过其网站的网上备案系统同步向社会公开备案信息，接受公众监督。对国家规定需要保密的建设项目，县级环境保护主管部门严格执行国家有关保密规定，备案信息不公开。

第三节 环境影响评价的法律依据

一、环境影响评价的法律法规体系

我国的环境影响评价制度融汇于环境保护的法律法规体系之中。目前，我国建立了由法律、环境保护行政法规、政府部门规章、环境保护地方性法规和地方性规章、生态环境标准、环境保护国际公约组成的完整的环境保护法律法规体系，见图1-3。该体系以《中华人民共和国宪法》中关于环境保护的规定为基础，以综合性环境基本法为核心，以相关法律关于环境保护的规定为补充，是由若干相互联系协调的环境保护法律、法规、规章、标准及国际条约所组成的一个完整而又相对独立的法律法规体系。

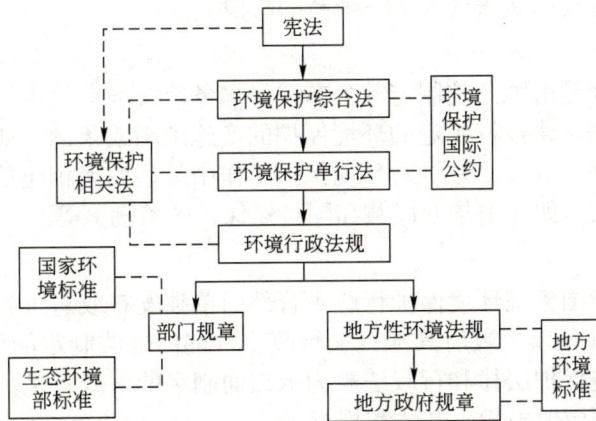

图1-3 环境保护法律法规体系框架图

根据《中华人民共和国立法法》相关规定，宪法具有最高的法律效力，一切法律、行政法规、地方性法规、自治条例和单行条例、规章都不得同宪法相抵触。法律的效力高于行政法规、地方性法规、规章。环境保护的综合法、单行法以及相关法中对环境保护要求的法律条款在法律层次上其法律效力是一样的。如果法律规定中有不一致的地方，应遵循后法大于先法。行政法规的效力高于地方性法规、规章。

1. 法律

（1）宪法

《中华人民共和国宪法》（2018年修订）（以下简称《宪法》）由全国人民代表大会（简称人大）制定，具有最高的法律效力，是环境保护法律法规体系建立的依据和基础，其他法律、行政法规、地方性法规、规章等均不得与之相抵触。《宪法》第九条规定："国家保障自然资源的合理利用，保护珍贵的动物和植物。禁止任何组织或者个人用任何手段侵占或者破坏自然资源。"第二十六条规定："国家保护和改善生活环境和生态环境，防治污染和其他公害。"宪法的这些规定是环境保护立法的依据和指导原则。

（2）环境保护综合法

《中华人民共和国环境保护法》是我国环境保护的综合法，在环境保护法律体系中占据核心地位。该法的颁布标志着我国的环境保护工作进入法治轨道，带动了我国环境保护立法的全面开展。该法明确规定了环境影响评价制度的相关要求，是环评立法和工作开展的重要法律依据。

（3）环境保护单行法

环境保护单行法是针对特定的污染防治对象或资源保护对象而制定的，它可以分为三类。第一类是自然资源保护法，如《中华人民共和国森林法》《中华人民共和国草原法》《中华人民共和国渔业法》《中华人民共和国矿产资源法》《中华人民共和国土地管理法》《中华人民共和国水法》等。第二类是污染防治法，如《中华人民共和国水污染防治法》《中华人民共和国大气污染防治法》《中华人民共和国固体废物污染环境防治法》《中华人民共和国噪声污染防治法》等。第三类是其他类的法律，如《中华人民共和国清洁生产促进法》《中华人民共和国循环经济促进法》等。

《中华人民共和国环境影响评价法》，作为一部独立的环境保护单行法，规定了规划和建设项目环境影响评价的相关法律要求，是20年来我国环境立法的重大进展，其将环境影响评价的范畴从建设项目扩展到规划即战略层次，力求从决策的源头防止环境污染和生态破坏，标志着我国环境与资源立法进入了一个新的阶段。

2. 环境保护行政法规

环境保护行政法规是由国务院制定并公布或经国务院批准有关主管部门公布的环境保护规范性文件。一是根据法律授权制定的环境保护的实施细则或条例，如《中华人民共和国大气污染防治法实施细则》等；二是针对环境保护工作中某些尚无相应单行法的重要领域而制定的条例、规定和办法，如《中华人民共和国自然保护区条例》等。

3. 政府部门规章

政府部门规章是指国务院环境保护行政主管部门单独发布或与国务院有关部门联合发布的环境保护规范性文件，以及政府其他有关行政主管部门依法制定的环境保护规范性文件。政府部门规章是以环境保护法律和行政法规为依据而制定的，或者是针对某些尚未有相应法律和行政法规调整的领域做出相应办法和规定。

4. 环境保护地方性法规和地方性规章

环境保护地方性法规和地方性规章是依照宪法和法律享有立法权的地方权力机关和地方行政机关制定的环境保护规范性文件。这些规范性文件是根据本地实际情况和特定环境问题制定的，并在本地区实施，有较强的可操作性。环境保护地方性法规和地方性规章不能与法律、国务院行政规章相抵触。

5. 生态环境标准

生态环境标准是环境保护法律法规体系的一个组成部分，是环境执法和环境管理工作的技术依据。我国的生态环境标准分为国家生态环境标准和地方生态环境标准。

6. 环境保护国际公约

环境保护国际公约是指我国缔结和参加的环境保护国际公约、条约和议定书。国际公约与我国环境法有不同规定时，优先适用国际公约的规定，但我国声明保留的条款除外。

二、主要环境保护法律法规

1.《中华人民共和国环境保护法》

《中华人民共和国环境保护法》（以下简称《环保法》）于 1989 年 12 月颁布实施，2014 年 4 月 24 日通过修订，自 2015 年 1 月 1 日起施行，是环境保护法律体系中的综合性实体法，该法共 70 条，分为"总则""监督管理""保护和改善环境""防治污染和其他公害""信息公开和公众参与""法律责任"及"附则"七章。

《环保法》第十九条规定："编制有关开发利用规划，建设对环境有影响的项目，应当依法进行环境影响评价。未依法进行环境影响评价的开发利用规划，不得组织实施；未依法进行环境影响评价的建设项目，不得开工建设。"第四十一条规定："建设项目中防治污染的设施，应当与主体工程同时设计、同时施工、同时投产使用。防治污染的设施应当符合经批准的环境影响评价文件的要求，不得擅自拆除或者闲置。"第六十一条规定："建设单位未依法提交建设项目环境影响评价文件或者环境影响评价文件未经批准，擅自开工建设的，由负有环境保护监督管理职责的部门责令停止建设，处以罚款，并可以责令恢复原状。"

《环保法》中以上法律条款对于建设项目的环境影响评价做出了明确的规定，成为环境影响评价制度最为根本的法律依据。

2.《建设项目环境保护管理条例》

为了防止建设项目产生新的污染、破坏生态环境，国务院第 10 次常务会议于 1998 年 11 月 18 日通过《建设项目环境保护管理条例》（以下简称《条例》），自 1998 年 11 月 29 日发布施行，并于 2017 年 6 月 21 日通过修订，自 2017 年 10 月 1 日起施行，共五章三十条。该条例的颁布，对贯彻实施建设项目环境影响评价制度和"三同时"制度，防止建设项目产生新的污染和破坏生态环境具有重要意义。

《条例》是目前指导我国环境影响评价工作的重要法规依据，《条例》第二章中对承担环境影响评价的单位、分类管理、环评报告书的内容、环境影响评价文件的审批等重要的内容进行了具体的规定，直接关系到环境影响评价的具体实践。

3.《中华人民共和国环境影响评价法》

为了实施可持续发展战略，预防规划和建设项目实施后对环境造成不良影响，促进经济、社会和环境的协调发展，中华人民共和国第九届全国人民代表大会常务委员会第三十次会议于 2002 年 10 月 28 日通过《中华人民共和国环境影响评价法》（以下简称《环评法》），自 2003 年 9 月 1 日起施行，并于 2016 年 7 月 2 日第一次修正、2018 年 12 月 29 第二次修正，共五章三十七条。作为一部环境保护单行法，《环评法》规定了规划和建设项目环境影响评价的相关法律要求，是我国环境立法的重大进展。该法集中体现了"预防为主"的环境政策，规定从大范围的发展规划到具体项目的建设都必须执行"先评价、后建设"的原则，力求从决策的源头防止环境污染和生态破坏，是实施了二十多年的环境影响评价制度的总结和完善，也是今后指导环境影响评价工作的直接法律依据。

在"放管服"改革背景下，修正后的《环评法》不再强制要求由具有资质的环评机构编制建设项目环境影响报告书（表），规定建设单位可以委托技术单位为其编制环境影响报告书（表），如果自身就具备相应技术能力也可以自行编制，有利于进一步激发市场活力，通过更加充分的市场竞争提升环评技术服务水平和服务意识，也有利于进一步减轻企业负担，推进实体经济发展。《环评法》中明确规定，建设单位对其建设项目环境影响报告书（表）的内容和结论负责，技术单位承担相应责任，明确了建设单位对其建设项目环境影响报告书（表）承担主体责任，有利于净化和规范环评从业市场。在监管方面，取消了环境影响报告书（表）编制单位的前置准入审批，对监督管理、责任追究作出了更加严格的规定。一是大幅强化法律责任，实施单位和人员的"双罚制"。环评文件如果存在严重质量问题，对建设单位处五十万元至二百万元罚款，对其相关责任人员处五万元至二十万元罚款；对技术单位罚款额度由 1 ~ 3 倍提高到 3 ~ 5 倍，并没收违法所得，情节严重的禁止从业；对编制人员实施五年内禁止从业等处罚，构成犯罪的还将依法追究刑事责任，并终身禁止从业。二是提高了有关考核和处罚的可操作性，从基础资料明显不实，内容存在重大缺陷、遗漏或者虚假，环境影响评价结论不正确或者不合理等三个方面，细化了环境影响报告书（表）存在"严重质量问题"的具体情形，标准更明确，有利于各级生态环境部门加强监管。三是加强环评文件质量考核，明确要求市级以上生态环境主管部门均应当对建设项目环境影响报告书（表）编制单位进行监督管理和质量考核。四是实施信用管理，负责审批建设项目环境影响报告书（表）的生态环境主管部门需依法将编制单位、编制主持人和主要编制人员的相关违法信息记入社会诚信档案，并纳入全国信用信息共享平台和国家企业信用信息公示系统向社会公布。

三、环境影响评价技术导则

环境影响评价技术导则由总纲、污染源源强核算技术指南、环境要素环境影响评价技术导则、专题环境影响评价技术导则和行业建设项目环境影响评价技术导则等构成。污染源源强核算技术指南及其他环境影响评价技术导则遵循总纲确定的原则和相关要求。

污染源源强核算技术指南包括污染源源强核算准则和火电、造纸、水泥、钢铁等行业污染源源强核算技术指南；环境要素环境影响评价技术导则指大气、地表水、地下水、声环境、生态、土壤等环境影响评价技术导则；专题环境影响评价技术导则指环境风险评价、人群健康风险评价、环境影响经济损益分析、固体废物等环境影响评价技术导则；行业建设项目环境影响评价技术导则指水利水电、采掘、交通、海洋工程等建设项目环境影响评价技术导则。

四、生态环境标准

1. 生态环境标准体系

生态环境标准分为国家生态环境标准和地方生态环境标准，标准体系见图 1-4。国家生态环境标准又分为强制性生态环境标准和推荐性生态环境标准。国家和地方生态环境质量标准、生态环境风险管控标准、污染物排放标准和法律法规规定强制执行的其他生态环境标准，以强制性标准的形式发布。法律法规未规定强制执行的国家和地方生态环境标准，以推荐性标准的形式发布。强制性生态环境标准必须执行。推荐性生态环境标准被强制性生态环境标准或者规章、行政规范性文件引用并赋予其强制执行效力的，被引用的内容必须执行，推荐性生态环境标准本身的法律效力不变。

（1）国家生态环境标准

国家生态环境标准包括国家生态环境质量标准、国家生态环境风险管控标准、国家污染物排放标准、国家生态环境监测标准、国家生态环境基础标准和国家生态环境管理技术规范。国家生态环境标准在全国范围或者标准指定区域范围执行。

① 国家生态环境质量标准　是为保护生态环境，保障公众健康，增进民生福祉，促进经济社会可持续发展，限制环境中有害物质和因素所作的限制性规定。制定生态环境质量标准，应当反映生态环境质量特征，以生态环境基准研究成果为依据，与经济社会发展和公众生态环境质量需求相适应，科学合理地确定生态环境保护目标。生态环境质量标准包括大气环境质量标准、水环境质量标准、海洋环境质量标准、声环境质量标准、核与辐射安全基本标准等。

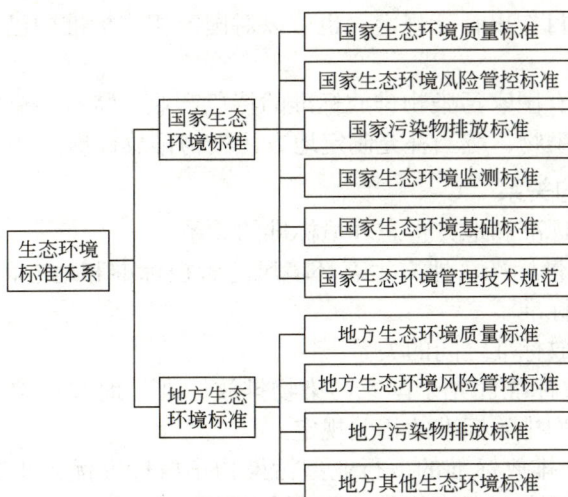

图1-4　生态环境标准体系框图

② 国家生态环境风险管控标准　为保护生态环境，保障公众健康，推进生态环境风险筛查与分类管理，维护生态环境安全，控制生态环境中的有害物质和因素，制定生态环境风险管控标准。制定生态环境风险管控标准，应当根据环境污染状况、公众健康风险、生态环境风险、环境背景值和生态环境基准研究成果等因素，区分不同保护对象和用途功能，科学合理地确定风险管控要求。生态环境风险管控标准包括土壤污染风险管控标准以及法律法规规定的其他环境风险管控标准。

③ 国家污染物排放标准（或控制标准）　为改善生态环境质量，控制排入环境中的污染物或者其他有害因素，根据生态环境质量标准和经济、技术条件，制定污染物排放标准。国家污染物排放标准是对全国范围内污染物排放控制的基本要求，是对污染源控制的标准，污染物排放标准包括大气污染物排放标准、水污染物排放标准、固体废物污染控制标准、环境噪声排放控制标准和放射性污染防治标准等。

④ 国家生态环境监测标准　该标准是为监测生态环境质量和污染物排放情况，开展达标评定和风险筛查与管控，规范布点采样、分析测试、监测仪器、卫星遥感影像质量、量值传递、质量控制、数据处理等监测技术要求等所做的统一规定。生态环境监测标准包括生态环境监测技术规范、生态环境监测分析方法标准、生态环境监测仪器及系统技术要求、生态环境标准样品等。

⑤ 国家生态环境基础标准　为统一规范生态环境标准的制定技术和生态环境管理工作中具有通用指导意义的技术要求，制定生态环境基础标准，包括生态环境标准制定技术导则，生态环境通用术语、图形符号、编码和代号（代码）及其相应的编制规则等。

⑥ 国家生态环境管理技术规范　为规范各类生态环境保护管理工作的技术要求，制定生态环境管理技术规范，包括大气、水、海洋、土壤、固体废物、化学品、核与辐射安全、声与振动、自然生态、应对气候变化等领域的管理技术指南、导则、规程、规范等。

（2）地方生态环境标准

地方生态环境标准包括地方生态环境质量标准、地方生态环境风险管控标准、地方污染物排放标准和地方其他生态环境标准。地方生态环境标准在发布该标准的省、自治区、直辖市行政区域范围内或者标准指定区域范围内执行。

地方生态环境质量标准、地方生态环境风险管控标准和地方污染物排放标准可以对国家相应标准中未规定的项目作出补充规定，也可以对国家相应标准中已规定的项目作出更加严格的规定。

对本行政区域内没有国家污染物排放标准的特色产业、特有污染物，或者国家有明确要求的特定污染源或者污染物，应当补充制定地方污染物排放标准。

2. 生态环境标准之间的关系

（1）国家生态环境标准和地方生态环境标准的关系

有地方生态环境质量标准、地方生态环境风险管控标准和地方污染物排放标准的地区，应当依法优先执行地方标准。

（2）国家污染物排放标准之间的关系

① 地方污染物排放标准优先于国家污染物排放标准；地方污染物排放标准未规定的项目，应当执行国家污染物排放标准的相关规定。

② 同属国家污染物排放标准的，行业型污染物排放标准优先于综合型和通用型污染物排放标准；行业型或者综合型污染物排放标准未规定的项目，应当执行通用型污染物排放标准的相关规定。

③ 同属地方污染物排放标准的，流域（海域）或者区域型污染物排放标准优先于行业型污染物排放标准，行业型污染物排放标准优先于综合型和通用型污染物排放标准。流域（海域）或者区域型污染物排放标准未规定的项目，应当执行行业型或者综合型污染物排放标准的相关规定；流域（海域）或者区域型、行业型或者综合型污染物排放标准均未规定的项目，应当执行通用型污染物排放标准的相关规定。

（3）生态环境标准体系的体系要素

生态环境质量标准和污染物排放标准是生态环境标准体系的主体，它们是生态环境标准体系的核心内容，从环境监督管理的要求上集中体现了生态环境标准体系的基本功能，是实现生态环境标准体系目标的基本途径和表现。

生态环境风险管控标准是开展生态环境风险管理的技术依据。实施土壤污染风险管控标准，应当按照土地用途分类管理、管控风险，实现安全利用。

生态环境基础标准是生态环境标准体系的基础，是生态环境标准的"标准"，它对统一、规范环境标准的制度、执行具有指导的作用，是生态环境标准体系的基石。

生态环境监测标准是生态环境标准体系的支持系统。它直接服务于生态环境质量标准和污染物排放标准，是生态环境质量标准与污染物排放标准内容上的配套补充，以及生态环境质量标准与污染物排放标准有效执行的技术保证。

生态环境管理技术规范是规范各类生态环境保护管理工作的技术要求。

五、环境政策和产业政策

1. 环境政策

（1）《国务院关于加强环境保护重点工作的意见》

为深入贯彻落实科学发展观，加快推动经济发展方式转变，提高生态文明建设水平，2011 年颁布了《国务院关于加强环境保护重点工作的意见》，就加强环境保护重点工作提出如下意见。

① 全面提高环境保护监督管理水平。主要内容有：严格执行环境影响评价制度；继续加强主要污染物总量减排；强化环境执法监管；有效防范环境风险和妥善处置突发环境事件。

② 着力解决影响科学发展和损害群众健康的突出环境问题。主要内容有：切实加强重金属污染防治；严格化学品环境管理；确保核与辐射安全；深化重点领域污染综合防治；大力

发展环保产业；加快推进农村环境保护；加大生态保护力度。

③ 改革创新环境保护体制机制。主要内容有：继续推进环境保护历史性转变；实施有利于环境保护的经济政策；不断增强环境保护能力；健全环境管理体制和工作机制；强化对环境保护工作的领导和考核。

（2）《"十四五"土壤、地下水和农村生态环境保护规划》

土壤、地下水和农村生态环境保护关系米袋子、菜篮子、水缸子安全，关系美丽中国建设。"十四五"时期是开启全面建设社会主义现代化国家新征程、向第二个百年奋斗目标进军的第一个五年，为深入打好污染防治攻坚战，切实加强土壤、地下水和农村生态环境保护，制定本规划。《"十四五"土壤、地下水和农村生态环境保护规划》主要指标见表1-1。

《"十四五"土壤、地下水和农村生态环境保护规划》的主要目标是：到2025年，全国土壤和地下水环境质量总体保持稳定，受污染耕地和重点建设用地安全利用得到巩固提升；农业面源污染得到初步管控，农村环境基础设施建设稳步推进，农村生态环境持续改善。到2035年，全国土壤和地下水环境质量稳中向好，农用地和重点建设用地土壤环境安全得到有效保障，土壤环境风险得到全面管控；农业面源污染得到遏制，农村环境基础设施得到完善，农村生态环境根本好转。

表1-1　《"十四五"土壤、地下水和农村生态环境保护规划》主要指标

类型	指标名称	2020年（现状值）	2025年	指标属性
土壤生态环境	受污染耕地安全利用率	90%左右	93%左右	约束性
	重点建设用地安全利用①	—	有效保障	约束性
地下水生态环境	地下水国控点位Ⅴ类水比例②	25%左右	25%左右	预期性
	"双源"点位水质		总体保持稳定	预期性
农村生态环境	主要农作物化肥使用量	—	减少	预期性
	主要农作物农药使用量	—	减少	预期性
	农村环境整治村庄数量		新增8万个	预期性
	农村生活污水治理率③	25.50%	40%	预期性

① 重点建设用地指用途变更为住宅、公共管理与公共服务用地的所有地块。

② 地下水国控点位Ⅴ类水比例指国家级地下水质区域监测点位中，水质为Ⅴ类的点位所占的比例。2020年现状值是25.4%，2025年目标值是25%左右。

③ 农村生活污水治理率是指生活污水得到处理和资源化利用的行政村数占行政村总数的比例。

（3）《"十四五"节能减排综合工作方案》

《"十四五"节能减排综合工作方案》要求：以习近平新时代中国特色社会主义思想为指导，全面贯彻党的十九大和十九届历次全会精神，深入贯彻习近平生态文明思想，坚持稳中求进工作总基调，立足新发展阶段，完整、准确、全面贯彻新发展理念，构建新发展格局，推动高质量发展，完善实施能源消费强度和总量双控（以下称能耗双控）、主要污染物排放总量控制制度，组织实施节能减排重点工程，进一步健全节能减排政策机制，推动能源利用效率大幅提高、主要污染物排放总量持续减少，实现节能降碳减污协同增效、生态环境质量持续改善，确保完成"十四五"节能减排目标，为实现碳达峰、碳中和目标奠定坚实基础。

《"十四五"节能减排综合工作方案》的主要目标是：2025年全国单位国内生产总值能源消耗比2020年下降13.5%，能源消费总量得到合理控制，化学需氧量、氨氮、氮氧化物、挥发性有机物排放总量比2020年分别下降8%、8%、10%以上、10%以上。节能减排政策

机制更加健全，重点行业能源利用效率和主要污染物排放控制水平基本达到国际先进水平，经济社会发展绿色转型取得显著成效。

（4）《全国主体功能区规划》

《全国主体功能区规划》的编制实施是深入贯彻落实科学发展观的重大战略举措，对推进形成人口、经济和资源环境相协调的国土空间开发格局，加快转变经济发展方式，促进经济长期平稳较快发展和社会和谐稳定，实现全面建设小康社会目标和社会主义现代化建设长远目标具有重要的战略意义。

根据党的十七大关于到 2020 年基本形成主体功能区布局的总体要求，推进形成主体功能区的主要目标如下。

① 空间开发格局清晰　以"两横三纵"为主体的城市化战略格局基本形成，全国主要城市化地区集中全国大部分人口和经济总量；以"七区二十三带"为主体的农业战略格局基本形成，农产品供给安全得到切实保障；以"两屏三带"为主体的生态安全战略格局基本形成，生态安全得到有效保障；海洋主体功能区战略格局基本形成，海洋资源开发、海洋经济发展和海洋环境保护取得明显成效。

② 空间结构得到优化　全国陆地国土空间的开发强度控制在 3.91%，城市空间控制在 $10.65 \times 10^4 km^2$ 以内，农村居民点占地面积减少到 $16 \times 10^4 km^2$ 以下，各类建设占用耕地新增面积控制在 $3 \times 10^4 km^2$ 以内，工矿建设空间适度减少。耕地保有量不低于 $120.33 \times 10^4 km^2$（18.05 亿亩），其中基本农田不低于 $104 \times 10^4 km^2$（15.6 亿亩）。绿色生态空间扩大，林地保有量增加到 $312 \times 10^4 km^2$，草原面积占陆地国土空间面积的比例保持在 40% 以上，河流、湖泊、湿地面积有所增加。

③ 空间利用效率提高　单位面积城市空间创造的生产总值大幅度提高，城市建成区人口密度明显提高。粮食和棉、油、糖单产水平稳步提高。单位面积绿色生态空间蓄积的林木数量、产草量和涵养的水量明显增加。

④ 区域发展协调性增强　不同区域之间城镇居民人均可支配收入、农村居民人均纯收入和生活条件的差距缩小，扣除成本因素后的人均财政支出大体相当，基本公共服务均等化取得重大进展。

⑤ 可持续发展能力提升　生态系统稳定性明显增强，生态退化面积减少，主要污染物排放总量减少，环境质量明显改善。生物多样性得到切实保护，森林覆盖率提高到 23%，森林蓄积量达到 $150 \times 10^8 m^3$ 以上。草原植被覆盖率明显提高。主要江河湖库水功能区水质达标率提高到 80% 左右。自然灾害防御水平提升。应对气候变化能力明显增强。

（5）《关于以改善环境质量为核心加强环境影响评价管理的通知》

为适应以改善环境质量为核心的环境管理要求，切实加强环境影响评价（以下简称环评）管理，落实"生态保护红线、环境质量底线、资源利用上线和环境准入负面清单"（以下简称"三线一单"）约束，建立项目环评审批与规划环评、现有项目环境管理、区域环境质量联动机制（以下简称"三挂钩"机制），更好地发挥环评制度从源头防范环境污染和生态破坏的作用，加快推进改善环境质量，现就有关事项通知如下。

① 生态保护红线是生态空间范围内具有特殊重要生态功能必须实行强制性严格保护的区域。相关规划环评应将生态空间管控作为重要内容，规划区域涉及生态保护红线的，在规划环评结论和审查意见中应落实生态保护红线的管理要求，提出相应对策和措施。除受自然条件限制、确实无法避让的铁路、公路、航道、防洪、管道、干渠、通信、输变电等重要基础设施项目外，在生态保护红线范围内，严控各类开发建设活动，依法不予审批新建工业项目和矿产开发项目的环评文件。

② 环境质量底线是国家和地方设置的大气、水和土壤环境质量目标，也是改善环境质量的基准线。有关规划环评应落实区域环境质量目标管理要求，提出区域或者行业污染物排放总量管控建议以及优化区域或行业发展布局、结构和规模的对策与措施。项目环评应对照区域环境质量目标，深入分析预测项目建设对环境质量的影响，强化污染防治措施和污染物排放控制要求。

③ 资源是环境的载体，资源利用上线是各地区能源、水、土地等资源消耗不得突破的"天花板"。相关规划环评应依据有关资源利用上线，对规划实施以及规划内项目的资源开发利用，区分不同行业，在能源资源开发等量或减量替代、开采方式和规模控制、利用效率和保护措施等方面提出建议，为规划编制和审批决策提供重要依据。

④ 环境准入负面清单是基于生态保护红线、环境质量底线和资源利用上线，以清单方式列出的禁止、限制等差别化环境准入条件和要求。要在规划环评清单式管理试点的基础上，从布局选址、资源利用效率、资源配置方式等方面入手，制定环境准入负面清单，充分发挥负面清单对产业发展和项目准入的指导与约束作用。

（6）《生态环境部关于实施"三线一单"生态环境分区管控的指导意见（试行）》

实施"三线一单"生态环境分区管控制度，是新时代贯彻落实习近平生态文明思想、深入打好污染防治攻坚战、加强生态环境源头防控的重要举措。

主要目标：2023 年，"三线一单"生态环境分区管控制度基本完善，更新调整、跟踪评估、成果数据共享服务等机制基本确立，数据共享与应用系统服务功能基本完善，在规划编制、产业布局优化和转型升级、环境准入等领域的实施应用机制基本建立，推动生态环境高水平保护格局基本形成。2025 年，"三线一单"生态环境分区管控技术体系、政策管理体系较为完善，数据共享与应用系统服务效能显著提升，应用领域不断拓展，应用机制更加有效，促进生态环境持续改善。

原则上，每五年可根据实际需要对"三线一单"生态环境分区管控成果进行调整。生态环境部在"十四五"后的国家五年规划发布年组织开展调整工作。省级生态环境部门结合本省（区、市）"三线一单"生态环境分区管控动态更新及跟踪评估情况，广泛听取有关部门的调整意见，编制"三线一单"生态环境分区管控调整方案，按程序报送省级党委和政府审议，报生态环境部备案后实施。省级生态环境部门应在调整方案发布后 1 个月内完成成果数据自检并报送至国家"三线一单"数据共享系统。

（7）"碳排放"相关政策

2020 年，我国做出庄严承诺：二氧化碳排放力争于 2030 年前达到峰值，努力争取 2060 年前实现碳中和（"双碳"目标）。这是应对气候变化和生态文明建设的重要事件。因为二氧化碳等温室气体与常规污染物排放具有同根、同源、同过程的特点，我国高碳的能源结构、高耗能的产业结构，决定了降碳与减污之间可以产生很强的协同效应。减少二氧化碳排放，有利于推动经济结构绿色转型、推动污染源头治理、促进生物多样性保护、减缓气候变化带来的不利影响。要把降碳摆在更加突出、优先的位置，对减污降碳协同增效进行一体谋划、一体部署、一体推进、一体考核。

因为上述原因，作为生态文明建设管理的重要制度之一的环境影响评价理应落实降碳目标。

2021 年 5 月，《关于加强高耗能、高排放建设项目生态环境源头防控的指导意见》（环环评〔2021〕45 号）指出：以"两高"行业为主导产业的园区规划环评应增加碳排放情况与减排潜力分析，推动园区绿色低碳发展。该文件将碳排放评价内容纳入环评。

2021 年 10 月，《关于在产业园区规划环评中开展碳排放评价试点的通知》提出在规划环评中开展碳排放评价试点工作。

2021年11月，《关于深化生态环境领域依法行政持续强化依法治污的指导意见》提出依法推进碳减排工作，以实现减污降碳协同增效，强化降碳的刚性举措，并将应对气候变化要求纳入"三线一单"生态环境分区管控体系，实施碳排放、环境影响评价及污染源与碳排放管理统筹管理，从源头实现减污降碳协同作用。

2021年12月，《规划环境影响评价技术导则 产业园区》（HJ 131—2021）实施，增加了主要污染物减排和节能降碳潜力分析、资源节约与碳减排等相关内容，落实区域生态环境质量改善、减污降碳协同共治要求。

除了国家层面的"碳环评"制度的建立外，各地也进行了有益的探索。比如，上海、广东、重庆等针对碳排放也制定了相应的地方标准。

2. 产业政策

为使我国国民经济按照可持续发展战略的原则，在适应国内市场的需求和有利于开拓国际市场的条件下，改善投资结构，促进产业的技术进步，有利于节约资源和改善生态环境，促进经济结构的合理化，从而使各产业部门统一协调、有序、持续、快速、健康地发展，实现国家对经济的宏观调控而制定的有关政策，统称为产业政策。

（1）《产业结构调整指导目录（2019年本）》

《产业结构调整指导目录（2019年本）》由鼓励类、限制类和淘汰类三类目录组成。不属于鼓励类、限制类和淘汰类，而且符合国家有关法律、法规规定的行业类型为允许类，允许类未列入《产业结构调整指导目录（2019年本）》。

① 鼓励类　鼓励类项目主要是指对社会经济发展有重要促进作用，有利于节约资源、保护环境、优化升级产业结构，需要采取政策措施予以鼓励和支持的关键技术、装备及产品。该类项目属于国家积极鼓励扶持的项目，其环境可行性较大。

② 限制类　限制类项目主要是指工艺技术落后，不符合行业准入条件和有关规定，不利于产业结构优化升级，需要督促改造和禁止新建的生产能力、工艺技术、装备及产品。从项目建设的角度讲，限制类的项目属于禁止新建的项目，其环境可行性不大。

③ 淘汰类　淘汰类项目主要是指不符合有关法律法规规定，严重浪费资源、污染环境、不具备安全生产条件，需要淘汰的落后工艺技术、装备及产品。

（2）《关于抑制部分行业产能过剩和重复建设引导产业健康发展的若干意见》

为切实将党中央、国务院应对国际金融危机的一揽子计划落到实处，巩固和发展当前经济平稳向好的势头，加快推动结构调整，坚决抑制部分行业的产能过剩和重复建设，引导新兴产业有序发展，颁布实施了《关于抑制部分行业产能过剩和重复建设引导产业健康发展的若干意见》。按照"保增长、扩内需、调结构"的总体要求，出台了钢铁等十个重点产业调整和振兴规划，在推动结构调整方面提出了控制总量、淘汰落后、兼并重组、技术改造、自主创新等一系列对策和措施，各地也相继出台了一些扶持产业发展的政策和措施。

从当前产业发展状况看，结构调整虽取得一定进展，但总体进展不快，各地区、各行业也不平衡。不少领域产能过剩、重复建设问题仍很突出，有的甚至还在加剧。特别需要关注的行业是钢铁、水泥、平板玻璃、煤化工、风电设备、多晶硅等。此外，电解铝、造船、大豆压榨等行业产能过剩矛盾也十分突出。

为了抑制产能过剩和重复建设，采取的对策和措施有：严格市场准入；强化环境监管；依法依规供地用地；实行有保有控的金融政策；严格项目审批管理；做好企业兼并重组工作；建立信息发布制度；实行问责制。特别需要注意的是，区域内的钢铁、水泥、平板玻璃、传统煤化工、多晶硅等高耗能、高污染项目的环境影响评价文件必须在产业规划环评通过后才能受理和审批。各级投资主管部门要进一步加强钢铁、水泥、平板玻璃、煤化工、多晶硅、风电设备等产能过剩行业的项目审批管理，原则上不再批准扩大产能的项目，不得下放审批权限，严禁化整为零、违规审批。在新的政府投资项目核准目录出台前，上述产能过剩行业确有必要建设的项目，须报国家发展改革委组织论证和核准。

（3）其他产业政策

为了及时调控和引导部分出现产能过剩与重复建设问题的行业，近年来颁布了大量产业政策，需要我们在环境影响评价工作中关注。如，2003 年颁布的《关于制止钢铁电解铝水泥行业盲目投资若干意见的通知》《关于制止电解铝行业违规建设盲目投资的若干意见》《关于防止水泥行业盲目投资加快结构调整的若干意见》；2005 年颁布的《钢铁产业发展政策》《电石行业准入条件》《铁合金行业准入条件》《焦化行业准入条件》；2011 年颁布的《关于遏制电解铝行业产能过剩和重复建设引导产业健康发展的紧急通知》等。

第四节　环境影响评价制度

一、环境影响评价制度的形成与发展

环境影响评价制度是把环境影响评价工作以法律、法规和行政规章的形式确定下来从而必须遵守的制度。环境影响评价是一种评价方法、评价技术，而环境影响评价制度却是进行评价的法律依据。环境影响评价制度成为各国环境法的一项基本法律制度，是环境法科技化的一个突出表现，是当代决策方法的重大发展，是科学决策、民主决策的基础之一，是综合决策的根据和前提。

1. 环境影响评价制度的起源与发展

1969 年，美国国会通过《国家环境政策法》，1970 年 1 月 1 日起正式实施，环境影响评价首次以法律的形式固定下来，并建立了环境影响评价制度。继美国环境影响评价制度建立以来，很多国家也都相继建立了环境影响评价制度。最初是在较发达国家，如瑞典（1970年）、加拿大（1973）、新西兰（1973 年）、澳大利亚（1974 年）、德国（1976 年）、法国（1976年），随后扩展到发展中国家。与此同时，国际上也成立了许多有关环境影响评价的相关机构，召开了一系列有关环境影响评价的会议，开展了环境影响评价的研究和交流，进一步促进了各国环境影响评价的应用与发展。经过 40 多年的发展，已有 100 多个国家建立了环境影响评价制度。同时，环境影响评价的内涵也不断得到提高。

2. 我国环境影响评价制度的发展

我国环境影响评价制度主要是在建设项目环境管理实践中不断发展起来的，它经历了一个逐步形成、完善的过程，大体上可分为五个阶段。

（1）引入和确立阶段（1974 ～ 1979 年）

1973 年第一次全国环境保护会议后，我国环境保护工作全面起步。高等院校和科研单位的一些专家、学者，在报刊和学术会议上，宣传和倡导环境影响评价，并参与了环境质量评价及其方法的研究。同年，"北京西郊环境质量评价研究"协作组成立，随后官厅水库流域、南京市、茂名市开展了环境质量评价。

1977 年，中国科学院召开"区域环境保护学术交流研讨会议"，推动了大中城市的环境质量现状评价。1978 年 12 月 31 日，中发〔1978〕79 号文件转批的国务院环境保护领导小组《环境保护工作汇报要点》中，首次提出了环境影响评价的意向。1979年4月，国务院环境保护领导小组在《关于全国环境保护工作会议情况的报告》中，把环境影响评价作为一项方针政策再次提出。在国家的支持下，北京师范大学等单位率先在永平铜矿开展了我国第一个建设项目的环境影响评价工作。

1979年9月，《中华人民共和国环境保护法（试行）》颁布，规定："一切企业、事业单位的选址、设计、建设和生产，都必须注意防止对环境的污染和破坏。在进行新建、改建和扩建工程中，必须提出环境影响报告书，经环境保护主管部门和其他有关部门审查批准后才能进行设计。"该法的颁布标志着我国的环境影响评价制度正式确立。

（2）规范和建设阶段（1980～1989年）

环境影响评价制度确立后，相继颁布的各项环境保护法律、法规和部门行政规章，不断对环境影响评价进行规范。1986年国家计委、经委、国务院环境保护委员会联合颁发的《建设项目环境保护管理办法》中，对建设项目环境影响评价的范围、内容、审批和环境影响报告书（表）的编制格式都做了明确规定，促进了环境影响评价制度的有效执行。1986年，国家环境保护局颁布《建设项目环境影响评价证书管理办法（试行）》，在我国开始试行环境影响评价单位的资质管理。同时，环境影响评价的技术方法也得到不断探索和完善。

1989年12月颁布的《中华人民共和国环境保护法》对环境影响评价制度的评价对象和任务、工作原则和审批程序、执行时段和与基本建设程序之间的关系作了原则上的规定，再一次用法律确认了建设项目环境影响评价制度，并为行政法规具体规范环境影响评价提供了法律依据和基础。

（3）强化和完善阶段（1990～2002年）

进入20世纪90年代，随着我国改革开放的深入发展和社会主义计划经济向市场经济转轨，建设项目的环境保护管理特别是环境影响评价制度得到强化，开展了区域环境影响评价，并针对企业长远发展计划进行了规划环境影响评价。针对投资多元化造成的建设项目多渠道立项和开发区的兴起，1993年国家环境保护局下发了《关于进一步做好建设项目环境保护管理工作的几点意见》，提出先评价、后建设，并对环境影响评价分类指导和开发区区域环境影响评价做了规定。

在注重环境污染的同时，加强了生态影响项目的环境影响评价，防治污染和保护生态并重。开始试行建设项目环境影响评价的公众参与，并逐步扩大和完善公众参与的范围。

1994年起，开始了建设项目环境影响评价招标试点工作，并陆续颁布实施了多部环境影响评价技术导则和报告书编制规范。1996年召开了第四次全国环境保护工作会议，发布了《国务院关于环境保护若干问题的决定》。各地加强了对建设项目的审批和检查，并实施污染物排放总量控制，增加了"清洁生产"和"公众参与"的内容，强化了生态环境评价，使环境影响评价的深度和广度得到进一步扩展。

1998年11月，国务院253号令颁布实施《建设项目环境保护管理条例》，这是建设项目环境管理的第一个行政法规，对环境影响评价做了全面、详细、明确的规定。1999年3月，国家环境保护总局颁布第2号令，公布了《建设项目环境影响评价资格证书管理办法》，对评价单位的资质进行了规定；同年4月，国家环境保护总局发布《关于公布建设项目环境保护分类管理名录（试行）的通知》，公布了分类管理名录。

2002年10月，第九届全国人大常委会通过《中华人民共和国环境影响评价法》，至此我国的环境影响评价制度进入了一个新的阶段。

（4）提高和拓展阶段（2003年至今）

2003年9月1日起实施的《中华人民共和国环境影响评价法》使环境影响评价从建设项

目环境影响评价扩展到规划环境影响评价，是我国环境影响评价制度的重大进步，环境影响评价工作迈上了新的台阶。

国家环保总局于 2003 年颁布了《规划环境影响评价技术导则（试行）》，并同时制定了《编制环境影响报告书的规划的具体范围（试行）》《编制环境影响篇章或说明的规划的具体范围（试行）》和《专项规划环境影响报告书审查办法》。2009 年，国务院颁布《规划环境影响评价条例》，进一步加强对规划的环境影响评价工作，提高规划的科学性，从源头预防环境污染和生态破坏，促进经济、社会和环境的全面协调与可持续发展。

国家环境保护总局依照法律的规定，于 2003 年建立环境影响评价的基础数据库，有效地管理环境影响评价的数据和文件，整合多部门与环境相关的数据信息，促进各部门、各单位之间在环境影响评价方面的信息交流和信息共享，对于更好地开展环境影响评价工作起到了很好的推动作用。同年，设立了国家环境影响评价审查专家库，充分发挥专家在环境影响评价技术审查中的作用，保证审查活动的公平、公正、公开。

人事部、国家环境保护总局于 2004 年 2 月 16 日发布了《环境影响评价工程师职业资格制度暂行规定》《环境影响评价工程师职业资格考试实施办法》《环境影响评价工程师职业资格考核认定办法》等文件，加强了环境影响评价管理，提高了环境影响评价专业技术人员素质，确保了环境影响评价质量。中华人民共和国生态环境部公告 2019 年第 39 号《关于启用环境影响评价信用平台的公告》、中华人民共和国生态环境部令第 9 号《建设项目环境影响报告书（表）编制监督管理办法》、中华人民共和国生态环境部公告 2019 年第 38 号《建设项目环境影响报告书（表）编制能力建设指南（试行）》《建设项目环境影响报告书（表）编制单位和编制人员信息公开管理规定（试行）》《建设项目环境影响报告书（表）编制单位和编制人员失信行为记分办法（试行）》等 3 个配套文件等文件实施，原资质管理文件作废。

2003 年至今，国家环境保护标准的修订和制定也取得了突飞猛进的发展，截至 2023 年 8 月，修订和新制定的国家环境保护标准多达上千项。环境保护标准的与时俱进，为环境影响评价工作提供了大量的技术依据。

环境影响评价导则是环境影响评价工作所依据的重要文件，2011 年 9 月环境保护部发布了新的《环境影响评价技术导则 总纲》，对建设项目环境影响评价的一般性原则、方法、内容及要求进行了修订和完善，对环境影响评价起到了更好的指导作用。截至 2023 年 8 月，环境影响评价导则的更新及发布达到 48 项，不仅对专项环境影响评价技术导则（如生态、地下水、声、大气、风险环境影响评价导则）进行了修订更新，还新制定了多个行业建设项目环境影响评价技术导则（如煤炭采选工程、制药建设项目、农药建设项目等），配套发布污染源源强核算技术指南（包括准则、锅炉、火电、汽车制造、水泥工业等）。导则的更新加强了环境影响评价工作的规范性、操作性和可行性，推动了我国环境影响评价工作向前发展。

为了使环境影响评价工作人员尽快地熟悉新的导则和标准，环境保护部（现生态环境部）环境工程评估中心开展了环评培训（如环评技术人员岗位培训、环评工程师技术培训、专题培训等）和研讨。培训和研讨给环评工作者提供了相互学习和交流的机会，促进了环评工作的飞跃发展。与此同时，2003 年之后出现了大量的环境影响评价论坛，为广大环评工作者提供了交流学习的平台。

（5）改革和优化阶段（2016 年至今）

简政放权、放管结合、优化服务是党的十八大后深化行政体制改革、推动政府职能转变的一项重大举措，《中华人民共和国环境影响评价法》（以下简称《环评法》）于 2016 年进行第一次修正，2018年第二次修正。通过弱化行政审批、强化规划环评、加大未批先建处罚力度，取消建设项目环境影响评价资质行政许可事项，新修改的《环评法》的目的在于实现从源头减少环境污染的目标。要使环评制度更好地发挥作用，还需强化规划环评，促进其参与综合决策并发挥实质性作用；强化公众参与，以社会监督防止权力任性对环评的干预；强化法治以形成对行政权力的制约和监督，进一步推动行政体制改革。随后按照法律程序制定了环境影响报告书（表）编制的监管办法和能力建设指南等配套文件。2016年之后，《环境影响评价技术导则》总纲、大气环境、地表水环境、地下水环境、声环境、生态影响以及《规划环境影响评价技术导则 总纲》等进行了更新，新出台了《环境影响评价技术导则 土壤环境（试行）》和《污染源源强核算技术指南》等，环境影响评价技术工作也进入了进一步规范和改革阶段。

二、我国环境影响评价制度的特点

建设项目环境影响评价制度引入我国几十年来，逐步建立了一套完整的法律法规体系、导则标准体系和技术方法体系，成为在控制环境污染和生态破坏方面最富有成效的措施，并且形成了自己的特点。这些特点主要有以下几个方面。

1. 具有法律强制性

我国的环境影响评价制度是国家环境保护法律法规明令规定的一项法律制度，以法律形式约束人们必须遵照执行，具有不可违背的强制性，所有对环境有影响的建设项目都必须执行这一规定。需要进行环境影响评价的建设项目包括新建项目、改建项目、扩建项目和技术改造项目。目前，环境影响评价的对象已由建设项目扩展到规划项目。

2. 纳入基本建设程序

环境影响评价在基本建设程序中具有非常重要的地位。建设项目的环境影响评价文件未依法经审批部门审查或者审查后未予批准的，建设单位不得开工建设。

3. 分类管理和分级审批

为了适应我国的具体国情和体制，提高环境影响评价管理审批效率，我国实行了环境影响评价的分类管理和分级审批。

（1）分类管理

我国从1998年开始对建设项目环境影响评价实行分类管理，依据《建设项目环境影响评价分类管理名录》分别组织编写环境影响报告书、环境影响报告表或者填报环境影响登记表。2003年实施的《中华人民共和国环境影响评价法》对需要进行环境影响评价的规划实行分类管理。明确要求对"一地三域"规划及"十专项"规划中的指导性规划应当编制该规划有关环境影响的篇章或说明；对"十专项"规划中的非指导性规划应当编制环境影响报告书。

（2）分级审批

依据2009年颁布实施的《建设项目环境影响评价文件分级审批规定》，建设对环境有影响的项目，不论投资主体、资金来源、项目性质和投资规模，其环境影响评价文件均应按照规定确定分级审批权限，由生态环境部、省（自治区、直辖市）以及市、县等不同级别环境保护行政主管部门负责审批。

4. 公众参与

公众参与环境保护的程度，直接体现了一个国家可持续发展的水平。《中华人民共和国环境影响评价法》第五条规定："国家鼓励有关单位、专家和公众以适当方式参与环境影响评价。"公众参与的实施是决策民主化的体现，也是决策科学化的必要环节。

5. 实行环评工程师职业资格制度

环境影响评价文件具有很强的技术性、政策性、科学性、工程实用性，涉及多种学科，因此，承担评价的单位必须具备一定的技术水平，具有评价所需的仪器设备和各种专业的技术人才。为了确保环境影响评价工作的质量，国家建立了环评工程师职业资格制度。通过该制度的推行，环境影响评价的市场得到了规范，人员素质得到了提高，环境影响评价文件的质量得到了保障。

三、我国环境影响评价能力建设管理

全国人民代表大会常务委员会于 2016 年和 2018 年两次公布施行，对《环评法》做出修改，取消建设项目环境影响评价资质行政许可事项，弱化项目环评的行政审批要求，强化规划环评，加大未批先建处罚力度。

1. 环境影响评价编制能力的法律法规

为落实《环评法》相关要求，深化环评领域"放管服"改革的重要举措，规范建设项目环境影响报告书（表）[以下简称报告书（表）] 编制行为，保障环评工作质量，维护资质许可事项取消后的环评技术服务市场秩序，生态环境部发布《建设项目环境影响报告书（表）编制监督管理办法》（以下简称《办法》）。根据《环评法》有关规定和《办法》施行需要，生态环境部配套发布《建设项目环境影响报告书（表）编制能力建设指南（试行）》《建设项目环境影响报告书（表）编制单位和编制人员信息公开管理规定（试行）》《建设项目环境影响报告书（表）编制单位和编制人员失信行为记分管理办法（试行）》等三个文件。为贯彻落实《环评法》《建设项目环境保护管理条例》，进一步规范建设项目环境影响报告书（表）编制行为，保障环境影响评价工作质量，维护环境影响评价技术服务市场秩序，生态环境部组织修订《建设项目环境影响报告书（表）编制监督管理办法》及其配套文件，该文件已于2023 年 7 月公开征求意见，目前尚未发布。

2. 建设项目环境影响报告书（表）编制能力建设指南

环境影响报告书（表）编制能力建设包括编制单位的人员配备、工作实践和保障条件等三个方面。

（1）人员配备方面的能力建设

① 配备一定数量的全职专业技术人员

a. 编制环境影响报告表的单位，全职人员中配备一定数量的环境影响评价工程师、掌握相关环境要素环境影响评价方法的人员、熟悉相应类别建设项目工程 / 工艺特点与环境保护措施的人员，以及熟悉环境影响评价相关法律法规、标准和技术规范的人员。

b. 编制环境影响报告书的单位，除配备 a 中的全职专业技术人员外，全职人员中配备一定数量近 3 年内作为编制主持人主持编制过相应类别环境影响报告书（表）的环境影响评价工程师和从事环境影响评价工作 5 年以上的环境影响评价工程师。

c. 编制重点项目环境影响报告书的单位，除配备 a、b 中的全职专业技术人员外，全职人员中配备一定数量近 3 年内作为编制主持人主持编制过或者作为主要编制人员编制过相应类别重点项目环境影响报告书的环境影响评价工程师，以及从事环境影响评价工作 10 年以上的环境影响评价工程师。其中，编制核与辐射类别重点项目（输变电项目除外）环境影响报告书的单位，全职人员中同时配备一定数量的注册核安全工程师。

② 专业技术人员完成一定数量的继续教育学时

a. 每年参加一定学时的环境影响评价相关业务培训、研修、远程教育等。

b. 每年参加一定学时的环境影响评价相关学术会议、学术讲座等。

（2）工作实践方面的能力建设

① 具备相应的基础能力：建设项目工程分析能力；环境现状调查与评价能力；环境影响分析、预测与评价能力；环境保护措施比选及其技术、经济论证能力；相关技术报告和数据资料分析、审核能力。

② 具备相应的工作业绩

a. 编制环境影响报告书的单位，近3年内主持编制过一定数量的环境影响报告书（表）或者规划环境影响报告书。

b. 编制重点项目环境影响报告书的单位，近3年内主持编制过一定数量的相应类别环境影响报告书。

③ 具备一定的科研能力　近3年内承担或者参与过一定数量的环境影响评价相关科学研究课题，或者环境保护相关标准、技术规范等制修订工作。

（3）保障条件方面的能力建设

① 具备固定的工作场所：具备必要的办公条件；具备环境影响评价档案资料管理设施及场所。

② 具备完善的质量保证体系

a. 建立和实施环境影响评价质量控制制度。

b. 建立和运行环境影响评价质量控制信息化管理系统。

c. 建立和实施环境影响评价技术交流与培训制度。

③ 配备相应的专业软件和仪器设备：配备一定数量的专业技术软件；配备一定数量的图文制作和专业仪器设备。

鼓励建设单位优先选择符合本指南要求的技术单位为其编制环境影响报告书（表）。技术单位配备的全职专业技术人员数量、技术单位专业技术人员的继续教育学时、技术单位的工作业绩和科研工作量以及配备的专业软件和仪器设备数量等情况，可作为建设单位比选技术单位的重要量化参考指标。

3. 环境影响评价工程师职业资格制度

为了加强对环境影响评价专业技术人员的管理，规范环境影响评价行为，强化环境影响评价责任，提高环境影响评价专业技术人员素质和业务水平，维护国家环境安全和公众利益，人事部、国家环境保护总局于2004年2月16日联合发布了《关于印发＜环境影响评价工程师职业资格制度暂行规定＞、＜环境影响评价工程师职业资格考试实施办法＞和＜环境影响评价工程师职业资格考核认定办法＞的通知》（国人部发〔2004〕13号），规定从2004年4月1日起在全国实施环境影响评价工程师职业资格制度。

（1）环境影响评价工程师职业资格考试及报考条件

环境影响评价工程师职业资格实行全国统一大纲、统一命题、统一组织的考试制度。考试设环境影响评价相关法律法规、环境影响评价技术导则与标准、环境影响评价技术方法和环境影响评价案例分析4个科目，各科目的考试时间均为3h，采用闭卷方式，考试时间为每年的第二季度。

考试成绩实行以两年为一个周期的滚动管理办法。参加全部4个科目考试的人员必须在连续的两个考试年度内通过全部科目；免试部分科目的人员必须在一个年度内通过应试科目考试。

凡遵守国家法律、法规，恪守职业道德，并具备表1-2中条件之一者，可申请参加环境影响评价工程师职业资格考试。

表 1-2　环境影响评价工程师职业资格考试报考条件

学历		从事环境影响评价工作年限
大专	环境保护相关专业	≥7年
	其他专业	≥8年
学士	环境保护相关专业	≥5年
	其他专业	≥6年
硕士	环境保护相关专业	≥2年
	其他专业	≥3年
博士	环境保护相关专业	≥1年
	其他专业	≥2年

注：环境保护相关专业的范围见《环境影响评价工程师职业资格制度暂行规定》附件1。

（2）环境影响评价信息平台管理

根据《建设项目环境影响报告书（表）编制监督管理办法》（生态环境部令第9号，以下简称《监督管理办法》）相关要求，生态环境部已建设完成全国统一的环境影响评价信用平台（以下简称信用平台）。信用平台于2019年11月1日启用。

编制单位和编制人员应当通过信用平台提交本单位、本人以及编制完成的环境影响报告书（表）的基本情况信息，并对提交信息的真实性、准确性和完整性负责。

信用平台向社会公开编制单位、编制人员和环境影响报告书（表）的基础信息。

习　题

1. 什么是环境影响评价？
2. 环境敏感区包括哪些特征区域？
3. 建设项目环境影响评价技术文件分为哪几类？依据是什么？
4. 简述环境影响评价的工作程序。
5. 简述生态环境保护法律体系的构成。
6. 建设项目环境影响评价工作程序中，第一步工作是（　　　）。

　　A. 环境现状调查

　　B. 确定各单项环境影响评价的工作等级

　　C. 环境影响因素识别与评价因子筛选，确定评价重点

　　D. 根据国家《建设项目环境保护分类管理名录》，确定环境影响评价文件类型

7. 建设项目各环境要素、各专题评价工作等级按（　　　）等因素进行划分，具体由环境要素或专题环境影响评价技术导则规定。

　　A. 所在地区的环境特征

　　B. 建设项目环境保护分类管理名录

　　C. 相关法律法规、标准及规划、环境功能区划

　　D. 建设项目的特点

第二章
建设项目工程分析和污染源调查

学习目标

掌握运用物料衡算法、类比法、实测法、产污系数法、排污系数法、实验法，分析生产设施、公用工程设施、辅助设施各单元产排污情况的方法；掌握各要素环境影响预测所需的污染源参数；掌握建设项目无组织排放、非正常工况污染物排放量的核算方法。熟悉建设项目污染物产生及排放环节分析方法；熟悉运用工艺流程图、物料平衡等核算污染物排放量的方法；熟悉建设项目可能产生的致癌、致畸、致突变物质及持久性有机污染物、重金属等的来源、产生情况、排放途径的分析方法；了解清洁生产主要指标的选取与计算方法；了解改扩建及搬迁项目现有工程污染排放情况的调查方法。

第一节　建设项目工程分析

工程分析是环境影响预测和评价的基础，是做出项目决策的重要依据之一，贯穿于整个评价工作的全过程。其主要目的就是通过对工程内容和污染特征的全面分析，从项目总体上纵观开发建设活动与环境全局的关系，同时从微观上为环境影响评价工作提供基础数据。

一、工程分析的基本要求

① 工程分析应突出重点。依据现行的《建设项目环境影响评价技术导则　总纲》和《污染源源强核算技术指南　准则》的要求，工程分析应根据建设项目类别，确定工程内容和特征，选择对环境可能产生较大影响的主要因素进行深入分析。

② 应用的数据资料要真实、准确、可信。建设项目的规划、可行性研究和初步设计等技术文件中提供的资料、数据和图件等是工程分析的第一手资料。针对这些资料，应进行分析后引用；引用现有资料时应注意其时效性。选择类比法进行数据、资料分析时，应分析其相同性或者相似性。

③ 结合建设项目工程组成、规模、工艺路线，对建设项目环境影响因素、方式、强度等进行详细分析与说明。随着环境影响评价的不断发展，实际工作中对工程分析的要求越来越高。工程分析除满足以上基本要求外，还要求在评价工作中贯彻执行我国环境保护的法律法规和方针政策，如产业政策、能源政策、土地利用政策、环境技术政策、清洁生产、总量控制等。因此，工程分析应在对建设项目选址选线、设计方案、运行调度等进行充分的调查和现场勘查的基础上进行。

二、工程分析的方法

根据项目规划、可行性研究和设计方案等技术资料的详尽程度，建设项目的工程分析可以采用不同的方法。由于国家建设项目审批体制改革，环境影响评价成为项目核准备案的前置条件，有些建设项目，如大型资源开发、水利工程建设以及国外引进项目，在可行性研究阶段所能提供的工程技术资料不能满足工程分析的需要时，可以根据具体情况选用其他适用的方法。目前可供选用的方法有类比法、物料衡算法、实测法、产污系数法、排污系数法和实验法。

1. 类比法

类比法是指对比分析在原辅料及燃料成分、产品、工艺、规模、污染控制措施、管理水平等方面具有相同或类似特征的污染源，利用其相关资料，确定污染物浓度、废气量、废水量等相关参数，进而核算污染物单位时间产生量或排放量，或者直接确定污染物单位时间产生量或排放量的方法。类比法是用与拟建项目类型相同的现有项目的设计资料或实测数据进行工程分析的常用方法。为提高类比数据的准确性，应充分注意分析对象与类比对象之间的相似性和可比性。一般应注意从三个方面进行类比分析。

（1）工程一般特征的相似性

所谓一般特征包括建设项目的性质、建设规模、车间组成、产品结构、工艺路线、生产方法、原料、燃料成分与消耗量、用水量和设备类型等。

（2）污染物排放特征的相似性

包括污染物排放类型、浓度、强度与数量，排放方式与去向以及污染方式与途径等。

（3）环境特征的相似性

包括气象条件、地貌状况、生态特点、环境功能以及区域污染情况等方面的相似性。因为在生产建设中常会遇到这种情况，即某污染物在甲地是主要污染因素，在乙地则可能是次要因素，甚至是可被忽略的因素。

类比法也常用单位产品的经验排污系数计算污染物排放量。但是采用此法必须注意，一定要根据生产规模等工程特征和生产管理以及外部因素等实际情况进行必要的修正。

经验排污系数法公式为：

$$A = AD \times M \tag{2-1}$$
$$AD = BD - (aD + bD + cD + dD) \tag{2-2}$$

式中　A——某污染物的排放总量；

　　AD——单位产品某污染物的排放定额；

　　M——产品总产量；

　　BD——单位产品投入或生成的某污染物数量；

　　aD——单位产品中某污染物的量；

bD——单位产品所生成的副产物、回收品中某污染物的量；

cD——单位产品分解转化掉的污染物量；

dD——单位产品被净化处理掉的污染物量。

采用经验排污系数法计算污染物排放量时，必须对生产工艺、化学反应、副反应和管理等情况进行全面了解，掌握原料、辅助材料、燃料的成分和消耗定额。一些项目的计算结果可能与实际存在一定的误差，在实际工作中应注意结果的一致性。经验排污系数可以查《排放源统计调查产排污核算方法和系数手册》确定。

类比分析法要求收集长期资料，需投入的工作量大，但所得结果较为准确，可信度较高。在评价工作中，评价等级较高、评价时间允许且有可参考的相同或相似的现有工程时，应采用类比分析法。

【例 2-1】 A 企业年新鲜工业用水 0.9×10^4 t，无监测排水流量，排污系数取 0.7，废水处理设施进口 COD 浓度为 500mg/L，排污口 COD 浓度为 100mg/L。

①A 企业去除 COD（　　　）kg。

  A. 25200000　　　　B. 2520　　　　C. 2520000　　　　D. 25200

②A 企业排放 COD（　　　）kg。

  A. 6300　　　　B. 630000　　　　C. 630　　　　D. 900

解： COD 去除量 $=9000 \times 0.7 \times 10^3 \times (500-100) \times 10^{-6} = 2520$（kg）

COD 排放量 $=9000 \times 0.7 \times 10^3 \times 100 \times 10^{-6} = 630$（kg）

【例 2-2】 某企业年烧柴油 200t、重油 300t，柴油的燃烧排放系数为 1.2×10^4 m³/t，重油的燃烧排放系数为 1.5×10^4 m³/t，废气排放量为（　　　）$\times 10^4$ m³。

  A. 690　　　　B. 6900　　　　C. 660　　　　D. 6600

解： 废气年排放量 $=(200 \times 1.2 + 300 \times 1.5) \times 10^4 = 690 \times 10^4$（m³）

2. 物料衡算法

物料衡算法 是指根据质量守恒定律，利用物料数量或元素数量在输入端与输出端之间的平衡关系，计算确定污染物单位时间产生量或排放量的方法。即在生产过程中投入系统的物料总量必须等于产出的产品量和物料流失量之和。其计算通式如下。

$$\sum G_{投入} = \sum G_{产品} + \sum G_{流失} \tag{2-3}$$

式中　$\sum G_{投入}$——投入系统的物料总量；

      $\sum G_{产品}$——产出产品总量；

      $\sum G_{流失}$——物料流失总量。

工程分析中常用的物料衡算有：a. 总物料衡算；b. 有毒有害物料衡算；c. 有毒有害元素物料衡算。

当投入的物料在生产过程中发生化学反应时，可按下述公式进行衡算。

（1）总物料衡算公式

$$\sum G_{排放} = \sum G_{投入} - \sum G_{回收} - \sum G_{处理} - \sum G_{转化} - \sum G_{产品} \tag{2-4}$$

式中　$\sum G_{投入}$——投入物料中的某污染物总量；

      $\sum G_{产品}$——进入产品结构中的某污染物总量；

      $\sum G_{回收}$——进入回收产品中的某污染物总量；

$\sum G_{处理}$——经净化处理掉的某污染物总量；

$\sum G_{转化}$——生产过程中被分解、转化的某污染物总量；

$\sum G_{排放}$——某污染物的排放量。

（2）单元工艺过程或单元操作的物料衡算

对某单元过程或某工艺操作进行物料衡算，可以确定这些单元工艺过程、单一操作的污染物产生量。例如对管道和泵输送、吸收过程、分离过程、反应过程等进行物料衡算，可以核定这些加工过程的物料损失量，从而了解污染物产生量。

在可研究文件提供的基础资料比较翔实或对生产工艺熟悉的条件下，应优先采用物料衡算法计算污染物排放量。理论上讲，该方法是最精确的。

【例2-3】 某企业年投入物料中的某污染物总量9000t，进入回收产品中的某污染物总量为2000t，经净化处理掉的某污染物总量为500t，生产过程中被分解、转化的某污染物总量为100t，某污染物的排放量为5000t，则进入产品中的某污染物总量为（　　　）t。

    A. 14000　　　　　　B. 5400　　　　　　C. 6400　　　　　　D. 1400

解： 根据公式 $\sum G_{排放}=\sum G_{投入}-\sum G_{回收}-\sum G_{处理}-\sum G_{转化}-\sum G_{产品}$

可得 $\sum G_{产品}=9000-2000-500-100-5000=1400$（t）

【例2-4】 某电镀企业每年用铬酸酐（CrO_3）4t，其中约15%的铬沉淀在镀件上，约有25%的铬以铬酸雾的形式排入大气，约有50%的铬从废水中流失，其余的损耗在镀槽上，则全年从废水中排放的六价铬是（　　　）t。（已知：Cr元素的原子量为52）

    A. 2　　　　　　　　B. 1.04　　　　　　C. 2.08　　　　　　D. 无法计算

解： 本题属于化学原材料的物料衡算。

首先从分子式中算出铬的换算值 =52/（52+16×3）=52%

根据物料衡算和题中给出的信息，从废水中流失的六价铬只有50%，则全年从废水中流失的铬 =4×50%×52%=1.04（t）

【例2-5】 （2008年注册环境影响评价工程师技术方法原题）某电镀企业使用$ZnCl_2$作原料，已知年耗$ZnCl_2$ 100t（折纯）；98.0%的锌进入电镀产品，1.90%的锌进入固体废物，剩余的锌全部进入废水中；废水排放量15000m³/a。废水中总锌的浓度为（　　　）。（Zn的原子量为65.4，Cl的原子量为35.5）

    A. 0.8mg/L　　　　　B. 1.6mg/L　　　　　C. 3.2mg/L　　　　　D. 4.8mg/L

解： 首先计算锌在原材料中的换算值。

锌的换算值 $= \dfrac{65.4}{65.4+35.5\times2}\times100\%=47.94\%$

每吨原材料所含有的锌的量 $=1\times10^3\times47.94\%=479.4$（kg/t）

进入废水中锌的含量 =100×（1-98%-1.9%）×479.4=47.94（kg）

废水中总锌的浓度 $=\dfrac{47.94\times1000000}{15000\times1000}\approx3.2$（mg/L）

3.实测法

实测法指通过现场测定得到污染物产生或排放的相关数据，进而核算出污染物单位时间产生量或排放量的方法，包括自动监测实测法和手工监测实测法。通常是通过对某个污染源现场测定，得到污染物的排放浓度和流量，然后计算出排放量（Q），计算公式为：

$$Q=CL \tag{2-5}$$

式中 C——污染物的实测算术平均浓度，mg/m^3 或者 mg/L；

L——烟气或废水的流量，m^3/s 或者 L/s。

这种方法只适用于已投产的污染源且一定要充分掌握取样的代表性，否则用实测结果计算污染源排放量就会有很大的误差。

4. 实验法

实验法指模拟实验确定相关参数，核算污染物单位时间产生量或排放量的方法。作为其他方法的补充，实验法对实验条件的要求较高。操作时要求实验条件尽可能与环境条件一致，这样所得的参数才具有实际意义。

5. 产污系数法

产污系数法指根据不同的原辅料及燃料、产品、工艺、规模，选取相关行业污染源源强核算技术指南给定的产污系数，依据单位时间产品产量计算出污染物产生量，并结合所采用治理措施情况，核算污染物单位时间排放量的方法。

6. 排污系数法

排污系数法指根据不同的原辅料及燃料、产品、工艺、规模和治理措施，选取相关行业污染源源强核算技术指南给定的排污系数，结合单位时间产品产量直接计算确定污染物单位时间排放量的方法。

在实际工作中，经常是物料衡算法、类比法、实测法、实验法等多种方法互相校正、互相补充，以取得最为可靠的污染源排放结果为主要目的。

三、建设项目工程分析的工作内容

1. 基本工作内容

对于环境影响以污染因素为主的建设项目，工程分析要对建设项目的全部工程组成和施工期、运营期、服务期满后所有时段的环境影响因素及其影响特征、程度、方式等进行分析与说明，突出重点，并从保护周围环境、景观及环境保护目标要求出发，分析总图及规划布置方案的合理性。基本工作内容见表2-1。

表2-1 工程分析基本工作内容

工程分析项目	工作内容
工程基本数据	建设项目工程概况；物料平衡、燃料平衡、水平衡、特征污染物平衡；工程占地类型及数量、土石方量、取弃土量；建设周期、运行参数及总投资等
污染影响因素分析	工艺流程及污染物产生节点
生态影响因素分析	明确生态影响因子，分析生态影响范围、性质、特点和程度。关注特殊工程点段分析，如环境敏感区、长大隧道与桥梁、淹没区等，关注间接性影响、区域性影响、累积性影响以及长期影响等特有影响因素的分析
原辅材料、产品、废物的储运	分析建设项目原辅材料、产品、废物等的装卸、搬运、储藏、预处理等环节，核定各环节污染来源、种类、性质、排放方式、强度、去向及达标情况等
交通运输	给出运输方式（公路、铁路、航运等），分析由于建设项目的施工和运行，使当地及附近地区交通运输量增加所带来的环境影响的类型、因子、性质和强度
公用工程	给出水、电、气、燃料等辅助材料的来源、种类、性质、用途、消耗量等，并对来源及可靠性进行论述
非正常工况	分析开车、停车、检修等非正常排放时的污染物及其来源，明确污染物的种类、成分、数量与强度、产生环节、产生原因、发生频率及控制措施等
环保措施和设施	按环境影响要素说明工程方案已采取的环保措施和设施，给出环保设施的工艺流程、处理规模、处理效果

工程分析项目	工作内容
污染物排放统计汇总	汇总有组织与无组织、正常与非正常工况排放的各种污染物浓度、排放量、排放方式、排放条件与去向等。新建项目两本账，改扩建项目三本账。进行达标排放分析、主要污染源及污染物分析

2. 工程分析重点内容

（1）工程基本数据

工程基本数据主要包括：建设项目规模、主要生产设备和公用及储运装置、平面布置；主要原辅材料及其他物料的理化性质、毒理特征及其消耗量，能源消耗数量、来源及其储运方式，原料及燃料的类别、构成与成分，产品及中间体的性质、数量；物料平衡、燃料平衡、水平衡及特征污染物平衡；工程占地类型及数量、土石方量、取弃土量、建设周期、运行参数及总投资等。

改扩建及搬迁建设项目需说明现有工程的基本情况、污染排放及达标情况、存在的环境问题及拟采取的整改措施等内容。

通过项目组成分析找出项目建设存在的主要环境问题，列出项目组成表（可参照表2-2），为项目的环境影响分析和提出合理的污染防治措施奠定基础。根据工程组成和工艺，给出主要原料与辅料的名称、单位产品消耗量、年总耗量和来源（表2-3）。对于含有毒有害物质的原料、辅料还应给出组分。

表 2-2 建设项目项目组成（以某纺织染整公司印染面料项目为例）

项目名称			影响环境的主要因素	
			施工期	运营期
主体工程	1	烧毛机		烟尘及SO_2
	2	退煮漂联合机		废水
	……			
辅助工程	1	循环流化床锅炉		烟尘及SO_2
	2	工程供电、工程供水		
	……			
公用工程	1	供水工程	扬尘	
	2	排水工程		废水
	……			
环保工程	1	污水处理系统		
	2	废气处理系统		
	……			
办公室及生活设施	1	办公楼	扬尘	
	2	宿舍	扬尘	
	……			
储运工程	1	道路	扬尘	
	2	仓库	扬尘	
	……			

表 2-3　建设项目原辅材料消耗

序号	名称	单位产品消耗量	年总耗量	来源
1				
2				
……				

（2）污染影响因素分析

绘制包含产污环节的生产工艺流程图，分析各种污染物产生、排放情况。列表给出污染物的种类、性质、产生量、产生浓度、削减量、排放量、排放浓度、排放方式、排放去向及达标情况；分析建设项目存在的具有致癌、致畸、致突变的物质及具有持久性影响的污染物的来源、转移途径和流向；给出噪声、振动、热、光、放射性及电磁辐射等污染的来源、特性和强度等；说明各种治理、回收、利用、减缓措施情况等。

一般情况下，工艺流程应在设计单位或建设单位的可行性研究或设计文件基础上，根据工艺过程的描述及同类项目生产的实际情况进行绘制。环境影响评价工艺流程图有别于工程设计工艺流程图，环境影响评价关心的是工艺流程中产生污染物的具体部位、污染物的种类和数量。所以绘制污染工艺流程图应包括产生污染物的装置和工艺过程，不产生污染物的过程和装置可以简化，有化学反应发生的工序要列出主要化学反应式和副反应式。然后绘制装置流程图（大项目）或方框流程图（中小项目），并在图中标识出物流去向以及污染物的产生节点和污染物的类别等（见图 2-1），必要时还要对产污环节进行分析说明。在总平面布置图上需标出污染源的准确位置，以便为其他专题评价提供可靠的污染源资料。

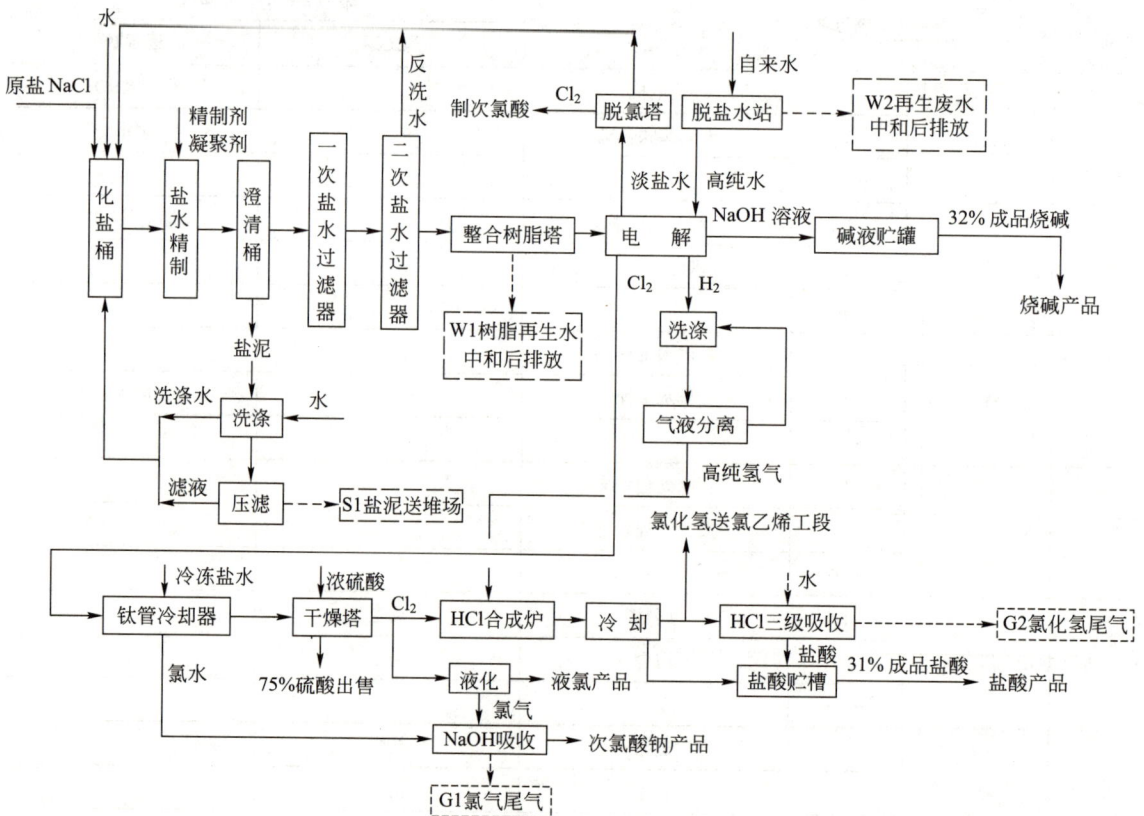

图2-1　离子膜烧碱和氯合成生产工艺及产污流程示意图

表 2-4 废气（水）污染物源源强核算结果及相关参数一览表

工序/生产线名称	装置	污染源	污染物	污染物产生				治理措施			污染物排放			排放时间/h	达标分析
				核算方法	废气(水)产生量/(m³/h)	产生浓度/(mg/m³)(或mg/L)	产生量/(kg/h)	工艺	效率/%	核算方法	废气(水)排放量/(m³/h)	排放浓度/(mg/m³)(或mg/L)	排放量/(kg/h)		
名称1	生产装置1	排气筒(废水1)	污染物1												
			污染物2												
			……												
		排气筒(废水2)	污染物1												
			污染物2												
			……												
		……													
		无组织排放	污染物1			—						—			
			污染物2		—	—					—	—			
			……			—						—			
		非正常排放	污染物1												
			污染物2												
			……												
	生产装置2														
	……														
名称2															
……															

注：对于新（改、扩）建工程污染源源强核算，应为最大值。

（3）污染物源强核算

污染源分布和污染物类型及排放量是各专题评价的基础资料，必须按建设过程、运营过程两个时期详细核算和统计。根据项目评价需要，一些项目还应对服务期满后（退役期）的影响源强进行核算，力求完善。因此，对于污染源分布应根据已绘制的污染流程图，标明污染物排放部位，然后列表逐点统计各种污染物的排放强度、浓度及数量。对于最终排入环境的污染物，确定其是否达标排放，达标排放必须以项目的最大负荷核算。比如燃煤锅炉二氧化硫、烟尘排放量，必须要以锅炉最大运行负荷所耗的燃煤量为基础进行核算。

对于废气可按点源、面源、线源进行核算，说明源强、排放方式和排放高度及存在的有关问题。废水应说明种类、成分、浓度、排放方式和排放去向。按《中华人民共和国固体废物污染环境防治法》对废物进行分类，废液应说明种类、成分、浓度、是否属于危险废物、处置方式和去向等有关问题；废渣应说明有害成分、溶出物浓度、是否属于危险废物、排放量、处理和处置方式和贮存方法；噪声和放射性应列表说明源强、剂量及分布。

污染物的源强统计可参照表2-4进行，分别列废水、废气、固体废物排放表，噪声统计比较简单，可单列。

① 新建项目污染物排放量统计　须按废水和废气污染物分别统计各种污染物排放总量，固体废物按我国规定统计一般固体废物和危险废物。并应算清"两本账"，即生产过程中的污染物产生量和实现污染防治措施后的污染物削减量，二者之差为污染物最终排放量，参见表2-5。

表2-5　新建项目污染物排放量统计

类别	污染物名称	产生量	治理削减量	排放量
废气				
	……			
废水				
	……			
固体废物				
	……			

统计时应以车间或工段为核算单元，对于泄漏和放散量部分，原则上要求实测，实测有困难时，可以利用年均消耗定额的数据进行物料平衡推算。

② 技改扩建项目污染物源强　在统计污染物排放量的过程中，应算清新老污染源"三本账"，即技改扩建前污染物实际排放量、技改扩建项目污染物排放量、技改扩建完成后（包括"以新带老"削减量）污染物排放量，其相互的关系可表示为：

技改扩建前排放量－"以新带老"削减量＋技改扩建项目排放量＝技改扩建完成后排放量可以用表2-6的形式列出。

表2-6　技改扩建项目污染物排放量统计

类别	污染物名称	现有工程排放量	拟建项目排放量	"以新带老"削减量	技改工程完成后总排放量	增减量变化
废气						
	……					

类别	污染物名称	现有工程排放量	拟建项目排放量	"以新带老"削减量	技改工程完成后总排放量	增减量变化
废水						
	……					
固体废物						
	……					

【例2-6】 某企业进行锅炉技术改造并增容，现有 SO_2 排放量是 200t/a（未加脱硫设施），改造后，SO_2 产生总量为 240t/a，安装了脱硫设施后 SO_2 最终排放量为 80t/a，请问："以新带老"削减量为（   ）t/a。

A. 80   B. 133.4   C. 40   D. 13.6

解：

第一本账（改扩建前排放量）：200t/a

第二本账（扩建项目最终排放量）：

技改后增加产生量为 240−200=40（t/a）

处理效率为 $\dfrac{240-80}{240} \times 100\% = 66.7\%$

技改新增部分排放量为 40×（1−66.7%）=13.32（t/a）

以新带老削减量：200×66.7%=133.4（t/a）

第三本账（技改工程完成后排放量）：80t/a

（4）物料平衡

工程分析时，必须根据不同行业的具体特点，选择若干有代表性的物料，主要是针对有毒有害的物料，进行物料衡算。某 10×10^4 t/a 离子膜烧碱项目的物料平衡图见图2-2，氯平衡见表2-7。

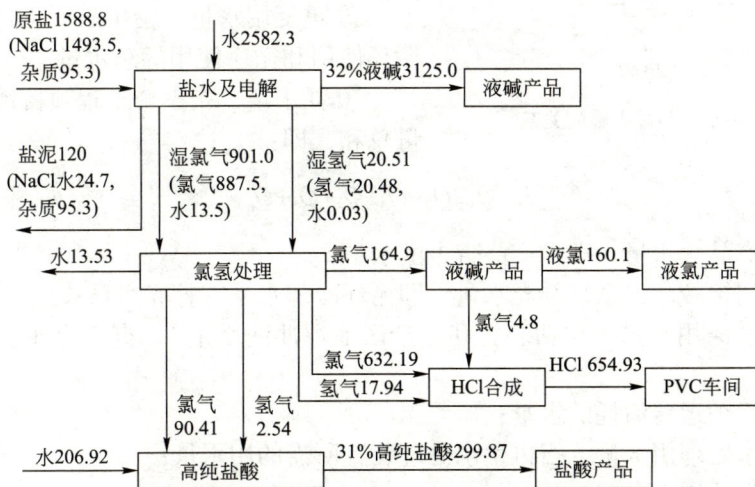

图2-2　离子膜烧碱物料平衡图（单位：kg/t）

表 2-7　全厂氯平衡情况一览表

序号	名称	规模 /(t/a)	单耗 /(t/t产品)	产氯量 /(t/a)	耗氯能力 /(t/a)	备注
1	离子膜烧碱	100000	0.92	92000		
2	聚氯乙烯	100000	0.75		75000	
3	液氯	40000	1.05		42000	
4	高纯盐酸	30000	0.31		9300	HCl合成及液氯装置是氯平衡装置
5	次氯酸钠	6000	0.13		780	
6	总计			92000	127080	

（5）水平衡

水作为工业生产中的原料和载体，在任一用水单元内都存在着水量的平衡关系，也同样可以依据质量守恒定律，进行质量平衡计算，从而得到水平衡。

工程分析时，应根据"清污分流、一水多用、节约用水"的原则做好水平衡，给出总用水量、新鲜用水量、废水产生量、循环使用量、处理量、回用量和最终外排量等，明确具体的回用部位；根据回用部位的水质、温度等工艺要求，分析废水回用的可行性。按照国家节约用水的要求，提出进一步节水的有效措施，为清洁生产评价提供依据。

根据《工业用水分类及定义》（CJ 40—2019）的规定，工业用水量和排水量的关系见图2-3，水平衡式如下：

$$Q+A=H+P+L \tag{2-6}$$

① 取水量　工业用水的取水量是指取自地表水、地下水、自来水、海水、城市污水及其他水源的总水量。对于建设项目工业取水量包括生产用水量和生活用水量，生产用水量又包括间接冷却水量、工艺用水量和锅炉给水量。

工业取水量 = 间接冷却水量 + 工艺用水量 + 锅炉给水量 + 生活用水量

② 重复用水量　指生产厂（建设项目）内部循环使用和循序使用的总水量。

③ 耗水量　指整个工程项目消耗掉的新鲜水量总和，即：

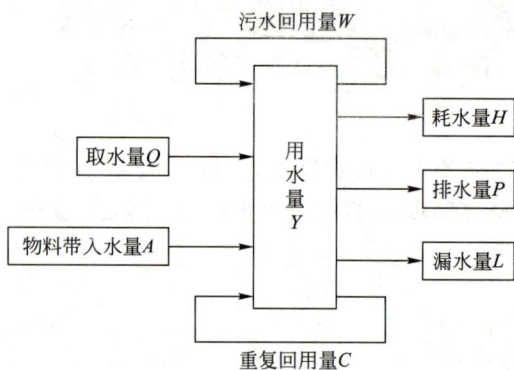

图2-3　工业用水量和排水量的关系

$$H=Q_1+Q_2+Q_3+Q_4+Q_5+Q_6 \tag{2-7}$$

式中　Q_1——产品含水量，即由产品带走的水量；

　　　Q_2——间接冷却水系统补充水量，即循环冷却水系统补充水量；

　　　Q_3——洗涤用水量（包括装置和生产区地坪冲洗水量）、直接冷却水量和其他工艺用水量之和；

　　　Q_4——锅炉运转消耗的水量；

　　　Q_5——水处理用水量，指再生水处理装置所需的用水量；

　　　Q_6——生活用水量。

某 $10×10^4$t/a 离子膜烧碱项目工程水平衡图见图2-4。

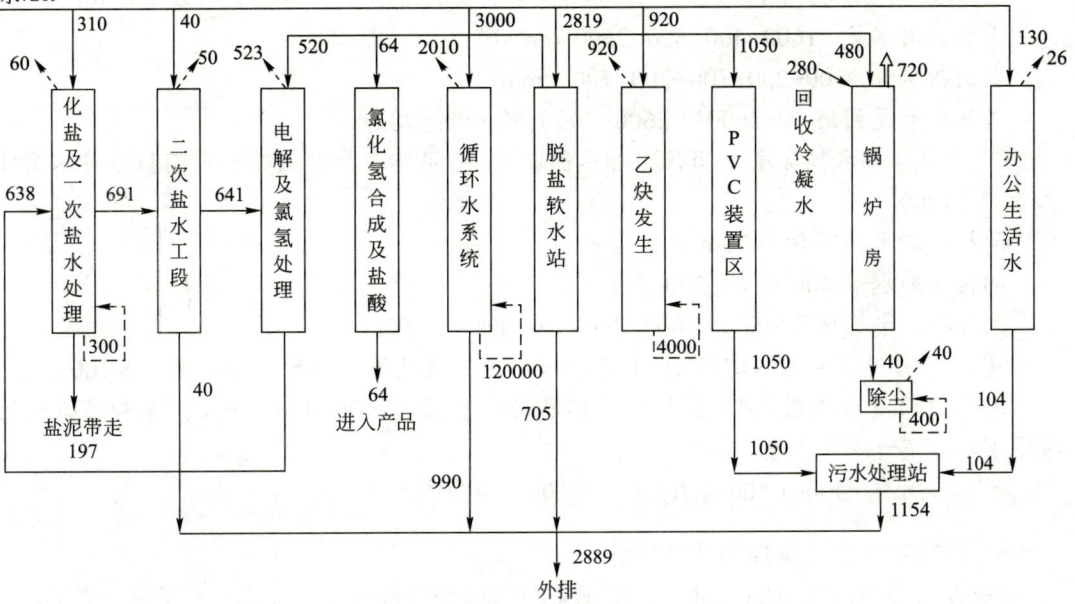

图2-4　某离子膜烧碱项目工程水平衡图（单位：t/d）

【例2-7】 某建设项目水平衡图如下图所示（单位：m³/d），请回答以下问题。

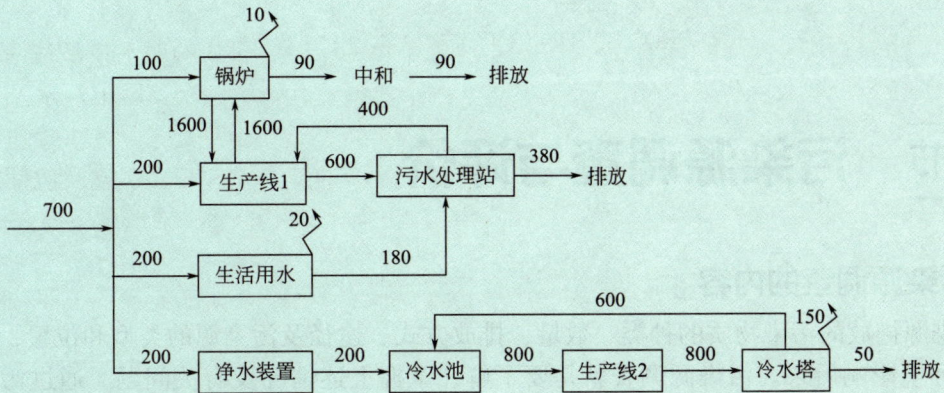

① 项目的工艺水回用率为（　　　）。
A. 71.4%　　　　　　　B. 75.9%　　　　　　　C. 78.8%　　　　　　　D. 81.5%

② 项目的工业水重复利用率为（　　　）。
A. 75.9%　　　　　　　B. 78.8%　　　　　　　C. 81.5%　　　　　　　D. 83.9%

③ 项目的间接冷却水循环率为（　　　）。
A. 75.0%　　　　　　　B. 78.8%　　　　　　　C. 81.5%　　　　　　　D. 83.9%

④ 项目的污水回用率为（　　　）。
A. 43.5%　　　　　　　B. 46.0%　　　　　　　C. 51.3%　　　　　　　D. 65.8%

（本题在2005年注册环境评价工程师考试原题基础上稍加改动）

解： ① 工艺水回用率＝工艺水回用量/（工艺水回用量＋工艺水取水量）×100%
　　　　　＝（400＋600）/（400＋600＋200＋200）×100%
　　　　　＝71.4%

② 工业水重复利用率 = 重复利用水量 / （重复利用水量 + 取用新水量）×100%

重复利用水量 =1600+400+600=2600（m³/d）

取用新水量 =100+200+200+200=700（m³/d）

工业水重复利用率 =2600/（2600+700）×100%=78.8%

③ 间接冷却水循环率 = 间接冷却水循环量 / （间接冷却水循环量 + 间接冷却水系统取水量）×100%

间接冷却水循环量 =600m³/d

间接冷却水系统取水量 =200m³/d

间接冷却水循环率 =600/（600+200）×100%=75.0%

④ 污水回用率 = 污水回用量 / （污水回用量 + 直接排入环境的污水量）×100%

污水回用量为 400m³/d，直接排入环境的污水量为（90+380）m³/d，冷却塔排放的为洁净下水，不计入污水量。

污水回用率 =400/（400+90+380）×100%=46.0%

（6）污染物排放总量控制建议指标

在核算污染物排放量的基础上，按国家对污染物排放总量控制指标的要求，提出工程污染物排放总量控制建议指标。污染物排放总量控制建议指标应包括国家规定的指标和项目的特征污染物，其单位为 t/a。提出的工程污染物排放总量控制建议指标必须满足以下要求：a. 满足达标排放的要求；b. 符合其他相关环保要求（如特殊控制的区域与河段）；c. 技术上可行。

第二节 污染源调查与评价

一、污染源调查的内容

污染源排放的污染物质的种类、数量、排放方式、途径及污染源的类型和位置，直接关系到其环境影响后果。污染源调查就是要了解、掌握上述情况及有关问题。通过污染源调查，找出建设项目和所在区域内主要污染源与主要污染物，作为评价的基础。

1. 工业污染源调查内容

（1）企业概况

包括企业名称、厂址、主管机关名称、企业性质、项目组成、规模、厂区占地面积、职工构成、固定资产、投产年代、产品、产量、产值、利润、生产水平、企业环境保护机构名称、辅助设施、配套工程、运输和储存方式等。

（2）工艺调查

包括工艺原理、工艺流程、工艺水平、设备水平、环保设施。

（3）能源、水源、原辅材料情况

包括能源构成、产地、成分、单耗、总耗；水源类型、供水方式、供水量、循环水量、循环利用率、水平衡；原辅材料种类、产地、成分及含量、消耗定额、总消耗量。

（4）生产布局调查

包括企业总体布局、原料和燃料堆放场、车间、办公室、厂区、居民区、堆渣场、污染源的位置、绿化带等。

（5）管理调查

包括管理体制、编制、生产制度、管理水平及经济指标；环境保护管理机构编制、环境管理规章制度、环境管理水平等。

（6）污染物治理调查

包括工艺改革、综合利用、管理措施、治理方法、治理工艺、投资、效果、运行费用、副产品的成本及销路、存在问题、改进措施及今后治理规划或设想。

（7）污染物排放情况调查

包括污染物种类、数量、成分、性质；排放方式、规律、途径及排放浓度、排放量（日、年）；排放口位置、类型、数量、控制方法；排放去向、历史情况、事故排放情况。

（8）污染危害调查

包括人体健康危害调查、动植物危害调查、污染物危害造成的经济损失调查、危害生态系统情况调查。

（9）发展规划调查

包括生产发展方向、规模、指标，"三同时"措施、预期效果及存在问题。

2. 生活污染源调查内容

生活污染源主要指住宅、学校、医院、商业及其他公共设施，排放的主要污染物有污水、粪便、垃圾、污泥、废气等。

（1）城市居民人口调查

包括总人数、总户数、流动人口、人口构成、人口分布、人口密度、居住环境。

（2）城市居民用水和排水调查

包括用水类型（城市集中供水、自备水源），人均用水量，办公楼、旅馆、商店、医院及其他单位的用水量，下水道设置情况（有无下水道、下水去向、雨污分流或合流），机关、学校、商店、医院有无化粪池及小型污水处理设施。

（3）民用燃料调查

包括燃料构成（煤、煤气、液化气、天然气），燃料来源、成分、供应方式，燃料消耗情况（年、月、日用量，每人消耗量、各区消耗量）。

（4）城市垃圾及处置方法调查

包括垃圾种类、成分、数量，垃圾场的分布、输送方式、处置方式，处理站自然环境、处理效果、投资、运行费用、管理人员、管理水平。

3. 农业污染源调查内容

农业常常是环境污染的主要受害者，同时，农药、化肥的不合理使用也产生环境污染。

（1）农药使用情况的调查

包括农药品种，使用剂量、方式、时间，施用总量、年限，有效成分含量（有机氯、有机磷、汞制剂、砷制剂等）、稳定性等。

（2）化肥使用情况的调查

包括使用化肥的品种、数量、方式、时间，每亩平均施用量。

（3）农业废弃物调查

包括农作物秸秆、牲畜粪便、农用机油渣。

（4）农业机械使用情况调查

包括汽车、拖拉机台数，月、年耗油量，行驶范围和路线，其他机械的使用情况等。

除上述污染源调查外，还有交通污染源调查、噪声污染源调查、放射性污染源调查、电磁辐射污染源调查等。在进行一个地区的污染源调查或某一单项污染源调查时，都应同时进行自然环境背景调查和社会背景调查。自然环境背景调查包括地质、地貌、气象、水文、土壤、生物；社会背景调查包括居民区、水源区、风景区、名胜古迹、工业区、农业区、林业区等。

二、污染源调查的方法

对污染源的调查，通常采用点面结合的方法，即对重点污染源的详查和对区域内所有污染源的普查。同类污染源中，应选择污染物排放量大、影响范围广、危害程度大的污染源作为重点，进行详查。

普查工作一般多由主管部门发放调查表，以填表方式进行。对于调查表格，可以根据特定的调查目的自行制定表格。进行一个地区的污染源调查时，要统一调查时间、项目、方法、标准和计算方法等。

污染源污染物排放量的确定是污染源调查的核心问题。确定污染物排放量的方法有三种，即物料衡算法、经验计算法（排放系数法、排污系数法）和实测法。

1. 物料衡算法

根据质量守恒定律，在生产过程中，投入的物料量应等于产品所含物料的量与物料流失量的总和。如果物料的流失量全部由烟囱排放或由排水排放，则污染物排放量（或称源强）就等于物料流失量。详见本章第一节。

2. 经验计算法

根据生产过程中单位产品的排污系数进行计算，求得污染物的排放量的计算方法称为经验计算法。经验计算法有三种：单位产品基、单位产值基和单位原材料基。计算公式为：

$$Q_i=K_{ip}G_i \tag{2-8}$$

$$Q_i=K_{im}Y_i \tag{2-9}$$

$$Q_i=K_{ir}R_i \tag{2-10}$$

式中　　Q_i——i 污染物的排放量，kg/a；

K_{ip}，K_{im}，K_{ir}——单位产品排污系数（kg/t）、万元产值排污系数（kg/万元）和单位原材料消耗的排污系数（kg/t）；

　G_i，Y_i，R_i——产品年产量（t/a）、年总产值（万元/a）和原材料年消耗总量（t/a）。

各种污染物排放系数，国内外文献中给出很多。它们都是在特定条件下产生的。由于各地区、各单位的生产技术条件不同，污染物排放系数和实际排放系数可能有较大差距。因此，在选择时，应根据实际情况加以修正。在有条件的地方，应调查统计出本地区的排放系数。具体可查《排放源统计调查产排污核算方法和系数手册》、《全国污染源普查工业污染源普查数据》（以最新版本为准）及相关行业污染源源强核算技术指南。纸浆制造行业产排污系数可见表2-8。

表 2-8　造纸和纸制品业系数（摘）

产品	原料	工艺名称	规模等级	污染物指标		系数单位	产污系数	末端治理技术名称	末端治理技术平均去除率/%	参考 K 值计算公式
化学浆	稻麦草	烧碱法制浆（漂白）	所有规模	废水	工业废水量	t/t产品	67	—	—	—
					化学需氧量	g/t产品	1.28×10^5	化学混凝法+厌氧生物处理法+好氧生物处理法+氧化还原法	98.86	$K=$环保设施实际运行小时数（h）/环保设施应运行小时数（h）
								化学混凝法+厌氧生物处理法+好氧生物处理法+化学混凝法	98.01	
				一般固废	浆渣	kg/t产品	11	—	—	—
					绿泥	kg/t产品	14	—	—	—
					白泥	kg/t产品	498	—	—	—
		烧碱法制浆（漂白）（无碱回收和综合利用）	所有规模	废水	工业废水量	t/t产品	180	—	—	—
					化学需氧量	g/t产品	1.45×10^6	化学混凝法+厌氧生物处理法+好氧生物处理法+氧化还原法	98.86	$K=$环保设施实际运行小时数（h）/环保设施应运行小时数（h）
								化学混凝法+厌氧生物处理法+好氧生物处理法+化学混凝法	98.01	
				一般固废	浆渣	kg/t产品	0	—	—	—

　　对拟建工程的污染源进行排放量预测时，若上述两种方法均无法进行，可采用类比法进行预测。收集国内外与拟建工程的性质、规模、工艺、产品、产量大体相近的生产厂（或设备）的污染物排放量，作为参考数据，估算拟建工程污染源的排放量。

3. 实测法

　　实测法是通过对某个现有污染源，按照监测规范要求进行现场测定，得到污染物的排放浓度和流量（烟气或废水），然后计算出污染物排放量。计算公式为：

$$Q_{iw}=C_{iw}L_{iw} \times 10^{-6} \qquad (2-11)$$
$$Q_{ia}=C_{ia}L_{ia} \times 10^{-9} \qquad (2-12)$$

式中　Q_{iw}，Q_{ia}——水污染物和大气污染物的排放量，t/a；

C_{iw}，C_{ia}——水污染物、大气污染物的实测浓度（算术平均值），mg/L 和 mg/m³；

L_{iw}，L_{ia}——废水、废气排放量，m³/a。

4. 燃煤锅炉主要污染物计算

　　（1）二氧化硫排放量的计算

　　煤中的硫有三种储存形态：有机硫、硫铁矿和硫酸盐。煤燃烧时，只有有机硫和硫铁矿中的硫可以转化为二氧化硫，硫酸盐则以灰分的形式进入灰渣中。一般情况下，可燃硫占全硫量的 80% 左右。燃煤排放的二氧化硫的计算公式如下：

$$G=BSD \times 2 \times (1-\eta) \qquad (2-13)$$

式中　G——二氧化硫的排放量，kg/h；

　　　　B——燃煤量，kg/h；

S——硫的含硫量，%；

D——可燃硫占全硫量的百分比，%；

η——脱硫设施的二氧化硫去除率，%。

（2）燃煤烟尘排放量的计算

燃煤烟尘包括黑烟和飞灰两部分，黑烟是未完全燃烧的炭粒，飞灰是烟气中不可燃烧的矿物微粒，是煤的灰分的一部分。烟尘的排放量与炉型和燃烧状况有关，燃烧越不完全，烟气中黑烟浓度越大，飞灰的量与煤的灰分和炉型有关。一般根据耗煤量、煤的灰分和除尘效率来计算燃烧排放的烟尘量。

$$Y=BAD(1-\eta) \tag{2-14}$$

式中　Y——烟尘排放量，kg/h；

B——燃煤量，kg/h；

A——煤的灰分含量，%；

D——烟气中烟尘占灰分量的百分数（其值与燃烧方式有关），%；

η——除尘器的总效率，%。

各种除尘器的效率不同，可参照有关除尘器的说明书。若安装了二级除尘器，则除尘器系统的总效率为：

$$\eta=1-(1-\eta_1)(1-\eta_2) \tag{2-15}$$

式中　η_1——一级除尘器的除尘效率，%；

η_2——二级除尘器的除尘效率，%。

【例2-8】　某电厂监测烟气流量为200m³/h，烟尘进治理设施前浓度为1200mg/m³，排放浓度为200mg/m³，未监测二氧化硫排放浓度，年运转300d，每天20h；年用煤量为300t，煤含硫率为1.2%，无脱硫设施。

① 该电厂烟尘去除量是（　　　）kg。

　　A. 1200000　　　　　　B. 1200　　　　　　　C. 1440　　　　　　D. 1200000000

② 该电厂烟尘排放量是（　　　）kg。

　　A. 240　　　　　　　　B. 24000000　　　　　C. 2400　　　　　　D. 24000

③ 该电厂二氧化硫排放速率是（　　　）mg/s。

　　A. 26666　　　　　　　B. 5760　　　　　　　C. 266.7　　　　　　D. 56.7

解：烟尘去除量 =200×（1200−200）×300×20×10⁻⁶=1200（kg）

烟尘排放量 =200×200×300×20×10⁻⁶=240（kg）

二氧化硫排放速率 =（300×10⁹×2×0.8×1.2%）/（300×20×3600）=266.7（mg/s）

【例2-9】　某燃煤锅炉烟气采用碱性水膜除尘器处理。已知燃煤量2000kg/h，燃煤含硫量1.5%，进入灰渣的硫量为6kg/h，除尘器脱硫率为60%，则排入大气中的二氧化硫量为（　　　）。

　　A. 4.8kg/h　　　　　　B. 9.6kg/h　　　　　　C. 19.2kg/h　　　　D. 28.8kg/h

解：排入大气中的二氧化硫量 =2×（2000×1.5%−6）×（1−60%）=48×0.4=19.2（kg/h）

【注意】计算二氧化硫量时没有乘以0.8，是因为题中已告知进入灰渣的含硫量，表示了硫不能完全转化为二氧化硫。

三、污染源评价

1. 污染源评价的目的

污染源评价的主要目的是通过比较分析，确定区域主要污染源和主要污染物，为污染治理、区域治理规划提供依据。各种污染物具有不同的特性和环境效应，要对污染源和污染物作综合评价，必须考虑到排污量与污染物的危害性两个方面的因素。

2. 评价方法

污染源评价中常采用等标排放量法（亦称等标污染负荷法），分别对水、大气污染源进行评价。

（1）等标污染负荷法

① 某污染物的等标污染负荷（P_{ij}）定义为：

$$P_{ij}=\frac{c_{ij}}{c_{oi}}Q_{ij} \tag{2-16}$$

式中 P_{ij}——第 j 个污染源中的第 i 种污染物的等标污染负荷；

   c_{ij}——第 j 个污染源中的第 i 种污染物的排放浓度；

   c_{oi}——第 i 种污染物的排放标准；

   Q_{ij}——第 j 个污染源中含 i 污染物的废水（气）排放量。

应注意等标污染负荷是有量纲的数，它的量纲与废水（气）排放量的量纲一致。

若第 j 个污染源中有 n 种污染物参与评价，则该污染源的等标污染负荷为：

$$P_j=\sum_{i=1}^{n}P_{ij} \tag{2-17}$$

若评价区内有 m 个污染源含有第 i 种污染物，则该污染物在评价区内的总等标污染负荷为：

$$P_i=\sum_{j=1}^{m}P_{ij} \tag{2-18}$$

该评价区的总等标污染负荷为：

$$P=\sum_{i=1}^{n}P_i\sum_{j=1}^{m}P_j \tag{2-19}$$

② 等标污染负荷比   第 j 个污染源内第 i 种污染物的等标污染负荷比为：

$$K_{ij}=P_{ij}/\sum_{i=1}^{n}P_{ij} \tag{2-20}$$

K_{ij} 是一个量纲为 1 的数，用来确定第 j 个污染源内各污染物的排序。K_{ij} 较大者，对环境贡献较大，即为第 j 个污染源中最主要的污染物。

评价区内第 i 种污染物的等标污染负荷比 K_i 为：

$$K_i=P_i/P=P_i/\sum_{j=1}^{m}\sum_{i=1}^{n}P_{ij} \tag{2-21}$$

评价区内第 j 个污染源的等标污染负荷比 K_j 为:

$$K_j = P_j/P = \sum_{j=1}^{m}\sum_{i=1}^{n} P_{ij} \qquad (2\text{-}22)$$

（2）主要污染物和主要污染源的确定

按照评价区域内污染物的等标污染负荷比 K_i 排序，分别计算累积百分比，将累积百分比大于 80% 左右的污染物列为评价区的主要污染物。同样地，按照评价区内污染源的等标污染负荷比 K_j 排序，分别计算累积百分比，将累积百分比大于 80% 左右的污染源列为评价区的主要污染源。但应注意，采用等污染负荷法处理容易导致一些毒性大、流量小、在环境中易于累积的污染物排不到主要污染物中去，然而对这些污染物的排放控制又是必要的，所以通过计算后，还应结合污染物或污染源的排毒系数大小，综合考虑后再确定出评价区内的主要污染物和主要污染源。

第三节 主要污染物排放标准介绍

一、《污水综合排放标准》

现行《污水综合排放标准》（GB 8978—1996）按污水排放去向，分年限规定了 69 种水污染物最高允许排放浓度和部分行业最高允许排水量。

1. 适用范围

本标准适用于现有单位水污染物的排放管理，以及建设项目的环境影响评价，建设项目环境保护设施设计、竣工验收及其投产后的排放管理。

按照国家综合排放标准与国家行业排放标准不交叉执行的原则，行业废水排放优先执行各自的行业排放标准。

在本标准颁布后，新增加国家行业水污染物排放标准的行业，按其适用范围执行相应的国家水污染物行业标准，不再执行本标准。

2. 标准分级

① 排入 GB 3838—2002 Ⅲ 类水域（划定的保护区和游泳区除外）和排入 GB 3097—1997 中二类海域的污水，执行一级标准；

② 排入 GB 3838—2002 中Ⅳ、Ⅴ 类水域和排入 GB 3097—1997 中三类海域的污水，执行二级标准。

③ 排入设置二级污水处理厂的城镇排水系统的污水，执行三级标准。

④ 排入未设置二级污水处理厂的城镇排水系统的污水，必须根据排水系统出水受纳水域的功能要求，分别执行①和②的规定。

3. 污染物分类

按排放的污染物的性质及控制方式，分为以下两类。

第一类污染物：不分行业和污水排放方式，也不分受纳水体的功能类别，一律在车间或车间处理设施排放口采样，其最高允许排放浓度必须达到本标准要求（采矿行业的尾矿坝出水口不得视为车间排放口）。

第二类污染物：在排放单位排放口采样，其最高允许排放浓度必须达到本标准要求。

4. 标准执行

在本标准中，以 1997 年 12 月 31 日之前和 1998 年 1 月 1 日起为时限，对第二类污染物最高允许排放浓度和部分行业最高允许排水量规定了不同的限值。

对于 1997 年 12 月 31 日之前建设（包括改、扩建）的单位，水污染物的排放必须同时执行标准中规定的第一类污染物最高允许排放浓度限值、第二类污染物最高允许排放浓度和部分行业最高允许排水量。

对于 1998 年 1 月 1 日起建设（包括改、扩建）的单位，水污染物的排放必须同时执行标准中规定的第一类污染物最高允许排放浓度限值、第二类污染物最高允许排放浓度和部分行业最高允许排水量。

建设（包括改、扩建）单位的建设时间，以环境影响评价报告书（表）批准日期为准划分。

对于排放含有放射性物质的污水的单位，除执行本标准外，还必须符合 GB 18871 的规定。

5. 有关排放口的规定

GB 3838—2002 中Ⅰ、Ⅱ类水域和Ⅲ类水域中划定的保护区，GB 3097—1997 中一类海域，禁止新建排污口，现有排污口按水体功能要求，实行污染物总量控制，以保证受纳水体水质符合规定用途的水质标准。

同一排放口排放两种和两种以上不同类别的污水，并且每种污水的排放标准又不相同时，其混合污水的最高允许排放浓度 $c_{混合}$ 按照式（2-23）计算。

$$c_{混合}=\frac{\sum\limits_{i=1}^{n}c_iQ_iY_i}{\sum\limits_{i=1}^{n}Q_iY_i} \qquad (2\text{-}23)$$

式中　$c_{混合}$——混合污水某污染物最高允许排放浓度，mg/L；
　　　c_i——不同工业废水某污染物最高允许排放浓度，mg/L；
　　　Q_i——不同工业的最高允许排水量，m^3/t（产品）；
　　　Y_i——某工业产品产量，t/d，以月平均计。

工业废水污染物的最高允许排放负荷量按式（2-24）计算。

$$L_{负}=cQ\times10^{-3} \qquad (2\text{-}24)$$

式中　$L_{负}$——工业废水污染物最高允许排放负荷，kg/t（产品）；
　　　c——某污染物最高允许排放浓度，mg/L；
　　　Q——某工业最高允许排水量，m^3/t（产品）。

污染物最高允许年排放总量按式（2-25）计算。

$$L_{总}=L_{负}Y\times10^{-3} \qquad (2\text{-}25)$$

式中　$L_{总}$——某污染物最高允许排放量，t/a；
　　　$L_{负}$——某污染物最高允许排放负荷，kg/t（产品）；
　　　Y——核定的产品年产量，t（产品）/a。

6. 监测频率要求

工业废水按生产周期确定监测频率。生产周期在 8h 以内的，每 2h 采样一次；生产周期大于 8h 的，每 4h 采样一次。24h 内不少于 2 次。按日均值评价排水水质是否符合最高允许排放浓度限值。

7. 第一类污染物最高允许排放浓度限值

表 2-9 列出了第一类污染物最高允许排放浓度限值。不论是 1998 年 1 月 1 日之前还是之后建设的单位，均执行该表中的限值。

表 2-9　第一类污染物最高允许排放浓度限值　　　单位：mg/L（放射线除外）

序号	污染物	最高允许排放浓度限值	序号	污染物	最高允许排放浓度限值
1	总汞	0.05	8	总镍	1.0
2	烷基汞	不得检出	9	苯并[a]芘	0.00003
3	总镉	0.1	10	总铍	0.005
4	总铬	1.5	11	总银	0.5
5	六价铬	0.5	12	总α放射线	1Bq/L
6	总砷	0.5	13	总β放射线	10Bq/L
7	总铅	1.0			

二、《大气污染物综合排放标准》

《大气污染物综合排放标准》(GB 16297—1996)适用于现有污染源大气污染物排放管理，建设项目的环境影响评价，以及环境保护设施设计、竣工验收及其投产后的大气污染物排放管理。国家在控制大气污染物排放方面除本标准为综合性排放标准外，还有若干行业性排放标准共同存在，即除若干行业执行各自的行业性国家大气污染物排放标准外，其余均执行本标准。

本标准规定了 33 种大气污染物排放限值，并设置了下列三项指标：a. 通过排气筒排放废气的最高允许排放浓度。b. 通过排气筒排放的废气，按排气筒高度规定的最高允许排放速率。任何一个排气筒必须同时遵守上述两项指标，超过其中任何一项均为超标排放。c. 以无组织方式排放的废气，规定无组织排放的监控点及相应的监控浓度限值。

1. 排放速率标准分级

本标准规定的最高允许排放速率，现有污染源（1998 年 1 月 1 日前）分为一、二、三级，新污染源（1998 年 1 月 1 日起）分为二、三级。按污染源所在的环境空气质量功能区类别，执行相应级别的排放速率标准，即：位于一类区的污染源执行一级标准（一类区禁止新、扩建污染源，一类区现有污染源改建执行现有污染源的一级标准）；位于二类区的污染源执行二级标准；位于三类区的污染源执行三级标准。

2. 大气污染物中常规项目的排放限值

新建项目污染源大气污染物常规项目的排放限值见表 2-10。

3. 排气筒高度及排放速率

① 排气筒高度应高出周围 200m 半径范围的建筑 5m 以上，不能达到该要求的排气筒，应按其高度对应的表（指表 2-10，下同）列排放速率标准值再严格 50% 执行。

② 两个排放相同污染物（不论其是否由同一生产工艺过程产生）的排气筒，若其距离小于其几何高度之和，应合并视为一根等效排气筒。

表 2-10 新建项目污染源大气污染物常规项目的排放限值

序号	污染物	最高允许排放浓度 /(mg/m³)	最高允许排放速率 /(kg/h)			无组织排放监控浓度限值	
			排气筒高度 /m	二级	三级	监控点	浓度 /(mg/m³)
1	二氧化硫	960 （硫、二氧化硫、硫酸和其他含硫化合物生产）	15 20 30	2.6 4.3 15	3.5 6.6 22	周界外浓度最高点	0.40
		550 （硫、二氧化硫、硫酸和其他含硫化合物使用）	40 50 60 70 80 90 100	25 39 55 77 110 130 170	38 58 83 120 160 200 270		
2	氮氧化物	1400 （硝酸、氮肥和火炸药生产）	15 20 30	0.77 1.3 4.4	1.2 2 6.6	周界外浓度最高点	0.12
		240 （硝酸使用和其他）	40 50 60 70 80 90 100	7.5 12 16 24 31 40 52	11 18 25 35 47 61 78		
3	颗粒物	18 （炭黑尘、染料尘）	15 20 30 40	0.15 0.85 3.4 5.8	0.74 1.3 5 8.5	周界外浓度最高点	肉眼不可见
		60 （玻璃棉尘、石英粉尘、矿渣棉尘）	15 20 30 40	1.9 3.1 12 21	2.6 4.5 18 31	周界外浓度最高点	1.0
		120 （其他）	15 20 30 40 50 60	3.5 5.9 23 39 60 85	5 8.5 34 59 94 130	周界外浓度最高点	1.0

③ 若某排气筒的高度处于本标准列出的两个值之间，其执行的最高允许排放速率以内插法计算；当某排气筒的高度大于或小于本标准列出的最大值或最小值时，以外推法计算其最高允许排放速率。

④ 新污染源的排气筒一般不应低于 15m。若新污染源的排气筒必须低于 15m 时，其排放速率标准值按外推法计算结果再严格 50% 执行。

⑤ 新污染源的无组织排放应从严控制，一般情况下不应有无组织排放存在，无法避免的无组织排放应达到规定的标准值。

⑥ 工业生产尾气确需燃烧排放的，其烟气黑度不得超过林格曼 1 级。

4. 等效排气筒有关参数计算

① 当排气筒 1 和排气筒 2 排放同一种污染物，其距离小于两个排气筒的高度之和时，应以一个等效排气筒代表两个排气筒。

② 等效排气筒有关参数的计算方法如下。

等效排气筒污染物排放速率按下式计算：

$$Q=Q_1+Q_2 \tag{2-26}$$

式中　Q——等效排气筒某污染物排放速率；

　　Q_1，Q_2——排气筒1和排气筒2的某污染物排放速率。

等效排气筒高度按下式计算：

$$h=\sqrt{\frac{1}{2}(h_1^2+h_2^2)} \tag{2-27}$$

式中　h——等效排气筒高度；

　　h_1，h_2——排气筒1和排气筒2的高度。

　　③ 等效排气筒的位置　等效排气筒的位置位于排气筒1和排气筒2的连线上。若以排气筒1为原点，则等效排气筒的位置和原点之间的距离为：

$$x=a(Q-Q_1)/Q=aQ_2/Q \tag{2-28}$$

式中　x——等效排气筒距排气筒1的距离；

　　a——排气筒1至排气筒2的距离；

　　其余符号含义同上。

5. 确定某排气筒最高允许排放速率的内插法和外推法

　　① 某排气筒高度处于表列两高度之间，用内插法计算其最高允许排放速率，按下式计算。

$$Q=Q_a+(Q_{a+1}-Q_a)(h-h_a)/(h_{a+1}-h_a) \tag{2-29}$$

式中　Q——某排气筒最高允许排放速率；

　　Q_a——比某排气筒低的表列限值中的最大值；

　　Q_{a+1}——比某排气筒高的表列限值中的最小值；

　　h——某排气筒的几何高度；

　　h_a——比某排气筒低的表列高度中的最大值；

　　h_{a+1}——比某排气筒高的表列高度中的最小值。

　　② 某排气筒高度高于本标准表列排气筒高度的最高值，用外推法计算其最高允许排放速率，按下式计算：

$$Q=Q_b(h/h_b)^2 \tag{2-30}$$

式中　Q——某排气筒的最高允许排放速率；

　　Q_b——表列排气筒最高高度对应的最高允许排放速率；

　　h——某排气筒的高度；

　　h_b——表列排气筒的最高高度。

　　③ 某排气筒高度低于本标准表列排气筒高度的最低值，用外推法计算其最高允许排放速率，按下式计算：

$$Q=Q_c(h/h_c)^2 \tag{2-31}$$

式中　Q——某排气筒最高允许排放速率；

　　Q_c——表列排气筒最低高度对应的最高允许排放速率；

　　h——某排气筒的高度；

　　h_c——表列排气筒的最低高度。

三、噪声排放标准

1. 《机场周围飞机噪声环境标准》

《机场周围飞机噪声环境标准》（GB 9660—88）适用于机场周围受飞机通过所产生噪声影响的区域，见表2-11。

表2-11　机场周围飞机噪声限值 单位：dB

适用区域	标准值	适用区域	标准值
一类区域	≤70	二类区域	≤75

注：一类区域指特殊住宅区，居住、文教区；二类区域指除一类区域以外的生活区。

标准采用一昼夜的计权等效连续感觉噪声级作为评价量，用 L_{WECPN} 表示，单位为dB。该标准是户外允许噪声级，测点要选在户外平坦开阔的地方，传声器高于地面1.2m，离开其他反射壁1.0m以上。

2. 《工业企业厂界环境噪声排放标准》

《工业企业厂界环境噪声排放标准》（GB 12348—2008）规定了工业企业和固定设备厂界环境噪声排放限值及其测量方法。适用于工业企业噪声排放的管理、评价及控制。机关、事业单位、团体等对外环境排放噪声的单位也按本标准执行。

工业企业厂界环境噪声不得超过表2-12规定的排放限值。

表2-12　工业企业厂界环境噪声排放限值 单位：dB（A）

厂界外声环境功能区类别	时段	
	昼间	夜间
0类	50	40
1类	55	45
2类	60	50
3类	65	55
4类	70	55

注：1.夜间频发噪声的最大声级超过限值的幅度不得高于10dB（A）。

2. 夜间偶发噪声的最大声级超过限值的幅度不得高于15dB（A）。

3. 工业企业若位于未划分声环境功能区的区域，当厂界外有噪声敏感建筑物时，由当地县级以上人民政府参照GB 3096和GB/T 15190的规定确定厂界外区域的声环境质量要求，并执行相应的厂界环境噪声排放限值。

4. 当厂界与噪声敏感建筑物距离小于1m时，厂界环境噪声应在噪声敏感建筑物的室内测量，并将表2-12中相应的限值减10dB（A）作为评价依据。

3. 《社会生活环境噪声排放标准》

《社会生活环境噪声排放标准》（GB 22337—2008）适用于营业性文化娱乐场所、商业经营活动中使用的向环境排放噪声的设备、设施的噪声管理、评价与控制。

社会生活噪声排放源边界噪声不得超过表2-13规定的排放限值。

表2-13　社会生活噪声排放源边界噪声排放限值 单位：dB（A）

边界外声环境功能区类别	时段	
	昼间	夜间
0类	50	40
1类	55	45
2类	60	50

边界外声环境功能区类别	时段	
	昼间	夜间
3类	65	55
4类	70	55

注：1.在社会生活噪声排放源边界处无法进行噪声测量或测量的结果不能如实反映其对噪声敏感建筑物的影响程度的情况下，噪声测量应在可能受影响的敏感建筑物窗外1m处进行。

2. 当社会生活噪声排放源边界与噪声敏感建筑物距离小于1m时，应在噪声敏感建筑物的室内测量并将表2-13中相应的限值减10dB（A）作为评价依据。

4.《建筑施工场界环境噪声排放标准》

《建筑施工场界环境噪声排放标准》（GB 12523—2011）适用于周围有敏感建筑物的建筑施工噪声排放的管理、评价及控制。市政、通信、交通、水利等其他类型的施工噪声排放可参照本标准执行。

建筑施工过程中场界环境噪声不得超过表2-14规定的排放限值。

表2-14 建筑施工场界环境噪声排放限值   单位：dB（A）

昼间	夜间
70	55

注：1.夜间噪声最大声级超过限值的幅度不得高于15dB（A）。

2. 当场界距噪声敏感建筑物较近、其室外不满足测量条件时，可在噪声敏感建筑物室内测量，并将表2-14中相应的限值减10dB（A）作为评价依据。

案例分析

扫描二维码可查看案例分析。

某化工改建扩建
项目案例分析

某甲醇生产项目
工程分析案例

习 题

1. 简述工程分析的方法。
2. 污染型项目工程分析的主要内容是什么？

3. 对于改、扩建项目，工程分析应注意什么？

4. 某装置产生浓度为 5% 的氨水 1000t，经蒸氨塔回收浓度为 15% 的氨水 300t，蒸氨塔氨气排气约占氨总损耗量的 40%，进入废水中的氨是（　　　）。（2010 年真题）

    A. 2t/a   B. 3t/a   C. 5t/a   D. 15t/a

5. 某锅炉燃煤量 100t/h，煤含硫量 1%，硫进入灰渣中的比例为 20%，烟气脱硫设施的效率为 80%，则排入大气中的 SO_2 量为（　　　）。

    A. 0.08t/h   B. 0.16t/h   C. 0.32t/h   D. 0.40t/h

6. 某印刷厂上报的统计资料显示新鲜工业用水 0.8 万吨，但其水费单显示新鲜工业用水 1 万吨，无监测排水流量，排污系数取 0.7，其工业废水排放（　　　）万吨。

    A. 1.26   B. 0.56   C. 0.75   D. 0.7

7. 某工业车间工段的水平衡图如下（单位：m^3/d），该车间的重复水利用率是（　　　）。

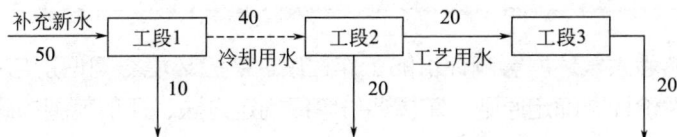

    A. 44.4%   B. 28.6%   C. 54.5%   D. 40%

8. 甲企业年排放废水 600 万吨，废水中氨氮浓度为 20mg/L，排入 Ⅲ 类水体，拟采用废水处理方法的氨氮去除率为 60%，Ⅲ 类水体氨氮浓度的排放标准为 15mg/L。

① 甲企业废水处理前氨氮年排放量为（　　　）t。

    A. 12   B. 120   C. 1200   D. 1.2

② 甲企业废水处理后氨氮年排放量为（　　　）t。

    A. 48   B. 72   C. 4.8   D. 7.2

③ 甲企业废水氨氮达标年排放量为（　　　）t。

    A. 60   B. 80   C. 70   D. 90

④ 甲企业废水氨氮排放总量控制建议指标值为（　　　）t/a。

    A. 120   B. 48   C. 80   D. 90

第三章
大气环境影响评价

学习目标

熟悉大气环境影响评价的工作程序。熟悉环境影响识别与评价因子筛选原则，掌握评价标准确定原则，掌握评价等级判定方法、评价范围的确定原则。掌握不同等级评价项目的环境空气质量现状调查内容、环境空气质量现状数据来源的要求、项目所在区域达标判断方法，熟悉各污染物的环境质量现状评价内容和要求。掌握不同等级评价项目污染源调查内容，熟悉污染源数据来源与要求。掌握大气环境影响预测与评价的一般性要求，掌握大气环境影响预测因子、预测范围的确定原则，熟悉大气环境影响预测模型选取原则及规定，了解大气环境影响预测方法，熟悉达标区和不达标区评价项目的预测与评价内容，了解区域规划大气环境预测与评价内容，了解不同评价对象或排放方案的预测内容和评价要求，熟悉大气环境影响叠加方法，了解保证率日平均质量浓度计算方法，熟悉区域环境质量变化评价方法，了解污染控制措施有效性分析与方案比选内容，熟悉污染物排放量核算内容和方法，掌握大气环境影响评价结果表达的图表与内容要求。了解大气环境监测计划的一般性要求，熟悉污染源监测计划的内容，熟悉环境质量监测计划的内容。掌握大气环境影响评价结论与建议的内容和要求。

第一节　大气污染与大气扩散

一、大气环境污染

关于大气污染的定义起源于对有害影响的观察，也就是说，如果大气污染物达到一定浓度，并持续足够的时间，达到对公众健康、动物、植物、材料、大气特性或环境美学因素产生可以测量的影响，这就是大气污染。从环境影响评价的角度，大气污染是指由于自然或者人类活动向大气中排放的大气污染物过多，使大气中有害物质的数量、浓度和存留时间超过环境空气质量标准的允许限值或其自然状态下的平均含量，或者大气中出现新的污染物，从而造成大气环境质量恶化，给人类和生态环境带来直接或间接的不良影响的现象。

1. 大气污染源

（1）定义与分类

大气污染源是指造成大气污染的空气污染物的发生源，可分为自然源和人为源两大类。**自然源**包括风吹扬尘、火山爆发产生的气体与尘粒、闪电产生的气体（如臭氧和氮氧化物）、植物与动物腐烂产生的臭气、森林火灾造成的烟气与飞灰、自然放射性源和其他产生有害物质并向大气排放的源。**人为源**是由人们的生产和生活过程产生的，是形成日常的大气污染问题的主要原因，其分类方式有很多。按运动形式，分为固定源和移动源；按人们的活动方式，分为工业源、生活源、交通源、农业源等；按污染影响的范围，分为局地源和区域性大气污染源。按污染源排放的空间形式，分为点源、线源、面源、体源；按污染源排放的时间特征，分为连续源、间歇源、瞬时源等。

按大气环境影响评价技术导则的规定，大气污染源分为点源、线源、面源和体源四类，该定义的主要出发点是基于导则推荐模式中参数输入的格式。**点源**是指通过某种装置集中排放的固定点状源，如烟囱、集气筒等；**线源**是指污染物呈线状排放或者由移动源构成线状排放的源，如城市道路的机动车排放源等；**面源**是指在一定区域范围内，以低矮密集的方式自地面或近地面的高度排放污染物的源，如工艺过程中的无组织排放、储存堆、渣场等排放源；**体源**是指由源本身或附近建筑物的空气动力学作用使污染物呈一定体积向大气排放的源，如焦炉炉体、屋顶天窗等。

（2）源强

源强是指污染源排放污染物数量的强度。点源源强是以单位时间排放的污染物数量表示，其单位可以为 t/a、kg/h、g/s 或者 mg/s 等；线源源强是以单位时间、单位长度排放的污染物数量表示，其单位可以为 $kg/(km \cdot h)$ 或 $mg/(m \cdot s)$ 等；面源源强是以单位时间、单位面积上所排放的污染物数量表示，其单位可以为 $t/(km^2 \cdot a)$ 或 $mg/(m^2 \cdot s)$ 等；体源源强则是以单位时间、单位体积所排放的污染物数量表示，其单位可以为 $g/(m^3 \cdot h)$ 或 $mg/(m^3 \cdot s)$ 等。上述源强形式一般指连续性排放的污染源，对于瞬时源，其源强为一次性释放的污染物总量，其单位为 t、kg 或 g 等。

2. 大气污染物

（1）大气污染物的分类

大气中的污染物质种类很多，按照其主要化学成分，可分为以下几类。

① 含硫化合物：如二氧化硫、硫酸盐、二硫化碳、二甲基硫以及硫化氢等。其中的二氧化硫是一种常规大气污染物，也是形成酸性降水的主要成分之一。

② 含氮化合物：如一氧化二氮、一氧化氮、二氧化氮、氨、铵盐以及硝酸盐等。其中，常把一氧化氮和二氧化氮统称为氮氧化物，它们不但是一种常规的污染物，也是形成酸性降水的主要成分之一。

③ 含碳化合物：如一氧化碳、烃类（包括烷烃、烯烃、炔烃、脂肪烃和芳香烃）等。其中，常把除甲烷以外的所有可挥发的碳氢化合物（其中主要是 $C_2 \sim C_8$）称为非甲烷总烃，用 nMHC 表示。nMHC 与甲烷不同，有较大的光化学活性。大气中的 nMHC 超过一定浓度时，除直接对人体健康有害外，在一定条件下经日光照射还能产生光化学烟雾，对环境和人类健康造成危害。

④ 卤代化合物：烃分子中的氢原子被卤素原子（氟、氯、溴、碘）取代后形成的化合物，简称卤代烃。许多卤代烃可用作灭火剂（如四氯化碳）、冷冻剂（如氟利昂）、麻醉剂（如氯仿，现已不使用）、杀虫剂（如六六六，现已禁用），以及高分子工业的原料（如氯乙烯、四

氟乙烯）等。卤代烃大都具有一种特殊气味，多卤代烃一般都难燃或不燃。由于卤素是强毒性基，因此这类污染物一般具有一定的生态毒理性特。另外，卤代烃具有通过光化学作用破坏臭氧层的功能。

⑤ 放射性污染物和其他有毒物质：如苯并芘、过氧乙酰硝酸酯（PAN）。一些放射性物质和其他有毒物质通过在大气中形成气溶胶或者进一步在大气中发生化学反应，对生态环境和人体健康造成危害。

根据形成方式，大气中污染物可以分为一次污染物和二次污染物。前者从污染源直接生成并排放进入大气环境中，在大气中保持其原有的物理化学性质；后者则是在一次污染物之间或一次污染物与大气中组分之间发生化学反应而形成的。例如二氧化硫、氮氧化物和颗粒物往往从污染源直接释放进入大气环境，视为一次污染物，而光化学烟雾中形成的臭氧、PAN以及酸沉降中形成的硫酸盐等则经常被视为二次污染物。

（2）大气环境影响评价中对大气污染物的分类

根据《环境影响评价技术导则 大气环境》（HJ 2.2），大气中的污染物可以分为以下两类。

① 常规污染物：指GB 3095中所规定的二氧化硫（SO_2）、颗粒物[TSP（总悬浮颗粒物）、PM_{10}]、二氧化氮（NO_2）、一氧化碳（CO）等污染物。

② 特征污染物：指项目排放的污染物中除常规污染物以外的特有污染物。主要指项目实施后可能导致潜在污染或对周边环境空气保护目标产生影响的特有污染物。

另外，在大气环境影响评价中，利用预测模式进行计算时，从污染物的空气动力学特征看，大气污染物按存在形态分为颗粒物污染物和气态污染物，其中粒径小于15μm的颗粒物污染物亦可看作气态污染物。

3. 常规大气污染物排放源强的估算

产生常规大气污染物的燃料主要有煤、油、天然气、液化气等。排放常规大气污染物的排放源主要有锅炉、交通车辆等。大气污染源的工艺、规模、设备技术水平、运行特征等的过阳性，使得对污染源强的精确确定非常困难。所以通常所说的污染源强一般是指在某些条件下的平均值。对污染源强的估算可以采用实测法、理论计算或者经验公式进行。

（1）理论计算

可以根据燃料的热力学参数以及锅炉生产的热量估算需要的燃料量，例如对于产生饱和蒸汽的锅炉，其燃料需要量为：

$$Y = W(H_g - H_w)/(Q_{低}\eta) \tag{3-1}$$

式中，η 为锅炉的热效率，%；$Q_{低}$ 为燃料的低位发热值，kJ/kg；H_w 为锅炉给水热焓，kJ/kg；H_g 为锅炉在某工作压力下饱和蒸汽热焓，kJ/kg；W 为锅炉产气量，kg/h；Y 为燃料需要量，kg/h。

① 燃料燃烧过程中烟尘量的计算 煤在燃烧过程中产生的烟尘主要包括黑烟和飞灰。黑烟是烟气中未完全燃烧的炭粒，飞灰是指烟气中不可燃烧的矿物质的细小固体颗粒。飞灰的计算可以用烟尘实测浓度核算：

$$G = QC_0 \tag{3-2}$$

式中，C_0 为烟尘实测浓度，mg/m³（标）；Q 为烟气排放量，m³（标）/h；G 为烟尘排放量，mg/h。

如果没有飞灰的实测浓度，可以用煤的灰分含量进行估算：

$$G = BAd_{ash}(1-\eta) \tag{3-3}$$

式中，η 为除尘装置的总效率，%；d_{ash} 为烟气中烟尘占煤灰分量的分数，%，取值与燃烧方式有关；A 为煤的灰分含量，%；B 为耗煤量，kg/h；G 为烟尘排放量，kg/h。

② 燃烧过程中排放二氧化硫的计算　一般，煤中可燃性硫占全硫分的 70% ~ 90%。燃烧过程中，可燃性硫和氧气反应生成 SO_2，根据 S 和 SO_2 的摩尔质量关系，1kg 的可燃性 S 产生 2kg 的 SO_2。因此燃煤产生的 SO_2 可用下式计算：

$$G_{so_2} = 2 \times 80\% \times BS \tag{3-4}$$

式中，80% 为煤中可燃性硫占全硫分比例；B 为耗煤量，kg/h；G_{so_2} 为 SO_2 排放量，kg/h；S 为燃料的含硫率，%。

燃油过程中，其中的硫可以全部考虑为可燃性硫，因此其 SO_2 产生量可用下式计算：

$$G_{so_2} = 2BS \tag{3-5}$$

另外，燃烧中气态污染物的产生量可以根据燃料的主要元素成分核算。以下举例说明。

【例 3-1】已知油品中元素含量，C85.5%，H11.3%，O2.0%，N0.2%，S1.0%。计算：（1）燃烧 1kg 油需标态空气体积及产生的标态烟气体积（标态干空气，O_2：N_2（体积比）=21%：79%，假设大气中的 N_2 和 O_2 不反应）；（2）干烟气中二氧化硫浓度；（3）实际燃烧中，空气过剩量为 10% 时，所需要的空气量及产生烟气量。

解：由已知条件以及各种物质元素的分子量，假设燃烧后形成产物见表 3-1，则其耗氧量见表 3-1。

表 3-1　1kg 重油含各种物质元素数量及其完全燃烧需氧量

物质元素	质量 /g	元素摩尔数 /mol	燃烧形成污染物	燃烧需要氧气量（O_2）/mol	备注
C	855	71.25	CO_2	71.25	利用大气中的氧
S	10	0.3125	SO_2	0.3125	利用大气中的氧
N	2	0.143	NO	0.0715	利用大气中的氧
O	20	1.25	H_2O	0	油中氢氧化合得 H_2O（1.25mol）
H	113	113/1−2×1.25=110.5	H_2O	27.625	利用油中氧合成 H_2O 后剩余的 H 需要大气氧

所以，理论需氧气量：G_{o_2} =71.25+27.625+0.3125+0.0715=99.26（mol O_2/kg 油）。

标态下需要 O_2 体积：V_{o_2} =99.26×22.4=2223.40（L O_2/kg 油）。

标态下需空气体积：$V_{空气}$ =2223.40/0.21×10^{-3}=10.59（m^3/kg 油）。

烟气中各成分为：$CO_2$71.25mol；H_2O27.625×2+1.25=56.5（mol）；$SO_2$0.3125mol；NO0.0715×2=0.143mol；$N_2$10590×79%/22.4=373.487（mol）。

所以理论烟气量：$G_{烟}$ =71.25+56.5+0.3125+0.143+373.487=501.6925（mol/kg 油）。

标态下理论烟气体积：$V_{烟}$ =501.6925×22.4×10^{-3}=11.24（m^3/kg 油）。

烟气中扣除水分后的干烟气量：$G_{干烟}$ =501.6925−56.5=445.1925（mol）。

SO_2 百分浓度：CH_{SO_2} =0.3125/445.1925=0.07%

SO_2 质量浓度：C_{SO_2} =0.3125×64/（445.1925×22.4）×10^6=2006（mg/m^3）。

空气过剩 10%，所需空气量：VG$_{空气}$ =1.1×10.59=11.65（m^3/kg 油）。

空气过剩时产生烟气量：VG$_{烟气}$ =11.24+0.1×10.59=12.30（m^3/kg 油）。

（2）经验估算

主要根据相关文献中获得的不同燃料的平均排污系数进行估算。

① 锅炉燃烧废气　锅炉使用燃料主要有煤、油、液化气、天然气或焦炉煤气等。不同锅炉燃煤污染物排放系数如表3-2所示，其他不同燃料燃烧的污染物排放系数见表3-3。

表3-2　锅炉燃煤污染物排放系数　　　　　　单位：kg污染物/t煤

锅炉种类	燃煤种类	TSP	PM_{10}	SO_2	NO_x	CO	C_mH_n
≥20t/h	低硫煤	1.48	1.21	4.05	3.44	7.71	3.11
	大同煤	2.14	1.61	8.85	4.24	3.12	2.16
<20t/h	低硫煤	1.59	1.28	6.18	2.76	8.62	5.10
	大同煤	2.70	1.96	11.06	3.94	5.26	4.53
茶浴炉	低硫煤	3.38	2.33	5.54	3.83	9.45	4.08

注：低硫煤指标，全水分9.1%，灰分8.4%，挥发分28.29%，含硫0.30%，发热量26.55MJ/kg；大同煤指标，全水分9.0%，灰分13.0%，挥发分26.3%，含硫0.77%，发热量25.10MJ/kg。资料来源：环保部环评工程师执业资格登记管理办公室，《社会区域类环境影响评价》，中国环境科学出版社，2007.8。

表3-3　油、气燃料的污染物排放系数

燃料种类	单位	TSP	PM_{10}	SO_2	NO_x	CO	C_mH_n
重油	kg污染物/t燃料	3.94	1.60	2.75	6.03	0.86	3.34
柴油	kg污染物/t燃料	0.31	0.31	2.24	2.92	0.78	2.13
液化气	kg污染物/km³燃料	0.22	0.22	0.18	2.10	0.42	0.34
天然气	kg污染物/km³燃料	0.14	0.14	0.18	1.76	0.35	—
焦炉煤气	kg污染物/km³燃料	0.24	0.24	0.08	0.80	0.16	—

② 餐饮废气　餐饮废气污染主要来自两部分：其一是炉灶所使用燃料燃烧过程排放污染物，可以根据表3-3估算；其二是炊事使用的食用油排放污染物，可以根据表3-4估算。

表3-4　餐饮和居民炊事油烟等污染物排放系数　　　单位：kg污染物/t食用油

餐饮类型	污染防治设施	油烟	TSP	PM_{10}	$PM_{2.5}$
餐饮业	未安装油烟净化器	3.815	4.829	4.778	4.196
	已安装油烟净化器	0.543	0.654	0.646	0.544
居民炊事		1.035	1.278	1.180	0.701

③停车场废气　停车场有两种类型：其一为地下车库；其二为地面停车场。

地下车库的废气污染物排放根据下式进行计算：

$$Q_{车库} = SHNC \times 10^{-6} \tag{3-6}$$

式中，$Q_{车库}$为车库污染物排放量，kg/h；S为车库面积，m^2；H为车库高度，m；N为换气频次，次/h；C为车库中污染物平均浓度，mg/m^3。

对于地下车库中的公建类车库，根据《社会区域类环境影响评价》（中国环境科学出版社，2007.8），其中C的取值可参考如下数据：不开车库风机时，交通高峰时段（早8:00～10:00，晚18:00～19:30）污染物浓度平均值为NO_2 0.097mg/m^3、NO_x 0.740mg/m^3、

CO 18.06mg/m³、THC（气体中碳氢化合物总量）4.14mg/m³；车库风机打开时，交通高峰时段污染物浓度平均值为NO₂ 0.124mg/m³、NOₓ 0.402mg/m³、CO 6.20mg/m³、THC 2.60mg/m³。

对于地下车库中的住宅类车库，根据《社会区域类环境影响评价》（中国环境科学出版社，2007.8），其中 C 的取值可参考如下数据：交通高峰时段（早8：00～10：00，晚18：00～19：30）污染物浓度平均值为NO₂ 0.181mg/m³、NOₓ 0.457mg/m³、CO 13.1mg/m³、THC 3.40mg/m³。

地面停车场的废气污染物排放根据下式进行计算：

$$Q_{车场} = \sum_{i=1}^{n} C_i N_i K_i \times 10^{-3}$$ （3-7）

式中，$Q_{车场}$ 为停车场汽车尾气源强，kg/h；n 汽车类型数；C_i 为 i 类车尾气污染物平均排放系数，g/（km·辆）；N_i 为 i 类车的车流量，辆/h；K_i 为 i 类车平均行驶距离，km。

部分轻型机动车尾气污染物排放系数见表3-5。

表3-5　部分轻型机动车尾气污染物排放系数　　　　单位：g/km

车辆种类（发动机）	环保措施	THC	CO	NOₓ
奥拓（化油）	电控补气+三元催化剂	0.39	2.69	2.23
奥拓（电喷）	三元催化剂	0.13	0.78	0.43
夏利（化油）	电控补气+三元催化剂	0.79	2.87	0.95
松花江（化油）	无	0.97	13.05	0.38
富康（化油）	电控补气+三元催化剂	1.05	0.91	1.34
捷达（化油）	无	3.79	33.77	0.65
捷达（电喷）	三元催化剂	0.36	2.28	0.54
桑塔纳（化油）	无	2.72	25.57	1.26
帕萨特（电喷）	三元催化剂	0.45	4.36	0.49
奥迪（化油）	马哥马-300N燃料燃烧催化净化器	1.77	12.05	1.70
奥迪（电喷）	三元催化剂	0.15	2.11	0.06

④道路交通废气　道路交通废气的污染物主要有一氧化碳、二氧化氮、碳氢化合物等，目前道路交通废气的排放源强一般采用单车污染物排放因子法进行计算：

$$Q = \frac{1}{3600} \sum_{i=1}^{n} \lambda_i K_i A_i$$ （3-8）

式中，Q 为单位时间、单位长度公路上各种机动车产生的某种污染物排放源强，g/（km·s）；A_i 为 i 型机动车（一般分为轻型车、中型车和重型车3类）交通流量，辆/h；λ_i 表示 i 型机动车污染物排放因子的车速订正系数；K_i 为机动车单车污染物排放因子，g/（km·辆）（按表3-6取值）。

该方法的关键是如何确定单车排放因子 K_i，主要优点是适用性强，可以推广到不同等级公路的大气环境影响评价工作中，不足之处是各类型车的单车排污因子值离散性较大，利用其平均值计算出的排放源强和实际源强之间有一定差别。

车速订正系数按如下公式计算：

$$\lambda_i = a_i + b_i v + c_i v^2 \tag{3-9}$$

式中，a_i、b_i、c_i 为常系数（按表3-6取值）；v 为平均车速，km/h。

表3-6　公路机动车污染物排放因子及车速订正系数

车型	CO				HC（碳氢化合物）				NO₂			
	K_i/[g/（km·辆）]	a_i	b_i	c_i	K_i/[g/（km·辆）]	a_i	b_i	c_i	K_i/[g/（km·辆）]	a_i	b_i	c_i
摩托	20.007	3.6169	—	0.0004	3.486	2.7392	—	0.0003	0.148	1.1688	—	0.0001
轻型	36.291		0.0734		3.310		0.0466		2.881		0.0089	
中型	38.249	2.1398	—	0.0094	4.519	4.2211	—	0.0176	4.671	0.7070	—	0.0041
重型	17.830		0.0291		2.860		0.0918		13.759		0.0024	

资料来源：邓顺熙，公路与长隧道空气污染影响分析方法，科学出版社，2004.9。

二、大气扩散及其影响因素

进入大气中的污染物，由于风的平流输送以及大气湍流作用逐渐分散开来，这种现象称为**大气扩散**。大气扩散的理论和试验研究表明，在不同的气象条件下，同一污染源所造成的地面污染物浓度可以相差几十倍甚至几百倍。这是由于大气对污染物的稀释扩散能力随气象条件的不同而发生巨大变化。因此，大气扩散过程对环境空气污染程度的影响很大。下面简要介绍关于大气扩散过程的一些基本概念。

1. 大气湍流

湍流是一种不规则的运动，其特征量是时空随机变量。在大气中，由于受各种大气尺度的影响，三维空间的风向、风速发生连续的随机涨落，这种涨落是大气中污染物扩散过程的一种特征。引起大气湍流的原因主要有两个方面：其一是机械或动力的原因（形成所谓的机械湍流），如近地面空气受到下垫面的机械阻挡所产生的风切变；其二是各种热力因子（诱生热力湍流），如地表受热不均或气层不稳定引起热力湍流。研究大气湍流时，把它作为一种叠加在平均风之上的脉动变化，由一系列不规则的大气涡旋运动组成，这种涡旋称为湍涡。湍涡的尺度差异很大，边界层内最大的湍涡尺度大约和边界层的厚度相当，最小的湍涡尺度只有几毫米。

如果大气中只有某一方向的风而没有湍流，则烟团仅靠分子扩散进行增大，其污染物稀释速度很慢。实际上，大气中总是存在着剧烈的湍流运动，使得烟团与周围空气之间能够快速进行混合和交换，大大加强了烟团的扩散。根据研究，湍流扩散速率比分子扩散速率大 $10^5 \sim 10^6$ 倍。但在烟团的平均运动方向上，风的平流输送仍起到重要作用。在大气湍流扩散过程中，湍涡尺度和烟团尺度之间的差异对烟团扩散的影响很大。如果湍涡尺度比烟团尺度小，则烟团在主导风向移动的同时，烟团边缘受到湍涡的扰动从而不断与周围空气混合，烟团缓慢地扩张，其中的污染物浓度逐渐降低。如果湍涡尺度比烟团尺度大，则烟团在运动中整体被湍涡挟持，其本身增大不快。若湍涡尺度和烟团尺度相近，则烟团在随主导风向移动过程中，快速被湍涡拉开撕裂，扩散过程比较剧烈，其中污染物浓度能够快速降低。实际大气中，上述三种情形均存在。

2. 污染气象要素

对大气状态和物理现象给予定性或定量描述的物理量称为气象要素。气象要素是影响污染物在大气中稀释、扩散、迁移和转化的重要因素。与大气污染有关的气象要素有很多，通常把与大气扩散过程密切相关的称为污染气象要素。常用的气象要素有气温、气压、湿度、风向、风速、云况、云量、能见度、降水、蒸发、日照时数、太阳辐射、地面及大气辐射等。

① **气温**：通过气象观测获得的地面气温一般指离地面1.5m高度处的百叶箱中观测到的空气温度。一般用摄氏度（℃）表示，理论计算中常用热力学温度（K）表示。

② **气压**：大气的压强。静止大气中，任一点的气压值等于该点以上单位面积上的大气柱重量。高度越高，气柱所含大气越少，气压越低。气象上常以百帕（hPa）为法定单位。

③ **湿度**：反映空气中水汽含量多少和空气潮湿程度的一个物理量。常用绝对湿度或相对湿度表示。

④ **风**：气象上把空气质点在水平方向的运动称为风，在垂直方向的运动称为对流。风是一个矢量，用风向和风速描述其特征。风向常用16个方位表示，风速指单位时间内空气在水平方向的移动距离。风向和风速是随时间发生脉动的物理量。通常所说地面风向、风速是指安装于距地面10m高度处的测风仪器所观测到的一定时间内的平均值。

⑤ **云**：云是由飘浮在空气中的大量小水滴或小冰晶或者二者的结合物构成的。在污染预测中需用云高、云量等确定大气的稳定度。云高指云底距地面的高度，一般分为高云（5000m以上）、中云（2500～5000m）和低云（2500m以下）三类。云量是指云遮蔽天空视野的成数，将视野能见的天空分为10等分，云遮蔽了几分，云量就是几。

⑥ **能见度**：正常人的眼睛所能看到的最大水平距离称为能见度。能见度的大小反映了大气的浑浊程度。

3. 大气边界层温度场

受下垫面影响的低层大气（厚度约1～2km）称为大气边界层。下垫面以上100m左右的一层大气称为近地层或摩擦边界层。近地层到大气边界层顶的一层大气称为过渡区，大气污染扩散过程主要发生在这一层，因此其中的温度场和风场对大气污染扩散的影响至关重要。

① **气温垂直递减率**：定义为单位高差（通常为100m）内气温变化速率的负值，表示为 $\gamma = -dT/dz$。如果气温随高度增高而降低，$\gamma > 0$；如果气温随高度增高而增加，$\gamma < 0$。一般正常大气中 $\gamma = 0.65℃/100m$。

② **气温干绝热递减率**：干空气在绝热升降过程中，每升降单位距离（通常为100m）引起气温变化速率的负值称为干绝热递减率，通常用 γ_d 表示。一般情况下，$\gamma_d = 0.98K/100m$。

③ **大气温度层结**：大气温度在垂直方向的分布称为温度层结。通常有四种情况：a. 正常 气温随高度增加而降低，$\gamma > 0$，$\gamma > \gamma_d$，非常有利于污染扩散。b. 中性 气温随高度增加而降低，$\gamma > 0$，$\gamma \approx \gamma_d$，相对有利于污染扩散。c. 稳定 气温不随高度变化，$\gamma \approx 0$，$\gamma < \gamma_d$，不利于污染扩散。d. 逆温 气温随高度增加而升高，$\gamma < 0$，$\gamma < \gamma_d$，非常不利于污染物扩散。

④ **温度层结与烟羽形状**：受温度层结的影响，烟羽扩散状态的变化很大。一般分为五种类型：a. 波浪型（翻卷型）$\gamma - \gamma_d > 0$，大气处于不稳定状态，污染物扩散良好，最大落地浓度落地点距烟囱最近。b. 锥型 $\gamma \approx \gamma_d$，污染物扩散比波浪型差，发生在中性大气温度层结中。其最大落地浓度及其出现距离和高浓度范围均比波浪型大。c. 平展型（长带型或扇型）：烟羽在垂直方向扩散很小，像一条带子飘向远方，俯视时烟羽像一把展开的扇子。它发生在烟囱出口位于逆温层中时，即 $\gamma - \gamma_d < -0.98$。其污染情况随烟囱有效高度的不同而不同。烟囱有效源高很大时，在近距离内地面污染物浓度很小；烟囱有效源高很小时，在近距离会造成

严重污染。d. 屋脊型（爬升型或上扬型） 排放口上方，$\gamma - \gamma_d > 0$，大气处于不稳定状态。排放口下方，$\gamma - \gamma_d < -0.98$，大气是稳定的。一般在日落前后，地面有辐射逆温，高空受冷空气影响大气不稳定时出现。e. 漫烟型（熏烟型） 排放口上方，$\gamma - \gamma_d < -0.98$，大气是稳定的。排放口下方，$\gamma - \gamma_d > 0$，大气是不稳定的。一般出现在日出以后，由于地面增温，低层空气被加热，使逆温层从地面向上逐渐破坏，不稳定大气从地面逐渐向上发展，当不稳定大气发展到烟羽的下边缘或更高一点时，发生烟羽向下的剧烈扩散，把大量的污染物带到地面，而烟羽的上边缘仍处在逆温层中。

4. 大气边界层风场

① 风的形成

大气的水平运动是因为大气受水平方向的作用力所形成的。作用于大气的水平力有四种：a. 水平气压梯度力 由水平方向气压差所形成的作用于单位质量空气上的力，其方向从高压指向低压。b. 地球自转偏向力 由地球自转所引起的空气偏离气压梯度力方向的力，北半球向右偏，南半球向左偏。c. 惯性离心力 以曲率半径 r 做曲线运动的单位质量空气所受到的离心力。d. 摩擦力 包括空气与空气之间因黏性而产生的摩擦力，以及空气与下垫面之间的摩擦力。

水平气压梯度力是空气运动的直接原动力，其他三个力是在空气开始运动后才产生并起作用的。

② 风速廓线

风速廓线即风速随高度的变化曲线。一般气象资料中的风速只是地面风速（10m 高度），利用风速廓线公式可推算不同高度处的风速。我国常用的风速廓线公式为：

$$u_z = u_{10} \left(\frac{z}{10} \right)^p \tag{3-10}$$

式中，u_z 为 z（m）高度处的风速，m/s；u_{10} 为地面以上 10m 处的风速，m/s；p 为风速廓线指数（取值见表 3-7）。

表 3-7 不同稳定度下的风速廓线指数值

地区分类	A	B	C	D	E/F
城市	0.10	0.15	0.20	0.25	0.30
乡村	0.07	0.07	0.10	0.15	0.25

第二节 大气环境影响评价工作程序和评价等级

一、评价工作程序

大气环境影响评价的整个过程分为三个阶段。

第一阶段：主要工作包括研究有关文件，项目污染源调查，环境空气保护目标调查，评价因子筛选与评价标准确定，区域气象与地表特征调查，收集区域地形参数，确定评价等级和评价范围等。

第二阶段：主要工作依据评价等级要求开展，包括与项目评价相关污染源调查与核实，选择适合的预测模型，环境质量现状调查或补充监测，收集建立模型所需气象、地表参数等基础数据，确定预测内容与预测方案，开展大气环境影响预测与评价工作等。

第三阶段：主要工作包括制订环境监测计划，明确大气环境影响评价结论与建议，完成环境影响评价文件的编写等。

这三个阶段是相互联系的，目的是提供一份满足预防性环境保护要求的报告书。其评价工作程序如图 3-1 所示。

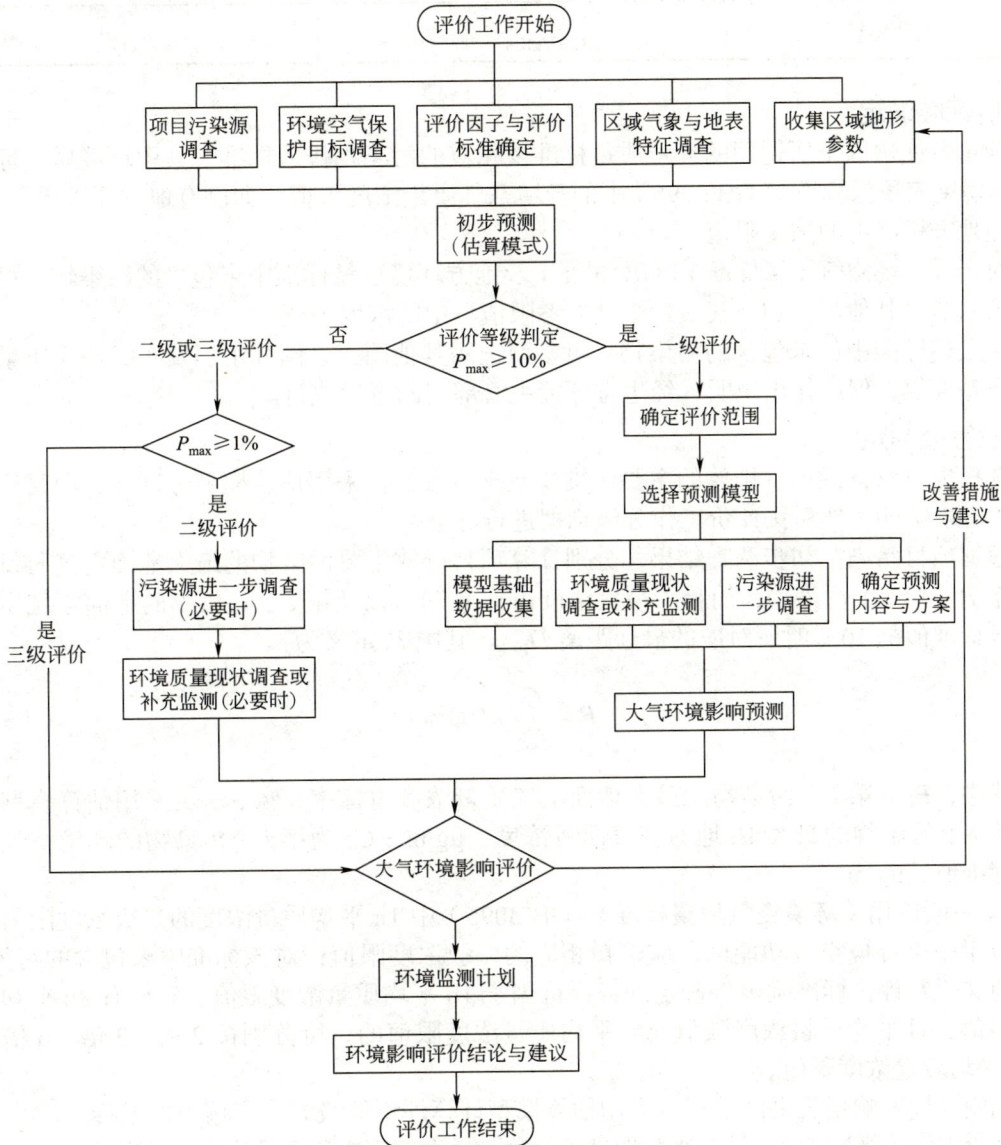

图3-1 大气环境影响评价工作程序

二、评价工作等级的确定

1. 环境影响识别与评价因子筛选

按照《建设项目环境影响评价技术导则 总纲》（HJ 2.1）、《规划环境影响评价技术导则 总纲》（HJ 130）的要求识别大气环境影响因素，并筛选出大气环境影响评价因子。大气环境影响评价因子主要为项目排放的常规污染物及特征污染物。

当建设项目排放的 SO_2 和 NO_x 年排放量以及规划项目排放的 SO_2、NO_x 和 VOCs 年排放量达到表 3-8 规定的量时，应相应增加二次污染物评价因子。

表 3-8　二次污染物评价因子筛选

类别	污染物排放量 /(t/a)	二次污染物评价因子
建设项目	$SO_2+NO_x \geqslant 500$	$PM_{2.5}$
规划项目	$SO_2+NO_x \geqslant 500$ $NO_x+VOCs \geqslant 2000$	$PM_{2.5}$ O_3

2. 评价标准确定

确定各评价因子所适用的环境质量标准及相应的污染物排放标准。其中环境质量标准选用《环境空气质量标准》(GB 3095) 中的环境空气质量浓度限值，如已有地方环境质量标准，应选用地方标准中的浓度限值。

对于《环境空气质量标准》(GB 3095) 及地方环境质量标准中未包含的污染物，可参照本章第六节 "其他污染物空气质量浓度参考限值" 中的浓度限值。

对上述标准中都未包含的污染物，可参照选用其他国家、国际组织发布的环境质量浓度限值或基准值，但应作出说明，经生态环境主管部门同意后执行。

3. 评价等级判定

选择项目污染源正常排放的主要污染物及排放参数，采用估算模型分别计算项目污染源的最大环境影响，然后按评价工作分级判据进行分级。

根据项目污染源初步调查结果，分别计算项目排放主要污染物的最大地面空气质量浓度占标率 P_i（第 i 个污染物，简称 "最大浓度占标率"），以及第 i 个污染物的地面空气质量浓度达到标准值的 10% 时所对应的最远距离 $D_{10\%}$。其中 P_i 定义为：

$$P_i = \frac{C_i}{C_{0i}} \times 100\% \qquad (3\text{-}11)$$

式中，P_i 为第 i 个污染物的最大地面空气质量浓度占标率，% ；C_i 为采用估算模型计算出的第 i 个污染物的最大 1h 地面空气质量浓度，$\mu g/m^3$；C_{0i} 为第 i 个污染物的环境空气质量浓度标准值，$\mu g/m^3$。

C_{0i} 一般选用《环境空气质量标准》(GB 3095) 中 1h 平均质量浓度的二级浓度限值，如项目位于一类环境空气功能区，应选择相应的一级浓度限值；对该标准中未包含的污染物，使用前文 "2. 评价标准确定" 确定的各评价因子 1h 平均质量浓度限值。对仅有 8h 平均质量浓度限值、日平均质量浓度限值或年平均质量浓度限值的，可分别按 2 倍、3 倍、6 倍折算为 1h 平均质量浓度限值。

编制环境影响报告书的项目在采用估算模型计算评价等级时，应输入地形参数。

评价工作等级按表 3-9 的分级判据进行划分。最大地面空气质量浓度占标率 P_i 按式（3-11）计算，如污染物数大于 1，取 P 值中最大者 P_{max}。

表 3-9　评价工作等级与分级判据

评价工作等级	分级判据	评价工作等级	分级判据
一级	$P_{max} \geqslant 10\%$	三级	$P_{max} < 1\%$
二级	$1\% \leqslant P_{max} < 10\%$		

此外，评价等级的判定还应遵守以下规定：

① 同一项目有多个污染源（两个及以上，下同）时，则按各污染源分别确定评价等级，并取评价等级最高者作为项目的评价等级。

② 对电力、钢铁、水泥、石化、化工、平板玻璃、有色等高耗能行业的多源项目或以使用高污染燃料为主的多源项目，并且编制环境影响报告书的项目评价等级提高一级。

③ 对等级公路、铁路项目，分别按项目沿线主要集中式排放源（如服务区、车站大气污染源）排放的污染物计算其评价等级。

④ 对新建包含 1km 及以上隧道工程的城市快速路、主干路等城市道路项目，按项目隧道主要通风竖井及隧道出口排放的污染物计算其评价等级。

⑤ 对新建、迁建及飞行区扩建的枢纽及干线机场项目，应考虑机场飞机起降及相关辅助设施排放源对周边城市的环境影响，评价等级取一级。

⑥ 确定评价等级的同时应说明估算模型计算参数和判定依据。

三、评价范围

评价工作等级划分和评价范围确定必须是对应的。

一级评价项目根据建设项目排放污染物的最远影响距离（$D_{10\%}$）确定大气环境影响评价范围。即以项目厂址为中心区域，自厂界外延 $D_{10\%}$ 的矩形区域作为大气环境影响评价范围。当 $D_{10\%}$ 超过 25km 时，确定评价范围为边长 50km 的矩形区域；当 $D_{10\%}$ 小于 2.5km 时，评价范围边长取 5km。

二级评价项目大气环境影响评价范围边长取 5km。

三级评价项目不需要设置大气环境影响评价范围。

对于新建、迁建及飞行区扩建的枢纽及干线机场项目，评价范围还应考虑受影响的周边城市，最大取边长 50km。

规划的大气环境影响评价范围为以规划区边界为起点，外延规划项目排放污染物的最远影响距离（$D_{10\%}$）的区域。

在项目大气环境影响评价范围内，应调查主要环境空气保护目标。在带有地理信息的底图中标注，并列表给出环境空气保护目标内主要保护对象的名称、保护内容、所在大气环境功能区划以及与项目厂址的相对距离、方位、坐标等信息。

评价基准年筛选：依据评价所需环境空气质量现状、气象资料等数据的可获得性、数据质量、代表性等因素，选择近 3 年中数据相对完整的 1 个日历年作为评价基准年。

第三节　环境空气质量现状调查与评价

一、调查内容和目的

一级评价项目：调查项目所在区域环境质量达标情况，作为项目所在区域是否为达标区的判断依据。调查评价范围内有环境质量标准的评价因子的环境质量监测数据或进行补充监测，用于评价项目所在区域污染物环境质量现状，以及计算环境空气保护目标和网格点的环境质量现状浓度。

二级评价项目：调查项目所在区域环境质量达标情况。调查评价范围内有环境质量标准的评价因子的环境质量监测数据或进行补充监测，用于评价项目所在区域污染物环境质量现状。

三级评价项目：只调查项目所在区域环境质量达标情况。

二、数据来源

1. 基本污染物环境质量现状数据

项目所在区域达标判定，优先采用国家或地方生态环境主管部门公开发布的评价基准年环境质量公告或环境质量报告中的数据或结论。

采用评价范围内国家或地方环境空气质量监测网中评价基准年连续 1 年的监测数据，或采用生态环境主管部门公开发布的环境空气质量现状数据。

评价范围内没有环境空气质量监测网数据或公开发布的环境空气质量现状数据的，可选择符合《环境空气质量监测点位布设技术规范（试行）》（HJ 664）规定，并且与评价范围地理位置邻近，地形、气候条件相近的环境空气质量城市点或区域点的监测数据。

对于位于环境空气质量一类区的环境空气保护目标或网格点，各污染物环境质量现状浓度可取符合《环境空气质量监测点位布设技术规范（试行）》（HJ 664）规定，并且与评价范围地理位置邻近，地形、气候条件相近的环境空气质量区域点或背景点的监测数据。

2. 其他污染物环境质量现状数据

优先采用评价范围内国家或地方环境空气质量监测网中评价基准年连续 1 年的监测数据。

评价范围内没有环境空气质量监测网数据或公开发布的环境空气质量现状数据的，可收集评价范围内近 3 年与项目排放的其他污染物有关的历史监测资料。

3. 补充监测

在没有以上相关监测数据或监测数据不能满足下面"三、评价内容与方法"规定的评价要求时，应按以下要求进行补充监测。

（1）监测时段

根据监测因子的污染特征，选择污染较重的季节进行现状监测。补充监测原则上应取得 7d 有效数据。

对于部分无法进行连续监测的其他污染物，可监测其一次空气质量浓度，监测时次应满足所用评价标准的取值时间要求。

（2）监测布点

以近 20 年统计的当地主导风向为轴向，在厂址及主导风向下风向 5km 范围内设置 1～2 个监测点。

如需在一类区进行补充监测，监测点应设置在不受人为活动影响的区域。

（3）监测方法

应选择符合监测因子对应环境质量标准或参考标准所推荐的监测方法，并在评价报告中注明。

（4）监测采样

环境空气监测中的采样点、采样环境、采样高度及采样频率，按《环境空气质量监测点位布设技术规范（试行）》（HJ 664）及相关评价标准规定的环境监测技术规范执行。

三、评价内容与方法

1. 项目所在区域达标判断

城市环境空气质量达标情况评价指标为 SO_2、NO_2、PM_{10}、$PM_{2.5}$、CO 和 O_3，六项污染物全部达标即为城市环境空气质量达标。

根据国家或地方生态环境主管部门公开发布的城市环境空气质量达标情况，判断项目所在区域是否属于达标区。如项目评价范围涉及多个行政区（县级或以上，下同），需分别评价各行政区的达标情况，若存在不达标行政区，则判定项目所在评价区域为不达标区。

国家或地方生态环境主管部门未发布城市环境空气质量达标情况的，可按照《环境空气质量评价技术规范（试行）》（HJ 663）中各评价项目的年评价指标进行判定。年评价指标中的年均浓度和相应百分位数 24h 平均或 8h 平均质量浓度满足《环境空气质量标准》（GB 3095）中浓度限值要求的即为达标。

2. 各污染物的环境质量现状评价

长期监测数据的现状评价内容，按《环境空气质量评价技术规范（试行）》（HJ 663）中的统计方法对各污染物的年评价指标进行环境质量现状评价。对于超标的污染物，计算其超标倍数和超标率。

补充监测数据的现状评价内容，分别对各监测点位不同污染物的短期浓度进行环境质量现状评价。对于超标的污染物，计算其超标倍数和超标率。

3. 环境空气保护目标及网格点环境质量现状浓度

对采用多个长期监测点位数据进行现状评价的，取各污染物相同时刻各监测点位的浓度平均值，作为评价范围内环境空气保护目标及网格点环境质量现状浓度，计算方法见式（3-12）：

$$C_{现状(x,y,t)} = \frac{1}{n}\sum_{j=1}^{n} C_{现状(j,t)} \tag{3-12}$$

式中　$C_{现状(x,y,t)}$——环境空气保护目标及网格点（x, y）在 t 时刻的环境质量现状浓度，$\mu g/m^3$；

　　　$C_{现状(j,t)}$——第 j 个监测点位在 t 时刻的环境质量现状浓度（包括短期浓度和长期浓度），$\mu g/m^3$；

　　　n——长期监测点位数。

对采用补充监测数据进行现状评价的，取各污染物不同评价时段监测浓度的最大值，作为评价范围内环境空气保护目标及网格点环境质量现状浓度。对于有多个监测点位数据的，先计算相同时刻各监测点位平均值，再取各监测时段平均值中的最大值，计算方法见式（3-13）：

$$C_{现状(x,y)} = \max\left[\frac{1}{n}\sum_{j=1}^{n} C_{监测(j,t)}\right] \tag{3-13}$$

式中　$C_{现状(x,y)}$——环境空气保护目标及网格点（x, y）环境质量现状浓度，$\mu g/m^3$；

　　　$C_{监测(j,t)}$——第 j 个监测点位在 t 时刻的环境质量现状浓度（包括 1h 平均、8h 平均或日平均质量浓度），$\mu g/m^3$；

　　　n——现状补充监测点位数。

4. 环境空气质量评价方法

（1）单因子指数法

单因子指数法是目前进行环境空气质量现状评价的主要方法，其计算公式为：

$$I_i = \frac{C_i}{C_{0i}} \tag{3-14}$$

式中，I_i 为 i 因子的评价指数，无量纲；C_i 为 i 因子的实测浓度，mg/m³；其余符号含义同前。

可见，当 $I_i > 1$ 时，表明 i 污染物的实测浓度已大于评价标准，说明环境空气已受到明显的污染影响。

（2）我国城市环境空气质量污染指数法（API）

我国城市空气质量公报是根据生态环境部提出的**空气污染指数** API（air pollution index）评价标准进行的。按我国《城市空气质量日报技术规定》，重点确定了 SO_2、NO_2、PM_{10} 三个评价因子，有监测条件的城市还参考其他污染指标作为评价因子。如北京的空气质量日报中有 SO_2、CO、O_3、NO_2、PM_{10} 五项评价因子。

API 的计算选取评价因子的日均浓度或小时浓度均值作为计算参数，i 评价因子的评价指数按下述线性插值公式计算：

$$API_i = \frac{C_i - C_{i,j}}{C_{i,j+1} - C_{i,j}}\left(API_{i,j+1} - API_{i,j}\right) + API_{i,j} \tag{3-15}$$

式中，API_i 为 i 因子的污染分指数，无量纲；$C_{i,j}$ 为 i 因子第 j 个转折点的浓度限值，mg/m³；$API_{i,j}$ 为 i 因子第 j 个转折点的污染分指数，无量纲；$API_{i,j+1}$ 为 i 因子第 $j+1$ 个转折点的污染分指数，无量纲；其余符号含义同前。

API 的计算结果只保留整数。上式中的 $C_{i,j}$ 和 $API_{i,j}$ 可根据表 3-10 确定。

表 3-10　API 指数对应的污染物浓度限值

$API_{i,j}$	污染物浓度/（mg/m³）							
	SO_2（日均值）	NO_2（日均值）	PM_{10}（日均值）	TSP（日均值）	SO_2（小时均值）	NO_2（小时均值）	CO（小时均值）	O_3（小时均值）
50	0.050	0.080	0.050	0.120	0.25	0.12	5	0.120
100	0.150	0.120	0.150	0.300	0.50	0.24	10	0.200
200	0.800	0.280	0.350	0.500	1.60	1.13	60	0.400
300	1.600	0.565	0.420	0.625	2.40	2.26	90	0.800
400	2.100	0.750	0.500	0.875	3.20	3.00	120	1.000
500	2.620	0.940	0.600	1.000	4.00	3.75	150	1.200

计算出各污染物的污染分指数后，取其中最大者为该区域的空气污染指数 API，该污染物即为该区域空气中的首要污染物。

$$API = \max\left(API_1, API_2, \cdots, API_n\right) \tag{3-16}$$

根据 API 的计算结果，对照表 3-11 可判别相应的环境空气质量级别。

表 3-11　API 及其对应的环境空气质量级别

API	空气质量级别	空气质量表述	对应空气质量功能的范围
0~50	I	优	自然保护区、风景名胜区和其他需要特殊保护的地区
51~100	II	良	居住区、商业交通居民混合区、文化区、一般工业区和农村地区
101~200	III	轻度污染	特定工业区
201~300	IV	中度污染	
>300	V	重度污染	

（3）污染源评价

① **等标污染负荷法**　污染物的等标污染负荷：

$$P_i = Q_i/C_{0i} \times 10^9 \tag{3-17}$$

式中，P_i 为第 i 种污染物的等标污染负荷，m^3/h；Q_i 为第 i 种污染物的单位时间排放量，t/h；C_{0i} 为第 i 种污染物的环境空气质量浓度标准限值，mg/m^3。

根据式（3-17），某污染源的等标污染负荷（PG）等于该污染源所排放的 n 种污染物的等标污染负荷之和：

$$PG = \sum_{i=1}^{n} P_i \tag{3-18}$$

若评价区域有 m 个污染源，则地区的总等标污染负荷为：

$$PT = \sum_{j=1}^{m} PG_j \tag{3-19}$$

对第 j 个污染源而言，其第 i 种污染物的等标污染负荷比为：

$$K_{ij} = P_i/PG_j \tag{3-20}$$

第 j 个污染源占地区的总等标污染负荷比为：

$$K_j = PG_j/PT \tag{3-21}$$

第 i 种污染物占地区的总等标污染负荷比为：

$$K_i = P_i/PT \tag{3-22}$$

根据上述计算，将调查区域内污染物等标污染负荷比由大到小排列，然后由大到小计算累积污染负荷比，累积等标污染负荷比等于 80% 左右所包含的污染物被确定为该区域的主要污染物。按调查区域内污染源等标污染负荷比由大到小排列，然后由大到小计算累积污染负荷比，累积污染负荷比等于 80% 左右所包含的污染源被确定为该区域的主要污染源。

② **环境空气污染源特征指数法**　污染源特征指数法计算公式为：

$$AP_i = \frac{Q_i}{C_{0i}H^2} \times 10^9 \tag{3-23}$$

式中，AP_i 为 i 污染物的污染源特征指数，m/h；H 为排气筒高度，m；其余符号含义同前。

该指数考虑了排气筒高度，比等标污染负荷能更好地反映污染源对地面浓度的贡献。

第四节　大气污染源调查

一、大气污染源调查内容

一级评价项目调查：a. 调查本项目不同排放方案有组织及无组织排放源，对于改建、扩建项目还应调查本项目现有污染源。本项目污染源调查包括正常排放和非正常排放，其中非正常排放调查内容包括非正常工况、频次、持续时间和排放量。b. 调查本项目所有拟被替代的污染源（如有），包括被替代污染源名称、位置、排放污染物及排放量、拟被替代时间等。c. 调查评价范围内与评价项目排放污染物有关的其他在建项目、已批复环境影响评价文件的拟建项目等污染源。d. 对于编制报告书的工业项目，分析调查受本项目物料及产品运输影响新增的交通运输移动源，包括运输方式、新增交通流量、排放污染物及排放量。

二级评价项目调查：参照一级评价项目调查内容 a 和 b 调查本项目现有及新增污染源和拟被替代的污染源。

三级评价项目调查：只调查本项目新增污染源和拟被替代的污染源。

对于城市快速路、主干路等城市道路的新建项目，需调查道路交通流量及污染物排放量。对于采用网格模型预测二次污染物的，需结合空气质量模型及评价要求，开展区域现状污染源排放清单调查。

污染源调查内容及要求：按点源、面源、体源、线源、火炬源、烟塔合一排放源、城市道路源、机场源等不同污染源排放形式，分别给出污染源参数。对于网格污染源，按照源清单要求给出污染源参数，并说明数据来源。当污染源排放为周期性变化时，还需给出周期性变化排放系数。

1. 点源调查内容

① 排气筒底部中心坐标（坐标可采用 UTM 坐标或经纬度，下同），以及排气筒底部的海拔高度（m）。

② 排气筒几何高度（m）及排气筒出口内径（m）。

③ 烟气流速（m/s）。

④ 排气筒出口处烟气温度（℃）。

⑤ 各主要污染物排放速率（kg/h）、排放工况（正常排放和非正常排放，下同）、年排放小时数（h）。

⑥ 列出点源（包括正常排放和非正常排放）参数调查清单。

2. 面源调查内容

① 面源坐标

a. 矩形面源：初始点坐标，面源的长度（m），面源的宽度（m），与正北方向逆时针的夹角。

b. 多边形面源：多边形面源的顶点数或边数（3 ~ 20）以及各顶点坐标。

c. 近圆形面源：中心点坐标，近圆形半径（m），近圆形顶点数或边数。

② 面源的海拔高度和有效排放高度（m）。

③ 各主要污染物排放速率（kg/h）、排放工况、年排放小时数（h）。

④ 列出各类面源参数调查清单表。

3. 体源调查内容

① 体源中心点坐标，以及体源所在位置的海拔高度（m）。

②体源有效高度（m）。

③体源排放速率（kg/h）、排放工况、年排放小时数（h）。

④体源的边长（m）（把体源划分为多个正方形的边长）。

⑤初始横向扩散参数（m），初始垂直扩散参数（m）。

⑥列出体源参数调查清单表。

4. 线源调查内容

①线源几何尺寸（分段坐标），线源宽度（m），距地面高度（m），有效排放高度（m），街道街谷高度（可选）（m）。

②各种车型的污染物排放速率[kg/（km·h）]。

③平均车速（km/h），各时段车流量（辆/h）、车型比例。

④列出线源参数调查清单表。

5. 火炬源调查内容

①火炬底部中心坐标，以及火炬底部的海拔高度（m）。

②火炬等效内径 D（m）。

$$D = 9.88 \times 10^{-4} \times \sqrt{HR(1-HL)} \quad\quad (3-24)$$

式中　　HR——总热释放速率，cal/s（1cal ≈ 4.184J）；

　　　　HL——辐射热损失比例，一般取 0.55。

③火炬的等效高度 h_{eff}（m）。

$$h_{\text{eff}} = H_s + 4.56 \times 10^{-3} \times HR^{0.478} \quad\quad (3-25)$$

式中　　H_s——火炬高度，m。

④火炬等效烟气排放速度（m/s），默认设置为20m/s。

⑤排气筒出口处的烟气温度（℃），默认设置为1000℃。

⑥火炬源排放速率（kg/h）、排放工况、年排放小时数（h）。

⑦列出火炬源参数调查清单表。

6. 烟塔合一排放源调查内容

①冷却塔底部中心坐标，以及排气筒底部的海拔高度（m）。

②冷却塔高度（m）及冷却塔出口内径（m）。

③冷却塔出口烟气流速（m/s）。

④冷却塔出口烟气温度（℃）。

⑤烟气中液态水含量（kg/kg）。

⑥烟气相对湿度（%）。

⑦各主要污染物排放速率（kg/h）、排放工况、年排放小时数（h）。

⑧列出冷却塔排放源参数调查清单表。

7. 城市道路源调查内容

调查内容包括不同路段交通流量及污染物排放量。

8. 机场源调查内容

①不同飞行阶段的跑道面源排放参数，包括：飞行阶段，面源起点坐标，有效排放高度（m），面源宽度（m），面源长度（m），与正北向夹角（°），污染物排放速率[kg/（m²·h）]。列出调查清单表。

② 机场其他排放源调查内容参考《环境影响评价技术导则 大气环境》（HJ 2.2—2018）附录 C 的 C.4.1～C.4.4 中要求。

二、数据来源及要求

新建项目的污染源调查，依据《建设项目环境影响评价技术导则 总纲》（HJ 2.1）、《规划环境影响评价技术导则 总纲》（HJ 130）、《排污许可证申请与核发技术规范 总则》（HJ 942）、行业排污许可证申请与核发技术规范及各污染源源强核算技术指南，并结合工程分析从严确定污染物排放量。

评价范围内在建和拟建项目的污染源调查，可使用已批准的环境影响评价文件中的资料；改建、扩建项目现状工程的污染源和评价范围内拟被替代的污染源调查，可根据数据的可获得性，依次优先使用项目监督性监测数据、在线监测数据、年度排污许可执行报告、自主验收报告、排污许可证数据、环评数据或补充污染源监测数据等。污染源监测数据应采用满负荷工况下的监测数据或者换算至满负荷工况下的排放数据。

网格模型模拟所需的区域现状污染源排放清单调查按国家发布的清单编制相关技术规范执行。污染源排放清单数据应采用近 3 年内国家或地方生态环境主管部门发布的包含人为源和天然源在内所有区域污染源清单数据。在国家或地方生态环境主管部门未发布污染源清单之前，可参照污染源清单编制指南自行建立区域污染源清单，并对污染源清单准确性进行验证分析。

三、气象观测资料调查与分析

1. 气象观测资料调查的基本原则

气象观测资料的调查要求与项目的评价等级有关，还与评价范围内地形复杂程度、水平流场是否均匀一致、污染物排放是否连续稳定有关。常规气象观测资料包括常规地面气象观测资料和常规高空气象探测资料。对于各级评价项目，均应调查评价范围 20 年以上的主要气候统计资料。包括年平均风速和风向玫瑰图，最大风速与月平均风速，年平均气温，极端气温与月平均气温，年平均相对湿度，年均降水量，降水量极值，日照等。对于一级、二级评价项目，还应调查逐日、逐次的常规气象观测资料及其他气象观测资料。

2. 气象观测资料调查的要求

（1）一级评价项目的气象观测资料要求

当评价范围小于 50km 时，须调查地面气象观测资料，并按选取的模式要求和地形条件，补充调查必需的常规高空气象探测资料；当评价范围大于 50km 时，须调查地面气象观测资料和常规高空气象探测资料。

对地面气象观测资料，要调查距离项目最近的地面气象观测站近 5 年内至少连续 3 年的常规地面气象观测资料。如果地面气象观测站与项目的距离超过 50km，并且地面站与评价范围的地理特征不一致，还需按导则要求对地面气象观测进行补充。

对常规高空气象探测资料，要调查距离项目最近的高空气象探测站近 5 年内至少连续 3 年的常规高空气象探测资料。如果高空气象探测站与项目的距离超过 50km，高空气象资料可采用中尺度气象模式模拟的 50km 内的网格点气象资料。

（2）二级评价项目的气象观测资料要求

其气象观测资料调查基本要求同一级评价项目。

对地面气象观测资料和常规高空气象探测资料，要分别调查距离项目最近的地面气象观测站和常规高空气象探测站近 3 年内至少连续 1 年的资料。其他要求同一级评价项目。

3. 气象观测资料调查内容

（1）地面气象观测资料

常规调查项目有：时间（年、月、日、时）、风向（以角度或按 16 个方位表示）、风速、干球温度、低云量、总云量。可选择调查的项目有：湿球温度、露点温度、相对湿度、降水量、降水类型、海平面气压、观测站地面气压、云底高度、水平能见度。

（2）常规高空气象探测资料

调查项目有：时间（年、月、日、时）、探空数据层数、每层的气压、高度、气温、风速、风向（以角度或按 16 个方位表示）。

4. 常规气象资料的分析

温度：统计长期地面气象资料中每月平均温度的变化情况，并绘制年平均温度月变化曲线图。

温廓线：对于一级评价项目，需酌情对污染较严重时的高空气象探测资料做温廓线的分析，分析逆温层出现的频率、平均高度范围和强度。

风速：统计多年的月平均风速随月份的变化和季小时平均风速的日变化。即根据长期气象资料统计多年每月平均风速、各季每小时的平均风速日变化情况，并绘制相应变化曲线。

风廓线：对于一级评价项目，需酌情对污染较严重时的高空气象探测资料做风廓线的分析，分析不同时间段大气边界层内的风速变化规律。

风频：按照 16 个风向方位和 1 个静风方位统计所收集的长期地面气象资料中，每月、各季及长期平均各风向风频变化情况。

风向玫瑰图：统计长期地面气象资料中各风向出现的频率，静风频率单独统计。在极坐标中按各风向标出其频率的大小，绘制各季及年平均风向玫瑰图。

主导风向：指风频最大的风向角范围。风向角范围一般在连续 45° 左右，对于以 16 个方位角表示的风向，主导风向一般是指连续 2～3 个风向角的范围。主导风向应有明显优势，其主导风向角风频之和应 ≥ 30%，否则可称该区域没有主导风向或主导风向不明显。

在没有主导风向的地区，应考虑项目对全方位的环境空气敏感区的影响。

第五节　大气环境影响预测与评价

一、一般性要求

一级评价项目应采用进一步预测模型开展大气环境影响预测与评价。二级评价项目不进行进一步预测与评价，只对污染物排放量进行核算。三级评价项目不进行进一步预测与评价。

二、预测因子

预测因子根据评价因子而定，选取有环境质量标准的评价因子作为预测因子。

三、预测范围

预测范围应覆盖评价范围，并覆盖各污染物短期浓度贡献值占标率大于 10% 的区域。对于经判定需预测二次污染物的项目，预测范围应覆盖 $PM_{2.5}$ 年平均质量浓度贡献值占标率大于1%的区域。对于评价范围内包含环境空气功能区一类区的，预测范围应覆盖项目对一类区的最大环境影响。

预测范围一般以项目厂址为中心，东西向为 X 坐标轴、南北向为 Y 坐标轴。

四、预测周期

选取评价基准年作为预测周期，预测时段取连续1年。

选用网格模型模拟二次污染物的环境影响时，预测时段应至少选取评价基准年1月、4月、7月、10月。

五、预测模型

1. 预测模型选择原则

一级评价项目应结合项目环境影响预测范围、预测因子及推荐模型的适用范围等选择空气质量模型。各推荐模型适用范围见表3-12。当推荐模型适用性不能满足需要时，可选择适用的替代模型。

表 3-12　各推荐模型适用范围

模型名称	适用污染源	适用排放形式	推荐预测范围	模拟污染物			其他特性
				一次污染物	二次 $PM_{2.5}$	O_3	
AERMOD	点源、面源、线源、体源	连续源、间断源	局地尺度（≤50km）	模型模拟法	系数法	不支持	—
ADMS							
AUSTAL2000	烟塔合一源						
EDMS/AEDT	机场源						
CALPUFF	点源、面源、线源、体源	连续源、间断源	城市尺度（50km到几百千米）	模型模拟法	模型模拟法	不支持	局地尺度特殊风场，包括长期静小风和岸边熏烟
区域光化学网格模型	网格源	连续源、间断源	区域尺度（几百千米）	模型模拟法	模型模拟法	模型模拟法	模拟复杂化学反应

2. 预测模型选取的其他规定

当项目评价基准年内风速≤0.5m/s的持续时间超过72h或近20年统计的全年静风（风速≤0.2m/s）频率超过35%时，应采用CALPUFF模型进行进一步模拟。

当建设项目处于大型水体（海或湖）岸边3km范围内时，应首先采用大气环境影响评价技术导则附录A中估算模型判定是否会发生熏烟现象。如果存在岸边熏烟，并且估算的最大1h平均质量浓度超过环境质量标准，应采用CALPUFF模型进行进一步模拟。

3. 推荐模型使用要求

采用大气环境影响评价技术导则附录A中的推荐模型时，应按大气环境影响评价技术导则附录B要求提供污染源、气象、地形、地表参数等基础数据。

环境影响预测模型所需气象、地形、地表参数等基础数据应优先使用国家发布的标准化数据。采用其他数据时，应说明数据来源、有效性及数据预处理方案。

4. 大气环境影响评价技术导则附录A推荐模型清单

（1）环境空气质量模型适用性

① 按预测范围　模型选取需考虑所模拟的范围。模型按模拟尺度可分为三类，即局地尺度

（50km 以下）模型、城市尺度（几十千米到几百千米）模型、区域尺度（几百千米以上）模型。

在模拟局地尺度环境空气质量影响时，一般选用大气环境影响评价技术导则推荐的估算模型、AERMOD、ADMS、AUSTAL2000 等模型；在模拟城市尺度环境空气质量影响时，一般选用本导则推荐的 CALPUFF 模型；在模拟区域尺度空气质量影响或需考虑对二次 $PM_{2.5}$ 及 O_3 有显著影响的排放源时，一般选用本导则推荐的包含有复杂物理、化学过程的区域光化学网格模型。

② 按污染源的排放形式　模型选取需考虑所模拟污染源的排放形式。污染源根据排放形式可分为点源（含火炬源）、面源、线源、体源、网格源等；污染源根据排放时间可分为连续源、间断源、偶发源等；污染源根据排放的运动形式可分为固定源和移动源，其中移动源包括道路移动源和非道路移动源。此外，还有一些特殊排放形式的源，比如烟塔合一源和机场源。

AERMOD、ADMS 及 CALPUFF 等模型可直接模拟点源、面源、线源、体源，AUSTAL2000 可模拟烟塔合一源，EDMS/AEDT 可模拟机场源，光化学网格模型需要使用网格化污染源清单。

③ 按污染物性质　模型选取需考虑评价项目和所模拟污染物的性质。污染物按照性质可分为颗粒态污染物和气态污染物，也可分为一次污染物和二次污染物。

当模拟 SO_2、NO_2 等一次污染物时，可依据预测范围选用适合尺度的模型。

当模拟二次 $PM_{2.5}$ 时，可采用系数法进行估算，或选用包括物理过程和化学反应机理模块的城市尺度模型。

对于规划项目需模拟二次 $PM_{2.5}$ 和 O_3 时，也可选用区域光化学网格模型。

④ 按适用特殊气象条件

a. 岸边熏烟。当在近岸内陆上建设高烟囱时，需要考虑岸边熏烟问题。由于水陆地表的辐射差异，水陆交界地带的大气由地面不稳定层结过渡到稳定层结，当聚集在大气稳定层内的污染物遇到不稳定层结时将发生熏烟现象，在某固定区域将形成地面的高浓度。在缺少边界层气象数据或边界层气象数据的精确度和详细程度不能反映真实情况时，可选用大气导则推荐的估算模型获得近似的模拟浓度，或者选用 CALPUFF 模型。

b. 长期静、小风。长期静、小风的气象条件是指静风和小风持续时间达几个小时到几天，在这种气象条件下，空气污染扩散（尤其是来自低矮排放源的污染），可能会形成相对高的地面浓度。CALPUFF 模型对静风湍流速度做了处理，当模拟城市尺度以内的长期静、小风时的环境空气质量时，可选用大气导则推荐的 CALPUFF 模型。

（2）推荐模型清单

①《环境影响评价技术导则 大气环境》（HJ 2.2—2018）推荐的模型包括估算模型 AERSCREEN，进一步预测模型 AERMOD、ADMS、AUSTAL2000、EDMS/AEDT、CALPUFF 以及 CMAQ 等光化学网格模型。

② 生态环境部模型管理部门推荐的其他环境空气质量模型。

推荐模型的适用情况见表 3-13。

（3）推荐模型获取

推荐模型的说明、执行文件、用户手册以及技术文档可到国家环境保护环境影响评价数值模拟重点实验室下载。为对大气环境预测计算有更直观的了解，本节介绍导则中推荐的高斯模式。

表 3-13　推荐模型适用情况

模型名称	适用性	适用污染源	适用排放形式	推荐预测范围	适用污染物	输出结果	其他特性
AERSCREEN	用于评价等级及评价范围的判定	点源（含火炬源）、面源（矩形或圆形）、体源	连续源			短期浓度最大值及对应距离	可以模拟熏烟和建筑物下洗
AERMOD	用于进一步预测	点源（含火炬源）、面源、线源、体源		局地尺度（≤50km）	一次污染物、二次$PM_{2.5}$（系数法）	短期和长期平均质量浓度及分布	可以模拟建筑物下洗、干湿沉降
ADMS		点源、面源、线源、体源、网格源					可以模拟建筑物下洗、干湿沉降，包含街道窄谷模型
AUSTAL2000		烟塔合一源	连续源、间断源				可以模拟建筑物下洗
EDMS/AEDT		机场源					可以模拟建筑物下洗、干湿沉降
CALPUFF		点源、面源、线源、体源		城市尺度（50km到几百千米）	一次污染物和二次$PM_{2.5}$		可以用于特殊风场，包括长期静、小风和岸边熏烟
区域光化学网格模型（CMAQ或类似模型）		网格源	连续源、间断源	区域尺度（几百千米）	一次污染物和二次$PM_{2.5}$、O_3		网格化模型，可以模拟复杂化学反应及气象条件对污染物浓度的影响等

注：1. 生态环境部模型管理部门推荐的其他模型，按相应推荐模型适用情况进行选择。

2. 对光化学网格模型（CMAQ或类似的模型），在应用前应根据应用案例提供必要的验证结果。

5. 基于高斯模型的大气污染预测模式

（1）有风（$U_{10} \geqslant 1.5\text{m/s}$）点源扩散模式

对于连续均匀排放的点源，源强为 Q，离地面的有效排放高度为 H_e，假定平均风速 u 沿 x 轴方向，在 y、z 方向上浓度 C 呈正态分布，则高架连续点源的地面浓度为：

$$C(x,y,z) = \frac{Q}{2\pi u \sigma_y \sigma_z} \exp\left(-\frac{y^2}{2\sigma_y^2}\right)\left\{\exp\left[-\frac{(H_e+z)^2}{2\sigma_z^2}\right] + \exp\left[-\frac{(H_e-z)^2}{2\sigma_z^2}\right]\right\} \quad (3\text{-}26)$$

$$H_e = H + \Delta H \quad (3\text{-}27)$$

式中，C 为下风向（x，y，z）处的污染物浓度，mg/m^3；Q 为排放污染源强，mg/s；H_e 为排气筒有效高度，m；H 为烟囱的几何高度，m；ΔH 为烟气抬升高度，m；u 为排气筒出口处平均风速，m/s；y 为计算点与通过排气筒的平均风向轴线在水平面上的垂直距离，m；z 为计算点距地面高度，m；x 为计算点在下风向的距离，m；σ_y，σ_z 分别为横向和纵向浓度分布的标准差，即扩散参数，m。

根据式（3-26）可推导出，高架连续点源地面轴线下风向地面最大浓度及其出现距离为：

$$C_{\max} = \frac{2Q}{\pi e u H_e^2 P_1} \quad (3\text{-}28)$$

$$x_m = \left(\frac{H_e}{\gamma_2}\right)^{\frac{1}{\alpha_2}}\left(1 + \frac{\alpha_1}{\alpha_2}\right)^{-\frac{1}{2\alpha_2}} \quad (3\text{-}29)$$

$$P_1 = \frac{2\gamma_1\gamma_2^{-\frac{\alpha_1}{\alpha_2}}}{\left(1+\dfrac{\alpha_1}{\alpha_2}\right)^{\frac{1}{2}\left(1+\frac{\alpha_1}{\alpha_2}\right)} H_e^{\left(1-\frac{\alpha_1}{\alpha_2}\right)} e^{\frac{1}{2}\left(1-\frac{\alpha_1}{\alpha_2}\right)}} \qquad (3\text{-}30)$$

式中，α 和 γ 为有风横向和垂向扩散参数的回归系数（$\sigma_y = \gamma_1 x^{\alpha_1}$，$\sigma_z = \gamma_2 x^{\alpha_2}$）。

（2）小风（$1.5\text{m/s} > U_{10} \geqslant 0.5\text{m/s}$）和静风（$U_{10} < 0.5\text{m/s}$）点源扩散模式

静风污染具有各向同性和近距离污染特点。而小风污染具有风向多变和近距离污染的特点，因此必须考虑在顺风方向的扩散。以排气筒地面位置为原点，以平均风向为 x 轴，地面任一点（x，y）小于 24h 取样时间的浓度 C_L（mg/m^3）按下式计算：

$$C_L(x,y,0) = \frac{2Q}{(2\pi)^{\frac{3}{2}}\gamma_{02}\eta^2} G \qquad (3\text{-}31)$$

$$\eta^2 = x^2 + y^2 + \frac{\gamma_{01}^2}{\gamma_{02}^2} \times H_e^2 \qquad (3\text{-}32)$$

$$G = e^{\frac{-u^2}{2\gamma_{01}^2}}\left[1+\sqrt{2\pi}se^{\frac{s^2}{2}}\Phi(s)\right] \qquad (3\text{-}33)$$

$$\Phi(s) = \frac{1}{\sqrt{2\pi}}\int_{-\infty}^{s} e^{-\frac{t^2}{2}}\mathrm{d}t \qquad (3\text{-}34)$$

$$s = \frac{ux}{\gamma_{01}\eta} \qquad (3\text{-}35)$$

式中，$\Phi(s)$ 为正态概率积分函数，可由数学手册查得，或由计算机近似计算；γ_{01}、γ_{02} 分别为静、小风水平和垂直方向扩散参数的回归系数 $\sigma_y = \sigma_x = \gamma_{01}T$，$\sigma_z = \gamma_{02}T$，$T$ 为扩散时间。

（3）封闭扩散模式

在上部逆温层存在时的扩散（或者说限制在混合层以内的扩散）称为封闭型扩散。在近距离内，烟流的垂直扩散尚未到达逆温层底，它的扩散未受逆温层影响，在此距离内可用一般的高斯扩散公式；在离源充分远后，污染物在地面和上部逆温层间经过多次反射，浓度可以认为在垂直方向趋于均匀。在扩散图像上，封闭型扩散可分为正态区、过渡区和均匀区。封闭型扩散的地面轴线浓度公式为：

$$C = \frac{Q}{\pi u \sigma_y \sigma_z}\sum_{n=-\infty}^{+\infty}\exp\left[-\frac{(H_e-2nD)^2}{2\sigma_z^2}\right] \qquad (3\text{-}36)$$

式中，D 为逆温层到地面的高度，m；n 为反射次数。

实际工作中，主要是确定开始受到逆温层影响和达到均匀分布两个距离转折点的位置（分别记为 x_d，x_u）及其对应的浓度。由 $\sigma_z = L/2.15 = \gamma_2 x_d^{\alpha_2}$ 可以确定 x_d，然后由前述的高斯模式求得相应的浓度 $C(x \leqslant x_d)$；由 $\sigma_z = (4L-H)/2.15 = \gamma_2 x_u^{\alpha_2}$ 确定 x_u，其浓度计算公式为：

$$C(x \geqslant x_u) = \frac{Q}{\sqrt{2\pi}uD\sigma_y}\exp\left(-\frac{y^2}{2\sigma_y^2}\right) \qquad (3\text{-}37)$$

至于 $x_d \leqslant x \leqslant x_u$ 之间的浓度分布，则由 x_d 和 x_u 处的浓度内插求得。

（4）熏烟模式

当夜间产生贴地逆温时，日出后，逆温将逐渐自下而上消失，形成一个不断增厚的混合层。原来在逆温层中处于稳定状态的烟羽进入混合层后，由于其本身的下沉和垂直方向的强扩散作用，污染物在垂直方向将接近均匀分布，出现所谓熏烟现象。此时在熏烟高度 z_f 以下的浓度在垂直方向接近均匀分布，其浓度值 c_f 可采用如下公式计算：

$$c_f = \frac{Q}{\sqrt{2\pi} u z_f \sigma_{yf}} \exp\left(-\frac{y^2}{2\sigma_{yf}^2}\right) \varPhi(p) \qquad (3\text{-}38)$$

$$p = \frac{z_f - H_e}{\sigma_z} \qquad (3\text{-}39)$$

$$\sigma_{yf} = \sigma_y + H_e/8 \qquad (3\text{-}40)$$

$\varPhi(p)$ 的确定方法与式（3-34）中 $\varPhi(s)$ 的确定方法相同，$\varPhi(p) = \frac{1}{\sqrt{2\pi}} \int_{-\infty}^{p} e^{-p^2/2} dp$，代表在某时刻下风向 x 处已进入混合层的烟羽占总烟羽的比例。

当稳定层消退到烟流层顶高度 h_f 时，全部扩散物质已向下混合，地面浓度计算公式为：

$$c_f = \frac{Q}{\sqrt{2\pi} u h_f \sigma_{yf}} \exp\left(-\frac{y^2}{2\sigma_{yf}^2}\right) \qquad (3\text{-}41)$$

$$h_f = H_e + 2.15\sigma_z \qquad (3\text{-}42)$$

（5）线源预测模式

无限长线源，风向与线源垂直，下风向地面浓度公式：

$$C_{(x,y,0)} = \frac{2Q_l}{\sqrt{2\pi} u \sigma_z} \exp\left(-\frac{H_e^2}{2\sigma_z^2}\right) \qquad (3\text{-}43)$$

式中，Q_l 为单位长线源的源强，mg/（s·m）。

无限长线源，风向与线源交角为 $\theta \geqslant 45°$，下风向地面浓度公式：

$$C_{(x,y,0)} = \frac{\sqrt{2}Q_l}{\sqrt{\pi} u \sigma_z \sin\theta} \exp\left(-\frac{H_e^2}{2\sigma_z^2}\right) \qquad (3\text{-}44)$$

有限长线源，风向与线源垂直，下风向地面浓度公式：

$$C_{(x,y,0)} = \frac{2Q_l}{\sqrt{2\pi} u \sigma_z} \exp\left(-\frac{H_e^2}{2\sigma_z^2}\right) \times \int_{p_1}^{p_2} \frac{1}{\sqrt{2\pi}} \exp\left(-\frac{p^2}{2}\right) dp \qquad (3\text{-}45)$$

式中，$p_1 = y_1/\sigma_y$，$p_2 = y_2/\sigma_y$。

（6）颗粒物地面浓度模型（粒径 $d \geqslant 15\mu m$）

$$C_p = \frac{(1+\alpha)Q}{2\pi u \sigma_y \sigma_z} \exp\left(-\frac{y^2}{2\sigma_y^2}\right) \exp\left[-\frac{\left(H_e - \frac{V_g x}{u}\right)^2}{2\sigma_z^2}\right] \qquad (3\text{-}46)$$

式中，V_g 为尘粒的沉降速度，m/s，可采用 Stocks 公式计算；α 为尘粒的地面反射系数。

在计算颗粒物浓度时，应考虑重力沉降的影响。

（7）长期平均浓度预测模式

对于孤立点源，以排气筒地面位置为原点，下风向季（期）或年长期平均浓度为：

$$\bar{C} = \sum_i \sum_j \sum_k C_{ijk} f_{ijk} \tag{3-47}$$

式中，f_{ijk} 为有风时 i 风向、j 稳定度、k 风速段的联合频率；C_{ijk} 为对应于 f_{ijk} 的小时浓度值。

扫描二维码可查看"大气环境影响评价技术导则推荐模型参数及说明"。

大气环境影响评
价技术导则推荐
模型参数及说明

六、预测方法

采用推荐模型预测建设项目或规划项目对预测范围不同时段的大气环境影响。

当建设项目或规划项目排放 SO_2、NO_x 及 VOCs 年排放量达到表 3-8 规定的量时，可按表 3-14 推荐的方法预测二次污染物。

表 3-14　二次污染物预测方法

	污染物排放量 /(t/a)	预测因子	二次污染物预测方法
建设项目	SO_2+NO_x≥500	$PM_{2.5}$	AERMOD/ADMS（系数法）或 CALPUFF（模型模拟法）
规划项目	500≤SO_2+NO_x<2000	$PM_{2.5}$	AERMOD/ADMS（系数法）或 CALPUFF（模型模拟法）
	SO_2+NO_x≥2000	$PM_{2.5}$	网格模型（模型模拟法）
	NO_x+VOCs≥2000	O_3	网格模型（模型模拟法）

采用 AERMOD、ADMS 等模型模拟 $PM_{2.5}$ 时，需将模型模拟的 $PM_{2.5}$ 一次污染物的质量浓度，同步叠加按 SO_2、NO_2 等前体物转化比率估算的二次 $PM_{2.5}$ 质量浓度，得到 $PM_{2.5}$ 的贡献浓度。前体物转化比率可引用科研成果或有关文献，并注意地域的适用性。对于无法取得 SO_2、NO_2 等前体物转化比率的，可取 φ_{SO_2} 为 0.58、φ_{NO_2} 为 0.44，按公式（3-48）计算二次 $PM_{2.5}$ 贡献浓度。

$$C_{二次PM_{2.5}} = \varphi_{SO_2} C_{SO_2} + \varphi_{NO_2} C_{NO_2} \tag{3-48}$$

式中　$C_{二次PM_{2.5}}$——二次 $PM_{2.5}$ 质量浓度，$\mu g/m^3$；

φ_{SO_2}、φ_{NO_2}——SO_2、NO_2 浓度换算为 $PM_{2.5}$ 浓度的系数；

C_{SO_2}、C_{NO_2}——SO_2、NO_2 的预测质量浓度，$\mu g/m^3$。

采用 CALPUFF 模型或网格模型预测 $PM_{2.5}$ 时，模拟输出的贡献浓度应包括一次 $PM_{2.5}$ 和二次 $PM_{2.5}$ 质量浓度的叠加结果。

对已采纳规划环评要求的规划所包含的建设项目，当工程建设内容及污染物排放总量均未发生重大变更时，建设项目环境影响预测可引用规划环评的模拟结果。

七、预测与评价内容

1.达标区的评价项目

项目正常排放条件下，预测环境空气保护目标和网格点主要污染物的短期浓度与长期浓度贡献值，评价其最大浓度占标率。

项目正常排放条件下，预测评价叠加环境空气质量现状浓度后，环境空气保护目标和网格点主要污染物的保证率日平均质量浓度与年平均质量浓度的达标情况；对于项目排放的主要污染物仅有短期浓度限值的，评价其短期浓度叠加后的达标情况。如果是改建、扩建项目，还应同步减去"以新带老"污染源的环境影响。如果有区域削减项目，应同步减去削减源的环境影响。如果评价范围内还有其他排放同类污染物的在建、拟建项目，还应叠加在建、拟建项目的环境影响。另外，对于具有多种污染治理设施、预防措施或排放方案的，应预测评价不同方案主要污染物对环境空气保护目标和网格点的环境影响及达标情况，比较分析不同污染治理设施、预防措施或排放方案的有效性。

项目非正常排放条件下，预测评价环境空气保护目标和网格点主要污染物的 1h 最大浓度贡献值及占标率。

2. 不达标区的评价项目

项目正常排放条件下，预测环境空气保护目标和网格点主要污染物的短期浓度与长期浓度贡献值，评价其最大浓度占标率。

项目正常排放条件下，预测评价叠加大气环境质量限期达标规划（简称达标规划）的目标浓度后，环境空气保护目标和网格点主要污染物保证率日平均质量浓度与年平均质量浓度的达标情况；对于项目排放的主要污染物仅有短期浓度限值的，评价其短期浓度叠加后的达标情况。如果是改建、扩建项目，还应同步减去"以新带老"污染源的环境影响。如果有区域达标规划之外的削减项目，应同步减去削减源的环境影响。如果评价范围内还有其他排放同类污染物的在建、拟建项目，还应叠加在建、拟建项目的环境影响。另外，对于具有多种污染治理设施、预防措施或排放方案的，应预测不同方案主要污染物对环境空气保护目标和网格点的环境影响，评价达标情况或评价区域环境质量的整体变化情况，比较分析不同污染治理设施、预防措施或排放方案的有效性。

对于无法获得达标规划目标浓度场或区域污染源清单的评价项目，需评价区域环境质量的整体变化情况。

项目非正常排放条件下，预测评价环境空气保护目标和网格点主要污染物的 1h 最大浓度贡献值及占标率。

3. 区域规划

预测评价区域规划方案中不同规划年叠加现状浓度后，环境空气保护目标和网格点主要污染物保证率日平均质量浓度与年平均质量浓度的达标情况；对于规划排放的其他污染物仅有短期浓度限值的，评价其叠加现状浓度后短期浓度的达标情况。

预测评价区域规划实施后的环境质量变化情况，分析区域规划方案的可行性。

4. 大气环境防护距离

对于项目厂界浓度满足大气污染物厂界浓度限值，但厂界外大气污染物短期贡献浓度超过环境质量浓度限值的，可以自厂界向外设置一定范围的大气环境防护区域，以确保大气环境防护区域外的污染物贡献浓度满足环境质量标准。

对于项目厂界浓度超过大气污染物厂界浓度限值的，应要求削减排放源强或调整工程布局，待满足厂界浓度限值后，再核算大气环境防护距离。

大气环境防护距离内不应有长期居住的人群。

5. 不同评价对象或排放方案对应预测内容和评价要求

不同评价对象或排放方案对应预测内容和评价要求见表 3-15。

表 3-15　不同评价对象或排放方案对应预测内容和评价要求

评价对象	污染源	污染源排放形式	预测内容	评价要求
达标区评价项目	新增污染源	正常排放	短期浓度	最大浓度占标率
	新增污染源 － "以新带老"污染源（如有） － 区域削减污染源（如有） ＋ 其他在建、拟建污染源 （如有）	正常排放	短期浓度、 长期浓度	叠加环境质量现状浓度后的保证率日平均质量浓度和年平均质量浓度的达标情况，或短期浓度的达标情况
	新增污染源	非正常排放	1h平均质量浓度	最大浓度占标率
不达标区评价项目	新增污染源	正常排放	短期浓度、 长期浓度	最大浓度占标率
	新增污染源 － "以新带老"污染源（如有） － 区域削减污染源（如有） ＋ 其他在建、拟建的污染源 （如有）	正常排放	短期浓度、 长期浓度	① 叠加达标规划目标浓度后的保证率日平均质量浓度和年平均质量浓度的达标情况，或短期浓度的达标情况； ② 年平均质量浓度变化率
	新增污染源	非正常排放	1h平均质量浓度	最大浓度占标率
区域规划	不同规划期/规划方案污染源	正常排放	短期浓度、 长期浓度	① 叠加环境质量现状浓度后的保证率日平均质量浓度和年平均质量浓度的达标情况，或短期浓度的达标情况； ② 年平均质量浓度变化率
大气环境防护距离	新增污染源 － "以新带老"污染源（如有） ＋ 项目全厂现有污染源	正常排放	短期浓度	大气环境防护距离

八、评价方法

1. 环境影响叠加

（1）达标区环境影响叠加

预测评价项目建成后各污染物对预测范围的环境影响，应用本项目的贡献浓度，叠加（减去）区域削减污染源以及其他在建、拟建项目污染源环境影响，并叠加环境质量现状浓度。计算方法见下式：

$$C_{叠加(x,y,t)} = C_{本项目(x,y,t)} - C_{区域削减(x,y,t)} + C_{拟在建(x,y,t)} + C_{现状(x,y,t)} \qquad (3\text{-}49)$$

式中　$C_{叠加(x,y,t)}$——在 t 时刻，预测点 (x, y) 叠加各污染源及现状浓度后的环境质量浓度，$\mu g/m^3$；

$C_{本项目(x,y,t)}$——在 t 时刻，本项目对预测点 (x, y) 的贡献浓度，$\mu g/m^3$；

$C_{区域削减(x,y,t)}$——在 t 时刻，区域削减污染源对预测点 (x, y) 的贡献浓度，$\mu g/m^3$；

$C_{现状(x,y,t)}$——在 t 时刻，预测点 (x, y) 的环境质量现状浓度，$\mu g/m^3$，各预测点环境质量现状浓度按本章第三节"环境空气保护目标及网格点环境质量现状浓度"方法计算；

$C_{拟在建(x,y,t)}$——在 t 时刻，其他在建、拟建项目污染源对预测点 (x, y) 的贡献浓度，$\mu g/m^3$。

其中本项目预测的贡献浓度除新增污染源环境影响外，还应减去"以新带老"污染源的环境影响，计算方法见下式：

$$C_{本项目(x,y,t)} = C_{新增(x,y,t)} - C_{以新带老(x,y,t)} \quad (3-50)$$

式中　$C_{新增(x,y,t)}$——在 t 时刻，本项目新增污染源对预测点 (x, y) 的贡献浓度，$\mu g/m^3$；

　　　$C_{以新带老(x,y,t)}$——在 t 时刻，"以新带老"污染源对预测点 (x, y) 的贡献浓度，$\mu g/m^3$。

（2）不达标区环境影响叠加

对于不达标区的环境影响评价，应在各预测点上叠加达标规划中达标年的目标浓度，分析达标规划年的保证率日平均质量浓度和年平均质量浓度的达标情况。叠加方法可以用达标规划方案中的污染源清单参与影响预测，也可直接用达标规划模拟的浓度场进行叠加计算。计算方法见下式：

$$C_{叠加(x,y,t)} = C_{本项目(x,y,t)} - C_{区域削减(x,y,t)} + C_{拟在建(x,y,t)} + C_{规划(x,y,t)} \quad (3-51)$$

式中　$C_{规划(x,y,t)}$——在 t 时刻，预测点 (x, y) 的达标规划年目标浓度，$\mu g/m^3$；

其他符号含义同前。

2. 保证率日平均质量浓度

对于保证率日平均质量浓度，首先计算叠加后预测点上的日平均质量浓度，然后对该预测点所有日平均质量浓度从小到大进行排序，根据各污染物日平均质量浓度的保证率（p），计算排在 p 百分位数的第 m 个序数，序数 m 对应的日平均质量浓度即为保证率日平均质量浓度 C_m。其中序数 m 的计算方法见下式：

$$m = 1 + (n-1)p \quad (3-52)$$

式中　p——该污染物日平均质量浓度的保证率，按《环境空气质量评价技术规范（试行）》（HJ 663）规定的对应污染物年评价中 24h 平均百分位数取值，%；

　　　n——1 个日历年内单个预测点上的日平均质量浓度的所有数据个数，个；

　　　m——百分位数 p 对应的序数（第 m 个），向上取整数。

3. 浓度超标范围

以评价基准年为计算周期，统计各网格点的短期浓度或长期浓度的最大值，所有最大浓度超过环境质量标准的网格，即为该污染物浓度超标范围。超标网格的面积之和即为该污染物的浓度超标面积。

4. 区域环境质量变化评价

当无法获得不达标区规划达标年的区域污染源清单或预测浓度场时，也可评价区域环境质量的整体变化情况。按公式（3-53）计算实施区域削减方案后预测范围的年平均质量浓度变化率 k。当 $k \leqslant -20\%$ 时，可判定项目建设后区域环境质量得到整体改善。

$$k = \left[\bar{C}_{本项目(a)} - \bar{C}_{区域削减(a)} \right] / \bar{C}_{区域削减(a)} \times 100\% \quad (3-53)$$

式中　k——预测范围年平均质量浓度变化率，%；

　　　$\bar{C}_{本项目(a)}$——本项目对所有网格点的年平均质量浓度贡献值的算术平均值，$\mu g/m^3$；

　　　$\bar{C}_{区域削减(a)}$——区域削减污染源对所有网格点的年平均质量浓度贡献值的算术平均值，$\mu g/m^3$。

5. 大气环境防护距离确定

采用进一步预测模型模拟评价基准年内，本项目所有污染源（改建、扩建项目应包括全厂现有污染源）对厂界外主要污染物的短期贡献浓度分布。厂界外预测网格分辨率不应超过50m。

在底图上标注从厂界起所有超过环境质量短期浓度标准值的网格区域，以自厂界起至超标区域的最远垂直距离作为大气环境防护距离。

在实际工作过程中，往往会结合本项目所有污染源（改建、扩建项目应包括全厂现有污染源）对厂界外主要污染物的短期贡献浓度分布，判断废气污染物厂界达标排放情况。

6. 污染控制措施有效性分析与方案比选

达标区建设项目选择大气污染治理设施、预防措施或多方案比选时，应综合考虑成本和治理效果，选择最佳可行技术方案，保证大气污染物能够达标排放，并使环境影响可以接受。

不达标区建设项目选择大气污染治理设施、预防措施或多方案比选时，应优先考虑治理效果，结合达标规划和替代源削减方案的实施情况，在只考虑环境因素的前提下选择最优技术方案，保证大气污染物达到最低排放强度和排放浓度，并使环境影响可以接受。

污染治理设施及预防措施有效性分析与方案比选内容、结果和格式要求见表3-16。

表 3-16　污染治理设施及预防措施有效性分析与方案比选内容、结果和格式要求

序号	比选方案名称	主要污染治理设施与预防措施	污染源排放方式	排放强度/(kg/a)	叠加后浓度			
					保证率日平均质量浓度 /(μg/m³)	占标率 /%	年平均质量浓度 /(μg/m³)	占标率 /%

7. 污染物排放量核算

污染物排放量核算包括本项目的新增污染源及改建、扩建污染源（如有）。

根据最终确定的污染治理设施、预防措施及排污方案，确定本项目所有新增及改建、扩建污染源大气排污节点、排放污染物、污染治理设施与预防措施以及大气排放口基本情况。

本项目各排放口排放大气污染物的核算排放浓度、排放速率及污染物年排放量，应为通过环境影响评价，并且环境影响评价结论为可接受时对应的各项排放参数。污染物排放量核算内容与格式要求见表3-17、表3-18。

表 3-17　大气污染物有组织排放量核算表

序号	排放口编号	污染物	核算排放浓度 /(μg/m³)	核算排放速率 /(kg/h)	核算年排放量 /(t/a)
主要排放口					
主要排放口合计		SO_2			
		NO_x			
		颗粒物			
		VOCs			
		……			

续表

序号	排放口编号	污染物	核算排放浓度/(μg/m³)	核算排放速率/(kg/h)	核算年排放量/(t/a)
一般排放口					
一般排放口合计		SO_2			
		NO_x			
		颗粒物			
		VOCs			
		……			
有组织排放					
有组织排放总计		SO_2			
		NO_x			
		颗粒物			
		VOCs			
		……			

表 3-18 大气污染物无组织排放量核算表

序号	排放口编号	产污环节	污染物	主要污染防治措施	国家或地方污染物排放标准		年排放量/(t/a)
					标准名称	浓度限值/(μg/m³)	
无组织排放							
无组织排放总计				SO_2			
				NO_x			
				颗粒物			
				VOCs			
				……			

本项目大气污染物年排放量包括项目各有组织排放源和无组织排放源在正常排放条件下的预测排放量之和。污染物年排放量按式（3-54）计算，内容与格式要求见表 3-19。

$$E_{年排放}=\sum_{i=1}^{n}\left(M_{i有组织}H_{i有组织}\right)/1000+\sum_{j=1}^{n}\left(M_{j无组织}H_{j无组织}\right)/1000 \tag{3-54}$$

式中 $E_{年排放}$——项目年排放量，t/a；

$M_{i有组织}$——第 i 个有组织排放源排放速率，kg/h；

$H_{i有组织}$——第 i 个有组织排放源年有效排放小时数，h/a；

$M_{j无组织}$——第 j 个无组织排放源排放速率，kg/h；

$H_{j无组织}$——第 j 个无组织排放源全年有效排放小时数，h/a。

表 3-19 大气污染物年排放量核算表

序号	污染物	年排放量 /(t/a)
1	SO$_2$	
2	NO$_x$	
3	颗粒物	
4	VOCs	
5	……	

本项目各排放口非正常排放量核算，应结合非正常排放预测结果，优先提出相应的污染控制与减缓措施。当 1h 平均质量浓度贡献值超过环境质量标准时，应提出减少污染排放直至停止生产的相应措施。明确列出发生非正常排放的污染源、非正常排放原因、排放污染物、非正常排放浓度与排放速率、单次持续时间、年发生频次及应对措施等。相关内容与格式要求见表 3-20。

表 3-20 大气污染物年排放量核算表

序号	污染源	非正常排放原因	污染物	非正常排放浓度 /(μg/m^3)	非正常排放速率 /(kg/h)	单次持续时间 /h	年发生频次 / 次	应对措施

九、评价结果表达

一级评价结果表达应包括基本信息底图，项目基本信息图，达标评价结果表，网格浓度分布图，大气环境防护区域图，污染治理设施、预防措施及方案比选结果表，污染物排放量核算表的内容。二级评价结果表达一般应包括基本信息底图、项目基本信息图、污染物排放量核算表的内容。具体内容如下。

① **基本信息底图**。包含项目所在区域相关地理信息的底图，至少应包括评价范围内的环境功能区划、环境空气保护目标、项目位置、监测点位，以及图例、比例尺、基准年风频玫瑰图等要素。

② **项目基本信息图**。在基本信息底图上标示项目边界、总平面布置、大气排放口位置等信息。

③ **达标评价结果表**。列表给出各环境空气保护目标及网格最大浓度点主要污染物现状浓度、贡献浓度、叠加现状浓度后保证率日平均质量浓度和年平均质量浓度、占标率、是否达标等评价结果。

④ **网格浓度分布图**。包括叠加现状浓度后主要污染物保证率日平均质量浓度分布图和年平均质量浓度分布图。网格浓度分布图的图例间距一般按相应标准值的 5% ～ 100% 进行设置。如果某种污染物环境空气质量超标，还需在评价报告及浓度分布图上标示超标范围与超标面积，以及与环境空气保护目标的相对位置关系等。

⑤ **大气环境防护区域图**。在项目基本信息图上沿出现超标的厂界外延确定的大气环境防护距离所包括的范围，作为本项目的大气环境防护区域。大气环境防护区域应包含自厂界起连续的超标范围。

⑥ **污染治理设施、预防措施及方案比选结果表**。列表对比不同污染控制措施及排放方案对环境的影响，评价不同方案的优劣。

⑦ **污染物排放量核算表**。包括有组织及无组织排放量、大气污染物年排放量、非正常排放量等。

第六节　大气环境污染防治对策及环境监测计划

　　从大气污染物的形态来看，其可以分为颗粒污染物和气态污染物，本节拟分别对其防治对策进行阐述，以便在环境影响评价工作中提出针对性的大气污染防治技术对策。

　　环境监测是为了准确、及时、全面地反映环境质量现状及发展趋势，本节拟对环境监测计划的制定要求进行阐述，为环境管理、污染源控制、环境规划等提供科学依据。

一、颗粒污染物的大气环境污染防治对策

1. 颗粒污染物

　　大气颗粒物是指分散在大气中的固态或液态颗粒状物体，是影响城市空气环境质量的重要因素。对颗粒污染物可作出如下的分类。

　　① **尘粒**　一般是指粒径大于 75μm 的颗粒物。这类颗粒物由于粒径较大，在气体分散介质中具有一定的沉降速度，因而易于沉降到地面。

　　② **粉尘**　在固体物料的输送、粉碎、分级、研磨、装卸等机械过程中产生的颗粒物，或在岩石、土壤的风化等自然过程中产生的颗粒物，悬浮于大气中称为粉尘，其粒径一般小于 75μm。在这类颗粒物中，粒径大于 10μm，靠重力作用能在短时间内沉降到地面者，称为降尘；粒径小于 10μm，不易沉降，能长期在大气中飘浮者，称为飘尘（PM_{10}）；粒径小于 2.5μm 的颗粒容易进入呼吸系统，对人体健康造成危害，称为 $PM_{2.5}$。

　　③ **烟尘**　在燃料的燃烧、高温熔融和化学反应等过程中所形成的颗粒物，飘浮于大气中称为烟尘。烟尘的粒径很小，一般均小于 1μm。它包括了因升华、焙烧、氧化等过程所形成的烟气，也包括了燃料不完全燃烧形成的黑烟及蒸汽凝结所形成的烟雾。

　　④ **雾尘**　小液体粒子悬浮于大气中的悬浮体的总称。这种小液体粒子一般是由于蒸汽的凝结、液体的喷雾、雾化以及化学反应过程所形成。粒子粒径小于 100μm。水雾、酸雾、碱雾、油雾等都属于雾尘。

　　⑤ **煤尘**　燃烧过程中未被燃烧的煤粉尘，以及大、中型煤码头的煤扬尘和露天煤矿的煤扬尘等都是煤尘。

　　统计数据表明，目前我国烟尘和粉尘排放量有逐年下降的趋势，但影响城市空气质量的主要污染物仍是颗粒物。

2. 环境评价中颗粒污染物防治的技术性对策

　　（1）区域生态环境整治

　　① 水域生态工程方案　水域是唯一不起尘的地域，而且还具有吸尘、降尘和调节区域气候的重要作用。充分利用地形条件，保持并扩大现有水域面积，积极开发新的水域，提高水域覆盖率。

　　② 绿色生态工程方案　绿化可以调节气候、减少污染、净化空气、防风固沙，是非常经济的生物防治措施。结合项目周围自然、社会环境现状，提高绿化覆盖率，可有效降低颗粒污染物的环境影响。

（2）工业大气污染防治技术

对于大气颗粒物污染的去除，其实就是除尘技术，更广义地说是非均相分离技术，它涉及粉尘的捕集、净化、回收等问题。

① 机械除尘　机械除尘是借助力的作用达到除尘目的的方法，相应的除尘装置称为机械式除尘器。

a. 重力沉降。利用颗粒污染物与气体密度不同，使颗粒污染物在重力作用下自然沉降下来，与气体分离的过程。重力沉降室结构简单，造价低，压力损失小，便于维护，而且可以处理高温气体。主要缺点是只能捕集粒径较大的颗粒物，仅对 50μm 以上的颗粒物具有较好的捕集作用，因而效率低，只能作为初级除尘手段，主要用于高效除尘装置的前级除尘器。

b. 惯性除尘。利用颗粒物与气体在运动中惯性力不同，使颗粒污染物从气体中分离出来的过程。通常是使气流冲击在挡板上，气流方向发生急剧改变，气流中的颗粒物惯性较大，不能随气流急剧转弯，便从气流中分离出来。

c. 离心除尘。利用旋转的气流所产生的离心力，将颗粒污染物从气体中分离处理的过程。离心除尘器也称为旋风除尘器，具有结构简单、占地面积小、投资低、操作维修方便、压力损失中等、动力消耗不大、可用各种材料制造、能用于高温或高压及腐蚀性气体并可直接回收干颗粒的优点。一般用来捕集 5 ～ 15μm 以上的颗粒物，除尘效率可达 80% 左右，是机械式除尘器中效率最高的。主要缺点是对 5μm 以下的细小颗粒物去除效果不理想。

② 过滤除尘　过滤除尘是使气流通过多孔滤料，将气流中颗粒污染物截留下来，使气体得到净化的过程。

a. 滤袋除尘。利用棉、毛或人造纤维等加工的滤布捕集颗粒污染物的方法，主要通过筛分、惯性碰撞、扩散、静电、重力沉降等作用机制，依靠滤料表面来捕集颗粒污染物，属于外部过滤。该方法除尘效率高，一般可达 99% 以上，适应性极强，能够处理不同类型的颗粒污染物，操作弹性大，除尘效率对入口颗粒污染物浓度及气流速度变化具有一定的稳定性，结构简单，使用灵活，便于回收干料，不存在污泥处理。但袋式除尘器的应用受到滤布的耐温、耐腐蚀等操作性能的限制，一般使用温度应低于 300℃。

b. 颗粒层过滤除尘。通过将松散多孔的滤料填充在框架内作为过滤层，颗粒物在滤层内部被捕集的一种除尘方法，属内部过滤方式。除尘过程中大颗粒污染物主要借助惯性力，小于 0.5μm 的颗粒物主要靠滤料及被过滤下来的颗粒表面的拦截和附着作用过滤下来，净化效率随颗粒层厚度增高而提高。颗粒层除尘器按其功能可分为单颗粒层除尘器和组合颗粒层除尘器两种。

③ 静电除尘　利用高压电场产生的静电力（库仑力）的作用从气流中分离悬浮粒子（尘粒或液滴）的一种方法。静电除尘主要通过粒子荷电、沉降和清除三个阶段实现颗粒污染物与气流的分离。静电除尘常用的设备为电除尘器，工业上应用最广泛的是单区电除尘器，即使粒子带电的电离作用与带电粒子的集尘作用在同一电场中进行。电除尘器是一种高效除尘装置，对细微尘粒及雾状液滴捕集性能优异，除尘效率达 99% 以上，对 0.1μm 以下的尘粒仍有较高的去除效率，由于气流通过阻力小，所消耗的电能通过静电力直接作用于尘粒上，因此能耗低。处理气量大，可应用于高温、高压场所，广泛应用于工业除尘。电除尘器的主要缺点是设备庞大、占地面积大、一次性投资费用高。

④ 湿式除尘　也称为洗涤除尘。该方法是用液体洗涤含尘气流，使尘粒与液膜、液滴或气泡碰撞而被吸附，凝聚变大，尘粒随液体排出，气体得到净化。由于洗涤液对多种气态污染物具有吸收作用，因此它能净化气体中的固体颗粒物，又能同时脱除气体中的气态有害物质，某些洗涤器也可以单独充当吸收器使用。湿式除尘主要通过惯性碰撞、扩散、凝聚、

黏附等作用来捕获尘粒。湿式除尘常用的有喷淋塔、填料塔、泡沫塔、卧式旋风水膜除尘器、中心喷雾旋风除尘器、水浴式除尘器、射流洗涤除尘器、文丘里洗涤除尘器等。

湿式除尘器的优点：除尘的同时也能清除废气中气态污染物；捕集的粉尘不会飞扬；设备结构简单、阻力小（喷淋式和旋风式）、操作方便；能够处理高湿和有爆炸危险的气体。缺点：设备庞大、效率较低，对高温烟气中的热能不能进行回收利用，造成能源的浪费，并且洗涤除尘后排放大量的含尘污水，需要进行妥善处置；设备腐蚀问题和冬季防冻问题。

二、气态污染物的大气环境污染防治对策

1. 气态污染物

以气体形态进入大气的污染物称为气态污染物。气态污染物种类极多，按其对大气环境的危害大小，有五种类型的气态污染物是主要污染物。

① 含硫化合物：主要指 SO_2、SO_3 和 H_2S 等，其中以 SO_2 的数量最大，危害也最大，是影响大气质量的最主要的气态污染物。

② 含氮化合物：种类很多，其中最主要的是 NO、NO_2、NH_3 等。

③ 碳氧化合物：主要是 CO 和 CO_2。

④ 碳氢化合物：主要指有机废气，其中的许多组分构成了对大气的污染，如烃、醇、酮、酯、胺等。

⑤ 卤素化合物：主要是含氯、氟等卤素的化合物，如 HCl、HF、SiF_4 等。

2. 气态污染物防治对策

（1）源头减排

① 改善能源结构，采用清洁能源（如太阳能、风力、水力）和低污染能源（如天然气、煤气、沼气、乙醇）。

② 对燃料进行预处理（如燃料脱硫、煤的液化和气化）。

③ 改进燃烧装置和燃烧技术（如改革炉灶、采用沸腾炉、安装低氮燃烧器等）以提高燃烧效率和降低有害气体排放量。

④ 推行清洁生产工艺（如不用和少用易引起污染的原料，采用闭路循环工艺等）。节约能源和开展资源综合利用。加强企业管理，减少事故性排放和逸散。

⑤ 及时清理和妥善处置工业、生活与建筑废渣，减少地面扬尘。

（2）对排放源的治理

① 采用气体吸收塔处理有害气体（如用氨水、氢氧化钠、碳酸钠等碱性溶液吸收废气中二氧化硫；用碱吸收法处理排烟中的氮氧化物）。

② 应用其他物理的（如冷凝）、化学的（如催化转化）、物理化学的（如分子筛、活性炭吸附、膜分离）方法回收利用废气中的有用物质，或使有害气体无害化。

（3）通过绿化建设加强对环境空气中气态污染物的治理

植物具有美化环境、调节气候、吸收大气中有害气体等功能，可以在大范围内长时间地、连续地净化大气。尤其是在大气中污染物影响范围广、浓度比较低的情况下，植物净化是行之有效的方法。在城市和工业区有计划地、有选择地扩大绿地面积是大气污染综合防治具有长效能与多功能的措施。

（4）充分利用气象条件和环境的自净能力

大气环境的自净有物理作用、化学作用和生物作用，如扩散、稀释、氧化、还原、降水洗涤等。在排出的污染物总量恒定的情况下，大气污染状况主要取决于气象条件。利用气象条件来制约污染源是防治大气污染现实而又有效的途径，能有效避免或减少大气污染危害。

例如，以不同地区、不同高度的大气层的空气动力学和热力学的变化规律为依据，可以合理地确定不同地区的烟囱高度，使经烟囱排放的大气污染物能在大气中迅速地扩散稀释。

三、环境监测计划

1.一般性要求

一级评价项目按《排污单位自行监测技术指南 总则》（HJ 819）的要求，提出项目在生产运行阶段的污染源监测计划和环境质量监测计划。

二级评价项目按《排污单位自行监测技术指南 总则》（HJ 819）的要求，提出项目在生产运行阶段的污染源监测计划。

三级评价项目可参照《排污单位自行监测技术指南 总则》（HJ 819）的要求，并适当简化环境监测计划。

2.污染源监测计划

按照《排污单位自行监测技术指南 总则》（HJ 819）、《排污许可证申请与核发技术规范 总则》（HJ 942）、各行业排污单位自行监测技术指南及排污许可证申请与核发技术规范执行。

污染源监测计划应明确监测点位、监测指标、监测频次、执行排放标准。

3.环境质量监测计划

筛选按"第二节 - 评价工作等级的确定 - 评价等级判定"要求计算的项目排放污染物 $P_i \geqslant 1\%$ 的其他污染物作为环境质量监测因子。

一般在项目厂界或大气环境防护距离（如有）外侧设置 1 ～ 2 个监测点。

各监测因子的环境质量每年至少监测一次，监测时段参照"第三节 - 数据来源 - 补充监测 - 监测时段"执行。

新建 10km 及以上的城市快速路、主干路等城市道路项目，应在道路沿线设置至少 1 个路边交通自动连续监测点，监测项目包括道路交通源排放的基本污染物。

环境质量监测采样方法、监测分析方法、监测质量保证与质量控制等应符合所执行的环境质量标准、《排污单位自行监测技术指南 总则》（HJ 819）、《排污许可证申请与核发技术规范 总则》（HJ 942）的相关要求。

环境空气质量监测计划包括监测点位、监测指标、监测频次、执行环境质量标准等。

4.信息报告和信息公开

按照《排污单位自行监测技术指南 总则》（HJ 819）执行。

第七节　大气环境影响评价结论与建议

一、大气环境影响评价结论

1.达标区域的建设项目环境影响评价

达标区域的建设项目环境影响评价，当同时满足以下条件时，则认为环境影响可以接受。

① 新增污染源正常排放下污染物短期浓度贡献值的最大浓度占标率≤ 100%。

② 新增污染源正常排放下污染物年均浓度贡献值的最大浓度占标率≤ 30%（其中一类

区≤10%）。

③ 项目环境影响符合环境功能区划。叠加现状浓度、区域削减污染源以及在建、拟建项目的环境影响后，主要污染物的保证率日平均质量浓度和年平均质量浓度均符合环境质量标准；对于项目排放的主要污染物仅有短期浓度限值的，叠加后的短期浓度符合环境质量标准。

2. 不达标区域的建设项目环境影响评价

不达标区域的建设项目环境影响评价，当同时满足以下条件时，则认为环境影响可以接受。

① 达标规划未包含的新增污染源建设项目，需另有替代源的削减方案。

② 新增污染源正常排放下污染物短期浓度贡献值的最大浓度占标率≤100%。

③ 新增污染源正常排放下污染物年均浓度贡献值的最大浓度占标率≤30%（其中一类区≤10%）。

④ 项目环境影响符合环境功能区划或满足区域环境质量改善目标。现状浓度超标的污染物评价，叠加达标年目标浓度、区域削减污染源以及在建、拟建项目的环境影响后，污染物的保证率日平均质量浓度和年平均质量浓度均符合环境质量标准或满足达标规划确定的区域环境质量改善目标，或预测范围内年平均质量浓度变化率 k≤-20%；对于现状达标的污染物评价，叠加后污染物浓度符合环境质量标准；对于项目排放的主要污染物仅有短期浓度限值的，叠加后的短期浓度符合环境质量标准。

3. 区域规划环境影响评价

区域规划的环境影响评价，当主要污染物的保证率日平均质量浓度和年平均质量浓度均符合环境质量标准，对于主要污染物仅有短期浓度限值的，叠加后的短期浓度符合环境质量标准时，则认为区域规划环境影响可以接受。

二、污染控制措施可行性及方案比选结果

大气污染治理设施与预防措施必须保证污染源排放以及控制措施均符合排放标准的有关规定，满足经济、技术可行性。

从项目选址选线、污染源的排放强度与排放方式、污染控制措施技术与经济可行性等方面，结合区域环境质量现状及区域削减方案、项目正常排放及非正常排放下大气环境影响预测结果，综合评价治理设施、预防措施及排放方案的优劣，并对存在的问题（如果有）提出解决方案。经对解决方案进行进一步预测和评价比选后，给出大气污染控制措施可行性建议及最终的推荐方案。

三、大气环境防护距离

根据大气环境防护距离计算结果，并结合厂区平面布置图，确定项目大气环境防护区域。若大气环境防护区域内存在长期居住的人群，应给出相应优化调整项目选址、布局或搬迁的建议。

项目大气环境防护区域之外，大气环境影响评价结论应符合本节"大气环境影响评价结论"规定的要求。

四、污染物排放量核算结果

环境影响评价结论是环境影响可接受的，根据环境影响评价审批内容和排污许可证申请与核发所需表格要求，明确给出污染物排放量核算结果表。

评价项目完成后污染物排放总量控制指标能否满足环境管理要求，并明确总量控制指标的来源和替代源的削减方案。

五、大气环境影响评价自查表

大气环境影响评价完成后，应对大气环境影响评价主要内容与结论进行自查。扫描二维码可查看"建设项目大气环境影响评价自查表内容与格式"。

建设项目大气环境影响评价自查表内容与格式

第八节 大气环境质量评价相关标准

一、环境空气质量标准

《环境空气质量标准》（GB 3095—2012）中规定了环境空气功能区分类、标准分级、污染物项目、平均时间及浓度限值、监测方法、数据统计的有效性规定及实施与监督等内容，适用于环境空气质量评价与管理。

1.环境空气功能区分类

一类区为自然保护区、风景名胜区和其他需要特殊保护的区域。
二类区为居住区、商业交通居民混合区、文化区、工业区和农村地区。

2.环境空气功能区质量要求

一类区适用一级浓度限值，二类区适用二级浓度限值。一、二类环境空气功能区质量要求见表3-21和表3-22。

表 3-21 环境空气污染物基本项目浓度限值

序号	污染物项目	平均时间	浓度限值		单位
			一级	二级	
1	二氧化硫（SO_2）	年平均	20	60	$\mu g/m^3$
		24h平均	50	150	
		1h平均	150	500	
2	二氧化氮（NO_2）	年平均	40	40	
		24h平均	80	80	
		1h平均	200	200	
3	一氧化碳（CO）	24h平均	4	4	mg/m^3
		1h平均	10	10	
4	臭氧（O_3）	日最大8h平均	100	160	$\mu g/m^3$
		1h平均	160	200	
5	颗粒物（粒径小于等于10μm）	年平均	40	70	
		24h平均	50	150	
6	颗粒物（粒径小于等于2.5μm）	年平均	15	35	
		24h平均	35	75	

表 3-22　环境空气污染物其他项目浓度限值

序号	污染物项目	平均时间	浓度限值		单位
			一级	二级	
1	总悬浮颗粒物（TSP）	年平均	80	200	μg/m³
		24h平均	120	300	
2	氮氧化物（NO$_x$）	年平均	50	50	
		24h平均	100	100	
		1h平均	250	250	
3	铅（Pb）	年平均	0.5	0.5	
		季平均	1	1	
4	苯并[a]芘（BaP）	年平均	0.001	0.001	
		24h平均	0.0025	0.0025	

二、其他污染物空气质量浓度参考限值

对于《环境空气质量标准》（GB 3095—2012）及地方环境质量标准中未包含的污染物，《环境影响评价技术导则 大气环境》（HJ 2.2—2018）给出了"其他污染物空气质量浓度参考限值"，具体见表3-23。

表 3-23　其他污染物空气质量浓度参考限值

编号	物质名称	最高容许浓度/(μg/m³)		
		1h平均	8h平均	日平均
1	氨	200		
2	苯	110		
3	苯胺	100		30
4	苯乙烯	10		
5	吡啶	80		
6	丙酮	800		
7	丙烯腈	50		
8	丙烯醛	100		
9	二甲苯	200		
10	二硫化碳	40		
11	环氧氯丙烷	200		
12	甲苯	200		
13	甲醇	3000		1000
14	甲醛	50		
15	硫化氢	10		
16	硫酸	300		100

编号	物质名称	最高容许浓度/($\mu g/m^3$)		
		1h 平均	8h 平均	日平均
17	氯	100		30
18	氯丁二烯	100		
19	氯化氢	50		15
20	锰及其化合物（以MnO_2计）			10
21	五氧化二磷	150		50
22	硝基苯	10		
23	乙醛	10		
24	总挥发性有机物（TVOC）		600	

案例分析

扫描二维码查看案例分析。

大气环境影响评
价案例分析

习　题

1. 如何划分大气环境影响评价的等级和评价范围？
2. 大气污染源的分类有哪些？
3. 大气污染源的调查与评价内容有哪些？
4. 影响大气污染的主要因素有哪些？
5. 设有某污染源由烟囱排入大气的SO_2源强为80g/s，有效源高为60m，烟囱出口处平均风速为6m/s，当时气象条件下，正下风方向500m处的σ_z=18.1m，σ_y=35.3m。计算x=500m，y=50m处的SO_2地面浓度。
6. 某工厂烟囱高H_s=45m，内径D=1.0m，烟温T_s=100℃，烟速v_s=5.0m/s，耗煤量180kg/h，硫分1%，水膜除尘脱硫效率取10%，试求气温20℃、风速2.0m/s、中性大气条件下，距源450m轴线上SO_2的浓度。（大气压P_a=101kPa）
7. 地处平原的某工厂，烟囱有效源高100m，SO_2产生量180kg/h，烟气脱硫效率70%，在正下风向1000m处有一医院，试求中性大气稳定度条件下，该工厂排放的SO_2对医院SO_2

平均浓度贡献值。（中性条件下，烟囱出口处风速 6.0m/s，距源 1000m，σ_y=100m，σ_z=75m）

8. 设某电厂烧煤 15t/h，含硫量 3%，燃烧后有 90% 的 SO_2 由烟囱排入大气。若烟羽轴离地面高度为 200m，地面 10m 处风速为 3m/s，稳定度为 D 类，求风向下方 300m 处的地面浓度。

9. 某工厂烟囱有效源高 50m，SO_2 排放量 12kg/h，排口风速 4.0m/s，求：

（1）SO_2 最大落地浓度为多少？

（2）若使最大落地浓度下降至 0.010mg/m³，其他条件相同的情况下，有效源高应为多少？

10.（　　）评价可不进行大气环境影响评价预测工作，直接以估算模式的计算结果作为预测与分析依据。

　　A. 一级　　　　　　　　B. 二级　　　　　　　C. 三级　　　　　　　D. 四级

11. 关于大气环境防护距离的确定，说法正确的是（　　）。

　　A. 采用进一步预测模型进行模拟

　　B. 考虑本项目所有污染源（改、扩建项目应包含全厂现有污染源）

　　C. 厂界外预测网格分辨率不应超过 50m

　　D. 大气环境防护区域内可以存在长期居住的人群

第四章
水环境影响评价

学习目标

地表水环境影响评价是我国许多环境影响评价报告中的重要部分和评价重点，同时也是环境影响评价中的重要章节。了解与地表水环境影响评价相关的污染物迁移转化的基础理论和基本知识，理解地表水环境影响评价等级划分与范围确定，以及环境现状调查与评价和影响预测与评价的基本要求与方法；掌握河流均匀混合模型、一维连续稳定排放模型，点源的主要预测模型，面源源强确定方法等；具备地表水环境影响评价的能力。

第一节　水环境与水体污染

一、水环境的概念

在地球表面，水体面积约占地球表面积的 71%。水由海洋水和陆地水两部分组成，分别占总水量的 97.28% 和 2.72%。后者所占比例很小，而且所处空间的环境十分复杂。水在地球上处于不断循环的动态平衡状态。天然水的基本化学成分和含量反映了它在不同自然环境循环过程中的原始物理化学性质，是研究水环境中元素存在、迁移和转化以及环境质量（或污染程度）与水质评价的基本依据。

水环境是指自然界中水的形成、分布和转化所处空间的环境，即围绕人群空间及可直接或间接影响人类生活和发展的水体，其正常功能的各种自然因素和有关的社会因素的总体。水环境是构成环境的基本要素之一，是人类社会赖以生存和发展的重要场所，也是受人类干扰和破坏最严重的领域。水环境的污染和破坏已成为当今世界主要的环境问题之一。

按照环境要素的不同，水环境可以分为海洋环境、湖泊环境、河流环境等。按照水体所处的位置，水环境可分为地表水环境和地下水环境。地表水环境包括河流、湖泊、水库、海洋、池塘、沼泽、冰川等；地下水环境包括泉水、浅层地下水、深层地下水等。

二、水体污染

水体污染是指排入水体的污染物在数量上超过了该物质在水体中的本底含量和水体的自净能力即水体的环境容量，破坏了水中固有的生态系统，破坏了水体的功能及其在人类生活和生产中的作用，降低了水体的使用价值和功能的现象。

水体污染分为两类：一类是水体人为污染；另一类是水体自然污染。其中水体污染最主要的原因是人为污染。

凡对环境质量可以造成影响的物质和能量统称污染源；对环境质量造成影响的物质和能量，称为污染物或污染因子。影响地表水环境质量的污染物按排放方式可分为点源污染物和面源污染物，按污染性质可分为持久性污染物、非持久性污染物、水体酸碱度（pH 值）和热效应四类。根据国家水环境质量标准，水质参数可分为以下几类。

① 物理参数：温度、嗅、味、色、浊度、固体（总固体、悬浮性固体、溶解性固体等）。
② 化学参数：有机成分和无机成分。无机指标有含盐量、硬度、pH 值、酸度、碱度、铁、锰及氯化物、硫酸盐、硫化物、重金属类、氮、磷等。有机指标有 BOD_5、COD、DO、酚、油等。
③ 生化参数：大肠杆菌等。

三、水环境影响评价的概念

水环境影响评价是通过一定的方法，确定建设项目或开发行动耗用的水资源量和环境供给水平以及排放的主要污染物对环境可能造成的影响范围和程度，提出避免或减轻影响的对策，为建设项目或开发行动方案的优化决策提供科学的依据。水环境质量评价又称水质评价，是根据水的用途，按照一定的评价标准、评价参数和评价方法，对水域的水质或水域综合体的质量进行定性或定量的评定。

第二节　地表水环境影响评价工作程序与评价等级

根据《环境影响评价技术导则 地表水环境》（HJ 2.3—2018），地表水指存在于陆地表面的河流（江河、运河及渠道）、湖泊、水库等地表水体以及入海河口和近岸海域。

一、总则

1. 基本任务

在调查和分析评价范围内地表水环境质量现状与水环境保护目标的基础上，预测和评价建设项目对地表水环境质量、水环境功能区、水功能区或水环境保护目标及水环境控制单元的影响范围与影响程度，提出相应的环境保护措施、环境管理要求与监测计划，明确给出地表水环境影响是否可接受的结论。

2. 基本要求

建设项目的地表水环境影响主要包括水污染影响与水文要素影响。根据其主要影响，建设项目的地表水环境影响评价划分为水污染影响型、水文要素影响型以及两者兼有的复合影响型。

地表水环境影响评价应按本标准规定的评价等级开展相应的评价工作。建设项目评价等级分为三级。复合影响型建设项目的评价工作，应按类别分别确定评价等级并开展评价工作。

建设项目排放水污染物应符合国家或地方水污染物排放标准要求，同时应满足受纳水体环境质量管理要求，并与排污许可管理制度相关要求衔接。水文要素影响型建设项目，还应满足生态流量的相关要求。

二、评价工作程序

地表水环境影响评价的工作程序见图 4-1。

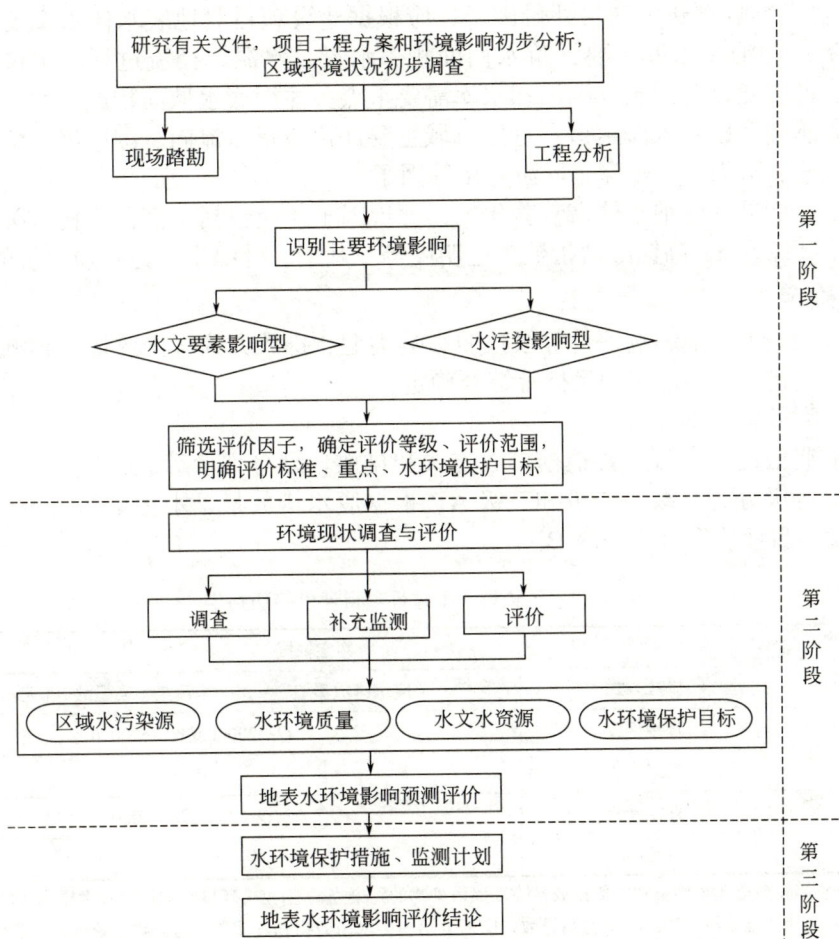

图4-1　地表水环境影响评价的工作程序

三、评价等级与评价范围的确定

1. 环境影响识别与评价因子筛选

地表水环境影响因素识别应按照《建设项目环境影响评价技术导则 总纲》（HJ 2.1—2016）的要求，分析建设项目建设阶段、生产运行阶段和服务期满后（可根据项目情况选择，下同）各阶段对地表水环境质量、水文要素的影响行为。

① 水污染影响型建设项目评价因子的筛选应符合以下要求：

a. 按照污染源源强核算技术指南，开展建设项目污染源与水污染因子识别，结合建设项目所在水环境控制单元或区域水环境质量现状，筛选出水环境现状调查评价与影响预测评价的因子。

b. 行业污染物排放标准中涉及的水污染物应作为评价因子。

c. 在车间或车间处理设施排放口排放的第一类污染物应作为评价因子。

d. 水温应作为评价因子。

e. 面源污染所含的主要污染物应作为评价因子。

f. 建设项目排放的且为建设项目所在控制单元的水质超标因子或潜在污染因子（指近3年来水质浓度值呈上升趋势的水质因子），应作为评价因子。

② 水文要素影响型建设项目评价因子，应根据建设项目对地表水体水文要素影响的特征确定。河流、湖泊及水库主要评价水面面积、水量、水温、径流过程、水位、水深、流速、水面宽、冲淤变化等因子，湖泊和水库需要重点关注湖底水域面积或蓄水量及水力停留时间等因子。感潮河段、入海河口及近岸海域主要评价流量、流向、潮区界、潮流界、纳潮量、水位、流速、水面宽、水深、冲淤变化等因子。

建设项目可能导致受纳水体富营养化的，评价因子还应包括与富营养化有关的因子（如总磷、总氮、叶绿素a、高锰酸盐指数和透明度等。其中，叶绿素a为必须评价的因子）。

2. 评价等级确定

建设项目地表水环境影响评价等级按照影响类型、排放方式、排放量或影响情况、受纳水体环境质量现状、水环境保护目标等综合确定。

（1）水污染影响型建设项目

水污染影响型建设项目主要根据排放方式和排放量划分评价等级，见表4-1。直接排放建设项目评价等级分为一级、二级和三级A，根据废水排放量、水污染物污染当量数确定。间接排放建设项目评价等级为三级B。

表 4-1 水污染影响型建设项目评价等级判定

评价等级	判定依据	
	排放方式	废水排放量 Q/(m^3/d)；水污染物当量数 W（无量纲）
一级	直接排放	$Q \geqslant 20000$ 或 $W \geqslant 600000$
二级	直接排放	其他
三级A	直接排放	$Q < 200$ 且 $W < 6000$
三级B	间接排放	—

注：1. 水污染物当量数等于该污染物的年排放量除以该污染物的污染当量值[见《环境影响评价技术导则 地表水环境》（HJ 2.3—2018）附录A]，计算排放污染物的污染物当量数，应区分第一类水污染物和其他类水污染物，统计第一类污染物当量数总和，然后与其他类污染物按照污染物当量数从大到小排序，取最大当量数作为建设项目评价等级确定的依据。

2. 废水排放量按行业排放标准中规定的废水种类统计，没有相关行业排放标准要求的通过工程分析合理确定，应统计含热量大的冷却水的排放量，可不统计间接冷却水、循环水以及其他含污染物极少的清净下水的排放量。

3. 厂区存在堆积物（露天堆放的原料、燃料、废渣等以及垃圾堆放场）、降尘污染的，应将初期雨污水纳入废水排放量，相应的主要污染物纳入水污染当量计算。

4. 建设项目直接排放第一类污染物的，其评价等级为一级；建设项目直接排放的污染物为受纳水体超标因子的，评价等级不低于二级。

5. 直接排放受纳水体影响范围涉及饮用水水源保护区、饮用水取水口、重点保护与珍稀水生生物的栖息地、重要水生生物的自然产卵场等保护目标时，评价等级不低于二级。

6. 建设项目向河流、湖库排放温排水引起受纳水体水温变化超过水环境质量标准要求，并且评价范围内有水温敏感目标时，评价等级为一级。

7. 建设项目利用海水作为调节温度介质，排水量≥500×10⁴m³/d，评价等级为一级；排水量<500×10⁴m³/d，评价等级为二级。

8. 仅涉及清净下水排放的，如其排放水质满足受纳水体水环境质量标准要求的，评价等级为三级A。

9. 依托现有排放口，并且对外环境未新增排放污染物的直接排放建设项目，评价等级参照间接排放，定为三级B。

10. 建设项目生产工艺中有废水产生，但作为回水利用，不排放到外环境的，按三级B评价。

（2）水文要素影响型建设项目

水文要素影响型建设项目评价等级划分根据水温、径流与受影响地表水域等三类水文要素的影响程度进行判定，见表4-2。

表4-2　水文要素影响型建设项目评价等级判定

评价等级	水温	径流		受影响地表水域		
	年径流量与总库容之比 α	兴利库容占年径流量百分比 β/%	取水量占多年平均径流量百分比 γ/%	工程垂直投影面积及外扩范围 A_1/km²；工程扰动水底面积 A_2/km²；过水断面宽度占用比例或占用水域面积比例 R/%		工程垂直投影面积及外扩范围 A_1/km²；工程扰动水底面积 A_2/km²
				河流	湖库	入海河口、近岸海域
一级	$\alpha \leq 10$；或稳定分层	$\beta \geq 20$；或完全年调节与多年调节	$\gamma \geq 30$	$A_1 \geq 0.3$；或 $A_2 \geq 1.5$；或 $R \geq 10$	$A_1 \geq 0.3$；或 $A_2 \geq 1.5$；或 $R \geq 20$	$A_1 \geq 0.5$；或 $A_2 \geq 3$
二级	$20 > \alpha > 10$；或不稳定分层	$20 > \beta > 2$；或季调节与不完全年调节	$30 > \gamma > 10$	$0.3 > A_1 > 0.05$；或 $1.5 > A_2 > 0.2$；或10 $> R > 5$	$0.3 > A_1 > 0.05$；或 $1.5 > A_2 > 0.2$；或20$> R > 5$	$0.5 > A_1 > 0.15$；或3$> A_2 > 0.5$
三级	$\alpha \geq 20$；或混合型	$\beta \leq 2$；或无调节	$\gamma \leq 10$	$A_1 \leq 0.05$；或 $A_2 \leq 0.2$；或 $R \leq 5$	$A_1 \leq 0.05$；或 $A_2 \leq 0.2$；或 $R \leq 5$	$A_1 \leq 0.15$；或 $A_2 \leq 0.5$

注：1.影响范围涉及饮用水水源保护区、重点保护与珍稀水生生物的栖息地、重要水生生物的自然产卵场、自然保护区等保护目标，评价等级应不低于二级。

2.跨流域调水、引水式电站、可能受到大型河流感潮河段咸潮影响的建设项目，评价等级不低于二级。

3.造成入海河口（湾口）宽度束窄（束窄尺度达到原宽度的5%以上），评价等级应不低于二级。

4.对不透水的单方向建筑尺度较长的水工建筑物（如防波堤、导流堤等），其与潮流或水流主流向切线垂直方向投影长度大于2km时，评价等级应不低于二级。

5.允许在一类海域建设的项目，评价等级为一级。

6.同时存在多个水文要素影响的建设项目，分别判定各水文要素影响评价等级，并取其中最高等级作为水文要素影响型建设项目评价等级。

（3）污染物当量值

污染物当量值源自《中华人民共和国环境保护税法》。扫描二维码可查看《环境影响评价技术导则 地表水环境》（HJ 2.3—2018）附录A（规范性附录）污染物及当量值。

水污染物污染当量值表

拟进行地表水环境影响评价的厂矿企业、事业单位建设项目，其所排污水的水质、水量应符合《污水综合排放标准》（GB8978—1996）或其他有关排放标准。对地表水域的水质要求（即水质类别）以《地表水环境质量标准》（GB3838—2002）为依据。根据标准，地表水环境质量分为五类。如受纳水域的实际功能与该标准的水质分类不一致时，由当地环保部门对其水质提出具体要求。

3. 评价范围与评价时期

（1）评价范围

建设项目地表水环境影响评价范围指建设项目整体实施后可能对地表水环境造成的影响范围。

水污染影响型建设项目评价范围，根据评价等级、工程特点、影响方式及程度、地表水环境质量管理要求等确定。水文要素影响型建设项目评价范围，根据评价等级、水文要素影响类别、影响及恢复程度确定。建设项目地表水评价范围要求见表4-3。

表 4-3　建设项目地表水评价范围要求

建设项目类型		评价范围要求
水污染影响型建设项目	一级、二级及三级A	①应根据主要污染物迁移转化状况，至少需覆盖建设项目污染影响所及水域。 ②受纳水体为河流时，应满足覆盖对照断面、控制断面与消减断面等关心断面的要求。 ③受纳水体为湖泊、水库时，一级评价，评价范围宜不小于以入湖（库）排放口为中心、半径为5km的扇形区域；二级评价，评价范围宜不小于以入湖（库）排放口为中心、半径为3km的扇形区域；三级A评价，评价范围宜不小于以入湖（库）排放口为中心、半径为1km的扇形区域。 ④受纳水体为入海河口和近岸海域时，评价范围按照《海洋工程环境影响评价技术导则》（GB/T 19485—2014）执行。 ⑤影响范围涉及水环境保护目标的，评价范围至少应扩大到水环境保护目标内受到影响的水域。 ⑥同一建设项目有两个及两个以上废水排放口，或排入不同地表水体时，按各排放口及所排入地表水体分别确定评价范围；有叠加影响的，叠加影响水域应作为重点评价范围
	三级B	①应满足其依托污水处理设施环境可行性分析的要求。 ②涉及地表水环境风险的，应覆盖环境风险影响范围所及的水环境保护目标水域
水文要素影响型建设项目		①水温要素影响评价范围为建设项目形成水温分层水域，以及下游未恢复到天然（或建设项目建设前）水温的水域。 ②径流要素影响评价范围为水体天然性状发生变化的水域，以及下游增减水影响水域。 ③地表水域影响评价范围为相对建设项目建设前日均或潮均流速及水深或高（累积频率5%）低（累积频率90%）水位（潮位）变化幅度超过±5%的水域。 ④建设项目影响范围涉及水环境保护目标的，评价范围至少应扩大到水环境保护目标内受影响的水域。 ⑤存在多类水文要素影响的建设项目，应分别确定各水文要素影响评价范围，取各水文要素评价范围的外包线作为水文要素的评价范围

评价范围应以平面图的方式表示，并明确起、止位置等控制点坐标。

（2）评价时期

建设项目地表水环境影响评价时期根据受影响地表水体类型、评价等级等确定，见表4-4。三级 B 评价，可不考虑评价时期。

表 4-4　评价时期确定表

受影响地表水体类型	评价等级		
	一级	二级	水污染影响型（三级A）/水文要素影响型（三级）
河流、湖库	丰水期、平水期、枯水期；至少丰水期和枯水期	丰水期和枯水期；至少枯水期	至少枯水期
入海河口（感潮河段）	河流：丰水期、平水期和枯水期。河口：春季、夏季和秋季。至少丰水期和枯水期，春季和秋季	河流：丰水期和枯水期。河口：春季、秋季2个季节。至少枯水期或1个季节	至少枯水期或1个季节
近岸海域	春季、夏季和秋季；至少春季、秋季2个季节	春季或秋季；至少1个季节	至少1次调查

注：1.感潮河段、入海河口、近岸海域在丰、枯水期（或春、夏、秋、冬四季）均应选择大潮期或小潮期中一个潮期开展评价（无特殊要求时，可不考虑一个潮期内高潮期、低潮期的差别）。选择原则为：依据调查监测海域的环境特征，以影响范围较大或影响程度较重为目标，定性判别和选择大潮期或小潮期作为调查潮期。

2.冰封期较长且作为生活饮用水与食品加工用水的水源或有渔业用水需求的水域，应将冰封期纳入评价时期。

3.具有季节性排水特点的建设项目，根据建设项目排水期对应的水期或季节确定评价时期。

4.水文要素影响型建设项目对评价范围内的水生生物生长、繁殖与洄游有明显影响的时期，需将对应的时期作为评价时期。

5.复合影响型建设项目分别确定评价时期，按照覆盖所有评价时期的原则综合确定。

4. 水环境保护目标确定

依据环境影响因素识别结果，调查评价范围内水环境保护目标，确定主要水环境保护目标。应在地图中标注各水环境保护目标的地理位置、四至范围，并列表给出水环境保护目标内主要保护对象和保护要求，以及与建设项目占地区域的相对距离、坐标、高差，与排放口的相对距离、坐标等信息，同时说明与建设项目的水力联系。

第三节　地表水环境现状调查和评价

一、总体要求

① 环境现状调查与评价应按照《建设项目环境影响评价技术导则 总纲》（HJ 2.1—2016）的要求，遵循问题导向与管理目标导向统筹、流域（区域）与评价水域兼顾、水质水量协调、常规监测数据利用与补充监测互补、水环境现状与变化分析结合的原则。

② 应满足建立污染源与受纳水体水质响应关系的需求，符合地表水环境影响预测的要求。

③ 工业园区规划环评的地表水环境现状调查与评价可依据 HJ 2.1 执行，流域规划环评参照执行，其他规划环评根据规划特性与地表水环境评价要求，参考执行或选择相应的技术规范。

二、调查范围

地表水环境的现状调查范围应覆盖评价范围，应以平面图方式表示，并明确起、止断面的位置及涉及范围。

① 对于水污染影响型建设项目，除覆盖评价范围外，受纳水体为河流时，在不受回水影响的河流段，排放口上游调查范围宜不小于 500m，受回水影响河段的上游调查范围原则上与下游调查的河段长度相等；受纳水体为湖库时，以排放口为圆心，调查半径在评价范围基础上外延 20% ~ 50%。

② 对于水文要素影响型建设项目，受影响水体为河流、湖库时，除覆盖评价范围外，一级、二级评价时，还应包括库区及支流回水影响区、坝下至下一个梯级或河口、受水区、退水影响区。

③ 对于水污染影响型建设项目，建设项目排放污染物中包括氮、磷或有毒污染物且受纳水体为湖泊、水库时，一级评价的调查范围应包括整个湖泊、水库，二级、三级 A 评价时，调查范围应包括排放口所在水环境功能区、水功能区或湖（库）湾区。

④ 受纳或受影响水体为入海河口及近岸海域时，调查范围依据《海洋工程环境影响评价技术导则》（GB/T 19485—2014）要求执行。

三、调查因子

地表水环境现状调查因子根据评价范围水环境质量管理要求、建设项目水污染物排放特点与水环境影响预测评价要求等综合分析确定。调查因子应不少于评价因子。

四、调查时期

调查时期和评价时期一致。

五、调查内容与方法

地表水环境现状调查内容包括建设项目及区域水污染源调查，受纳或受影响水体水环境质量现状调查，区域水资源与开发利用状况、水文情势与相关水文特征值调查，以及水环境保护目标、水环境功能区或水功能区、近岸海域环境功能区及其相关的水环境质量管理要求等调查。涉及涉水工程的，还应调查涉水工程运行规则和调度情况。具体内容如下。

1. 建设项目污染源调查

根据建设项目工程分析、污染源源强核算技术指南，结合排污许可技术规范等相关要求，分析确定建设项目所有排放口（包括涉及一类污染物的车间或车间处理设施排放口、企业总排口、雨水排放口、清净下水排放口、温排水排放口等）的污染物源强，明确排放口的相对位置并附图件、地理位置（经纬度）、排放规律等。改建、扩建项目还应调查现有企业所有废水排放口。

2. 区域水污染源调查

（1）点污染源调查内容

主要包括：

① 基本信息　主要包括污染源名称、排污许可证编号等。

② 排放特点　主要包括排放形式，分散排放或集中排放，连续排放或间歇排放；排放口的平面位置（附污染源平面位置图）及排放方向；排放口在断面上的位置等。

③ 排污数据　主要包括污水排放量、排放浓度、主要污染物等数据。

④ 用排水状况　主要调查取水量、用水量、循环水量、重复利用率、排水总量等。

⑤ 污水处理状况　主要调查各排污单位生产工艺流程中的产污环节、污水处理工艺、处理效率、处理水量、中水回用量、再生水量、污水处理设施的运转情况等。

⑥ 根据评价等级及评价工作需要，选择上述全部或部分内容进行调查。

（2）面污染源调查内容

按照农村生活污染源、农田污染源、畜禽养殖污染源、城镇地面径流污染源、堆积物污染源、大气沉降源等分类，采用源强系数法、面源模型法等方法，估算面源源强、流失量与入河量等。主要包括：

① 农村生活污染源　调查人口数量、人均用水量指标、供水方式、污水排放方式、污水去向和排污负荷量等。

② 农田污染源　调查农药和化肥的施用种类、施用量、流失量及入河系数、去向及受纳水体等情况（包括水土流失、农药和化肥流失强度、流失面积、土壤养分含量等调查分析）。

③ 畜禽养殖污染源　调查畜禽养殖的种类、数量、养殖方式、粪便污水收集与处置情况、主要污染物浓度、污水排放方式和排污负荷量、污水去向及受纳水体等。畜禽粪便污水作为肥水进行农田利用的，需考虑畜禽粪便污水土地承载力。

④ 城镇地面径流污染源　调查城镇土地利用类型及面积、地面径流收集方式与处理情况、主要污染物浓度、污水排放方式和排污负荷量、污水去向及受纳水体等。

⑤ 堆积物污染源　调查矿山、冶金、火电、建材、化工等单位的原料、燃料、废料、固体废物（包括生活垃圾）的堆放位置、堆放面积、堆放形式及防护情况、污水收集与处置情况、主要污染物和特征污染物浓度、污水排放方式和排污负荷量、污水去向及受纳水体等。

⑥ 大气沉降源　调查区域大气沉降（湿沉降、干沉降）的类型、污染物种类、污染物沉降负荷量等。

（3）内源污染

底泥物理指标包括力学性质、质地、含水率、粒径等；化学指标包括水域超标因子和与本建设项目排放污染物相关的因子。

3. 水文情势调查

水文情势调查内容见表 4-5。

表 4-5 水文情势调查内容

水体类型	水污染影响型	水文要素影响型
河流	水文年及水期划分；不利水文条件及特征水文参数；水动力学参数等	水文系列及其特征参数；水文年及水期的划分；河流物理形态参数；河流水沙参数、丰枯水期水流及水位变化特征等
湖库	湖库物理形态参数；水库调节性能与运行调度方式；水文年及水期划分；出入湖库水量过程；湖流动力学参数；水温分层结构等	水文年及水期划分；不利水文条件特征及水文参数；水流分层特征等
入海河口（感潮河段）	潮汐特征、感潮河段的范围、潮区界与潮流界的划分；潮位及潮流；不利水文条件组合及特征水文参数；水流分层特征等	
近岸海域	水温、盐度、泥沙、潮位、流向、流速、水深等；潮汐性质及类型；潮流、余流性质及类型；海岸线、海床、滩涂、海岸蚀淤变化趋势等	

4. 水资源开发利用状况调查

（1）水资源现状

调查水资源总量、水资源可利用量、水资源时空分布特征、人类活动对水资源量的影响等。主要涉水工程概况调查，包括数量、等级、位置、规模，主要开发任务、开发方式、运行调度及其对水文情势、水环境的影响。应涵盖大型、中型、小型等各类涉水工程，绘制涉水工程分布示意图。

（2）水资源利用状况

调查城市、工业、农业、渔业、水产养殖业、水域景观等各类用水现状与规划（包括用水时间、取水地点、取用水量等），各类用水的供需关系（包括水权等）、水质要求和渔业、水产养殖业等所需的水面面积。

调查方法主要采用资料收集、现场监测、无人机或卫星遥感遥测等方法。

六、调查要求

建设项目污染源调查应在工程分析基础上，确定水污染物的排放量及进入受纳水体的污染负荷量。

1. 区域水污染源调查

① 应详细调查与建设项目排放污染物同类的或有关联关系的已建项目、在建项目、拟建项目（已批复环境影响评价文件，下同）等污染源。

a. 一级评价，以收集利用已建项目的排污许可证登记数据、环评及环保验收数据以及既有实测数据为主，并辅以现场调查及现场监测。

b. 二级评价，主要收集利用已建项目的排污许可证登记数据、环评及环保验收数据以及既有实测数据，必要时补充现场监测。

c. 水污染影响型三级 A 评价与水文要素影响型三级评价，主要收集利用与建设项目排放口的空间位置和所排污染物的性质关系密切的污染源资料，可不进行现场调查及现场监测。

d. 水污染影响型三级 B 评价，可不开展区域污染源调查，主要调查污水处理设施的日处理能力、处理工艺、设计进水水质、处理后的废水稳定达标排放情况，同时应调查污水处理设施执行的排放标准是否涵盖建设项目排放的有毒有害的特征水污染物。

② 一级、二级评价，建设项目直接导致受纳水体内源污染变化，或存在与建设项目排放污染物同类的且内源污染影响受纳水体水环境质量的，应开展内源污染调查，必要时应开

展底泥污染补充监测。

　　③ 具有已审批入河排放口的主要污染物种类及其排放浓度和总量数据，以及国家或地方发布的入河排放口数据的，可不对入河排放口汇水区域的污染源开展调查。

　　④ 面污染源调查主要采用收集利用既有数据资料的调查方法，可不进行实测。

　　⑤ 建设项目的污染物排放指标需要等量替代或减量替代时，还应对替代项目开展污染源调查。

2. 水环境质量现状调查

　　① 应根据不同评价等级对应的评价时期要求开展水环境质量现状调查。

　　② 应优先采用国务院生态环境保护主管部门统一发布的水环境状况信息。

　　③ 当现有资料不能满足要求时，应按照不同等级对应的评价时期要求开展现状监测。

　　④ 水污染影响型建设项目一级、二级评价时，应调查受纳水体近3年的水环境质量数据，分析其变化趋势。

3. 水环境保护目标调查

　　应主要采用国家及地方人民政府颁布的各相关名录中的统计资料。

4. 水资源与开发利用状况调查

　　水文要素影响型建设项目一级、二级评价时，应开展建设项目所在流域、区域的水资源与开发利用状况调查。

5. 水文情势调查

　　① 应尽量收集邻近水文站既有水文年鉴资料和其他相关的有效水文观测资料。当上述资料不足时，应进行现场水文调查与水文测量，水文调查与水文测量宜与水质调查同步。

　　② 水文调查与水文测量宜在枯水期进行。必要时，可根据水环境影响预测需要、生态环境保护要求，在其他时期（丰水期、平水期、冰封期等）进行。

　　③ 水文测量的内容应满足拟采用的水环境影响预测模型对水文参数的要求。在采用水环境数学模型时，应根据所选用的预测模型需输入的水文特征值及环境水力学参数确定水文测量内容；在采用物理模型法模拟水环境影响时，水文测量应提供模型制作及模型试验所需的水文特征值及环境水力学参数。

　　④ 水污染影响型建设项目开展与水质调查同步进行的水文测量，原则上可只在一个时期（水期）内进行。在水文测量的时间、频次和断面与水质调查不完全相同时，应保证满足水环境影响预测所需的水文特征值及环境水力学参数的要求。

七、补充监测

1. 补充监测要求

　　应对收集资料进行复核整理，分析资料的可靠性、一致性和代表性，针对资料的不足，制定必要的补充监测方案，确定补充监测时期、内容、范围。

　　需要开展多个断面或点位补充监测的，应在大致相同的时段内开展同步监测。需要同时开展水质与水文补充监测的，应按照水质水量协调统一的要求开展同步监测，测量的时间、频次和断面应保证满足水环境影响预测的要求。

　　应选择符合监测项目对应环境质量标准或参考标准所推荐的监测方法，并在监测报告中注明。水质采样与水质分析应遵循相关的环境监测技术规范。水文调查与水文测量的方法可参照《河流流量测验规范》（GB 50179—2015）、《海洋调查规范》（GB/T 12763—2007）的相关规定执行。河流及湖库底泥调查参照《地表水环境质量监测技术规范》（HJ 91.2—2022）

执行，入海河口、近岸海域沉积物调查参照《海洋监测规范》（GB17378，分为 7 部分）、《近岸海域环境监测技术规范》（HJ 442，分为 10 部分）执行。

2. 监测内容

应在常规监测断面的基础上，重点针对对照断面、控制断面以及环境保护目标所在水域的监测断面开展水质补充监测。

建设项目需要确定生态流量时，应结合主要生态保护对象敏感用水时段进行调查分析，有针对性地开展必要的生态流量与径流过程监测等。

当调查的水下地形数据不能满足水环境影响预测要求时，应开展水下地形补充测绘。

3. 监测布点与采样频次

监测布点与采样频次要求具体内容如下。

（1）河流监测断面设置与采样频次

① 水质监测断面布设　应布设对照断面、控制断面。水污染影响型建设项目在拟建排放口上游应布置对照断面（宜在 500m 以内），根据受纳水域水环境质量控制管理要求设定控制断面。控制断面可结合水环境功能区或水功能区、水环境控制单元区划情况，直接采用国家及地方确定的水质控制断面。评价范围内不同水质类别区、水环境功能区或水功能区、水环境敏感区及需要进行水质预测的水域，应布设水质监测断面。评价范围以外的调查或预测范围，可以根据预测工作需要增设相应的水质监测断面。

② 水质取样断面上取样垂线的布设　按照《地表水环境质量监测技术规范》（HJ 91.2—2022）的规定执行。

③ 采样频次　每个水期可监测一次，每次同步连续调查取样 3～4d，每个水质取样点每天至少取一组水样，在水质变化较大时，每间隔一定时间取样一次。水温观测频次，应每间隔 6h 观测一次，统计计算日平均水温。

（2）湖库监测点位设置与采样频次

① 水质取样垂线的布设

a. 对于水污染影响型建设项目，水质取样垂线的设置可采用以排放口为中心、沿放射线布设或网格布设的方法，按照下列原则及方法设置：一级评价在评价范围内布设的水质取样垂线数宜不少于 20 条；二级评价在评价范围内布设的水质取样垂线数宜不少于 16 条。评价范围内不同水质类别区、水环境功能区或水功能区、水环境敏感区、排放口和需要进行水质预测的水域，应布设取样垂线。

b. 对于水文要素影响型建设项目，在取水口、主要入湖（库）断面、坝前、湖（库）中心水域、不同水质类别区、水环境敏感区和需要进行水质预测的水域，应布设取样垂线。

c. 对于复合影响型建设项目，应兼顾进行取样垂线的布设。

② 水质取样垂线上取样点的布设　按照《地表水环境质量监测技术规范》（HJ 91.2—2022）的规定执行。

③ 采样频次　每个水期可监测一次，每次同步连续取样 2～4d，每个水质取样点每天至少取一组水样，但在水质变化较大时，每间隔一定时间取样一次。溶解氧和水温监测频次，每间隔 6h 取样监测一次，在调查取样期内适当监测藻类。

（3）入海河口、近岸海域监测点位设置与采样频次

① 水质取样断面和取样垂线的设置　一级评价可布设 5～7 个取样断面；二级评价可布设 3～5 个取样断面。

② 水质取样点的布设　根据垂向水质分布特点，参照《海洋调查规范》（GB/T 12763，

分7部分）和《近岸海域环境监测技术规范》（HJ 442，分10部分）执行。排放口位于感潮河段内的，其上游设置的水质取样断面，应根据实际情况参照河流决定，其下游断面的布设与近岸海域相同。

③ 采样频次　原则上一个水期在一个潮周期内采集水样，明确所采样品所处潮时，必要时对潮周日内的高潮和低潮采样。当上、下层水质变幅较大时，应分层取样。入海河口上游水质取样频次参照感潮河段相关要求执行，下游水质取样频次参照近岸海域相关要求执行。对于近岸海域，一个水期宜在半个太阴月内的大潮期或小潮期分别采样，明确所采样品所处潮时；对所有选取的水质监测因子，在同一潮次取样。

参照《地表水环境质量监测技术规范》（HJ 91.2—2022），采样点设置原则见表4-6～表4-8。

表4-6　江河、渠道采样垂线数的设置

水面宽度（b）	垂线数	水面宽度（b）	垂线数
b≤50m	一条（中泓）	b>100m	三条（左、中、右）
50m<b≤100m	二条（左、右岸有明显水流处）		

注：1. 垂线布设应避开污染带，监测污染带应另加垂线。
2. 确能证明该断面水质均匀时，可仅设置中泓垂线。
3. 凡在该断面要计算污染物通量时，应按本表设置垂线。

表4-7　江河、渠道采样垂线上采样点的设置

水深（h）	采样点数	水深（h）	采样点数
h≤5m	上层[①]一点	h>10m	上层、中层、下层[③]三点
5m<h≤10m	上层、下层[②]两点		

① 水面下或冰下0.5m处；水深不到0.5m时，在1/2水深处。
② 河底以上0.5m处。
③ 1/2水深处。

注：凡在该断面要计算污染物通量时，应按本表设置垂线。

表4-8　湖泊、水库监测垂线采样点的设置

水深（h）	采样点数
h≤5m	一点（水面下0.5m处；水深不足1m时，在1/2水深处设置采样点）
5m<h≤10m	二点（水面下0.5m，水底上0.5m）
h>10m	三点（水面下0.5m，中层1/2水深处，水底上0.5m处）

注：1. 根据监测目的，如需要确定变温层（温度垂直分布梯度≥0.2℃/m的区间），可从水面向下每隔0.5m测定并记录水温、溶解氧和pH值，计算水温垂直分布梯度。
2. 湖泊、水库有温度分层现象时，可在变温层增加采样点。
3. 有充分数据证实垂线上水质均匀时，可酌情减少采样点。
4. 受客观条件所限，无法实现底层采样的深水湖泊、水库，可酌情减少采样点。

底泥污染调查与评价的监测点位布设应能够反映底泥污染物空间分布特征的要求，根据底泥分布区域、分布深度、扰动区域、扰动深度、扰动时间等设置。

八、环境现状评价内容与要求

根据建设项目水环境影响特点与水环境质量管理要求，选择以下全部或部分内容开展评价。

① 水环境功能区或水功能区、近岸海域环境功能区水质达标状况。评价建设项目评价范围内水环境功能区或水功能区、近岸海域环境功能区各评价时期的水质状况与变化特征，给出水环境功能区或水功能区、近岸海域环境功能区达标评价结论，明确水环境功能区或水功能区、近岸海域环境功能区水质超标因子、超标程度，分析超标原因。

② 水环境控制单元或断面水质达标状况。评价建设项目所在控制单元或断面各评价时期的水质现状与时空变化特征，评价控制单元或断面的水质达标状况，明确控制单元或断面的水质超标因子、超标程度，分析超标原因。

③ 水环境保护目标质量状况。评价涉及水环境保护目标水域各评价时期的水质状况与变化特征，明确水质超标因子、超标程度，分析超标原因。

④ 对照断面、控制断面等代表性断面的水质状况。评价对照断面水质状况，分析对照断面水质、水量变化特征，给出水环境影响预测的设计水文条件。评价控制断面水质现状、达标状况，分析控制断面来水水质、水量状况，识别上游来水不利组合状况，分析不利条件下的水质达标问题。评价其他监测断面的水质状况，根据断面所在水域的水环境保护目标水质要求，评价水质达标状况与超标因子。

⑤ 底泥污染评价。评价底泥污染项目及污染程度，识别超标因子，结合底泥处置排放去向，评价退水水质与超标情况。

⑥ 水资源与开发利用程度及其水文情势评价。根据建设项目水文要素影响特点，评价所在流域（区域）水资源与开发利用程度、生态流量满足程度、水域岸线空间占用状况等。

⑦ 水环境质量回顾评价。结合历史监测数据与国家及地方生态环境保护主管部门公开发布的环境状况信息，评价建设项目所在水环境控制单元或断面、水环境功能区或水功能区、近岸海域环境功能区的水质变化趋势，评价主要超标因子变化状况，分析建设项目所在区域或水域的水质问题，从水污染、水文要素等方面，综合分析水环境质量现状问题的原因，明确与建设项目排污影响的关系。

⑧ 流域（区域）水资源（包括水能资源）与开发利用总体状况、生态流量管理要求与现状满足程度、建设项目占用水域空间的水流状况与河湖演变状况。

⑨ 依托污水处理设施稳定达标排放评价。评价建设项目依托的污水处理设施稳定达标状况，分析建设项目依托污水处理设施环境可行性。

九、地表水环境现状评价方法

水环境功能区或水功能区、近岸海域环境功能区及水环境控制单元或断面水质达标状况评价方法，参考国家或地方政府相关部门制定的水环境质量评价技术规范、水体达标方案编制指南、水功能区水质达标评价技术规范等。

1. 评价的原则

评价水质现状主要采用文字分析与描述，并辅之以数学表达式。在文字分析与描述中，有时可采用检出率、超标率等统计值。数学表达式分两种：一种用于单项水质参数评价；另一种用于多项水质参数综合评价。

在水环境质量评价中，当有一项水质参数超过相应功能的标准值时，就表示该水体已经不能完全满足该功能的要求，因此单项水质参数评价简单明了，可以直接了解该水质参数现状与标准的关系，一般均可采用。多项水质参数综合评价只在调查的水质参数较多时方可应用。此方法只能了解多个水质参数的综合现状与相应标准的综合情况之间的某种相对关系。

2. 评价依据

地表水环境质量标准和有关法规及当地的环保要求是评价的基本依据。地表水环境质量标准应采用《地表水环境质量标准》（GB 3838—2002）或相应的地方标准，海湾水质标准应采用《海水水质标准》（GB 3097—1997），有些水质参数国内尚无标准，可参照国外标准或建立临时标准，所采用的国外标准和建立的临时标准应按国家环保部门规定的程序报有关部门批准。评价区内不同功能的水域应采用不同类别的水质标准。

3. 评价方法

监测断面或点位水环境质量现状采用水质指数法评价，底泥污染状况采用底泥污染指数法评价。

（1）水质指数法

① 一般性水质因子（随着浓度增加而水质变差的水质因子）的指数计算公式：

$$S_{i,j} = c_{i,j} / c_{si} \tag{4-1}$$

式中，$S_{i,j}$ 为评价因子 i 在 j 点的水质指数，大于 1 表明该水质因子超标；$c_{i,j}$ 为评价因子 i 在 j 点的实测统计代表值，mg/L；c_{si} 为评价因子 i 的水质评价标准限值，mg/L。

② 溶解氧（DO）的标准指数计算公式：

$$S_{DO,j} = DO_s / DO_j \qquad (DO_j \leqslant DO_f) \tag{4-2}$$

$$S_{DO,j} = \frac{|DO_f - DO_j|}{DO_f - DO_s} \qquad (DO_j > DO_f) \tag{4-3}$$

式中，$S_{DO,j}$ 为溶解氧在 j 点的标准指数，大于 1 表明该水质因子超标；DO_j 为溶解氧在 j 点的实测统计代表值，mg/L；DO_s 为溶解氧的水质评价标准限值，mg/L；DO_f 为饱和溶解氧浓度，mg/L，对于河流，$DO_f = 468/(31.6+T)$，对于盐度比较高的湖泊、水库及入海河口、近岸海域，$DO_f = (491-2.65S)/(33.5+T)$；$S$ 为实用盐度符号，量纲为 1；T 为水温，℃。

③ pH 值的指数计算公式：

$$S_{pH,j} = \frac{7.0 - pH_j}{7.0 - pH_{sd}} \qquad (pH_j \leqslant 7.0) \tag{4-4}$$

$$S_{pH,j} = \frac{pH_j - 7.0}{pH_{su} - 7.0} \qquad (pH_j > 7.0) \tag{4-5}$$

式中，$S_{pH,j}$ 为 pH 值在 j 点的指数，大于 1 表明该水质因子超标；pH_j 为 pH 值在 j 点的实测统计代表值；pH_{sd} 为评价标准中 pH 值的下限值；pH_{su} 为评价标准中 pH 值的上限值。

（2）底泥污染指数法

① 底泥污染指数计算公式：

$$P_{i,j} = C_{i,j} / C_{si} \tag{4-6}$$

式中，$P_{i,j}$ 为底泥污染因子 i 在 j 点的单项污染指数，大于 1 表明该污染因子超标；$C_{i,j}$ 为调查点位 j 污染因子 i 的实测值，mg/L；C_{si} 为污染因子 i 的评价标准值或参考值，mg/L。

② 底泥污染评价标准值或参考值　可以根据土壤环境质量标准或所在水域底泥的背景值确定底泥污染评价标准值或参考值。

第四节　地表水环境影响预测和评价

一、地表水环境影响预测工作的准备

1.预测的基本原理

地表水环境影响的预测是以一定的预测方法为基础，而这种方法的理论基础是水体的自净特性。水体中的污染物在没有人工净化措施的情况下，它的浓度随时间和空间的推移而逐渐降低的特性即称为水体的自净特性。从机制方面可将水体自净分为物理自净、化学自净、生物自净三类。它们往往是同时发生而又相互影响的。

（1）物理自净

物理自净作用主要指的是污染物在水体中的自然沉淀和混合稀释过程。沉淀作用指排入水体的污染物中含有的微小的悬浮颗粒，如颗粒态的重金属、虫卵等由于流速较小逐渐沉到水底。污染物沉淀对水质来说是净化，但对底泥来说污染物反而增加。混合稀释作用只能降低水中污染物的浓度，不能减少其总量。水体的混合稀释作用主要由下面三部分作用所致。

① 紊动扩散作用　由水流的紊动特性引起水中污染物自高浓度向低浓度区转移的紊动扩散。

② 移流作用　由于水流的推动使污染物随流输移。

③ 离散作用　由于水流方向横断面上流速分布得不均匀而引起附加的污染物分散。

（2）化学自净

氧化还原反应和天然的混凝沉淀作用是水体化学净化的重要作用。流动的水流通过水面波浪不断将大气中的氧气溶入，这些溶解氧与水体中的污染物将发生氧化反应，如某些重金属离子可因氧化生成难溶物（如铁、锰等）而沉降析出；硫化物可氧化为硫代硫酸盐或硫而被净化。还原作用对水体净化也有作用，但这类反应多在微生物作用下进行。水体在不同的pH值下，对污染物有一定的净化作用。某些元素在弱酸性环境中容易溶解得到稀释（如锶、钽、锌、镉、六价铬等），而另一些元素在中性或碱性环境中可形成难溶化合物而沉淀，例如 Mn^{2+}、Fe^{2+} 形成难溶的氢氧化物沉淀而析出。因天然水体接近中性，所以酸碱反应在水体中的作用不大。天然水体中含有各种各样的胶体，如硅、铝等的氢氧化物，黏土颗粒和腐殖质等，由于这些微粒具有较大的表面积，可以吸附水中污染物或混凝沉淀，另一些物质本身就是凝聚剂，这就是天然水体所具有的混凝沉淀作用和吸附作用，从而使有些污染物随着这些作用从水中去除。

（3）生物自净

水中微生物在溶解氧充分的情况下，将一部分有机物当作食饵消耗掉，将另一部分有机污染物氧化成无害的简单无机物。影响生物自净作用的关键是溶解氧的含量、有机污染物的性质以及浓度计微生物的种类、数量等。生物自净的快慢与有机污染物的数量和性质有关。生活污水、食品工业废水中的蛋白质、脂肪类是极易分解的。但大多数有机物分解缓慢，更有少数有机物难分解，如造纸废水中的木质素、纤维素等，须经数月才能分解，另有不少人工合成的有机物极难分解并有剧毒，如滴滴涕、六六六等有机氯农药和用作热传导的多氯联苯等。水生物的状况与生物自净有密切关系，它们担负着分解绝大部分有机物的任务。蠕虫能分解河底有机污泥，并以之为食饵。原生动物除了因以有机物为食饵起自净作用外，还和轮虫、甲壳虫等一起维持着河道的生态平衡。藻类虽不能分解有机物，但与其他绿色植物一起在阳光下进行光合作用，将空气中的二氧化碳转化为氧，从而成为水中氧气的重要补给源。其他如水体温度、水流状态、天气、风力等物理和水文条件以及水面有无影响复氧作用的油膜、泡沫等均对生物自净有影响。

2. 筛选拟预测的水质参数

拟预测的水质参数应根据建设项目的工程分析和环境现状、评价等级、当地的环保要求筛选和确定。拟预测的水质参数的数目既要说明问题又不能过多，一般应少于环境现状调查水质参数的数目。建设过程、生产运行（包括正常和不正常排放两种情况）、服务期满后各阶段均应根据各自的具体情况决定其拟预测水质参数，彼此不一定相同。在环境现状调查水质参数中选择拟预测水质参数。对河流可按式（4-7）计算，将水质参数排序后从中选取。

$$ISE = \frac{C_p Q_p}{(C_s - C_h)Q_h} \tag{4-7}$$

式中，ISE 为污染物排序指标；C_p 为污染物排放浓度，mg/L；Q_p 为废水排放量，m^3/s；C_s 为污染物排放标准限值，mg/L；C_h 为河流上游污染物浓度，mg/L；Q_h 为河流流量，m^3/s。

ISE 越大说明建设项目对河流中该项水质参数的影响越大。

3. 预测方法

（1）数学模式法

数学模式法是最常用的预测方法，是利用表达水体净化机制的数学方程预测建设项目引起的水体水质变化。该法比较简便，能给出定量的预测结果，应首先考虑。但这种方法需要一定的计算条件和输入必要的参数，而且污染物在水中的净化机制的很多方面尚难用数学模式表达。

（2）物理模型法

此方法是依据相似理论，在按一定比例缩小的环境模型上进行水质模拟实验，以预测建设项目引起的水体水质变化。该法定量性较高，再现性较好，能反映出比较复杂的地表水环境的水力特征和污染物迁移的物理过程，但需要有合适的试验场所和条件以及必要的基础数据，制作这种模型需要较多的人力、物力和时间。在无法利用数学模式法预测而评价级别较高、对预测结果要求较严时，应选用此法。但污染物在水中的化学、生物净化过程难以在实验中模拟。

（3）类比分析（调查）法

用于调查与建设项目性质相似，而且纳污水体的规模、水文特征、水质状况也相似的工程。根据调查结果，分析、预估建设项目的水环境影响。此种预测只能做半定量或定性预测。在评价级别较低，而且评价时间短，无法取得足够的数据，不能利用数学模式法或物理模型法预测建设项目的环境影响时可采用此法。还可用类比分析（调查）法求得数学模式中所需的若干参数、数据。

（4）专业判断法

专业判断法只能做定性预测。建设项目对地表水环境的某些影响（如感官性状、有毒物质在底泥中的累积和释放等）以及某些过程（如 pH 值的沿程恢复过程）等，目前尚无实用的定量预测方法，当也没有条件进行类比调查时，可以采用专业判断法。评价等级为三级且建设项目的某些环境影响不大而预测又费时费力时也可以采用此法预测。

二、地表水环境影响预测模型和预测内容

1. 总体要求

① 地表水环境影响预测应遵循《建设项目环境影响评价技术导则 总纲》（HJ 2.1—2016）

中规定的原则。

② 一级、二级、水污染影响型三级 A 与水文要素影响型三级评价应定量预测建设项目水环境影响，水污染影响型三级 B 评价可不进行水环境影响预测。

③ 影响预测应考虑评价范围内已建、在建和拟建项目与建设项目排放的同类（种）污染物、对相同水文要素产生的叠加影响。

④ 建设项目分期规划实施的，应估算规划水平年进入评价范围的污染负荷，预测分析规划水平年评价范围内地表水环境质量变化趋势。

2. 预测因子与预测范围

预测因子应根据评价因子确定，重点选择与建设项目水环境影响关系密切的因子。

预测范围应覆盖规定的评价范围，并根据受影响地表水体水文要素与水质特点合理拓展。

3. 预测时期

水环境影响预测的时期应满足不同评价等级的评价时期要求（见表4-4）。水污染影响型建设项目，水体自净能力最不利以及水质状况相对较差的不利时期、水环境现状补充监测时期应作为重点预测时期；水文要素影响型建设项目，以水质状况相对较差或对评价范围内水生生物影响最大的不利时期为重点预测时期。

4. 预测情景

根据建设项目特点分别选择建设期、生产运行期和服务期满后三个阶段进行预测。

生产运行期应预测正常排放、非正常排放两种工况对水环境的影响，如建设项目具有充足的调节容量，可只预测正常排放对水环境的影响。

应对建设项目污染控制和减缓措施方案进行水环境影响模拟预测。

对受纳水体环境质量不达标区域，应考虑区（流）域环境质量改善目标要求情景下的模拟预测。

5. 预测内容

预测分析内容根据影响类型、预测因子、预测情景、预测范围地表水体类别、所选用的预测模型及评价要求确定。

（1）水污染影响型建设项目

主要包括：

① 各关心断面（控制断面、取水口、污染源排放核算断面等）水质预测因子的浓度及变化。

② 到达水环境保护目标处的污染物浓度。

③ 各污染物最大影响范围。

④ 湖泊、水库及半封闭海湾等，还需关注富营养化状况与水华、赤潮等。

⑤ 排放口混合区范围。

（2）水文要素影响型建设项目

主要包括：

① 河流、湖泊及水库的水文情势预测分析主要包括水域形态、径流条件、水力条件以及冲淤变化等内容，具体包括水面面积、水量、水温、径流过程、水位、水深、流速、水面宽、冲淤变化等，湖泊和水库需要重点关注湖库水域面积、蓄水量及水力停留时间等因子。

② 感潮河段、入海河口及近岸海域水动力条件预测分析主要包括流量、流向、潮区界、潮流界、纳潮量、水位、流速、水面宽、水深、冲淤变化等因子。

6. 预测模型

① 地表水环境影响预测模型包括数学模型、物理模型。地表水环境影响预测宜选用数学模型。评价等级为一级且有特殊要求时选用物理模型，物理模型应遵循水工模型实验技术规程等要求。

② 数学模型包括面源污染负荷估算模型、水动力模型、水质（包括水温及富营养化）模型等，可根据地表水环境影响预测的需要选择。

③ 模型选择

a. 面源污染负荷估算模型。根据污染源类型分别选择适用的污染源负荷估算或模拟方法，预测污染源排放量与入河量。面源污染负荷预测可根据评价要求与数据条件，采用源强系数法、水文分析法以及面源模型法等，有条件的地方可以综合采用多种方法进行比对分析后确定，各方法适用条件如下。

ⅰ. 源强系数法。当评价区域有可采用的源强产生、流失及入河系数等面源污染负荷估算参数时，可采用源强系数法。

ⅱ. 水文分析法。当评价区域具备一定数量的同步水质水量监测资料时，可基于基流分割确定暴雨径流污染物浓度、基流污染物浓度，采用通量法估算面源的负荷量。

ⅲ. 面源模型法。面源模型选择应结合污染特点、模型适用条件、基础资料等综合确定。

b. 水动力模型及水质模型。按照时间分为稳态模型与非稳态模型，按照空间分为零维、一维（包括纵向一维及垂向一维，纵向一维包括河网模型）、二维（包括平面二维及立面二维）以及三维模型，按照是否需要采用数值离散方法分为解析解模型与数值解模型。水动力模型及水质模型的选取应根据建设项目的污染源特性、受纳水体类型、水力学特征、水环境特点及评价等级等要求，选取适宜的预测模型。各地表水体适用的数学模型选择要求如下。

ⅰ. 河流数学模型。河流数学模型适用条件见表4-9。在模拟河流顺直、水流均匀且排污稳定时可以采用解析解模型。

表4-9 河流数学模型适用条件

模型分类	模型空间分类						模型时间分类	
	零维模型	纵向一维模型	河网模型	平面二维模型	立面二维模型	三维模型	稳态模型	非稳态模型
适用条件	水域基本均匀混合	沿程横断面均匀混合	多条河道相互连通，使得水流运动和污染物交换相互影响的河网地区	垂向均匀混合	垂向分层特征明显	垂向及平面分布差异明显	水流恒定、排污稳定	水流不恒定，或排污不稳定

ⅱ. 湖库数学模型。湖库数学模型适用条件见表4-10。在模拟湖库水域形态规则、水流均匀且排污稳定时可以采用解析解模型。

表4-10 湖库数学模型适用条件

模型分类	模型空间分类						模型时间分类	
	零维模型	纵向一维模型	平面二维模型	垂向一维模型	立面二维模型	三维模型	稳态模型	非稳态模型
适用条件	水流交换作用较充分，污染物质分布基本均匀	污染物在断面上均匀混合的河道型水库	浅水湖库，垂向分层不明显	深水湖库，水平分布差异不明显，存在垂向分层	深水湖库，横向分布差异不明显，存在垂向分层	垂向及平面分布差异明显	流场恒定，源强稳定	流场不恒定或源强不稳定

ⅲ. 感潮河段、入海河口数学模型。污染物在断面上均匀混合的感潮河段、入海河口，

可采用纵向一维非恒定数学模型，感潮河网区宜采用一维河网数学模型。浅水感潮河段和入海河口宜采用平面二维非恒定数学模型。如感潮河段、入海河口的下边界难以确定，宜采用一维、二维连接数学模型。

ⅳ. 近岸海域数学模型。近岸海域宜采用平面二维非恒定模型。如果评价海域的水流和水质分布在垂向上存在较大的差异（如排放口附近水域），宜采用三维数学模型。

④ 常用数学模型推荐。河流、湖库、感潮河段、入海河口和近岸海域常用数学模型见《环境影响评价技术导则 地表水环境》（HJ 2.3—2018）附录 E，入海河口及近岸海域特殊预测数学模型见《环境影响评价技术导则 地表水环境》（HJ 2.3—2018）附录 F。

⑤ 地表水环境影响预测模型，应优先选用国家生态环境保护主管部门发布的推荐模型。

7. 模型概化

当选用解析解方法进行水环境影响预测时，可对预测水域进行合理的概化。模型概化要求见表 4-11。

表 4-11　模型概化要求

水域类型	概化要求
河流水域	（1）预测河段及代表性断面的宽深比≥20时，可视为矩形河段； （2）河段弯曲系数＞1.3时，可视为弯曲河段，其余可概化为平直河段； （3）对于河流水文特征值、水质急剧变化的河段，应分段概化，并分别进行水环境影响预测；河网应分段概化，分别进行水环境影响预测
湖库水域	根据湖库的入流条件、水力停留时间、水质及水温分布等情况，分别概化为稳定分层型、混合型和不稳定分层型
受人工控制的河流	根据涉水工程（如水利水电工程）的运行调度方案及蓄水、泄流情况，分别视其为水库或河流进行水环境影响预测
入海河口、近岸海域	（1）可将潮区界作为感潮河段的边界； （2）采用解析解方法进行水环境影响预测时，可按潮周平均、高潮平均和低潮平均三种情况，概化为稳态进行预测； （3）预测近岸海域可溶性物质水质分布时可只考虑潮汐作用，预测密度小于海水的不可溶物质时应考虑潮汐、波浪及风的作用； （4）注入近岸海域的小型河流可视为点源，可忽略其对近岸海域流场的影响

8. 基础数据要求

① 水文、气象、水下地形等基础数据原则上应与工程设计保持一致，采用其他数据时，应说明数据来源、有效性及数据预处理情况。获取的基础数据应能够支持模型参数确定、模型验证的基本需求。基础数据要求见表 4-12。

表 4-12　基础数据要求

数据类型	具体要求
水文数据	水文数据应采用水文站点实测数据或根据站点实测数据进行推算，数据精度应与模拟预测结果精度要求匹配。河流、湖库建设项目水文数据时间精度应根据建设项目调控影响的时空特征，分析典型时段的水文情势与过程变化影响，涉及日调度影响的，时间精度宜不小于小时平均。感潮河段、入海河口及近岸海域建设项目应考虑盐度对污染物运移扩散的影响，一级评价时间精度不得低于1h
气象数据	气象数据应根据模拟范围内或附近的常规气象监测站点数据进行合理确定。气象数据应采用多年平均气象资料或典型年实测气象资料数据。气象数据指标应包括气温、相对湿度、日照时数、降雨量、云量、风向、风速等
水下地形数据	采用数值解模型时，原则上应采用最新的现有或补充测绘成果，水下地形数据精度原则上应与工程设计保持一致。建设项目实施后可能导致河道地形改变的，如疏浚、堤防建设以及水底泥沙淤积造成的库底、河底高程发生的变化，应考虑地形变化
涉水工程资料	包括预测范围内的已建、在建及拟建涉水工程，其取水量或工程调度情况、运行规则应与国家或地方发布的统计数据、环评及环保验收数据保持一致

② 一致性及可靠性分析。对评价范围内调查收集的水文资料（流速、流量、水位、蓄水量等）、水质资料、排放口资料（污水排放量与水质浓度）、支流资料（支流水量与水质浓度）、取水口资料（取水量、取水方式、水质数据）、污染源资料（排污量、排污去向与排放方式、污染物种类及排放浓度）等进行数据一致性分析。应明确模型采用基础数据的来源，保证基础数据的可靠性。

③ 建设项目所在水环境控制单元如有国家生态环境保护部门发布的标准化土壤及土地利用数据、地形数据、环境水力学特征参数的，影响预测模拟时应优先使用标准化数据。

9. 初始条件

初始条件（水文、水质、水温等）设定应满足所选用数学模型的基本要求，须合理确定初始条件，控制预测结果不受初始条件的影响。

当初始条件对计算结果的影响在短时间内无法有效消除时，应延长模拟计算的初始时间，必要时应开展初始条件敏感性分析。

10. 边界条件

边界条件确定要求见表4-13。

表4-13 边界条件确定要求

类型		确定要求
设计水文条件	河流、湖库设计水文条件	（1）河流不利枯水条件宜采用90%保证率最枯月流量或近10年最枯月平均流量；流向不定的河网地区和潮汐河段，宜采用90%保证率流速为零时的低水位相应水量作为不利枯水水量；湖库不利枯水条件应采用近10年最低月平均水位或90%保证率最枯月平均水位相应的蓄水量，水库也可采用死库容相应的蓄水量。其他水期的设计水量则应根据水环境影响预测需求确定。 （2）受人工调控的河段，可采用最小下泄流量或河道内生态流量作为设计流量。 （3）根据设计流量，采用水力学、水文学等方法确定水位、流速、河宽、水深等其他水力学数据
	入海河口、近岸海域设计水文条件	（1）感潮河段、入海河口的上游水文边界条件参照河流、湖库设计水文条件的要求确定，下游水位边界的确定，应选择对应时段潮周期作为基本水文条件进行计算，可取用保证率为10%、50%和90%潮差，或上游计算流量条件下相应的实测潮位过程。 （2）近岸海域的潮位边界条件界定，应选择一个潮周期作为基本水文条件，选用历史实测潮位过程或人工构造潮型作为设计水文条件
	河流、湖库设计水文条件的计算可按《水利水电工程水文计算规范》（SL/T 278—2020）的规定执行	
污染负荷	根据预测情况，确定各情景下建设项目排放的污染负荷量，应包括建设项目所有排放口（涉及一类污染物的车间或车间处理设施排放口、企业总排口、雨水排放口、温排水排放口等）的污染物源强	
	应覆盖预测范围内的所有与建设项目排放污染物相关的污染源或污染源负荷占预测范围总污染负荷的比例超过95%	
	规划水平年污染源负荷预测	（1）点源及面源污染源负荷预测要求。应包括已建、在建及拟建项目的污染物排放，综合考虑区域经济社会发展及水污染防治规划、区（流）域环境质量改善目标要求，按照点源、面源分别确定预测范围内的污染源的排放量与入河量。采用面源模型预测规划水平年污染负荷时，面源模型的构建、率定、验证等要求参照参数确定与验证要求相关规定执行。 （2）内源负荷预测要求。内源负荷估算可采用释放系数法，必要时可采用释放动力学模型方法。内源释放系数可采用静水、动水试验进行测定或者参考类似工程资料确定；水环境影响敏感且资料缺乏区域需开展静水试验、动水试验确定释放系数；类比时需结合施工工艺、沉积物类型、水动力等因素进行修正

11. 参数确定与验证要求

① 水动力及水质模型参数包括水文及水力学参数、水质（包括水温及富营养化）参数等。其中水文及水力学参数包括流量、流速、坡度、糙率等；水质参数包括污染物综合衰减系数、扩散系数、耗氧系数、复氧系数、蒸发散热系数等。

② 模型参数确定可采用类比、经验公式、实验室测定、物理模型试验、现场实测及模型率定等，可以采用多种方法比对确定模型参数。当采用数值解模型时，宜采用模型率定法核定模型参数。

③ 在模型参数确定的基础上，通过模型计算结果与实测数据进行比较分析，验证模型的适用性与误差及精度。

④ 选择模型率定法确定模型参数的，模型验证应采用与模型参数率定不同组实测资料数据进行。

⑤ 应对模型参数确定与模型验证的过程和结果进行分析说明，并以河宽、水深、流速、流量以及主要预测因子的模拟结果作为分析依据，当采用二维或三维模型时，应开展流场分析。模型验证应分析模拟结果与实测结果的拟合情况，阐明模型参数率定取值的合理性。

12. 预测点位设置及结果合理性分析要求

（1）预测点位设置要求

应将常规监测点、补充监测点、水环境保护目标、水质水量突变处及控制断面等作为预测重点。

当需要预测排放口所在水域形成的混合区范围时，应适当加密预测点位。

（2）模型结果合理性分析

模型计算成果的内容、精度和深度应满足环境影响评价要求。

采用数值解模型进行影响预测时，应说明模型时间步长、空间步长设定的合理性，在必要的情况下应对模拟结果开展质量或热量守恒分析。

应对模型计算的关键影响区域和重要影响时段的流场、流速分布、水质（水温）等模拟结果进行分析，并给出相关图件。

区域水环境影响较大的建设项目，宜采用不同模型进行比对分析。

13. 预测模型常用基本方程及解法

（1）河流、湖库、入海河口及近岸海域常用数据模型

① 混合过程段长度 混合过程段长度估算公式如下：

$$L_m = \left\{ 0.11 + 0.7 \left[0.5 - \frac{a}{B} - 1.1 \left(0.5 - \frac{a}{B} \right)^2 \right]^{\frac{1}{2}} \right\} \frac{uB^2}{E_y} \qquad (4-8)$$

式中　L_m——混合段长度，m；

　　　B——水面宽度，m；

　　　a——排放口到岸边的距离，m；

　　　u——断面流速，m/s；

　　　E_y——污染物横向扩散系数，m²/s。

② 零维数学模型

a. 河流均匀混合模型。废水排入一条河流时，废水中污染物为持久性物质，不分解也不沉淀；河流是稳态的，正常排污，即河床截面积、流速、流量及污染物的输入量不随时间变化；污染物在整个河段内均匀混合，即该河段内各点污染物浓度相等；河流无支流和其他排污口废水进入；可用均匀混合模型计算排放口下游某断面的浓度。公式如下：

$$C_0 = \frac{C_p Q_p + C_h Q_h}{Q_p + Q_h} \qquad (4-9)$$

式中　C_0——污染物浓度，mg/L；

　　　C_h——河流上游污染物浓度，mg/L；

Q_h——河流流量，m^3/s；

C_p——污染物排放浓度，mg/L；

Q_p——污水排放量，m^3/s。

【例 4-1】河边拟建一工厂，排放含氯化物废水，流量 $283m^3/h$，含盐量 $1300mg/L$。该河平均流速 $0.46m/s$，平均河宽 $13.7m$，平均水深 $0.61m$，上游来水含氯化物 $180mg/L$。该厂废水如排入河中能与河水迅速混合，问河水中氯化物是否超标？（已知国家标准和地方标准分别为 $250mg/L$、$200mg/L$）。

解：废水流量 $Q_p = 283m^3/h = 0.0786m^3/s$

河流流量 $Q_h = uWh = 0.46 \times 13.7 \times 0.61 = 3.84(m^3/s)$

根据河流均匀混合模型，废水与河水充分混合后氯化物的浓度为：

$$C = \frac{C_p Q_p + C_h Q_h}{Q_p + Q_h} = \frac{1300 \times 0.0786 + 180 \times 3.84}{0.0786 + 3.84} = 202.465(mg/L)$$

$200mg/L < C < 250mg/L$

有地方标准的地区应按照地方标准执行，所以河水中的氯化物已超标。

b. 湖库均匀混合模型。基本方程为：

$$V\frac{dC}{dt} = W - QC + f(C)V \tag{4-10}$$

式中 V——水体体积，m^3；

   t——时间，s；

   W——单位时间污染物排放量，g/s；

   Q——水量平衡时流入与流出湖（库）的流量，m^3/s；

$f(C)$——生化反应项，$g/(m^3 \cdot s)$；

其他符号含义同前。

如果生化过程可以用一级动力学反应表示，$f(C) = -kC$，上式存在解析解，当稳定时：

$$C = \frac{W}{Q + kV} \tag{4-11}$$

式中 k——污染物综合衰减系数，s^{-1}；

其他符号说明同上。

c. 狄龙模型。描述营养物平衡的狄龙模型：

$$[P] = \frac{I_p(1 - R_p)}{rV} = \frac{L_p(1 - R_p)}{rH} \tag{4-12}$$

$$R_p = 1 - \frac{\sum q_a[P]_a}{\sum q_i[P]_i} \tag{4-13}$$

$$r = Q/V \tag{4-14}$$

式中 $[P]$——湖（库）中氮、磷的平均浓度，mg/L；

   I_p——单位时间进入湖（库）的氮（磷）质量，g/a；

   L_p——单位时间、单位面积进入湖（库）的氮、磷负荷量，$g/(m^2 \cdot a)$；

H——平均水深，m；

R_p——氮、磷在湖（库）中的滞留率，量纲为 1；

q_a——年出流的水量，m^3/a；

q_i——年入流的水量，m^3/a；

$[P]_a$——年出流的氮（磷）平均浓度，mg/L；

$[P]_i$——年入流的氮（磷）平均浓度，mg/L；

Q——湖（库）年出流水量，m^3/a；

其他符号含义同前。

③ 纵向一维数学模型解析方法

a. 连续稳定排放。根据河流纵向一维水质模型方程的简化、分类判别条件（即：O'Connor 数 α 和贝克莱数 Pe 的临界值），选择相应的解析解公式：

$$\alpha = \frac{kE_x}{u^2} \tag{4-15}$$

$$Pe = \frac{uB}{E_x} \tag{4-16}$$

当 $\alpha \leqslant 0.027$、$Pe \geqslant 1$ 时，适用对流降解模型：

$$C = C_0 \exp\left(-\frac{kx}{u}\right) \qquad (x \geqslant 0) \tag{4-17}$$

当 $\alpha \leqslant 0.027$、$Pe < 1$ 时，适用对流扩散降解简化模型：

$$C = C_0 \exp\left(\frac{ux}{E_x}\right) \qquad (x < 0) \tag{4-18}$$

$$C = C_0 \exp\left(-\frac{kx}{u}\right) \qquad (x \geqslant 0) \tag{4-19}$$

$$C_0 = \frac{C_p Q_p + C_h Q_h}{Q_p + Q_h} \tag{4-20}$$

当 $0.027 < \alpha \leqslant 380$ 时，适用对流扩散降解模型：

$$C(x) = C_0 \exp\left[\frac{ux}{2E_x}\left(1 + \sqrt{1 + 4\alpha}\right)\right] \qquad (x < 0) \tag{4-21}$$

$$C(x) = C_0 \exp\left[\frac{ux}{2E_x}\left(1 - \sqrt{1 + 4\alpha}\right)\right] \qquad (x \geqslant 0) \tag{4-22}$$

$$C_0 = \frac{C_p Q_p + C_h Q_h}{(Q_p + Q_h)\sqrt{1 + 4\alpha}} \tag{4-23}$$

当 $\alpha > 380$ 时，适用扩散降解模型：

$$C = C_0 \exp\left(x\sqrt{\frac{k}{E_x}}\right) \qquad (x < 0) \tag{4-24}$$

$$C = C_0 \exp\left(-x\sqrt{\frac{k}{E_x}}\right) \qquad (x \geqslant 0) \tag{4-25}$$

$$C_0 = \frac{C_p Q_p + C_h Q_h}{2A\sqrt{kE_x}} \qquad (4\text{-}26)$$

式中　α——O'Connor 数，量纲为 1，表征物质离散降解通量与移流通量比值；

　　　Pe——贝克莱数，量纲为 1，表征物质移流通量与离散通量比值；

　　　C_0——河流排放口初始断面混合浓度，mg/L；

　　　x——河流沿程坐标，m（x=0 指排放口处，$x > 0$ 指排放口下游段，$x < 0$ 指排放口上游段）；

　　　A——断面面积，m^2；

　　　E_x——污染物纵向扩散系数，m^2/s；

其他符号含义同前。

【例 4-2】一个改扩建工程拟向河流排放废水，废水量为 $0.15m^3/s$，苯酚浓度为 $30\mu g/L$，河流流量为 $5.5m^3/s$，流速为 $0.3m/s$，苯酚背景浓度为 $0.5\mu g/L$，苯酚降解系数为 $0.2d^{-1}$，纵向弥散系数 $E_x = 10m^2/s$。假设 α 为 0.002，Pe 为 0.5，求排放点下游 10km 处的苯酚浓度。

答： 当 $\alpha \leqslant 0.027$、$Pe < 1$ 时，适用对流扩散降解简化模型。

计算起始点处完全混合后的苯酚初始浓度，由式（4-20）可得：

$$C_0 = \frac{C_p Q_p + C_h Q_h}{Q_p + Q_h} = \frac{30 \times 0.15 + 0.5 \times 5.5}{0.15 + 5.5} = 1.28(\mu g/L)$$

下游 10km 处的苯酚浓度，由式（4-19）可得：

$$C = 1.28\exp\left(-\frac{0.2 \times 10000}{86400 \times 0.3}\right) = 1.18(\mu g/L)$$

b. 瞬时排放。瞬时排放源河流一维对流扩散方程的浓度分布公式为：

$$C(x,t) = \frac{M}{A\sqrt{4\pi E_x t}}\exp(-kt)\exp\left[-\frac{(x-ut)^2}{4E_x t}\right] \qquad (4\text{-}27)$$

在 t 时刻、距离污染源下游 $x=ut$ 处的污染物浓度峰值为：

$$C_{max}(x) = \frac{M}{A\sqrt{4\pi E_x x/u}}\exp(-kx/u) \qquad (4\text{-}28)$$

式中　$C(x，t)$——在距离排放口 x 处，t 时刻的污染物浓度，mg/L；

　　　x——离排放口距离，m；

　　　t——排放发生后的扩散历时，s；

　　　M——污染物的瞬时排放总质量；

其他符号含义同前。

④ 河网模型　河网数学模型基于一维非恒定模型的基本方程，在汊口采用水量守恒连续条件、动量守恒连续条件和质量守恒连续条件，结合边界条件对基本方程进行求解。

a. 汊口水量守恒连续条件：一般情况下认为进出各汊口流量的代数和为 0，如果汊口体积较大，可以采用进出汊口水量与汊口水量增减率相平衡作为控制条件。

b. 汊口动量守恒连续条件：当汊口连接的各河段断面距汊口很近、出入汊口各河段的水位平缓时，在不考虑汊口阻力损失情况下，可近似地认为汊口处各河段断面水位相同。如果各河段的过水面积相差悬殊，流速有较明显的差别，当略去汊口的局部损耗时，可以采用伯努利（Bernoulli）方程。

c. 汊口质量守恒连续条件：进出汊口的物质质量与汊口实际质量的增减率相平衡。

⑤ 垂向一维数学模型　适用于模拟预测水温在面积较小、水深较大的水库或湖泊水体中，除太阳辐射外没有其他热源交换的状况。

a. 水量平衡的基本方程：

$$\frac{\partial (wA)}{\partial z} = (u_i - u_0) B \tag{4-29}$$

b. 水温数学模型的基本方程：

$$\frac{\partial T}{\partial t} + \frac{1}{A}\frac{\partial}{\partial z}(wAT) = \frac{1}{A}\frac{\partial}{\partial z}\left(AE_{tz}\frac{\partial T}{\partial z}\right) + \frac{B}{A}(u_i T_i - u_0 T) + \frac{1}{\rho C_p A}\frac{\partial (\varphi A)}{\partial z} \tag{4-30}$$

式中　T——t 时刻、z 高度处的水温，℃；

　　　w——垂向流速，m/s；

　　　E_{tz}——水温垂向扩散系数，m^2/s；

　　　u_i——入流流速，m/s；

　　　u_0——出流流速，m/s；

　　　T_i——入流水温，℃；

　　　ρ——水的密度，kg/m^3；

　　　φ——太阳热辐射通量，J/（m^2·s）；

　　　z——笛卡尔坐标系垂向的坐标，m；

其他符号含义同前。

⑥ 平面二维数学模型　适用于模拟预测物质在宽浅水体（大河、湖库、入海河口及近岸海域）中，在垂向均匀混合的状况。

a. 连续稳定排放。不考虑岸边反射影响的宽浅型平直恒定均匀河流，岸边点源稳定排放，浓度分布公式为：

$$C(x, y) = C_h + \frac{m}{h\sqrt{\pi E_y u x}} \exp\left(-\frac{u y^2}{4 E_y x}\right) \exp\left(-k \frac{x}{u}\right) \tag{4-31}$$

式中　$C(x, y)$——纵向距离、横向距离点的污染物浓度，mg/L；

　　　m——污染物排放速率，g/s；

其他符号含义同前。

当 $k=0$ 时，由式（4-31）得到污染混合区外边界等浓度线方程为：

$$y = b_s\sqrt{-e\frac{x}{L_s}\ln\left(\frac{x}{L_s}\right)} \tag{4-32}$$

$$L_s = \frac{1}{\pi u E_y}\left(\frac{m}{h C_\alpha}\right)^2$$

$$b_s = \sqrt{\frac{2E_y L_s}{eu}}$$

$$X_c = \frac{L_s}{e}$$

式中　L_s——污染混合区纵向最大长度；

b_s——污染混合区横向最大宽度；

X_c——污染混合区最大宽度对应的纵坐标；

e——数学常数，取值 2.718；

C_a——允许升高浓度，$C_a = C_s - C_h$，mg/L；

C_s——水功能区所执行的污染物浓度标准限值，mg/L；

其他符号含义同前。

考虑岸边反射影响的宽浅型平直恒定均匀河流，岸边点源稳定排放，浓度分布公式为：

$$C(x,y) = C_h + \frac{m}{h\sqrt{\pi E_y ux}} \exp\left(-k\frac{x}{u}\right) \sum_{n=-1}^{1} \exp\left[-\frac{u(y-2nB)^2}{4E_y x}\right] \qquad (4\text{-}33)$$

宽浅型平直恒定均匀河流，离岸点源排放，浓度分布公式为：

$$C(x,y) = C_h + \frac{m}{h\sqrt{4\pi E_y ux}} \exp\left(-k\frac{x}{u}\right) \sum_{n=-1}^{1} \left\{ \exp\left[-\frac{u(y-2nB)^2}{4E_y x}\right] + \exp\left[-\frac{u(y-2nB+2\alpha)^2}{4E_y x}\right] \right\} \qquad (4\text{-}34)$$

【例 4-3】拟建一造纸厂位于某河右岸 500m 处，产生的废水通过管网岸边排入该河流。废水流量为 0.05m³/s，排放污染物浓度为 COD 50mg/L，排放口距离岸边 1m；河流的流速为 0.4m/s，平均河宽 55m，平均水深 2m，平均坡降 0.65‰，河流 COD 浓度为 10mg/L；假设河流 k 值为 1.2d^{-1}，水环境功能为Ⅲ类水体，试分析河流下游 2km 的 COD 浓度。

解： ①计算混合段长度

$$E_y = (0.058h + 0.0065B)(ghI)^{1/2} = (0.058 \times 2 + 0.0065 \times 55) \times (9.8 \times 2 \times 0.65/1000)^{1/2} = 0.053$$

$$L_m = \left\{ 0.11 + 0.7\left[0.5 - \frac{\alpha}{B} - 1.1\left(0.5 - \frac{\alpha}{B}\right)^2\right]^{\frac{1}{2}} \right\} \frac{uB^2}{E_y}$$

$$= \left\{ 0.11 + 0.7 \times \left[0.5 - \frac{1}{55} - 1.1 \times \left(0.5 - \frac{1}{55}\right)^2\right]^{1/2} \right\} \times \frac{0.4 \times 55^2}{0.053} = 10116.3(m)$$

②2km 的 COD 浓度

因 2km 小于混合段长度，采用不考虑岸边反射影响的宽浅型平直恒定均匀河流的计算公式。

混合过程段采用不考虑岸边反射影响的宽浅型平直恒定均匀河流计算公式：

$$C(x,y) = C_{\mathrm h} + \frac{m}{h\sqrt{\pi E_y ux}}\exp\left(-\frac{uy^2}{4E_y x}\right)\exp\left(-k\frac{x}{u}\right)$$

$$= 10 + \frac{50\times0.05}{2\times\sqrt{3.14\times0.053\times0.4\times2000}}\times\exp\left(-\frac{0.4\times1^2}{4\times0.053\times2000}\right)\times\exp\left(-\frac{1.2\times2000}{0.4\times86400}\right)$$

$$= 10.10(\mathrm{mg/L})$$

b. 瞬时排放。不考虑岸边反射影响的宽浅型平直恒定均匀河流，岸边点源排放，浓度分布公式为：

$$C(x,y,t) = C_{\mathrm h} + \frac{M}{2\pi ht\sqrt{E_x E_y}}\exp\left[-\frac{(x-ut)^2}{4E_x t} - \frac{y^2}{4E_y t}\right]\exp(-kt) \tag{4-35}$$

考虑岸边反射影响的宽浅型平直恒定均匀河流，岸边点源排放，浓度分布公式为：

$$C(x,y,t) = C_{\mathrm h} + \frac{M}{2\pi ht\sqrt{E_x E_y}}\exp\left[-\frac{(x-ut)^2}{4E_x t} - kt\right]\sum_{n=-1}^{1}\exp\left[-\frac{(y-2nB)^2}{4E_y t}\right] \tag{4-36}$$

宽浅型平直恒定均匀河流，离岸点源排放，浓度分布公式为：

$$C(x,y,t) = C_{\mathrm h} + \frac{M}{4\pi ht\sqrt{E_x E_y}}\exp\left[-\frac{(x-ut)^2}{4E_x t} - kt\right]\sum_{n=-1}^{1}\left\{\begin{array}{l}\exp\left[-\dfrac{(y-2nB)^2}{4E_y t}\right]\\[2mm]+\exp\left[-\dfrac{(y-2nB+2\alpha)^2}{4E_y t}\right]\end{array}\right\} \tag{4-37}$$

c. 有限时段排放。将有限时段源，按时间步长 Δt 划分为 n 个"瞬时源"，然后采用瞬时排放源二维对流扩散的浓度分布公式累计叠加得到河流有限时段源二维浓度分布。

d. 一、二维连接数学模型。一、二维连接数学模型的数值解可适用于一级评价或部分二级评价。

一、二维连接数学模型基于一维非恒定模型和平面二维非恒定模型，利用一、二维连接区域的水位连接条件和流量连接条件，结合边界条件进行求解。

一、二维交接点上的水位、流速、流向和温度应同时满足一、二维方程，因此必须在交接处补充物理量之间的关系（如水位、流速相等）耦合求解，同时满足一、二维方程。

如果一维和二维处在同一个坐标轴上：水位连续的连接条件为交界面上水体的总位能在一维和二维河段中相等，流量连续的连接条件取流进和流出一—二维交界面的水量相等。

如果一维和二维有一个夹角，可以根据一维和二维特征线的特征关系式进行求解。

⑦ 立面二维数学模型

a. 水动力数学模型的基本方程为：

$$\frac{\partial(Bu)}{\partial x} + \frac{\partial(Bw)}{\partial z} = Bq \tag{4-38}$$

$$\frac{\partial (Bu)}{\partial t}+\frac{\partial \left(Bu^2\right)}{\partial x}+\frac{\partial \left(Bwu\right)}{\partial z}+\frac{B}{\rho}\frac{\partial P}{\partial x}=\frac{\partial}{\partial x}\left(BA_h\frac{\partial u}{\partial x}\right)+\frac{\partial}{\partial z}\left(BA_z\frac{\partial u}{\partial z}\right)-\frac{\tau_{wx}}{\rho} \tag{4-39}$$

$$\frac{\partial P}{\partial z}+\rho g=0 \tag{4-40}$$

式中　　P——压力，Pa；

A_h——水平方向的涡黏性系数，m^2/s；

A_z——垂直方向的涡黏性系数，m^2/s；

τ_{wx}——边壁阻力，N；

q——旁侧出入流（源汇项），s^{-1}。

b. 水温数学模型的基本方程为：

$$\frac{\partial \left(BT\right)}{\partial t}+\frac{\partial}{\partial x}\left(BuT\right)+\frac{\partial}{\partial z}\left(BwT\right)=\frac{\partial}{\partial x}\left(BE_{tx}\frac{\partial T}{\partial x}\right)+\frac{\partial}{\partial z}\left(BE_{tz}\frac{\partial T}{\partial z}\right)+\frac{1}{\rho C_p}\frac{\partial \left(B\varphi\right)}{\partial z}+BqT_L \tag{4-41}$$

c. 水质数学模型的基本方程为：

$$\frac{\partial \left(BC\right)}{\partial t}+\frac{\partial}{\partial x}\left(BuC\right)+\frac{\partial}{\partial z}\left(BwC\right)=\frac{\partial}{\partial x}\left(BE_x\frac{\partial C}{\partial x}\right)+\frac{\partial}{\partial z}\left(BE_z\frac{\partial C}{\partial z}\right)+BqC_L+Bf\left(C\right) \tag{4-42}$$

⑧ 三维数学模型

a. 水动力数学模型的基本方程为：

$$\frac{\partial u}{\partial x}+\frac{\partial v}{\partial y}+\frac{\partial w}{\partial \sigma}=S \tag{4-43}$$

$$\frac{\partial u}{\partial t}+\frac{\partial \left(u^2\right)}{\partial x}+\frac{\partial \left(uv\right)}{\partial y}+\frac{\partial \left(uw\right)}{\partial z}+\frac{1}{\rho}\frac{\partial P}{\partial x}=\frac{\partial}{\partial x}\left(A_h\frac{\partial u}{\partial x}\right)+\frac{\partial}{\partial y}\left(A_h\frac{\partial u}{\partial y}\right)+\frac{\partial}{\partial z}\left(A_z\frac{\partial u}{\partial z}\right)+2\theta v\sin\phi+Su_s \tag{4-44}$$

$$\frac{\partial v}{\partial t}+\frac{\partial \left(uv\right)}{\partial x}+\frac{\partial \left(v^2\right)}{\partial y}+\frac{\partial \left(vw\right)}{\partial z}+\frac{1}{\rho}\frac{\partial P}{\partial y}=\frac{\partial}{\partial x}\left(A_h\frac{\partial v}{\partial x}\right)+\frac{\partial}{\partial y}\left(A_h\frac{\partial v}{\partial y}\right)+\frac{\partial}{\partial z}\left(A_z\frac{\partial v}{\partial z}\right)+2\theta u\sin\phi+Sv_s \tag{4-45}$$

$$\frac{\partial P}{\partial z}+\rho g=0 \tag{4-46}$$

式中　　θ——地球自转角速度，ω/s；

ϕ——当地纬度，°。

b. 水温数学模型的基本方程为：

$$\frac{\partial T}{\partial t}+\frac{\partial (uT)}{\partial x}+\frac{\partial (vT)}{\partial y}+\frac{\partial (wT)}{\partial z}=\frac{\partial}{\partial x}\left(E_{tx}\frac{\partial T}{\partial x}\right)+\frac{\partial}{\partial y}\left(E_{ty}\frac{\partial T}{\partial y}\right)+\frac{\partial}{\partial z}\left(E_{tz}\frac{\partial T}{\partial z}\right)+\frac{q_T}{\rho C_p}+ST_s \tag{4-47}$$

c. 水质数学模型的基本方程为：

$$\frac{\partial C}{\partial t}+\frac{\partial (uC)}{\partial x}+\frac{\partial (vC)}{\partial y}+\frac{\partial (wC)}{\partial z}=\frac{\partial}{\partial x}\left(E_x\frac{\partial C}{\partial x}\right)+\frac{\partial}{\partial y}\left(E_y\frac{\partial C}{\partial y}\right)+\frac{\partial}{\partial z}\left(E_z\frac{\partial C}{\partial z}\right)+SC_s+f\left(C\right) \tag{4-48}$$

⑨ 常见污染物转化过程的一般描述　　对于不同种类的污染物，基本方程中的 $f(C)$ 有相应的数学表达式，本标准列出了常见污染物转化过程的一般性描述方法，评价过程中可以根

据评价水域的实际情况进行选取或者进行一定的调整。对于不同空间维数的数学模型，这些表达式中与某些系数相关的空间变量应有相应的变化。

a. 持久性污染物。如果污染物在水体中难以通过物理、化学及生物作用进行转化，并且污染物在水体中是溶解状态，可以作为非降解物质进行处理。

$$f(C) = 0 \tag{4-49}$$

b. 化学需氧量（COD）

$$f(C) = -k_{COD}C \tag{4-50}$$

式中　C——COD 浓度，mg/L；
　　　k_{COD}——COD 降解系数，s^{-1}。

c. 五日生化需氧量（BOD$_5$）

$$f(C) = -k_1 C \tag{4-51}$$

式中　C——BOD$_5$ 浓度，mg/L；
　　　k_1——耗氧系数，s^{-1}。

d. 溶解氧（DO）

$$f(C) = -k_1 C_b + k_2(C_s - C) - \frac{S_0}{h} \tag{4-52}$$

式中　C——DO 浓度，mg/L；
　　　k_1——耗氧系数，s^{-1}；
　　　k_2——复氧系数，s^{-1}；
　　　C_b——BOD 的浓度，mg/L；
　　　C_s——饱和溶解氧的浓度，mg/L；
　　　S_0——底泥耗氧系数，g/（$m^2 \cdot s$）；
　　　h——断面水深，m。

e. 氮循环。水体中的氮包括氨氮、亚硝酸盐氮、硝酸盐氮三种形态，三种形态之间的转换关系可以表示为：

$$f(N_{NH}) = -b_1 N_{NH} + \frac{S_{NH}}{h} \tag{4-53}$$

$$f(N_{NO_2}) = b_1 N_{NH} - b_2 N_{NO_2} \tag{4-54}$$

$$f(N_{NO_3}) = b_2 N_{NO_2} \tag{4-55}$$

式中　N_{NH}、N_{NO_2}、N_{NO_3}——氨氮、亚硝酸盐氮、硝酸盐氮浓度，mg/L；
　　　b_1、b_2——氨氮氧化成亚硝酸盐氮、亚硝酸盐氮氧化成硝酸盐氮的反应速率，s^{-1}；
　　　S_{NH}——氨氮的底泥（沉积）释放率，g/（$m^2 \cdot s$）；
其他符号含义同前。

f. 总氮（TN）

$$f(C) = -k_{TN} C_{TN} + \frac{S_{TH}}{h} \tag{4-56}$$

式中　　C_{TN}——TN 浓度，mg/L；

　　　　k_{TN}——TN 的综合沉降系数，s^{-1}；

　　　　S_{TN}——总氮的底泥释放（沉积）系数，$g/(m^2·s)$；

　　其他符号含义同前。

　　g. 磷循环。水体中的磷可以分为无机磷和有机磷两种形态，两种形态之间的转换关系可以表示为：

$$f(C_{PS}) = -G_p C_{PS} A_p + c_p C_{PD} + \frac{S_{PS}}{h}\qquad(4-57)$$

$$f(C_{PD}) = -D_p C_{PD} A_p + c_p C_{PD} + \frac{S_{PD}}{h}\qquad(4-58)$$

式中　　C_{PS}——无机磷浓度，mg/L；

　　　　C_{PD}——有机磷浓度，mg/L；

　　　　G_p——浮游植物生长速率，s^{-1}；

　　　　A_p——浮游植物磷含量系数，量纲为一；

　　　　c_p——有机磷氧化成无机磷的反应速率，s^{-1}；

　　　　D_p——浮游植物死亡速率，s^{-1}；

　　　　S_{PS}——无机磷的底泥释放（沉积）系数，$g/(m^2·s)$；

　　　　S_{PD}——有机磷的底泥释放（沉积）系数，$g/(m^2·s)$；

　　其他符号含义同前。

　　h. 总磷（TP）

$$f(C) = -k_{TP}C + \frac{S_{TP}}{h}\qquad(4-59)$$

式中　　C——TP 浓度，mg/L；

　　　　k_{TP}——总磷的综合沉降系数，s^{-1}；

　　　　S_{TP}——总磷的底泥释放（沉积）系数，$g/(m^2·s)$；

　　其他符号含义同前。

　　i. 叶绿素 a（Chl-a）

$$f(C) = (G_p - D_p)C\qquad(4-60)$$

$$G_p = \mu_{max} f(T) f(L) f(TP) f(TN)\qquad(4-61)$$

式中　　　　　　C——叶绿素 a 浓度，mg/L；

　　　　　　　　G_p——浮游植物生长速度，s^{-1}；

　　　　　　　　D_p——浮游植物死亡速度，s^{-1}；

　　　　　　　　μ_{max}——浮游植物最大生长速度，s^{-1}；

$f(T)$、$f(L)$、$f(TP)$、$f(TN)$——水温、光照、TP、TN 的影响函数，可以根据评价水域的实际情况以及基础资料条件选择适合的函数形式。

　　j. 重金属。泥沙对水体重金属污染物具有显著的吸附和解吸作用，因此重金属污染物的模拟需要考虑泥沙冲淤、吸附解吸的影响。一般情况下，泥沙淤积时，吸附在泥沙上的重金属由悬浮相转化为底泥相，对水相浓度影响不大；泥沙冲刷时，水体中重金属浓度会发生一定的变化。吸附解吸作用可以采用动力学方程进行描述，由于吸附作用一般历时较短，也可以采用吸附热力学方程描述。

重金属污染物数学模型可以根据评价工作的实际情况，查阅相关文献，选择适宜的模型。

k. 热排放

$$f(C) = -\frac{k_{\mathrm{T}}C}{\rho C_p} + qT_0 \quad\quad (4\text{-}62)$$

式中　C——水体温升，℃；

k_{T}——水面综合散热系数，J/（S·m^2·℃）；

C_p——水的比热容，J/（kg·℃）；

q——温排水的源强，m/s；

T_0——温排水的温升，℃；

ρ——水体密度，kg/m^3。

l. 余氯

$$f(C) = -k_{\mathrm{Cl}}C \quad\quad (4\text{-}63)$$

式中　C——余氯浓度，mg/L；

k_{Cl}——余氯衰减系数，s^{-1}。

m. 泥沙

ⅰ. 挟沙力法：

$$f(C) = \alpha\varpi(S' - S) \quad\quad (4\text{-}64)$$

式中　α——恢复饱和系数；

ϖ——泥沙颗粒沉速，m/s；

S'——水流挟沙能力，kg/m^3；

S——泥沙含量，kg/m^3。

ⅱ. 切应力方法：

当 $\tau \leqslant \tau_{\mathrm{d}}$ 时，水中泥沙处于落淤状态，则：

$$f(C) = \alpha\varpi S\left(1 - \frac{\tau}{\tau_{\mathrm{d}}}\right) \quad\quad (4\text{-}65)$$

当 $\tau_{\mathrm{d}} < \tau \leqslant \tau_{\mathrm{e}}$ 时，床面处于不冲不淤状态，水中泥沙既不减少，也不增加。

当 $\tau > \tau_{\mathrm{e}}$ 时，床面泥沙发生冲刷：

$$f(C) = -M\left(\frac{\tau}{\tau_{\mathrm{e}}} - 1\right) \quad\quad (4\text{-}66)$$

式中　τ_{d}——临界淤积切应力，可由实验确定，也可由验证计算确定；

τ_{e}——临界冲刷切应力，可由实验确定，也可由验证计算确定；

M——冲刷系数，可由实验确定，也可由验证计算确定。

（2）入海河口及近岸海域特殊数学模型

① 潮汐河口水体交换数学模型

a. 潮棱体方法及其改进。假定涨潮水体进入河口并在潮周期内与淡水完全混合，而混合后的水体在落潮时完全排出河口。根据河口冲刷时间的定义则有：

$$T_f = \frac{V_c + P}{P} T \tag{4-67}$$

式中　T_f——河口冲刷时间，h；

　　　V_c——低潮时河口水体体积，m^3/s；

　　　P——潮棱体体积，m^3/s；

　　　T——潮周期，h。

b. 淡水组分法。将河口分段，则每一段的淡水组分（f_n）为：

$$f_n = (S_s - S_n)/S_s \tag{4-68}$$

式中　S_s——海水盐度，g/kg；

　　　S_n——分段潮棱体平均盐度，g/kg。

整个河口的淡水体积（V_f）为：

$$V_f = \sum f_n V_n \tag{4-69}$$

式中　f_n——每一段的淡水组分；

　　　V_n——分段河口水体体积。

则冲刷时间为：

$$T_f = V_f / V_c \tag{4-70}$$

c. 箱式模型法。箱式模型分单箱模型和多箱模型，都是基于盐度平衡方程和水体总量平衡方程进行求解。

d. 河口、近岸海域浓度场"半衰期"（浓度减半）研究法。采用平面二维水流、水质数学模型，对大于河口区的整体计算域，假定某污染物的平均初始浓度为100单位，在没有污染源汇加入的条件下，通过若干潮周的流场和浓度场的耦合计算，统计河口区该污染物平均浓度为50单位时，所模拟的实际天数（或小时数），作为代表河口水流交换能力指标。也可以计算到河口区该污染物平均浓度为5单位时，所模拟的实际天数（或小时数），作为河口水体全部交换时间。

② 河口解析解模式

a. 充分混合段。河口1适用于狭长、均匀河口连续点源稳定排放的情况。

上溯（$x < 0$，自 $x=0$ 处排入）：

$$C = \frac{C_p Q_p}{(Q_h + Q_p)M} \exp\left[\frac{ux}{2E_x}(1+M)\right] + C_h \tag{4-71}$$

下泄（$x > 0$）：

$$C = \frac{C_p Q_p}{(Q_h + Q_p)M} \exp\left[\frac{ux}{2E_x}(1-M)\right] + C_h \tag{4-72}$$

$$M = (1 + 4kE_x/u^2)^{1/2} \tag{4-73}$$

河口2适用于狭长、均匀河口，点源瞬时排放的情况。

$$C(x,t) = \frac{W}{A_0\sqrt{4\pi E_x t}} \exp\left\{-\left[\frac{(x-ut)^2}{4E_x t} + kt\right]\right\} + C_h \qquad (4-74)$$

式中　$C(x,t)$——经过 t 时间后在 x 点处的污染物浓度，mg/L；

　　　　W——在 $x=0$、$t=0$ 时污染物的排放量，g；

　　　　A_0——河流断面面积，m^2；

　　其他符号含义同前。

　　b. 混合过程段。河口3适用于狭长、均匀河口，点源江心稳定排放的情况。

$$C(x,y) = \frac{Q_p C_p}{uh} \times \frac{1}{2\sqrt{\pi E_y \frac{x}{u}}} \exp\left(-\frac{uy^2}{4E_y x} - k\frac{x}{u}\right) + C_h \qquad (4-75)$$

式中　C——纵向距离、横向距离点的污染物浓度，mg/L；

　　　　u——当进行急性浓度分析预测时采用断面的半潮平均流速，当进行功能区浓度达标分析时采用断面的潮平均流速，m/s；

　　其他符号含义同前。

　　③拉格朗日余流模型

　　海水微团经过一个潮周期后，不再回到初始位置，而有了一个净位移，用公式表示，即：

$$\overline{\Delta x} = \vec{y}(\overline{x_0}, t_0 + T) - \vec{y}(\overline{x_0}, t_0) \qquad (4-76)$$

式中　$\overline{x_0}$——质点初始位置；

　　　　t_0——初始时刻；

　　$\vec{y}(\overline{x_0}, t_0)$——轨迹方程；

　　　　T——潮周期。

　　一个周期的净位移除以周期定义为拉格朗日余流速度：

$$\overline{U_L} = \overline{\Delta x}/T \qquad (4-77)$$

　　④河口海洋近场及近远场联合计算的主要方法

　　a. 近、远区耦合数值模型。按空间分类：三维、二维（平面或垂向）和一维。由于河口、河流或近海水深尺度比横向、纵向都小很多，因此多数情况下用二维模型可满足需要。

　　按处理方法分类：近、远区耦合模型，非耦合模型（即近区单独计算，作为内边界条件输入远区方程）。

　　Ⅰ. 立面二维潮流、物质输移模型。当排污管的扩散器长度比河口、近岸海域宽度、纵向长度小很多，垂线深度也有一定尺度（1～100m），扩散器从床底向上排放，并且为多孔喷口排放时，认为是均匀的，评价重点为垂向分布和纵向分布，可采用侧向平均的二维潮流、物质输移模型。

　　ⅰ. 模型计算域的确定。模型计算域应远大于研究水域，以保证边界值不受排放口影响。近区尺度为 10～100m，排放口上下游对称布置，网格尺寸一般为 2～10m，垂向分5～10层。

　　远区尺度为 102～104m，排放口上下游对称布置，网格尺寸一般为 20～100m，垂向分 5～10 层。

ⅱ. 边界条件的设置。

下边界：通常为潮位资料。为了解大、中、小潮边界对计算成果的差别，要求计算时段较长，取稳定后的包括大、中、小潮的 15d 等浓度线。

上边界：通常为径流（若上边界仍为感潮段，亦可取潮位边界），取 10%、50% 保证率的最枯月平均径流。

喷口边界：给出扩散器、放流管的长度、污水流量、喷口个数、喷口间距、喷口流速及喷口水深条件。

ⅲ. 计算方法。近区模型的边界条件由与之重合的远区模型提供，近区模型的计算结果反馈到与之重合的远区内边界。实际操作中要求远区计算的时间步长是近区计算时步长的整数倍。

Ⅱ. 平面二维潮流、物质输移模型。当排放口附近水深较小（1～10m），污染物可以很快在水深方向掺混均匀，而更需了解污染物在平面的变化时，宜采用平面二维模型。

b. 近、远区准动态数值模型。由于近、远区耦合模型需求解 6 个未知数（z、u、v、k、ε 和 c），计算工作量很大，对一般中小型排放口可采用近、远区分开计算的准动态数值模型。该模型认为近区浓度随潮流变化比较快，可将全潮过程分割为 10～12 个时刻，取其平均值。用射流理论或半理论半经验的公式求近区的初始稀释度，作为该时刻远区模型的边界条件，而远区仍采用二维方程进行求解。

Ⅰ. 准动态时段的划分。对排放口处可用二维或一维模型计算得到水位、流速的全潮过程。由于近区范围小，在 1h 内就可以掺混均匀，可将全潮按每小时划分，采用近区的半理论半经验公式计算平均水文变量（水位、流速等）和浓度值。以此获得的浓度作为源强输入动态远区方程，能保证一定精度。

Ⅱ. 近区的动态浓度计算。近区浓度的计算以往采用圆形（或窄缝）等密度（或半变密度）的解析解射流公式求得轴对称最大流速、浓度、稀释度及断面平均稀释度，但多数情况下都是多孔排放，计算不准且复杂。本标准推荐以下公式。

引入两个重要参数：密度弗劳德数 $F = \dfrac{u_0^3}{b}$，喷口参数 $\dfrac{S}{H}$。当 $F \ll 1$ 时，为浮力羽流；当 $F \gg 1$ 时，为浮射流。

ⅰ. 浮力羽流。

当 $S/H \ll 1$ 时为线源，初始稀释度计算公式为：

$$\frac{S_n q}{uH} = 0.49 F^{\frac{1}{3}} \tag{4-78}$$

当 $S/H > 1$ 时为点源，初始稀释度计算公式为：

$$\frac{S_n q}{uH} = 0.41 \left(\frac{S}{H}\right)^{-\frac{2}{3}} F^{-\frac{1}{3}} \tag{4-79}$$

ⅱ. 浮射流。

初始稀释度计算公式为：

$$\frac{S_n q}{uH} = 2C_2 \left(\frac{S}{H}\right)^{-1}, \quad C_2 = 0.25 \sim 0.41 \tag{4-80}$$

当 $F > 0.3$ 时，初始稀释度计算公式为：

$$\frac{S_n q}{uH} = 0.77 \pm 15\% \tag{4-81}$$

或

$$\frac{S_n q}{uH} = 0.55\left(\frac{S}{H}\right)^{-\frac{1}{2}} \pm 20\% \tag{4-82}$$

近区长度计算公式为:

当 $S/H < 0.2$ 时,

$$\frac{X_n}{H} = 2.5 F^{\frac{1}{3}} \tag{4-83}$$

当 $0.5 < \dfrac{S}{H} < 5$ 时,

$$\frac{X_n}{H} = 5.2 F^{\frac{1}{3}} \pm 10\% \tag{4-84}$$

式中　u——排放口喷口处的射流流速,m/s;

n——喷口数目;

S——喷口间的距离,m;

q——线源单位长度上的流量,$q = \dfrac{Q}{L}$ 或 $b = g\dfrac{Q}{L}$,m^2/s;

L——扩散管的总长度,m;

F——动量与浮力效应的比值,称密度弗劳德数;

X_n——近区混合的纵向距离,m。

三、地表水环境影响评价内容和评价要求

1. 评价内容

① 一级、二级、水污染影响型三级 A 及水文要素影响型三级评价,主要评价内容包括:

a. 水污染控制和水环境影响减缓措施有效性评价;

b. 水环境影响评价。

② 水污染影响型三级 B 评价,主要评价内容包括:

a. 水污染控制和水环境影响减缓措施有效性评价;

b. 依托污水处理设施的环境可行性评价。

2. 评价要求

① 水污染控制和水环境影响减缓措施有效性评价应满足以下要求:

a. 污染控制措施及各类排放口排放浓度限值等应满足国家和地方相关排放标准及符合有关标准规定的排水协议关于水污染物排放的条款要求。

b. 水动力影响、生态流量、水温影响减缓措施应满足水环境保护目标的要求。

c. 涉及面源污染的,应满足国家和地方有关面源污染控制治理要求。

d. 受纳水体环境质量达标区的建设项目选择废水处理措施或多方案比选时,应满足行业污染防治可行技术指南要求,确保废水稳定达标排放且环境影响可以接受。

e. 受纳水体环境质量不达标区的建设项目选择废水处理措施或多方案比选时,应满足区(流)域水环境质量限期达标规划和替代源的削减方案要求、区(流)域环境质量改善目标要求及行业污染防治可行技术指南中最佳可行技术要求,确保废水污染物达到最低排放强度和排放浓度,而且环境影响可以接受。

② 水环境影响评价应满足以下要求：

a. 排放口所在水域形成的混合区，应限制在达标控制（考核）断面以外水域，不得与已有排放口形成的混合区叠加，混合区外水域应满足水环境功能区或水功能区的水质目标要求。

b. 水环境功能区或水功能区、近岸海域环境功能区水质达标。说明建设项目对评价范围内的水环境功能区或水功能区、近岸海域环境功能区的水质影响特征，分析水环境功能区或水功能区、近岸海域环境功能区水质变化状况，在考虑叠加影响的情况下，评价建设项目建成以后各预测时期水环境功能区或水功能区、近岸海域环境功能区达标状况。涉及富营养化问题的，还应评价水温、水文要素、营养盐等变化特征与趋势，分析判断富营养化演变趋势。

c. 满足水环境保护目标水域水环境质量要求。评价水环境保护目标水域各预测时期的水质（包括水温）变化特征、影响程度与达标状况。

d. 水环境控制单元或断面水质达标。说明建设项目污染排放或水文要素变化对所在控制单元各预测时期的水质影响特征，在考虑叠加影响的情况下，分析水环境控制单元或断面的水质变化状况，评价建设项目建成以后水环境控制单元或断面在各预测时期的水质达标状况。

e. 满足重点水污染物排放总量控制指标要求，重点行业建设项目，主要污染物排放满足等量或减量替代要求。

f. 满足区（流）域水环境质量改善目标要求。

g. 水文要素影响型建设项目同时应包括水文情势变化评价、主要水文特征值影响评价、生态流量符合性评价。

h. 对于新设或调整入河（湖库、近岸海域）排放口的建设项目，应包括排放口设置的环境合理性评价。

i. 满足"三线一单"（生态保护红线、水环境质量底线、资源利用上线和环境准入清单）管理要求。

③ 依托污水处理设施的环境可行性评价，主要从污水处理设施的日处理能力、处理工艺、设计进水水质、处理后的废水稳定达标排放情况及排放标准是否涵盖建设项目排放的有毒有害的特征水污染物等方面开展评价，满足依托的环境可行性要求。

四、污染源排放量核算

1. 一般要求

① 污染源排放量是新（改、扩）建项目申请污染物排放许可的依据。

② 对改建、扩建项目，除应核算新增源的污染物排放量外，还应核算项目建成后全厂的污染物排放量，污染源排放量为污染物的年排放量。

③ 建设项目在批复的区域或水环境控制单元达标方案的许可排放量分配方案中有规定的，按规定执行。

④ 污染源排放量核算，应在满足水环境影响评价要求的前提下进行核算。

⑤ 规划环评污染源排放量核算与分配应遵循水陆统筹、河海兼顾、满足"三线一单"约束要求的原则，综合考虑水环境质量改善目标要求、水环境功能区或水功能区与近岸海域环境功能区管理要求、经济社会发展、行业排污绩效等因素，确保发展不超载，底线不突破。

2. 总量核算要求

① 间接排放建设项目污染源排放量核算根据依托污水处理设施的控制要求核算确定。

② 直接排放建设项目污染源排放量核算，根据建设项目达标排放的地表水环境影响、污染源源强核算技术指南及排污许可申请与核发技术规范进行核算，并从严要求。

a. 直接排放建设项目污染源排放量核算应在满足水环境影响评价要求规定的基础上，遵循以下原则要求：

i. 污染源排放量的核算水体为有水环境功能要求的水体。

ii. 建设项目排放的污染物属于现状水质不达标的，包括本项目在内的区（流）域污染源排放量应调减至满足区（流）域水环境质量改善目标要求。

iii. 当受纳水体为河流时，不受回水影响的河段，建设项目污染源排放量核算断面位于排放口下游，与排放口的距离应小于 2km；受回水影响河段，应在排放口的上下游设置建设项目污染源排放量核算断面，与排放口的距离应小于 1km。建设项目污染源排放量核算断面应根据区间水环境保护目标位置、水环境功能区或水功能区及控制单元断面等情况调整。当排放口污染物进入受纳水体在断面混合不均匀时，应以污染源排放量核算断面污染物最大浓度作为评价依据。

iv. 当受纳水体为湖库时，建设项目污染源排放量核算点位应布置在以排放口为中心、半径不超过 50m 的扇形水域内，而且扇形面积占湖库面积比例不超过 5%，核算点位应不少于 3 个。建设项目污染源排放量核算点应根据区间水环境保护目标位置、水环境功能区或水功能区及控制单元断面等情况调整。

v. 遵循地表水环境质量底线要求，主要污染物（化学需氧量、氨氮、总磷、总氮）须预留必要的安全余量。安全余量可按地表水环境质量标准、受纳水体环境敏感性等确定：受纳水体为《地表水环境质量标准》（GB 3838—2002）Ⅲ 类水域，以及涉及水环境保护目标的水域，安全余量按照不低于建设项目污染源排放量核算断面（点位）处环境质量标准的 10% 确定（安全余量≥环境质量标准 ×10%）；受纳水体水环境质量标准为《地表水环境质量标准》（GB 3838—2002）Ⅳ、Ⅴ 类水域，安全余量按照不低于建设项目污染源排放量核算断面（点位）环境质量标准的 8% 确定（安全余量≥环境质量标准 ×8%）；地方如有更严格的环境管理要求，按地方要求执行。

vi. 当受纳水体为近岸海域时，参照《污水海洋处置工程污染控制标准》（GB18486—2001）执行。

b. 按照上述规定要求预测评价范围的水质状况，如预测的水质因子满足地表水环境质量管理及安全余量要求，污染源排放量即为水污染控制措施有效性评价确定的排污量。如果不满足地表水环境质量管理及安全余量要求，则进一步根据水质目标核算污染源排放量。

五、生态流量确定

1. 一般要求

根据河流、湖库生态环境保护目标的流量（水位）及过程需求确定生态流量（水位）。河流应确定生态流量，湖库应确定生态水位。

根据河流、湖库的形态、水文特征及生物重要生境分布，选取代表性的控制断面综合分析、评价河流和湖库的生态环境状况、主要生态环境问题等。生态流量控制断面或点位选择应结合重要生境和重要环境保护对象等保护目标的分布、水文站网分布以及重要水利工程位置等统筹考虑。

依据评价范围内各水环境保护目标的生态环境需水确定生态流量，生态环境需水的计算方法可参考有关标准规定执行。

2.河流、湖库生态环境需水计算要求

河流、湖库生态环境需水计算要求见表4-14。

表 4-14　河流、湖库生态环境需水计算要求

水域类型		计算要求
河流生态环境需水	河流生态环境需水包括水生生态需水、水环境需水、湿地需水、景观需水、河口压咸需水等。应根据河流生态环境保护目标要求，选择合适方法计算河流生态环境需水及其过程	（1）水生生态需水计算中，应采用水力学法、生态水力学法、水文学法等方法计算水生生态流量。水生生态流量最少采用两种方法计算，基于不同计算方法成果对比分析，合理选择水生生态流量成果；鱼类繁殖期的水生生态需水宜采用生境分析法计算，确定繁殖期所需的水文过程，并取外包线作为计算成果，鱼类繁殖期所需水文过程应与天然水文过程相似。水生生态需水应为水生生态流量与鱼类繁殖期所需水文过程的外包线。 （2）水环境需水应根据水环境功能区或水功能区确定控制断面水质目标，结合计算范围内的河段特征和控制断面与概化后污染源的位置关系，采用预测模型列出的数学模型方法计算水环境需水。 （3）湿地需水应综合考虑湿地水文特征和生态保护目标需水特征，综合不同方法合理确定湿地需水。河岸植被需水量采用单位面积用水量法、潜水蒸发法、间接计算法、彭曼公式法等方法计算；河道内湿地补给水量采用水量平衡法计算。保护目标在繁育生长关键期对水文过程有特殊需求时，应计算湿地关键期需水量及过程。 （4）景观需水应综合考虑水文特征和景观保护目标要求，确定景观需水。 （5）河口压咸需水应根据调查成果，确定河口类型，可采用《环境影响评价技术导则地表水环境》（HJ 2.3—2018）附录E中的相关数学模型计算河口压咸需水。 （6）其他需水应根据评价区域实际情况进行计算，主要包括冲沙需水、河道蒸发和渗漏需水等。对于多泥沙河流，需考虑河流冲沙需水计算
湖库生态环境需水		（1）湖库生态环境需水包括维持湖库生态水位的生态环境需水及入（出）湖流生态环境需水。湖库生态环境需水可采用最小值、年内不同时段值和全年值表示。 （2）湖库生态环境需水计算中，可采用不同频率最枯月平均值法或近10年最枯月平均水位法确定湖库生态环境需水水量。年内不同时段值应根据湖库生态环境保护目标所对应的生态环境功能，分别计算各项生态环境功能敏感水期要求的需水量。维持湖库形态功能的水量，可采用湖库形态分析法计算。维持生物栖息地功能的需水量，可采用生物空间法计算。 （3）入（出）湖库河流的生态环境需水应根据河流生态环境需水计算确定，计算成果应与湖库生态水位计算成果相协调

3.河流、湖库生态流量综合分析与确定

河流应根据水生生态需水、水环境需水、湿地需水、景观需水、河口压咸需水和其他需水等计算成果，考虑各项需水的外包关系和叠加关系，综合分析需水目标要求，确定生态流量。湖库应根据湖库生态环境需要确定最低生态水位及不同时段内的水位。

应根据国家或地方政府批复的综合规划、水资源规划、水环境保护规划等成果中相关的生态流量控制等要求，综合分析生态流量成果的合理性。

六、环境保护措施与监测计划

1.一般要求

在建设项目污染控制治理措施与废水排放满足排放标准和环境管理要求的基础上，针对建设项目实施可能造成地表水环境不利影响的阶段、范围和程度，提出预防、治理、控制、补偿等环保措施或替代方案等内容，并制订监测计划。

水环境保护对策措施的论证应包括水环境保护措施的内容、规模及工艺、相应投资、实施计划，所采取措施的预期效果、达标可行性、经济技术可行性及可靠性分析等内容。

对水文要素影响型建设项目，应提出减缓水文情势影响，保障生态需水的环保措施。

2.水环境保护措施

① 对建设项目可能产生的水污染物，需通过优化生产工艺和强化水资源的循环利用，提出减少污水产生量与排放量的环保措施，并对污水处理方案进行技术经济及环保论证比选，明确污水处理设施的位置、规模、处理工艺、主要构筑物或设备、处理效率；采取的污

水处理方案要实现达标排放，满足总量控制指标要求，并对排放口设置及排放方式进行环保论证。

②达标区建设项目选择废水处理措施或多方案比选时，应综合考虑成本和治理效果，选择可行技术方案。

③不达标区建设项目选择废水处理措施或多方案比选时，应优先考虑治理效果，结合区（流）域水环境质量改善目标、替代源的削减方案实施情况，确保废水污染物达到最低排放强度和排放浓度。

④对水文要素影响型建设项目，应考虑保护水域生境及水生态系统的水文条件以及生态环境用水的基本需求，提出优化运行调度方案或下泄流量及过程，并明确相应的泄放保障措施与监控方案。

⑤对于建设项目引起的水温变化可能对农业、渔业生产或鱼类繁殖与生长等产生不利影响，应提出水温影响减缓措施。对产生低温水影响的建设项目，对其取水与泄水建筑物的工程方案提出环保优化建议，可采取分层取水设施、合理利用水库洪水调度运行方式等。对产生温排水影响的建设项目，可采取优化冷却方式减少排放量，可通过余热利用措施降低热污染强度，合理选择温排水口的布置和类型，控制高温区范围等。

3. 监测计划

①按建设项目建设期、生产运行期、服务期满后等不同阶段，针对不同工况、不同地表水环境影响的特点，根据《排污单位自行监测技术指南 总则》（HJ 819—2017）、《水污染物排放总量监测技术规范》（HJ/T 92—2002）、相应的污染源源强核算技术指南和自行监测技术指南，提出水污染源的监测计划，包括监测点位、监测因子、监测频次、监测数据采集与处理、分析方法等。明确自行监测计划内容，提出应向社会公开的信息内容。

②提出地表水环境质量监测计划，包括监测断面或点位位置（经纬度）、监测因子、监测频次、监测数据采集与处理、分析方法等。明确自行监测计划内容，提出应向社会公开的信息内容。

③监测因子需与评价因子相协调。地表水环境质量监测断面或点位设置需与水环境现状监测、水环境影响预测的断面或点位相协调，并应强化其代表性、合理性。

④建设项目排放口应根据污染物排放特点、相关规定设置监测系统，排放口附近有重要水环境功能区或水功能区及特殊用水需求时，应对排放口下游控制断面进行定期监测。

⑤对下泄流量有泄放要求的建设项目，在闸坝下游应设置生态流量监测系统。

七、地表水环境影响评价结论

1. 水环境影响评价结论

根据水污染控制和水环境影响减缓措施有效性评价、地表水环境影响评价结论，明确给出地表水环境影响是否可接受的结论。

达标区的建设项目环境影响评价，依据评价要求，同时满足水污染控制和水环境影响减缓措施有效性评价、水环境影响评价的情况下，认为地表水环境影响可以接受，否则认为地表水环境影响不可接受。

不达标区的建设项目环境影响评价，依据评价要求，在考虑区（流）域环境质量改善目标要求、削减替代源的基础上，同时满足水污染控制和水环境影响减缓措施有效性评价、水环境影响评价的情况下，认为地表水环境影响可以接受，否则认为地表水环境影响不可接受。

2. 污染源排放量与生态流量

明确给出污染源排放量核算结果，填写建设项目污染物排放信息表。扫描二维码可查看相关表格。

新建项目的污染物排放指标需要等量替代或减量替代时，还应明确给出替代项目的基本信息，主要包括项目名称、排污许可证编号、污染物排放量等。

有生态流量控制要求的，根据水环境保护管理要求，明确给出生态流量控制节点及控制目标。

3. 地表水环境影响评价自查

地表水环境影响评价完成后，应对地表水环境影响评价主要内容与结论进行自查。建设项目地表水环境影响评价自查内容与格式见《环境影响评价技术导则 地表水环境》（HJ 2.3—2018）附录 H。应将影响预测中应用的输入、输出原始资料进行归档，随评价文件一并提交给审查部门。

第五节　地下水环境影响评价

一、基本概念

1. 地下水污染

地下水指地面以下岩土空隙中的水。包气带指地面与地下水面之间与大气相通的，含有气体的地带；饱水带指地下水面以下，岩层的空隙全部被水充满的地带。地下水污染指人为原因直接导致地下水化学、物理、生物性质改变，使地下水水质恶化的现象。

2. 潜水

潜水指地面以下，第一个稳定隔水层以上具有自由水面的地下水。

3. 承压水

承压水指充满于上下两个相对隔水层间的具有承压性质的地下水。

4. 正常状况

正常状况指建设项目的工艺设备和地下水环境保护措施均达到设计要求条件下的运行状况。如防渗系统的防渗能力达到了设计要求，防渗系统完好，验收合格。

5. 非正常状况

非正常状况指建设项目的工艺设备或地下水环境保护措施因系统老化、腐蚀等原因不能正常运行或保护效果达不到设计要求时的运行状况。

6. 地下水环境敏感目标

地下水环境敏感目标是指集中式地下水饮用水水源地和分散式地下水饮用水水源地，以及《建设项目环境影响评价分类管理名录》中所界定的涉及地下水的环境敏感区。

7. 规划区域

规划区域是指政府基于某些建设或开发目标划定的具有一定行政边界的空间范围。

8. 建设项目分类

按照《环境影响评价技术导则 地下水环境》（2021 年征求意见稿）的相关规定，根据建设项目对地下水水质、水位可能产生的影响，按照水质影响和水位影响，结合《国民经济行业分类》（GB/T 4754），划分地下水环境影响评价的建设项目类别。扫描二维码可查看"涉及地下水水质影响和水位影响的建设项目类别"。

　　未列入涉及地下水水质影响和水位影响的建设项目类别一览表中的行业，可不开展地下水环境影响评价。涉及重要环境敏感目标且存在地下水环境污染源和途径的建设项目，应结合地方或行业管理要求，根据污染源、污染物类型、污染途径及敏感目标等情况，开展必要的现状调查留作本底，按照分区防控原则提出相应的防控措施，依据《地下水环境监测技术规范》（HJ 164—2020）等相应技术规范提出相应的跟踪监测要求。

二、规划的地下水环境影响评价技术要求

1. 评价目的

　　以改善地下水饮用水水源水质和保障依赖地下水的生态系统的安全为核心，以防范或降低地下水污染风险为主要目标，开展规划评价区域地下水环境状况调查，识别规划实施的地下水环境制约因素，综合分析论证规划区域生态环境合理性和环境效益，提出规划区域地下水环境分区防控要求以及相应的规划优化调整建议，为规划决策和规划实施过程中地下水环境管理提供依据。

2. 工作流程

　　根据规划编制早期阶段介入的原则，按照《规划环境影响评价技术导则 总纲》（HJ 130—2019）相关工作要求开展规划各个阶段的地下水环境影响评价。

3. 基本技术要求

　　① 规划的地下水环境影响评价不设评价工作等级，相关调查、监测、评价、预测等方法参照建设项目的地下水环境影响评价要求执行。

　　② 规划评价区域包括规划区域以及地下水环境可能受到规划实施影响的周边区域。

　　③ 规划的地下水环境影响评价应确定规划基准年，收集和利用规划评价区域内已有的地质、水文地质、地下水开发利用以及地下水环境质量等资料，并说明资料来源和有效性。

　　④ 在充分分析现有资料的基础上，确定地下水流向（流场），了解地下水埋藏情况；引用的地下水环境监测数据，应给出监测点位名称、位置，明确监测因子、时段、频次等，分析说明监测点位的代表性；常规地下水监测资料原则上应具有近3或更长时间序列的水文周期，而且能够说明各项指标的现状和变化趋势；识别规划实施的地下水环境制约因素。

　　⑤ 当已有资料不能满足评价需求，或评价区域内有需要特别保护的环境敏感目标时，针对性开展必要的地下水环境现状调查，应基本明确地下水流向（流场）、资源利用现状、环境质量状况、环境敏感目标等。

　　⑥ 对于已实施并产生不利环境影响的规划，应依据《规划环境影响评价技术导则 总纲》（HJ 130—2019）及相关专项规划环评导则，开展地下水环境影响回顾性评价。调查地下水环境影响源分布现状，梳理可能影响地下水环境的历史突发环境事件，结合发生原因与处理方式，研判规划评价区域地下水环境质量现状或变化，有条件的情况下，分析原规划环境影响预测与现状演化趋势的差异性及原因。

　　⑦ 应充分考虑规划的不同层级、类型和规模，根据环境影响特征和决策需求，采用定性和定量相结合的方式，开展地下水环境影响分析或预测，评估规划实施后可能对地下水环

境的影响。

⑧ 根据规划区域产业结构、布局及与周边地下水环境敏感目标的补径排关系，参照《地下水环境监测技术规范》（HJ 164—2020）等相关技术要求编制地下水跟踪监测计划，明确监测点位和层位，监测频次不少于每年丰、枯两期。

⑨ 按照源头预防原则，综合分析论证规划选址 / 选线及布局等规划方案的环境合理性和环境效益，提出规划区域地下水环境分区防控要求和相应的规划方案优化调整建议。

4. 典型规划的地下水环境影响评价具体要求

① 对于以石化、化工、冶炼、电镀等可能排放重金属、有毒有害水环境污染物的行业为主导产业的，或者布局有液态危险化学品仓储、危险废物处置场等高污染风险设施的产业园区开发建设规划，在遵循《规划环境影响评价技术导则 产业园区》（HJ 131—2021）等相关技术导则要求的基础上，规划的地下水环境影响按以下要求评价。

a. 应结合现有资料和补充调查成果，查清规划评价区域含（隔）水层结构及其分布特征、地下水补径排条件、地下水流场（流向）、各含水层之间以及地表水与地下水之间的水力联系、地下水开发利用现状与规划，初步掌握天然包气带防污性能，明确地下水环境敏感目标。

b. 根据产业园区规划布局和规模，结合地下水环境敏感目标和跟踪监测需要，参照《地下水环境监测技术规范》（HJ 164—2020）等相关要求，布设地下水环境现状监测点，应覆盖园区（片区）边界、重点污染源、地下水环境敏感目标等，监测数据应能刻画园区（片区）地下水流场、反映水质基本状况。

c. 根据规划评价区域地下水环境管理需求，分析规划实施后对相关含（隔）水层、地下水水质及地下水环境敏感目标的影响，提出减轻地下水不良环境影响的对策措施，制定园区（片区）地下水环境跟踪监测计划，跟踪监测点数量应能基本控制整个园区（片区）；有条件的产业园区，可结合规划布局、产业结构与规模、开发建设时序等方面，提出地下水环境分区管控和规划优化调整建议，编制水文地质图（含剖面图）、等水位线图、包气带防污性能分区图等图件。

② 对于煤炭矿区总体规划，应充分结合矿区地质、水文地质等资料，在遵循《规划环境影响评价技术导则 煤炭工业矿区总体规划》（HJ 463—2009）等相关技术导则要求的基础上，重点分析疏干排水对规划评价区域及周边地下水环境敏感目标的影响，以及煤炭开采对具有供水意义含水层的影响，提出切实可行的生态环境保护或影响减缓措施；其他具有近期开发方案的矿产资源开发规划，可参照执行。

③ 对于城市轨道交通建设规划，可根据规划实施可能造成的地下水流场变化，重点分析对地下水环境敏感目标或与地下水有紧密联系环境敏感区的影响；其他具有近期建设方案的线性工程规划，可参照执行。

5. 规划区域内的建设项目环评简化条件

规划环评已基本明确评价区域的地下水流向（流场）、埋藏情况、资源利用现状、环境质量状况、环境敏感目标等，而且规划区域已按照《地下水环境监测技术规范》（HJ 164—2020）等相关技术要求实施地下水环境跟踪监测计划，规划区域水文地质条件基础资料和现状监测数据可满足建设项目地下水环境影响评价需求，规划区域内的建设项目，可不开展地下水环境现状调查评价，仅调查建设项目场地天然包气带防污性能，开展分区防渗，针对可能造成地下水污染的主要装置或设施布设地下水环境跟踪监测点位。

三、建设项目地下水环境影响识别

1.基本要求

地下水环境影响的识别应在初步工程分析和确定地下水环境敏感目标的基础上进行，根据建设项目建设期、运营期和服务期满后（可根据项目情况选择）三个阶段的工程特征，识别其正常状况和非正常状况下的地下水环境影响。

对于随着生产运行时间推移对地下水环境影响有可能加剧的建设项目，还应按运营期的变化特征分为初期、中期和后期分别进行环境影响识别。

2.识别方法

根据上述二维码内容，识别建设项目所属的地下水环境影响评价行业类别。

根据建设项目的地下水环境敏感特征，识别建设项目的地下水环境敏感程度。

3.识别内容

识别可能造成地下水污染的装置和设施（位置、规模、材质等）及建设项目在建设期、运营期、服务期满后（可根据项目情况选择）可能的地下水污染途径。

识别建设项目可能导致地下水污染的特征因子，特征因子应根据建设项目污废水成分[可参照《环境影响评价技术导则 地表水环境》（HJ 2.3—2018）]、液体物料成分、固废浸出液成分等确定。

识别建设项目可能因地下水位引起生态环境或土壤环境变化的途径、方式或因素，根据生态环境、土壤环境影响评价需求，识别依赖地下水的生态系统及其与建设项目的区位关系。

四、建设项目地下水环境影响评价工作分级

涉及地下水水质影响的建设项目，地下水环境影响评价工作等级划分为一级、二级、三级。

1.划分依据

建设项目地下水环境影响评价的行业类别可分为Ⅰ类、Ⅱ类和Ⅲ类。

地下水环境敏感程度可分为敏感、较敏感、不敏感三级，分级原则见表4-15。

表 4-15　地下水环境敏感程度分级表

敏感程度	地下水环境敏感特征
敏感	集中式地下水饮用水水源（包括已建成的在用、备用、应急水源，在建和规划的地下水饮用水水源）准保护区；除集中式地下水饮用水水源以外的国家或地方政府设定的与地下水环境相关的其他保护区，如热水、矿泉水、温泉等特殊地下水资源保护区
较敏感	集中式地下水饮用水水源（包括已建成的在用、备用、应急水源，在建和规划的地下水饮用水水源）准保护区以外的补给径流区；未划定准保护区的集中式地下水饮用水水源，其保护区以外的补给径流区；分散式地下水饮用水水源地；特殊地下水资源（如热水、矿泉水、温泉等）保护区以外的分布区等其他未列入上述敏感分级的环境敏感区[①]
不敏感	上述地区之外的其他地区

① "环境敏感区"是指《建设项目环境影响评价分类管理名录》中所界定的涉及地下水的环境敏感区。

2.建设项目评价工作等级

根据行业类别与地下水环境敏感程度分级结果，判定评价工作等级，见表4-16。

表 4-16　评价工作等级分级表

环境敏感程度	Ⅰ类项目	Ⅱ类项目	Ⅲ类项目
敏感	一级	二级	三级
较敏感	一级	三级	三级
不敏感	二级	三级	—

注："—"指建设项目地下水环境影响评价可仅作简单分析。

3. 特殊情况评价等级要求

① 利用废弃盐岩矿井洞穴或人工专制盐岩洞穴储油、废弃矿井巷道加水幕系统储油、人工硬岩洞库加水幕系统储油、地质条件较好的含水层储油、枯竭的油气层储油等的地下储油库应进行一级评价；危险废物填埋场应进行一级评价。

② 当同一建设项目涉及两个或两个以上场地且无法置于同一评价范围内时，各场地应分别判定评价工作等级，并按相应等级开展评价工作。

③ 线性工程应根据所涉地下水环境敏感程度和主要站场（如输油站、泵站、加油站、机务段、服务站等）位置进行分段判定评价工作等级，并按相应等级分别开展评价工作。

④ 污染源渗漏后无须经地下水水质监测即可及时发现并有效处置的，或污染物进入含水层前即可及时发现且能有效控制的，其建设项目地下水环境影响评价技术等级可适当下调一级，但不低于三级。

五、建设项目地下水环境现状调查

1. 调查与评价原则

① 地下水环境现状调查与评价工作应遵循资料收集与现场调查相结合、项目所在场地调查（勘察）与类比考察相结合、现状监测与长期动态资料分析相结合的原则。

② 地下水环境现状调查与评价工作的深度应满足相应的工作级别要求。当现有资料不能满足要求时，应通过组织现场监测或环境水文地质勘察与试验等方法获取。

③ 对于一级、二级评价的改、扩建类建设项目，应开展现有工业场地的包气带污染现状调查。

④ 对于长输油品、化学品管线等线性工程，调查评价工作应重点针对场站、服务站等可能对地下水产生污染的地区开展。

2. 调查评价范围

地下水环境现状调查评价范围应包括与建设项目相关的地下水环境保护目标，以能说明地下水环境的现状，反映调查评价区地下水基本流场特征，满足地下水环境影响预测和评价为基本原则。

① 建设项目（除线性工程外）地下水环境影响现状调查评价范围可采用公式计算法、查表法和自定义法确定。

应优先根据水文地质条件，采用自定义法确定；当建设项目所在地水文地质条件相对简单，并且所掌握的资料能够满足公式计算法的要求时，可采用公式计算法确定；当不满足公式计算法的要求时，可采用查表法确定。当计算或查表范围超出所处水文地质单元边界时，应以所处水文地质单元边界为范围边界。

a. 公式计算法：

$$L = \alpha K I T / n_e \tag{4-85}$$

式中　L——下游迁移距离，m；

　　　α——变化系数，$\alpha \geqslant 1$，一般取2；

　　　K——渗透系数，m/d；

　　　I——水力坡度，量纲为1；

　　　T——质点迁移天数，取值不小于5000d；

　　　n_e——有效孔隙率，量纲为1。

扫描二维码可查看常见渗透系数。

常见渗透系数

采用该方法时应包含重要的地下水环境保护目标，所得的调查评价范围如图4-2所示。

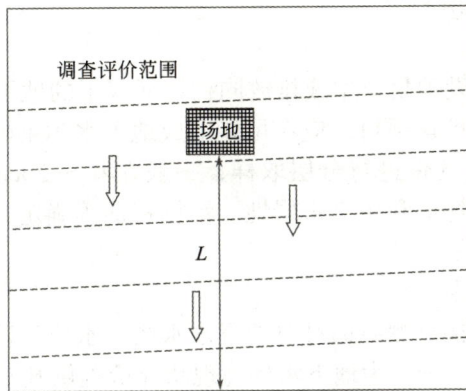

图4-2　调查评价范围示意图

注：虚线表示等水位线；空心箭头表示地下水流向；

场地上游距离根据评价需求确定，场地两侧不小于$L/2$。

b. 查表法。参照表4-17。

表4-17　地下水环境现状调查评价范围参照表

评价工作等级	调查评价面积/km²	备注
一级	≥20	应包括重要的地下水环境敏感目标，必要时适当扩大范围
二级	6～20	
三级	≤6	

c. 自定义法。可根据建设项目所在地水文地质条件自行确定，须说明理由。

② 线性工程应以工程边界两侧分别向外延伸200m作为调查评价范围；穿越地下水饮用水水源准保护区时，调查评价范围应至少包含水源保护区；线性工程站场的调查评价范围参照建设项目地下水环境影响现状调查评价范围确定。

3. 调查内容与要求

（1）水文地质条件调查

在充分收集资料的基础上，根据建设项目特点和水文地质条件复杂程度，开展调查工作，主要内容包括：

① 气象、水文、土壤和植被状况。

② 地层岩性、地质构造、地貌特征与矿产资源。

③ 包气带岩性、结构、厚度、分布及垂向渗透系数等。

④ 含水层岩性、分布、结构、厚度、埋藏条件、渗透性、富水程度等；隔水层（弱透水

层）的岩性、厚度、渗透性等。

⑤地下水类型、地下水补径排条件。

⑥地下水水位、水质、水温、地下水化学类型。

⑦泉的成因类型、出露位置、形成条件及泉水流量、水质、水温、开发利用情况。

⑧集中供水水源地和水源井的分布情况（包括开采层的成井密度、水井结构、深度以及开采历史）。

⑨地下水现状监测井的深度、结构以及成井历史、使用功能。

⑩地下水环境现状值（或地下水污染对照值）。

场地范围内应重点调查③。

（2）地下水污染源调查

调查评价区内具有与建设项目产生或排放同种特征因子的地下水污染源。

对于一级、二级的改、扩建项目，应在可能造成地下水污染的主要装置或设施附近开展包气带污染现状调查，对包气带进行分层取样，一般在 0～20cm 埋深范围内取一个样品，其他取样深度应根据污染源特征和包气带岩性、结构特征等确定，并说明理由。样品进行浸溶试验，测试分析浸溶液成分。

（3）地下水环境现状监测

建设项目地下水环境现状监测应通过对地下水水质、水位的监测，掌握或了解调查评价区地下水水质现状及地下水流场，为地下水环境现状评价提供基础资料。

①现状监测点的布设原则

a.地下水环境现状监测点采用控制性布点与功能性布点相结合的布设原则。监测点应主要布设在建设项目场地、周围环境敏感点、地下水污染源以及对于确定边界条件有控制意义的地点。当现有监测点不能满足监测位置和监测深度要求时，应布设新的地下水现状监测井，现状监测井的布设应兼顾地下水环境影响跟踪监测计划。

b.监测层位应包括潜水含水层、可能受建设项目影响且具有饮用水开发利用价值的含水层。

c.一般情况下，地下水水位监测点数以不小于相应评价级别地下水水质监测点数的 2 倍为宜，以查清建设项目场地的地下水水位及流场为原则。

d.地下水水质监测点布设的具体要求见表 4-18。

表 4-18　地下水水质监测点布设的具体要求

评价等级	监测点布设要求
一级评价项目	潜水含水层的水质监测点应不少于7个，可能受建设项目影响且具有饮用水开发利用价值的含水层3～5个。原则上建设项目场地上游和两侧的地下水水质监测点均不得少于1个，建设项目场地及其下游影响区的地下水水质监测点不得少于3个
二级评价项目	潜水含水层的水质监测点应不少于5个，可能受建设项目影响且具有饮用水开发利用价值的含水层2～4个。原则上建设项目场地上游和两侧的地下水水质监测点均不得少于1个，建设项目场地及其下游影响区的地下水水质监测点不得少于2个
三级评价项目	潜水含水层水质监测点应不少于3个，可能受建设项目影响且具有饮用水开发利用价值的含水层1～2个。原则上建设项目场地上游及下游影响区的地下水水质监测点各不得少于1个

e.监测井较难布置的基岩山区，当地下水质监测点数无法满足 d 要求时，可视情况调整数量，并说明调整理由。一般情况下，该类地区一级、二级评价项目应至少设置 3 个监测点，三级评价项目可根据需要设置一定数量的监测点。

f.管道型岩溶区等水文地质条件复杂的基岩山区，地下水现状监测点应视岩溶和构造发育规律、次级水文地质单元分布和污染源分布情况确定，在集中径流通道（岩溶管道、构造通道等）、暗河及泉点布设监测点，并说明布设理由。

g. 在包气带厚度超过 100m 的地区，当地下水质监测点数无法满足 d 要求时，可视情况调整数量，并说明调整理由。

② 地下水水质现状监测因子

a. 检测分析地下水中 K^+、Na^+、Ca^{2+}、Mg^{2+}、CO_3^{2-}、HCO_3^-、Cl^-、SO_4^{2-} 的浓度。

b. 地下水水质现状监测因子原则上应包括两类：

ⅰ. 基本因子：pH、总硬度、溶解性总固体、耗氧量、氨氮、亚硝酸盐、铁、锰、汞、砷、镉、铬（六价）、铅。

ⅱ. 特征因子：根据建设项目地下水环境影响识别的结果，结合区域地下水水质状况确定。

③ 地下水环境现状监测频率要求

a. 水位监测频率要求

ⅰ. 评价工作等级为一级的建设项目，若掌握近 3 年内至少一个连续水文年的枯、平、丰水期地下水水位动态监测资料，评价期内应至少开展一期地下水水位监测；若无上述资料，应依据表 4-19 开展水位监测。

表 4-19　地下水环境现状监测频率参照表

分布区	水位监测频率			水质监测频率		
	一级	二级	三级	一级	二级	三级
山前冲（洪）积	枯平丰	枯丰	一期	枯丰	枯	一期
滨海（含填海区）	二期①	一期	一期	一期	一期	一期
其他平原区	枯丰	一期	一期	一期	一期	一期
黄土地区	枯丰	一期	一期	一期	一期	一期
沙漠地区	枯丰	一期	一期	一期	一期	一期
丘陵山区	枯丰	一期	一期	一期	一期	一期
岩溶裂隙	枯丰	一期	一期	一期	一期	一期
岩溶管道	二期	一期	一期	二期	一期	一期

① "二期"的间隔有明显水位变化，其变化幅度接近年内变幅。

ⅱ. 评价工作等级为二级的建设项目，若掌握近 3 年内至少一个连续水文年的枯、丰水期地下水水位动态监测资料，评价期可不再开展地下水水位现状监测；若无上述资料，应依据表 4-19 开展水位监测。

ⅲ. 评价工作等级为三级的建设项目，若掌握近 3 年内至少一期的监测资料，评价期内可不再进行地下水水位现状监测；若无上述资料，应依据表 4-19 开展水位监测。

b. 地下水水质基本因子的监测频率应参照表 4-19 确定，若掌握近 3 年至少一期水质监测数据，基本因子可在评价期补充开展一期现状监测；特征因子在评价期内应至少开展一期现状监测。

c. 在包气带厚度超过 100m 的评价区或监测井较难布置的基岩山区，若掌握近 3 年内至少一期的监测资料，评价期内可不进行地下水水位、水质现状监测；若无上述资料，至少开展一期现状水位、水质监测。

④ 地下水样品采集与现场测定参照《地下水环境监测技术规范》（HJ 164—2020）执行。

⑤ 规划环评地下水跟踪评价监测资料满足规划区内建设项目相应评价工作等级的地下水环境影响评价要求时，可直接引用。

（4）环境水文地质勘察与试验

环境水文地质勘察与试验是在充分收集已有资料和地下水环境现状调查的基础上，为进一步查明含水层特征和获取预测评价中必要的水文地质参数而进行的工作。

除一级评价应进行必要的环境水文地质勘察与试验外，对环境水文地质条件复杂且资料缺少的地区，二级、三级评价也应在区域水文地质调查的基础上对场地进行必要的水文地质勘察。

环境水文地质勘察可采用钻探、物探和水土化学分析以及室内外测试、试验等手段开展，具体参见《供水水文地质勘察规范》（GB 50027—2001）等相关标准与规范。

环境水文地质试验项目通常有抽水试验、注水试验、渗水试验、浸溶试验及土柱淋滤试验等，有关试验原则与方法参见《环境影响评价技术导则 地下水环境》（2021 年征求意见稿）附录 E。在评价工作过程中可根据评价工作等级和资料掌握情况选用。

进行环境水文地质勘察时，除采用常规方法外，还可采用其他辅助方法配合勘察。

六、地下水环境现状评价

1. 地下水水质现状评价

《地下水质量标准》（GB/T 14848—2017）和有关法规及当地的生态环境管理要求是地下水环境现状评价的基本依据，位于具有明确地下水环境管理目标的地区的建设项目，水质现状按照相关管理目标或要求进行评价。对属于《地下水质量标准》（GB/T 14848—2017）水质指标的评价因子，应按其规定的水质分类标准值进行评价；对于不属于《地下水质量标准》（GB/T 14848—2017）水质指标的评价因子，可参照国家（行业、地方）相关标准 [如《地表水环境质量标准》（GB 3838—2002）、《农田灌溉水质标准》（GB 5084—2021）、《生活饮用水卫生标准》（GB 5749—2022）等] 进行评价；现状监测结果应进行统计分析，给出最大值、最小值、均值、标准差、检出率和超标率等。

地下水水质现状评价应采用标准指数法。标准指数＞1，表明该水质因子已超标，标准指数越大，超标越严重。标准指数计算公式与地表水环境现状评价计算公式相同，见式（4-1）、式（4-4）、式（4-5）。

2. 包气带环境现状分析

对于评价工作等级为一级、二级的改、扩建项目，应开展包气带污染现状调查，分析包气带污染状况。

七、建设项目地下水环境影响预测

1. 预测原则

建设项目地下水环境影响预测应遵循《建设项目环境影响评价技术导则 总纲》（HJ 2.1—2016）中确定的原则。考虑到地下水环境污染的复杂性、隐蔽性和难恢复性，还应遵循保护优先、预防为主的原则，预测应为评价各方案的环境安全和环境保护措施的合理性提供依据。

预测的范围、时段、内容和方法均应根据评价工作等级、工程特征与环境特征，结合当地环境功能和环保要求确定，应预测建设项目对地下水环境的影响，重点关注建设项目对地下水环境敏感目标可能造成的影响。

在结合地下水污染防控措施的基础上，对工程设计方案或可行性研究报告推荐的选址（选线）方案可能引起的地下水环境影响进行预测。

天然包气带厚度超过 100m 的，主要预测污染物在包气带的迁移距离和浓度，但当垂向通道较为发育且下伏含水层存在供水价值时，应预测对含水层水质的影响。

2. 预测范围

地下水环境影响预测范围一般与调查评价范围一致。

预测层位应以潜水含水层或污染物直接进入的含水层为主，兼顾与其水力联系密切且具有饮用水开发利用价值的含水层。

当建设项目场地天然包气带垂向渗透系数小于 1.0×10^{-6} cm/s 或厚度超过 100m 时，预测范围应扩展至包气带。

3. 预测时段

地下水环境影响预测时段应选取可能产生地下水污染的关键时段，至少包括污染发生后100d、1000d，服务年限或者能反映特征因子迁移规律的其他重要的时间节点。

4. 情景设置

① 正常状况下，预测污染源连续恒定排放情景下预测时段内的地下水环境影响；不满足评价标准要求的，应结合跟踪监测点位布局、监测频次等内容，预测发现地下水污染及时采取处置措施后的地下水环境影响。

② 非正常状况下，根据跟踪监测点位布局、监测频次等内容，及时发现地下水污染，预测采取处置措施后的地下水环境影响。

5. 预测因子

预测因子应包括：

① 根据建设项目可能导致地下水污染识别出的特征因子，按照重金属、持久性有机污染物和其他类别进行分类，并对每一类别中的各项因子采用标准指数法进行排序，分别取标准指数最大的因子作为预测因子。

② 现有工程已经产生的且改、扩建后将继续产生的特征因子，改、扩建后新增加的特征因子。

③ 国家或地方要求控制的污染物。

6. 预测源强

地下水环境影响预测源强的确定应充分结合工程分析。

① 正常状况下，预测源强应结合建设项目工程分析和相关设计规范确定，可参照《环境影响评价技术导则 地下水环境》（2021 年征求意见稿）正常状况地下水污染源强计算公式。

② 非正常状况下，预测源强可根据地下水环境保护设施或工艺设备的系统老化或腐蚀程度等设定，一般为正常状况下源强的 10 ~ 100 倍。

7. 预测方法

① 建设项目地下水环境影响预测方法包括数学模型法和类比分析法。其中，数学模型法包括均衡法、数值法、解析法等。常用的地下水预测数学模型参见《环境影响评价技术导则 地下水环境》（2021 年征求意见稿）中常用地下水评价预测模型。

② 预测方法的选取应根据建设项目工程特征、水文地质条件及资料掌握程度来确定。一般情况下，一级评价优先采用数值法，不宜概化为等效多孔介质的地区除外；二级评价中水文地质条件复杂且适宜采用数值法时，建议优先采用数值法；三级评价可采用解析法或类

比分析法。

③ 采用数值法预测前，应先进行参数识别和模型验证。

④ 采用解析模型预测时，一般应满足以下条件：

a. 调查评价区内含水层的基本参数（如渗透系数、有效孔隙率等）不变或变化很小。

b. 水质影响型的建设项目，污染物的排放对地下水流场没有明显的影响。

⑤ 采用类比分析法时，应给出类比条件。类比分析对象与拟预测对象之间应满足以下要求：

a. 二者的环境水文地质条件、水动力场条件相似。

b. 二者的工程类型、规模及特征因子对地下水环境的影响具有相似性。

⑥ 地下水环境影响预测过程中，对于采用非本导则推荐模式进行预测评价时，需明确所采用模式的适用条件，给出模型中各参数的物理意义及参数取值，并尽可能地采用本导则中的相关模式进行验证。

8. 预测模型概化

（1）水文地质条件概化

根据调查评价区和场地环境水文地质条件，对边界性质、介质特征、水流特征和补径排等条件进行概化。

（2）污染源概化

污染源概化包括排放形式与排放规律的概化。根据污染源的具体情况，排放形式可以概化为点源、线源、面源；排放规律可以概化为连续恒定排放或非连续恒定排放以及瞬时排放。

（3）水文地质参数初始值的确定

包气带垂向渗透系数、含水层渗透系数、给水度等预测所需参数初始值的获取应以收集评价范围内已有水文地质资料为主，不满足预测要求时需通过现场试验获取。

9. 预测内容

① 给出特征因子不同时段的影响范围、程度、最大迁移距离。

② 给出预测期内建设项目场地边界或地下水环境敏感目标处特征因子随时间的变化规律。

③ 当建设项目场地天然包气带垂向渗透系数小于 $1.0 \times 10^{-6} \text{cm/s}$ 或厚度超过 100m 时，须考虑包气带阻滞作用，预测特征因子在包气带中的迁移规律。

10. 简化预测的条件

规划环评已采用数值模型进行了地下水环境影响预测且模型精度可满足建设项目相应评价等级技术要求的，鼓励规划区域内的建设项目使用规划环评建立的数值模型进行预测，简化建设项目环境影响预测。

规划环评建立的数值模型预测内容，而且预测对敏感目标的地下水环境影响可接受，规划区域内的建设项目环评可不再预测。

八、建设项目地下水环境影响评价

1. 评价原则

① 评价应以地下水环境现状调查和地下水环境影响预测结果为依据，对建设项目建设期、运营期和服务期满后（可根据项目情况选择）不同环节及不同污染防控措施下的地下水环境影响进行评价。

② 地下水环境影响预测未包括环境质量现状值时，应叠加环境质量现状值后再进行评价。

③ 应评价建设项目对地下水水质的直接影响，重点评价建设项目对地下水环境敏感目标的影响。

④ 建设项目地下水环境影响评价应充分考虑规划环评结论和审查意见。

2. 评价范围

地下水环境影响评价范围一般与调查评价范围一致。

3. 评价方法

① 采用标准指数法对建设项目地下水水质影响进行评价，具体方法同地下水水质现状评价。

② 对于属于《地下水质量标准》（GB/T 14848—2017）水质指标的评价因子，应按其规定的水质分类标准值进行评价；对于不属于《地下水质量标准》（GB/T 14848—2017）水质指标的评价因子，可参照国家（行业、地方）相关标准的水质标准值如《地表水环境质量标准》（GB 3838—2002）、《农田灌溉水质标准》（GB 5084—2021）、《生活饮用水卫生标准》（GB 5749—2022）等进行评价。

4. 评价结论判定依据

① 满足评价标准要求的判定依据：

a. 建设项目各个不同阶段，除场界内小范围以外地区均能满足《地下水质量标准》（GB/T 14848—2017）、国家（行业、地方）相关标准要求的；

b. 在建设项目实施的某个阶段，有个别评价因子出现较大范围超标，但采取环保措施后，可满足《地下水质量标准》（GB/T 14848—2017）或国家（行业、地方）相关标准要求的；

c. 通过跟踪监测能及时发现，采取环保措施能有效防止造成地下水环境敏感目标超标的，或有效遏制地下水水质持续恶化的；

d. 达到地方地下水环境管理目标要求的。

② 以下情况应得出可以满足评价标准要求的结论：

a. 正常状况和非正常状况下均满足评价标准要求的判定依据（a）、（b）或（d）的；

b. 正常状况下满足评价标准要求的判定依据（a）或（b），非正常状况下不能满足（a）和（b），但满足（c）的。

③ 以下情况应得出不能满足评价标准要求的结论：

a. 不满足②的；

b. 环保措施在技术上不可行，或在经济上明显不合理的。

九、建设项目地下水环境保护措施与对策

1. 基本要求

① 地下水环境保护措施与对策应符合《中华人民共和国环境保护法》《中华人民共和国水污染防治法》《中华人民共和国土壤污染防治法》《中华人民共和国环境影响评价法》《地下水管理条例》的相关规定，按照"源头控制、分区防控、污染监控、应急响应"且重点突出饮用水水质和地下水生态环境安全的原则确定。

② 根据建设项目特点、调查评价区环境水文地质条件和场地包气带防污性能，在建设项目可行性研究提出的污染防控对策的基础上，根据环境影响预测与评价结果，提出需要增加或完善的地下水环境保护措施和对策。

③ 改、扩建项目应针对现有工程引起的地下水污染问题，提出"以新带老"措施，有效减轻污染程度或控制污染范围，防止地下水污染加剧。

④ 给出各项地下水环境保护措施与对策的实施效果，初步估算各措施的投资概算，列表给出并分析其技术、经济可行性。

⑤ 提出合理可行、操作性强的地下水污染防控的环境管理体系，包括地下水环境跟踪监测方案等。

2. 建设项目污染防控对策

① 源头控制措施　主要包括提出各类废物循环利用的具体方案，减少污染物的排放量；提出工艺、管道、设备、污水储存及处理构筑物应采取的污染防控措施，将污染物跑、冒、滴、漏降到最低限度。

② 分区防控措施　结合地下水环境影响评价结果，对工程设计或可行性研究报告提出的地下水污染防控方案提出优化调整建议，给出不同分区的具体防渗技术要求。

一般情况下，应以水平防渗为主，防控措施应满足以下要求。

a. 已颁布污染控制标准或防渗技术规范的行业，水平防渗技术要求按照相应标准或规范执行，如《生活垃圾填埋场污染控制标准》（GB 16889—2008）、《危险废物贮存污染控制标准》（GB 18597—2023）、《危险废物填埋污染控制标准》（GB 18598—2019）、《一般工业固体废物贮存和填埋污染控制标准》（GB 18599—2020）、《医疗废物处理处置污染控制标准》（GB 39707—2020）、《石油化工工程防渗技术规范》（GB/T 50934—2013）等。

b. 未颁布相关标准的行业，应根据预测结果和建设项目场地包气带特征及其防污性能，提出防渗技术要求；或根据建设项目场地天然包气带防污性能、污染控制难易程度和污染物特性，参照表 4-20 提出防渗技术要求。其中污染控制难易程度分级和天然包气带防污性能分级参照表 4-21 和表 4-22 进行相关等级的确定。

表 4-20　地下水污染防渗分区参照表

防渗分区	天然包气带防污性能	污染控制难易程度	污染物类型	防渗技术要求
重点防渗区	弱	易-难	重金属、持久性有机污染物	等效黏土防渗层 $M_b \geq 6.0\text{m}$，$K \leq 1.0 \times 10^{-7}\text{cm/s}$；或参照 GB 18598 执行
	中-强	难		
一般防渗区	中-强	易	重金属、持久性有机污染物	等效黏土防渗层 $M_b \geq 1.5\text{m}$，$K \leq 1.0 \times 10^{-7}\text{cm/s}$；或参照 GB 16889 执行
	弱	易-难	其他类型	
	中-强	难		
简单防渗区	中-强	易	其他类型	一般地面硬化

注：M_b 为岩土层单层厚度，K 为渗透系数。

表 4-21　污染控制难易程度分级参照表

污染控制难易程度	主要特征
难	对地下水环境有污染的物料或污染物泄漏后，不能及时发现和处理
易	对地下水环境有污染的物料或污染物泄漏后，可及时发现和处理

表 4-22　天然包气带防污性能分级参照表

分级	包气带岩土的渗透性能
强	$M_b \geq 1.0\text{m}$，$K \leq 1.0 \times 10^{-6}\text{cm/s}$，而且分布连续、稳定
中	$0.5\text{m} \leq M_b < 1.0\text{m}$，$K \leq 1.0 \times 10^{-6}\text{cm/s}$，而且分布连续、稳定
	$M_b \geq 1.0\text{m}$，$1.0 \times 10^{-6}\text{cm/s} < K \leq 1.0 \times 10^{-4}\text{cm/s}$，而且分布连续、稳定
弱	岩（土）层不满足上述"强"和"中"条件

对难以采取水平防渗措施的建设项目场地，可采用以垂向防渗为主、局部水平防渗为辅的防控措施。

③ 根据非正常状况下的预测评价结果，在建设项目服务年限内个别评价因子超标范围超出厂界时，应提出优化总图布置的建议或地基处理方案。

3. 地下水环境监测与管理

① 建立地下水环境监测管理体系，包括制订地下水环境影响跟踪监测计划、建立地下水环境影响跟踪监测制度、配备先进的监测仪器和设备，以便及时发现问题，采取措施。

② 跟踪监测计划应根据环境水文地质条件、地下水环境敏感目标、建设项目特点设置跟踪监测点，可参照《地下水环境监测技术规范》（HJ 164—2020）要求布设；跟踪监测点应明确与建设项目的位置关系，尽可能靠近建设项目场地或主体工程，并充分利用规划环评跟踪评价设置的监测点，给出点位、坐标、井深、井结构、监测层位、监测因子及监测频率等相关参数。

a. 不满足《地下水环境监测技术规范》（HJ 164—2020）要求时，跟踪监测点可参照以下原则布设：

ⅰ. 一级评价的建设项目，一般不少于 3 个，应至少在建设项目场地及其上、下游各布设 1 个，而且监测点布置应结合预测评价结果和应急响应时间要求，并兼顾重点污染风险源；

ⅱ. 二级评价的建设项目，应至少在建设项目场地下游布置 1 个监测点；

ⅲ. 三级评级的建设项目可根据自身地下水环境管理需要适当布设监测点。

b. 明确跟踪监测点的基本功能，如背景值监测点、地下水环境影响跟踪监测点、污染扩散监测点等，必要时，明确跟踪监测点兼具的污染控制功能。

③ 位于基岩山区的建设项目，可选取现状调查的代表性监测点，结合水文地质条件布设跟踪监测点；具有优势通道的裂隙、管道型岩溶区的污染源跟踪监测点可布设于天然排泄点（泉、泄流点、暗河、天窗）。

④ 包气带厚度超过 100m 且天然防污性能强的，或位于无导通裂隙发育基岩上的建设项目，可不设置跟踪监测点。

⑤ 制订地下水环境跟踪监测计划，一般包括建设项目所在场地及其影响区地下水环境跟踪监测数据，排放污染物的种类、数量、浓度。

4. 应急响应

预测评价正常状况下满足评价标准要求的判定依据 a 或 b，非正常状况下不能满足 a 和 b，但满足 c 的建设项目，应当根据水文地质条件、污染源分布特点、跟踪监测点布设情况以及污染物迁移特征等，制定地下水污染应急响应预案，明确污染状况下应采取的控制污染源、切断污染途径等措施。

十、建设项目地下水环境影响评价结论

1. 环境水文地质现状

概述调查评价区及场地环境水文地质条件和地下水环境现状。

2. 地下水环境影响

给出地下水环境影响预测评价结果，明确建设项目对地下水环境和敏感目标的直接影响。

3. 地下水环境污染防控措施

根据地下水环境影响评价结论，提出建设项目地下水污染防控措施的优化调整建议或方案。

4. 总体结论

根据评价结论判定依据评价结果，结合环境水文地质条件、地下水环境影响、地下水环境污染防控措施、建设项目总平面布置的合理性等方面进行综合评价，完成《环境影响评价技术导则 地下水环境》（2021年征求意见稿）的自评估表，给出建设项目地下水环境影响是否可接受的结论。

第六节 水环境评价相关标准

一、《地表水环境质量标准》

《地表水环境质量标准》（GB 3838—2002）按照地表水环境功能分类和保护目标，规定了水环境质量应控制的项目及限值，以及水质评价、水质项目的分析方法和标准的实施与监督，适用于中华人民共和国领域内江河、湖泊、运河、渠道、水库等具有使用功能的地表水水域。

依据地表水水域环境功能和保护目标，按功能高低一次划分为以下五类。

Ⅰ类：主要适用于源头水、国家自然保护区。

Ⅱ类：主要适用于集中式生活饮用水地表水源地一级保护区、珍稀水生生物栖息地、鱼虾类产卵场、仔稚幼鱼的索饵场等。

Ⅲ类：主要适用于集中式生活饮用水地表水源地二级保护区、鱼虾类越冬场、洄游通道、水产养殖区等渔业水域及游泳区。

Ⅳ类：主要适用于一般工业用水区及人体非直接接触的娱乐用水区。

Ⅴ类：主要适用于农业用水区及一般景观要求水域。

该标准规定了109个项目的标准限值，其中24个基本项目的标准限值见表4-23。

表 4-23 地表水环境质量标准基本项目标准限值

序号	项目		标准分类				
			Ⅰ类	Ⅱ类	Ⅲ类	Ⅳ类	Ⅴ类
1	水温/℃		人为造成的环境水温变化应限制在：周平均最大温升≤1；周平均最大温降≤2				
2	pH值（无量纲）		6～9				
3	溶解氧/（mg/L）	≥	饱和率90%（或7.5）	6	5	3	2
4	高锰酸盐指数/（mg/L）	≤	2	4	6	10	15
5	化学需氧量（COD）/（mg/L）	≤	15	15	20	30	40
6	五日生化需氧量（BOD_5）/（mg/L）	≤	3	3	4	6	10
7	氨氮（NH_3-N）/（mg/L）	≤	0.15	0.5	1.0	1.5	2.0
8	总磷（以P计）/（mg/L）	≤	0.02（湖、库0.01）	0.1（湖、库0.025）	0.2（湖、库0.05）	0.3（湖、库0.1）	0.4（湖、库0.2）
9	总氮（湖、库以N计）/（mg/L）	≤	0.2	0.5	1.0	1.5	2.0
10	铜/（mg/L）	≤	0.01	1.0	1.0	1.0	1.0

序号	项目		标准分类				
			I 类	II 类	III 类	IV 类	V 类
11	锌/（mg/L）	≤	0.05	1.0	1.0	2.0	2.0
12	氟化物（以F⁻计）/（mg/L）	≤	1.0	1.0	1.0	1.5	1.5
13	硒/（mg/L）	≤	0.01	0.01	0.01	0.02	0.02
14	砷/（mg/L）	≤	0.05	0.05	0.05	0.1	0.1
15	汞/（mg/L）	≤	0.00005	0.00005	0.0001	0.001	0.001
16	镉/（mg/L）	≤	0.001	0.005	0.005	0.005	0.01
17	铬（六价）/（mg/L）	≤	0.01	0.05	0.05	0.05	0.1
18	铅/（mg/L）	≤	0.01	0.01	0.05	0.05	0.1
19	氰化物/（mg/L）	≤	0.005	0.05	0.2	0.2	0.2
20	挥发酚/（mg/L）	≤	0.002	0.002	0.005	0.01	0.1
21	石油类/（mg/L）	≤	0.05	0.05	0.05	0.5	1.0
22	阴离子表面活性剂/（mg/L）	≤	0.2	0.2	0.2	0.3	0.3
23	硫化物/（mg/L）	≤	0.05	0.1	0.5	0.5	1.0
24	粪大肠菌群/（个/L）	≤	200	2000	10000	20000	40000

二、《海水水质标准》

《海水水质标准》（GB 3097—1997）规定了海域各类适用功能的水质要求，适用于中华人民共和国管辖的海域。

按照海域的不同使用功能和保护目标，海水水质分为以下四类。

第一类：适用于海洋渔业水域、海上自然保护区和珍稀濒危海洋生物保护区。

第二类：适用于水产养殖区、海水浴场、人体直接接触海水的海上运动或娱乐区，以及与人类食用直接有关的工业用水区。

第三类：适用于一般工业用水区、滨海风景旅游区。

第四类：适用于海洋港口水域、海洋开发作业区。

该标准规定了35项指标的不同级别的标准限值，表4-24列出了部分常见项目的标准限值，其他项目的标准限值具体应用时可直接查阅该标准。

表 4-24　海水水质标准中部分常见项目的标准限值

序号	项目		标准分类			
			第一类	第二类	第三类	第四类
1	pH值（无量纲）		7.8～8.5，同时不超出该海域正常变动范围的0.2pH单位		6.8～8.8，同时不超出该海域正常变动范围的0.5pH单位	
2	水温/℃		人为造成的海水温升夏季不超过当时当地1℃，其他季节不超过2℃		人为造成的海水温升不超过当时当地3℃	
3	溶解氧/（mg/L）	>	6	5	4	3
4	化学需氧量（COD）/（mg/L）	≤	2	3	4	5

序号	项目		标准分类			
			第一类	第二类	第三类	第四类
5	生化需氧量（BOD₅）/（mg/L）	≤	1	3	4	5
6	无机氮（以N计）/（mg/L）	≤	0.20	0.30	0.40	0.50
7	非离子氨（以N计）/（mg/L）	≤	0.020			
8	活性磷酸盐（以P计）/（mg/L）	≤	0.015		0.030	0.045

三、《地下水质量标准》

《地下水质量标准》（GB/T 14848—2017）规定了地下水的质量分类，地下水质量监测、评价方法和地下水质量保护，适用于一般地下水，不适用于地下热水、矿水、盐卤水。

依据我国地下水水质现状、人体健康基准值及地下水质量保护目标，并参照了生活饮用水及工业、农业用水水质最高要求，将地下水质量划分为五类。

Ⅰ类：地下水化学组分含量低，适用于各种用途。

Ⅱ类：地下水化学组分含量较低，适用于各种用途。

Ⅲ类：地下水化学组分含量中等，以《生活饮用水卫生标准》（GB 5749—2022）为依据，主要适用于集中式生活饮用水水源及工农业用水。

Ⅳ类：地下水化学组分含量较高，以农业和工业用水质量要求以及一定水平的人体健康风险为依据，适用于农业和部分工业用水，适当处理后可作生活饮用水。

Ⅴ类：地下水化学组分含量高，不宜作为生活饮用水水源，其他用水可根据使用目的选用。

该标准共规定了93项指标的不同级别的标准限值，表4-25列出了部分常见项目的标准限值，其他项目的标准限值具体应用时可直接查阅该标准。

表 4-25　地下水质量标准中部分常见项目的分类指标

序号	项目	标准分类				
		Ⅰ类	Ⅱ类	Ⅲ类	Ⅳ类	Ⅴ类
1	pH值（无量纲）	$6.5 \leqslant pH \leqslant 8.5$			$5.5 \leqslant pH < 6.5$，$8.5 < pH \leqslant 9$	$pH < 5.5$，或$pH > 9$
2	总硬度（以CaCO₃计）/（mg/L）	≤150	≤300	≤450	≤650	≤650
3	溶解性总固体/（mg/L）	≤300	≤500	≤1000	≤2000	>2000
4	硫酸盐/（mg/L）	≤50	≤150	≤250	≤350	>350
5	氯化物/（mg/L）	≤50	≤150	≤250	≤350	>350
6	铁（Fe）/（mg/L）	≤0.1	≤0.2	≤0.3	≤2.0	>2.0
7	铜（Cu）/（mg/L）	≤0.01	≤0.05	≤1.00	≤1.50	>1.50
8	锌（Zn）/（mg/L）	≤0.05	≤0.5	≤1.00	≤5.00	>5.00
9	耗氧量（CODMn法，以O₂计）/（mg/L）	≤1.0	≤2.0	≤3.0	≤10.0	>10.0
10	硝酸盐（以N计）/（mg/L）	≤2.0	≤5.0	≤20.0	≤30.0	>30.0
11	亚硝酸盐（以N计）/（mg/L）	≤0.01	≤0.10	≤1.00	≤4.80	>4.80
12	氨氮（以N计）/（mg/L）	≤0.02	≤0.10	≤0.50	≤1.50	>1.50

扫描二维码可查看案例分析。

习　题

1. 水体如何分类？水体污染源、污染物如何分类？

2. 什么是水体自净？水体污染和水体自净的关系如何？

3. 某河段地表水监测结果见下表，请采用单因子水质指数对其进行评价，采用标准为 GB 3838—2002 中Ⅲ类水质标准。

因子指标	水温 /℃	pH 值	DO /(mg/L)	BOD_5 /(mg/L)	COD_{Cr} /(mg/L)	氨氮 /(mg/L)	石油类 /(mg/L)	Cr^{6+} /(mg/L)	Cd /(mg/L)
限值	15.2	7.5	4.3	5.2	19.5	0.7	0.06	0.01	0.002

4. 一河段的上断面处有一岸边污水排放口稳定地向河流排放污水，其污水排放特征参数为：Q_p=19440m^3/d，$BOD_{5(p)}$=81.4mg/L。河流水环境参数值为：Q_h=6.0m^3/s，$BOD_{5(h)}$=6.16mg/L，B=50.0m，H=1.2m，u=0.1m/s，i=0.9‰，k_1=0.3d^{-1}。试计算混合过程段长度。如果忽略污染物质在该段内的降解和沿途河流水量的变化，在距完全混合断面下游 10km 的某断面处，河水中的 BOD_5 浓度是多少？

5. 工厂 A 和 B 向一均匀河段排放含酚污水，水量均为 100m^3/d，水质均为 50mg/L。两工厂排放口相距 20km。两工厂排放口的上游河水流量为 9m^3/s，河水含酚为 0mg/L，河水的平均流速为 40km/d，酚的衰减速率常数为 2d^{-1}。如要在该河流的两工厂排放口的下游建一自来水厂，根据生活饮用水卫生标准，河水含酚应不超过 0.002mg/L，问该水厂应建在何处（距 A、B 排放口的距离）？

6. 一个改扩建工程拟向河流排放废水，废水量为 0.15m^3/s，苯酚浓度为 30μg/L，河流流量为 5.5m^3/s，流速为 0.3m/s，苯酚背景浓度为 0.5μg/L，苯酚降解系数为 0.2d^{-1}，纵向弥散系数 E_x=10m^2/s。求排放点下游 10km 处的苯酚浓度。

7. 某均匀河段流量 Q=216×$10^4$$m^3$/d，流速 u=46km/d，水温 T=13.6℃，饱和溶解氧为 10.35mg/L，测得河水 20℃时：k_1=0.94d^{-1}，k_2=1.82d^{-1}。河段始端排放流量 q=10×$10^4$$m^3$/d 的污水，$BOD_{5(p)}$=500mg/L，溶解氧为 0mg/L；排放口上游河水的 $BOD_{5(h)}$=0mg/L，上游河水的溶解氧为 8.95mg/L。求：临界点出现的距离（距排放口）、BOD_5 和 DO 值。

8. 河口与一般河流相比，最显著的区别是（　　　　）

A. 受潮汐影响大   B. 是大洋与大陆之间的连接部

C. 有比较明确的形态   D. 容量大，不易受外界影响

9. 以下对水体污染物迁移与转化的过程描述正确的是（   ）

A. 化学过程主要指污染物在水中发生的理化性质变化等化学变化

B. 水体中污染物的迁移与转化包括物理过程、化学转化过程和生物降解过程

C. 混合稀释作用只能降低水中污染物的浓度，不能减少其总量

D. 物理作用主要是污染物在水中的稀释自净和生物降解过程

第五章
声环境影响评价

学习目标

了解噪声的基本概念、分类及评价量。理解声环境影响评价工作等级的划分方法、声环境现状调查要求和评价方法、声环境影响预测和评价方法。熟悉声环境质量标准和排放标准，掌握环境影响评价工作中声环境影响章节的编制内容和具体实施过程。

第一节　环境噪声基础

一、基本概念

1. 噪声

噪声是在工业生产、建筑施工、交通运输和社会生活中产生的干扰周围生活环境的声音（频率在 20Hz ～ 20kHz 的可听声范围内）。

2. 噪声污染

噪声污染是指超过噪声排放标准或者未依法采取防控措施产生噪声，并干扰他人正常生活、工作和学习的现象。

二、环境噪声的特征及影响

1. 环境噪声的特征

（1）主观感觉性

声环境影响是一种感觉性公害。噪声对人的影响不仅与噪声强度有关，还和受影响人当时的行为状态以及其生理（感觉）与心理（感觉）因素有关。不同的人，或同一人在不同的行为状态下对同一种噪声会有不同的反应。

（2）局限性和分散性

任何一个噪声源，由于距离发散衰减等因素只能影响一定的范围，具有局限性。此外，环境噪声源往往不是单一的，在人群周围噪声源无处不在，具有分散性。

（3）暂时性

当噪声源停止发声后，噪声即刻消失，声环境可以恢复到原来状态，不会留下能量的积累。

2. 噪声的影响

噪声对人的影响主要体现在听力损失，睡眠干扰，对交谈和工作思考的干扰，以及引起心理的变化，如使人激动、易怒，甚至失去理智等。一般来说，环境噪声对人的影响以对正常生活造成干扰和引起烦恼为主，不会形成听力损伤或者其他疾病伤害。

三、环境噪声的分类

1. 按产生机理分类

根据噪声产生机理的不同，噪声可分为：

① 机械噪声　是由于机械设备运转时，机械部件间的摩擦力、撞击力或非平衡力，使机械部件和壳体产生振动而辐射的噪声。

② 空气动力性噪声　是由于气体流动过程中的相互作用，或气流和固体介质之间的相互作用而产生的噪声。如空压机、风机等进气和排气产生的噪声。

③ 电磁噪声　由电磁场交替变化引起某些机械部件或空间容积振动而产生的噪声。

对产生机理不同的噪声应采用不同的噪声控制措施。

2. 按噪声随时间的变化分类

按噪声随时间的变化分类可分成稳态噪声和非稳态噪声两大类。非稳态噪声又可分为瞬态的、周期性起伏的、脉冲的和无规则的噪声。

在环境噪声现状监测中应根据噪声随时间的变化来选定恰当的测量和监测方法。

3. 按噪声来源分类

环境噪声按其来源可分为以下四类：

① 工业噪声　在工业生产活动中产生的干扰周围生活环境的声音。

② 建筑施工噪声　在建筑施工过程中产生的干扰周围生活环境的声音。

③ 交通运输噪声　机动车、铁路机车车辆、城市轨道交通车辆、机动船舶、航空器等交通运输工具在运行时产生的干扰周围生活环境的声音。

④ 社会生活噪声　人为活动产生的除工业噪声、建筑施工噪声和交通运输噪声之外的干扰周围生活环境的声音。

4. 声环境影响评价中声源类型的确定

在声环境影响评价中，按实际噪声源的辐射特性及其和声环境保护目标之间的距离，可分为点声源、线声源和面声源三种声源类型。

① 点声源　以球面波形式辐射声波的声源，辐射声波的声压幅值与声波传播距离成反比。任何形状的声源，只要声波波长远远大于声源几何尺寸，该声源可视为点声源。

② 线声源　以柱面波形式辐射声波的声源，辐射声波的声压幅值与声波传播距离的平方根成反比。如水泵、矿山和选煤场的输送系统、繁忙的交通线等。

③ 面声源　以平面波形式辐射声波的声源，辐射声波的声压幅值不随传播距离改变。

四、噪声评价的物理基础

1. 声波、频率、波长、声速

（1）声波

物体在弹性介质中的机械振动可引起介质密度的改变，这种介质密度变化由近及远的传播过程即为声波。

（2）频率

单位时间（1s）内媒质质点振动的次数，用 f 来表示，单位为赫兹 Hz。人耳可以感觉到的声波（可听声波）频率范围是 20 ～ 20kHz。

可听声波的频率范围较宽，国际上统一按下述公式将可听声波划分为若干较小的段落，即倍频带。

$$\frac{f_2}{f_1} = 2^n \qquad （5-1）$$

式中　f_1——下限频率，Hz；

　　　f_2——上限频率，Hz。

n 可以为整数，也可以为小数。在噪声测量中常见的 n 为 1 和 1/3。当 $n=1$ 时称为 1/1 倍频带或倍频带。

（3）波长

在声波的传播方向上，相邻两波峰（或波谷）之间的距离，即质点的振动经过一个周期声波传播开去的距离，通常用 λ 表示，单位 m。

（4）声速

声音在媒质中传播的速度称为声速，通常用 c 表示，单位 m/s。声速是介质温度的函数，只取决于媒质的弹性和密度，与声源无关。

2. 声压、声强、声功率

（1）声压（p）

当有声波存在时，媒质中的压强超过静止压强，两个压强的差值称为声压。单位为 Pa，$1Pa=1N/m^2$。

声压是衡量声音强弱的常用物理量，可分为瞬时声压和有效声压。声场中某空间点某一瞬时的声压值即为瞬时声压，瞬时声压随时间而变化。有效声压是指一定时间间隔内瞬时声压对时间的均方根值。一般仪器测得的声压为有效声压。在没有注明的情况下，声压均指的是有效声压。

（2）声强（I）

声强是指单位时间内通过垂直于声波传播方向上单位面积的平均声能量，单位为 W/m^2。声场中某点声强的大小与声源的声功率、该点距声源的距离、波阵面的形状及声场的具体情况有关。

（3）声功率（W）

单位时间内声源辐射出来的总声能量称为声功率，单位为 W。声功率越大，表示声源单位时间内发射的声能量越大，引起的噪声越强。声功率的大小，只与声源本身有关。

3. 声压级、声强级和声功率级

（1）声压级（L_p）

一个声音的声压级为这个声音声压的平方与基准声压平方的比值，取以 10 为底的对数后再乘以 10。

$$L_p = 10\lg\frac{p^2}{p_0^2} \qquad （5-2）$$

式中　L_p——对应声压 p 的声压级，dB；

p——声压，Pa；

p_0——基准声压，$p_0=2\times10^{-5}$Pa。

（2）声强级（L_I）

一个声音的声强级为这个声音的声强与基准声强的比值，取以 10 为底的对数后再乘以 10。

$$L_I = 10\lg\frac{I}{I_0} \tag{5-3}$$

式中 L_I——对应声强 I 的声强级，dB；

I——声强，W/m^2；

I_0——基准声强，$I_0=1\times10^{-12}$W/m^2。

（3）声功率级（L_W）

一个声音的声功率级为这个声音的声功率与基准声功率的比值，取以 10 为底的对数后再乘以 10。

$$L_W = 10\lg\frac{W}{W_0} \tag{5-4}$$

式中 L_W——对应声功率 W 的声功率级，dB；

W——声功率，W；

W_0——基准声功率，$W_0=1\times10^{-12}$W。

（4）级的叠加

由于级是对数量度，因此在求几个声源的共同效果时，不能简单地将各自产生的声压级数值算数相加，而是需要进行能量叠加。对于互不相干的多个噪声源，它们之间不会发生干涉现象。这时，空间某处的总声压级应由式（5-5）求得：

$$L_{pT} = 10\lg\left(\sum_{i=1}^{n}10^{0.1L_{pi}}\right) \tag{5-5}$$

【例 5-1】在车间某处分别测量 4 个噪声源的声压级为 83dB、86dB、94dB 和 87dB，求该处总的声压级是多少？

解：根据声压级的叠加公式可得

$$L_{pT} = 10\lg\left(\sum_{i=1}^{n}10^{0.1L_{pi}}\right)$$

$$= 10\lg\left(10^{0.1\times83} + 10^{0.1\times86} + 10^{0.1\times94} + 10^{0.1\times87}\right)$$

$$= 95.6\text{(dB)}$$

五、环境噪声的评价量

1. A计权声级

通过 A 计权网络（一种特殊的滤波器）测得的声压级即为 A 计权声级，用 L_A 表示，单位 dB。

A 计权声级能够较好地反映人对各种噪声的主观感觉，是目前评价噪声的主要指标，已被广泛采用。

2. 等效连续A声级

等效连续 A 声级简称等效声级，指在规定测量时间 T 内 A 声级的能量平均值，用 $L_{Aeq,T}$ 表示（简写为 L_{eq}），单位 dB。

根据定义，等效声级表示为：

$$L_{eq} = 10\lg\left(\frac{1}{T}\int_0^T 10^{0.1L_A}dt\right) \tag{5-6}$$

式中　L_A——t 时刻的瞬时 A 声级，dB；

　　　T——规定的测量时间段，min。

3. 最大A声级

在规定的测量时间段内或对某一独立噪声事件，测得的 A 声级最大值，用 L_{max} 表示，单位 dB。

4. 列车通过时段内等效A声级

预测点的列车同时段内等效连续 A 声级（L_{Aeq,T_p}）计算公式为：

$$L_{Aeq,T_p} = 10\lg\left[\frac{1}{t_2-t_1}\int_{t_1}^{t_2}\frac{p_A^2(t)}{p_0^2}dt\right] \tag{5-7}$$

式中　L_{Aeq,T_p}——列车通过时段内的等效连续 A 声级，dB；

　　　T_p——测量经过的时间段，$T_p=t_2-t_1$，表示始于 t_1 终于 t_2，s；

　　　$p_A(t)$——瞬时 A 计权声压，Pa；

　　　p_0——基准声压，$p_0=2\times10^{-5}$Pa。

5. 机场航空器噪声事件的有效感觉噪声级

对某一飞行事件的有效感觉噪声级按下列公式近似计算：

$$L_{EPN} = L_{Amax} + 10\lg(T_d/20)+13 \tag{5-8}$$

式中　L_{EPN}——有效感觉噪声级，dB；

　　　L_{Amax}——一次噪声事件中测量时段内单架航空器通过时的最大 A 声级，dB；

　　　T_d——在 L_{Amax} 下 10dB 的延续时间，s。

6. 导则中采用的评价量

导则中采用的评价量见表 5-1。

表 5-1　导则中可采用的噪声评价量

项目	评价量
声环境质量	昼间等效声级（L_d）、夜间等效声级（L_n）、最大A声级（L_{Amax}）、计权等效连续感觉噪声级（L_{WECPN}）
声源源强	A声功率级（L_{AW}）、倍频带声功率级（L_W）、距离声源r处的A计权声压级[$L_A(r)$]、倍频带声压级[$L_p(r)$]、有效感觉噪声级（L_{EPN}）、声源指向性描述
厂界、场界、边界噪声	昼间等效声级（L_d）、夜间等效声级（L_n）、最大A声级（L_{Amax}）
列车通过噪声、飞机航空器通过噪声	单列车通过时段内等效连续A声级（L_{Aeq,T_p}）、单架航空器通过时的最大A声级（L_{Amax}）

第二节 环境噪声影响评价工作程序和等级

一、声环境影响评价工作程序

根据建设项目实施过程中噪声的影响特点，可按施工期和运行期分别开展声环境影响评价。运行期声源为固定声源时，将固定声源投产运行年作为评价水平年；运行期声源为移动声源时，将工程预测的代表性水平年作为评价水平年。声环境影响评价的工作程序见图 5-1。

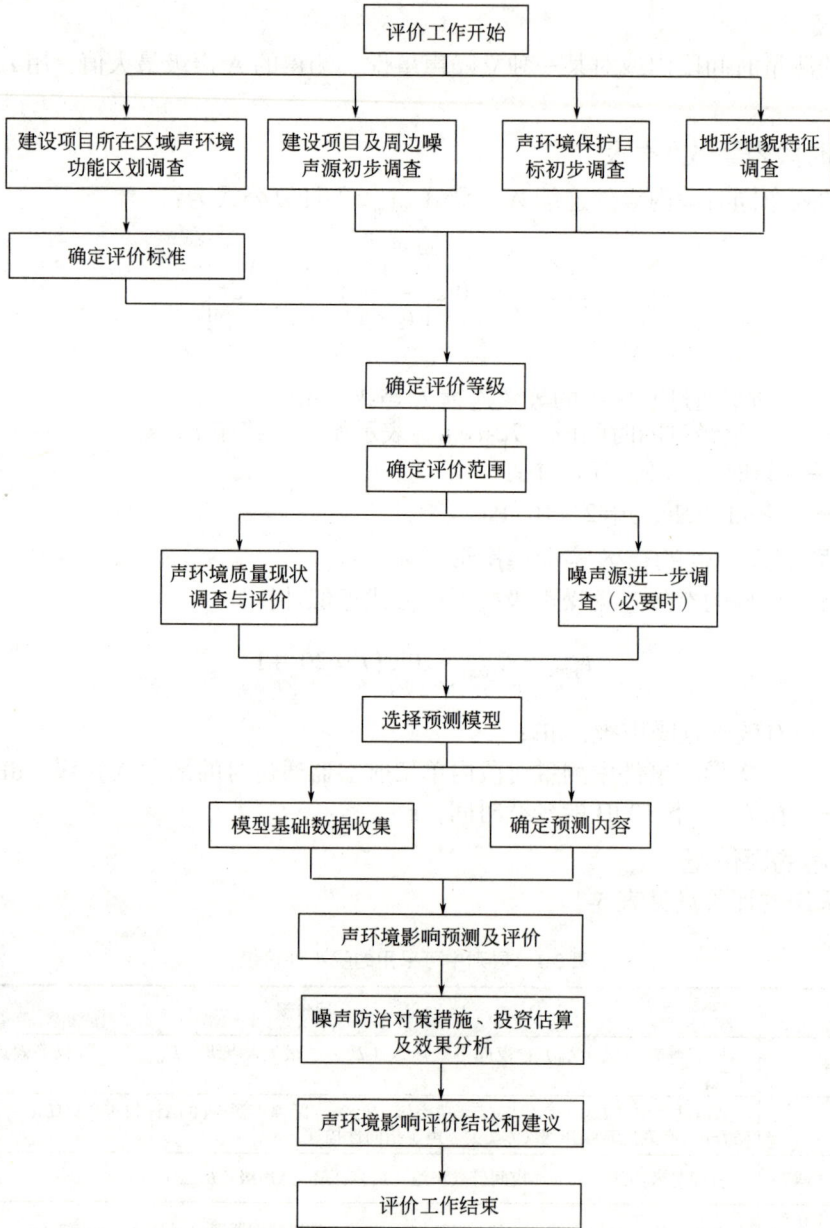

图5-1　声环境影响评价工作程序

二、评价等级的划分

1. 划分的依据

声环境影响评价工作等级划分依据包括：

① 建设项目所在区域的声环境功能区类别；

② 建设项目建设前后评价范围内声环境保护目标噪声级增量；

③ 受建设项目影响人口的数量。

2. 划分评价等级

声环境影响评价工作等级一般分为三级，一级为详细评价，二级为一般性评价，三级为简要评价。在确定评价等级时，如建设项目符合两个级别的划分原则，按较高等级评价。机场建设项目航空器噪声影响评价等级为一级。

（1）一级评价

评价范围内有适用于 GB 3096 规定的 0 类声功能区域，或建设项目建设前后评价范围内声环境保护目标噪声级增量达 5dB（A）以上 [不含 5dB（A）]，或受影响人口数量显著增加时，按一级评价。

（2）二级评价

建设项目所处的声环境功能区为 GB 3096 规定的 1 类、2 类地区，或建设项目建设前后评价范围内声环境保护目标噪声级增量达 3 ~ 5dB（A），或受噪声影响人口数量增加较多时，按二级评价。

（3）三级评价

建设项目所处的声环境功能区为 GB 3096 规定的 3 类、4 类地区，或建设项目建设前后评价范围内声环境保护目标噪声级增量在 3dB（A）以下 [不含 3dB（A）]，并且受影响人口数量变化不大时，按三级评价。

三、评价范围

声环境影响评价范围依据评价工作等级确定。

1. 以固定声源为主的建设项目（如工厂、码头、站场等）

① 满足一级评价的要求，一般以建设项目边界向外 200m 为评价范围。

② 二级、三级评价范围可根据建设项目所在区域和相邻区域的声环境功能区类别及声环境保护目标等实际情况适当缩小。

③ 如依据建设项目声源计算得到的贡献值到 200m 处，仍不能满足相应功能区标准值时，应将评价范围扩大到满足标准值的距离。

2. 以移动声源为主的建设项目（如公路、城市道路、铁路、城市轨道交通等地面交通）

① 满足一级评价的要求，一般以线路中心线外两侧 200m 以内为评价范围。

② 二级、三级评价范围可根据建设项目所在区域和相邻区域的声环境功能区类别及声环境保护目标等实际情况适当缩小。

③ 如依据建设项目声源计算得到的贡献值到 200m 处，仍不能满足相应功能区标准值时，应将评价范围扩大到满足标准值的距离。

3. 机场项目噪声评价范围

① 机场项目按照每条跑道承担飞行量进行评价范围划分。

② 对于增加跑道项目或变更跑道位置项目，在现状机场噪声影响评价和扩建机场噪声影响评价工作中，可分别划定机场噪声评价范围。

③ 机场噪声评价范围应不小于计权等效连续感觉噪声级 70dB 等声级线范围。
④ 不同飞行量机场的噪声评价范围可参考声导则推荐值。

第三节　噪声源调查与分析

一、调查与分析对象

噪声源调查包括拟建项目的主要固定声源和移动声源。给出主要声源的数量、位置和强度，并在标准规范的图中标识固定声源的具体位置或移动声源的路线、跑道等位置。噪声源调查内容和工作深度应符合环境影响预测模型对噪声源参数的要求。一、二、三级评价均应调查分析拟建项目的主要噪声源。

二、源强获取方法

① 噪声源源强核算应按照 HJ 884 的要求进行，有行业污染源源强核算技术指南的应优先按照指南中规定的方法进行；无行业污染源源强核算技术指南，但行业导则中对源强核算方法有规定的，优先按照行业导则中规定的方法进行。

② 对于拟建项目噪声源源强，当缺少所需数据时，可通过声源类比测量或引用有效资料、研究成果来确定。采用声源类比测量时应给出类比条件。

③ 噪声源需获取的参数、数据格式和精度应符合环境影响预测模型输入要求。

第四节　声环境现状调查和评价

一、现状调查内容

声环境现状调查内容见表 5-2。

表 5-2　声环境现状调查内容

调查项目		一级、二级评价	三级评价
声环境保护目标	基本情况	声环境保护目标的名称、地理位置、行政区划、所在声环境功能区、不同声环境功能区内人口分布、与建设项目的空间位置关系、建筑情况等	
	代表性声环境保护目标的声环境质量现状	现状监测	利用已有监测资料或现场监测
	其余声环境保护目标的声环境质量现状	类比或现场监测结合模型计算	无
有明显影响的现状声源	基本情况	现状声源名称、类型、数量、位置等	
	源强	采用现场监测法或收集资料法确定评价范围内现状声源源强。分析现状声源的构成及其影响，对现状调查结果进行评价	分析现状声源的构成

二、现状调查方法

声环境现状调查方法包括现场监测法、现场监测结合模型计算法、收集资料法。调查时，应根据评价等级的要求和现状噪声源情况，确定需采用的具体方法。

1. 现场监测法

声环境现状监测时，布点应遵循以下原则：

① 布点应覆盖整个评价范围，包括厂界（场界、边界）和声环境保护目标。当声环境保护目标高于（含）三层建筑时，还应按照噪声垂直分布规律、建设项目与声环境保护目标高差等因素选取有代表性的声环境保护目标的代表性楼层设置测点。

② 评价范围内没有明显的声源（如工业噪声、交通运输噪声、建设施工噪声、社会生活噪声等）时，可选择有代表性的区域布设测点。

③ 评价范围内有明显声源，并对声环境保护目标的声环境质量有影响时，或建设项目为改、扩建工程，应根据声源种类采取不同的监测布点原则。

a. 固定声源。现状测点应重点布设在可能同时受到既有声源和建设项目声源影响的声环境保护目标处，以及其他有代表性的声环境保护目标处；为满足预测需要，也可在距离既有声源不同距离处布设衰减测点。

b. 移动声源（呈线声源特点）。现状测点位置选取应兼顾声环境保护目标的分布状况、工程特点及线声源噪声影响随距离衰减的特点，布设在具有代表性的声环境保护目标处。为满足预测需要，可在垂直于线声源不同水平距离处布设衰减测点。

c. 改、扩建机场工程。现状测点一般布设在主要声环境保护目标处，重点关注航迹下方的声环境保护目标及跑道侧向较近处的声环境保护目标，测点数量可根据机场飞行量及周围声环境保护目标情况确定，现有单条跑道、两条跑道或三条跑道的机场可分别布设 3 ～ 9、9 ～ 14 或 12 ～ 18 个噪声测点，跑道增加或保护目标较多时可进一步增加测点。对于评价范围内少于 3 个声环境保护目标的情况，原则上布点数量不少于 3 个，结合声保护目标位置布点的，应优先选取跑道两端航迹 3km 以内范围的保护目标位置布点；无法结合保护目标位置布点的，可适当结合航迹下方的导航台站位置进行布点。

2. 现场监测结合模型计算法

当现状噪声声源复杂且声环境保护目标密集，在调查声环境质量现状时，可考虑采用现场监测结合模型计算法。如多种交通并存且周边声环境保护目标分布密集、机场改扩建等情形。

利用监测或调查得到的噪声源强及影响声传播的参数，采用各类噪声预测模型进行噪声影响计算，将计算结果和监测结果进行比较验证，计算结果和监测结果在允许误差范围内（≤ 3dB）时，可利用模型计算其他声环境保护目标的现状噪声值。

三、现状评价

现状评价应包括的图、表有现状评价图、声环境保护目标调查表和声环境现状评价结果表。现状评价的主要内容如下：

① 分析评价范围内既有主要声源种类、数量及相应的噪声级、噪声特性等，明确主要声源分布。

② 分别评价厂界（场界、边界）和各声环境保护目标的超标和达标情况，分析其受到既有主要声源的影响状况。

第五节　声环境影响预测与评价

声环境影响预测范围应与评价范围相同，建设项目评价范围内声环境保护目标和建设项目厂界（场界、边界）应作为预测点与评价点。

一、预测基础数据

1. 声源数据

声源种类、数量、空间位置、声级、发声持续时间和对声环境保护目标的作用时间等，环境影响评价文件中应标明噪声源数据的来源。工业企业等建设项目声源置于室内时，应给出建筑物门、窗、墙等围护结构的隔声量和室内平均吸声系数等参数。

2. 环境数据

影响声波传播的各类参数应通过资料收集和现场调查取得，各类数据如下：

① 建设项目所处区域的年平均风速和主导风向、年平均气温、年平均相对湿度、大气压强。

② 声源和预测点间的地形、高差。

③ 声源和预测点间障碍物（如建筑物、围墙等）的几何参数。

④ 声源和预测点间树林、灌木等的分布情况以及地面覆盖情况（如草地、水面、水泥地面、土质地面等）。

二、声环境影响预测方法与模型

1. 预测方法

声环境影响可采用参数模型、经验模型、半经验模型进行预测，也可采用比例预测法、类比预测法进行预测。声环境影响预测一般应按照导则给出的预测方法进行预测，如采用其他预测模型，须注明来源并对所用的预测模型进行验证，并说明验证结果。

2. 声环境影响预测基本物理量

根据声源声功率级或靠近声源某一参考位置处的已知声级（如实测得到的）和户外声传播衰减规律，可计算距离声源较远处的预测点的声级，进而实现声环境影响预测。

（1）背景噪声值（L_{eqb}）

评价范围内不含建设项目自身声源影响的声级。

（2）噪声贡献值（L_{eqg}）

由建设项目自身声源在预测点产生的声级。噪声贡献值（L_{eqg}）计算公式为：

$$L_{eqg} = 10\lg\left(\frac{1}{T}\sum_i t_i 10^{0.1L_{Ai}}\right) \tag{5-9}$$

式中　　L_{eqg}——噪声贡献值，dB；

　　　　T——预测计算的时间段，s；

　　　　t_i——i 声源在 T 时段内的运行时间；

　　　　L_{Ai}——i 声源在预测点产生的等效连续 A 声级，dB。

（3）噪声预测值（L_{eq}）

预测点的贡献值和背景值按能量叠加方法计算得到的声级。噪声预测值（L_{eq}）计算公式为：

$$L_{eq} = 10\lg\left(10^{0.1L_{eqg}} + 10^{0.1L_{eqb}}\right) \tag{5-10}$$

式中 L_{eq}——预测点的噪声预测值，dB；

　　　L_{eqg}——建设项目声源在预测点产生的噪声贡献值，dB；

　　　L_{eqb}——预测点的背景噪声值，dB。

3. 户外声传播衰减计算

户外声传播衰减包括几何发散（A_{div}）、大气衰减（A_{atm}）、地面效应（A_{gr}）、屏障屏蔽（A_{bar}）和其他多方面效应（A_{misc}）引起的衰减。在环境影响评价中，应根据声源声功率级或参考位置处的声压级、户外声传播衰减，计算预测点的声级，见式（5-11）、式（5-12）。

$$L_p(r) = L_W + D_c - \left(A_{div} + A_{atm} + A_{gr} + A_{bar} + A_{misc} \right) \qquad (5\text{-}11)$$

$$L_p(r) = L_p(r_0) + D_c - \left(A_{div} + A_{atm} + A_{gr} + A_{bar} + A_{misc} \right) \qquad (5\text{-}12)$$

式中 $L_p(r)$——预测点处声压级，dB；

　　　L_W——由点声源产生的声功率级（A 计权或倍频带），dB；

　　　$L_p(r_0)$——参考位置 r_0 处的声压级，dB；

　　　D_c——指向性校正，它描述点声源的等效连续声压级与产生声功率级 L_W 的全向点声源在规定方向的声级的偏差程度，dB；

　　　A_{div}——几何发散引起的衰减，dB；

　　　A_{atm}——大气吸收引起的衰减，dB；

　　　A_{gr}——地面效应引起的衰减，dB；

　　　A_{bar}——障碍物屏蔽引起的衰减，dB；

　　　A_{misc}——其他多方面效应引起的衰减，dB。

（1）几何发散引起的衰减（A_{div}）

噪声在传播过程中由于距离的增加而引起的衰减称为几何发散衰减。只考虑几何发散衰减时，预测点 A 声级计算公式如下。

$$L_A(r) = L_A(r_0) - A_{div} \qquad (5\text{-}13)$$

式中 $L_A(r)$——距离声源 r 处的 A 声级，dB(A)；

　　　$L_A(r_0)$——参考位置 r_0 处的 A 声级，dB(A)。

几何发散衰减的计算应遵循以下原则。

① 点声源的几何发散衰减　无指向性点声源几何发散衰减的基本公式是：

$$L_p(r) = L_p(r_0) - 20\lg(r/r_0) \qquad (5\text{-}14)$$

式中 $L_p(r)$——距离声源 r 处的倍频带声压级，dB；

　　　$L_p(r_0)$——参考位置 r_0 处的倍频带声压级，dB；

　　　r_0——参考位置距声源的距离，m；

　　　r——预测点距声源的距离，m。

$A_{div} = 20\lg(r/r_0)$，表示点声源的几何发散衰减。

若已知点声源的倍频带声功率级 L_W 或 A 计权声功率级 L_{AW}，并且声源处于自由声场，则式（5-14）等效为式（5-15）、式（5-16）。

$$L_p(r) = L_W - 20\lg(r) - k + D_{I\theta} \qquad (5\text{-}15)$$

$$L_p(r) = L_{AW} - 20\lg(r) - k + D_{I\theta} \qquad (5\text{-}16)$$

式中　k——当声场为全自由声场时 $k=11$，当声场为半自由声场时，$k=8$；

$D_{l\theta}$——指向性指数，$D_{l\theta}=10\lg R_{\theta}$，无指向性时，$D_{l\theta}=0$；

R_{θ}——指向性因数，它的定义是在离点声源相同距离处，某一 θ 角方向上的声强 I_{θ} 和所有方向上平均声强 I 的比，即 $R_{\theta}=I_{\theta}/I$。

【例 5-2】一点声源在自由声场中辐射噪声，已知距声源20m 处声压级为90dB，求在200m 处的声压级（只考虑几何发散衰减）。

解：根据点声源几何发散公式可得

$$L_p(r)=L_p(r_0)-20\lg(r/r_0)$$
$$=90-20\lg\left(\frac{200}{20}\right)$$
$$=70(\text{dB})$$

【例 5-3】在半自由声场空间中某一点声源的声功率级为90dB，求距声源50m 远处的声压级（声源无指向性，并且只考虑几何发散衰减）。

解：根据点声源几何发散公式可得

$$L_p(r)=L_W-20\lg(r)-8$$
$$=90-20\lg(50)-8$$
$$=48(\text{dB})$$

---

② 线声源的几何发散衰减　如图 5-2 所示，设线声源长度为 l_0，单位长度线声源辐射的倍频带声功率级为 L_W。

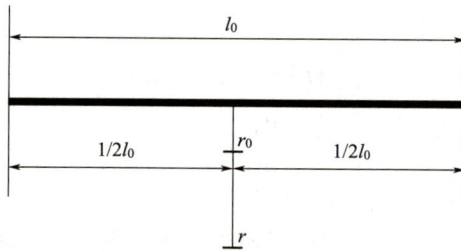

图5-2　有限长线声源

在线声源垂直平分线上距声源 r 处的声压级为：

$$L_p(r)=L_W-10\lg\left[\frac{1}{r}\arctan\left(\frac{l_0}{2r}\right)\right]+8 \tag{5-17}$$

或

$$L_p(r)=L_p(r_0)+10\lg\left[\frac{\dfrac{1}{r}\arctan\left(\dfrac{l_0}{2r}\right)}{\dfrac{1}{r_0}\arctan\left(\dfrac{l_0}{2r_0}\right)}\right] \tag{5-18}$$

当 $r > l_0$ 且 $r_0 > l_0$ 时，式（5-18）可近似简化为：

$$L_p(r) = L_p(r_0) - 20\lg(r/r_0) \tag{5-19}$$

当 $r < l_0/3$ 且 $r_0 < l_0/3$ 时，式（5-18）可近似简化为：

$$L_p(r) = L_p(r_0) - 10\lg(r/r_0) \tag{5-20}$$

当 $l_0/3 < r < l_0$ 且 $l_0/3 < r_0 < l_0$ 时，式（5-18）可近似简化为：

$$L_p(r) = L_p(r_0) - 15\lg(r/r_0) \tag{5-21}$$

③ 面声源的几何发散衰减　一个大型机器设备的振动表面，车间透声的墙壁，均可以认为是面声源。如果已知面声源单位面积的声功率为 W，各面积元噪声的位相是随机的，面声源可看作由无数点声源连续分布组合而成，其合成声级可按能量叠加法求出。

图 5-3 给出了长方形面声源中心轴线上的声衰减曲线。当预测点和面声源中心距离 r 处于以下条件且 $b > a$ 时，可按下述方法近似计算：

a. 当 $r < a/\pi$ 时，几乎不衰减（$A_{div} \approx 0dB$）；

b. 当 $a/\pi < r < b/\pi$ 时，距离加倍衰减 3dB 左右，类似线声源衰减特性 $[A_{div} \approx 10\lg(r/r_0)]$；

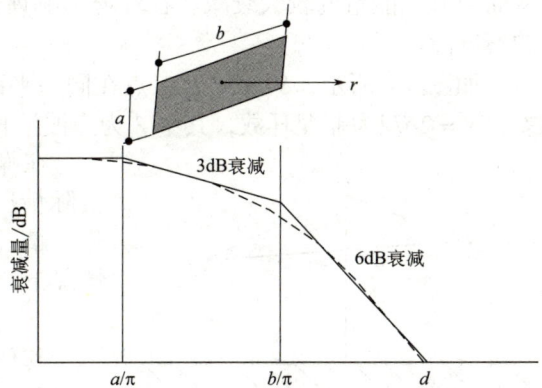

图5-3　长方形面声源中心轴线上的声衰减曲线

c. 当 $r > b/\pi$ 时，距离加倍衰减趋近于 6dB，类似点声源衰减特性 $[A_{div} \approx 20\lg(r/r_0)]$。

其中面声源 $b > a$。图 5-3 中虚线为实际衰减量。

（2）大气吸收引起的衰减（A_{atm}）

大气吸收引起的衰减计算公式如下：

$$A_{atm} = \frac{\alpha(r - r_0)}{1000} \tag{5-22}$$

式中，α 为与温度、湿度和声波频率有关的大气吸收衰减系数，预测计算中一般根据建设项目所处区域常年平均气温和湿度选择相应的大气吸收衰减系数（见表 5-3）。

表 5-3　倍频带噪声的大气吸收衰减系数 α

温度 /℃	相对湿度 /%	大气吸收衰减系数 α/(dB/km)							
		倍频带中心频率 /Hz							
		63	125	250	500	1000	2000	4000	8000
10	70	0.1	0.4	1.0	1.9	3.7	9.7	32.8	117.0
20	70	0.1	0.3	1.1	2.8	5.0	9.0	22.9	76.6
30	70	0.1	0.3	1.0	3.1	7.4	12.7	23.1	59.3
15	20	0.3	0.6	1.2	2.7	8.2	28.2	28.8	202.0
15	50	0.1	0.5	1.2	2.2	4.2	10.8	36.2	129.0
15	80	0.1	0.3	1.1	2.4	4.1	8.3	23.7	82.8

（3）地面效应引起的衰减（A_{gr}）

地面类型可分为：

① 坚实地面，包括铺筑过的路面、水面、冰面以及夯实地面。

② 疏松地面，包括被草或其他植物覆盖的地面，以及农田等适合于植物生长的地面。

③ 混合地面，由坚实地面和疏松地面组成。

地面效应引起的倍频带衰减和地面类型有关，具体计算方法可参照 GB/T 17247.2 和声导则进行计算。

（4）障碍物屏蔽引起的衰减（A_{bar}）

位于声源和预测点之间的实体障碍物，如围墙、建筑物、土坡或地垄等起声屏障作用，从而引起声能量的较大衰减。在环境影响评价中，可将各种形式的屏障简化为具有一定高度的薄屏障。

如图 5-4 所示，S、O、P 三点在同一平面内且垂直于地面。定义 $\delta = SO + OP - SP$ 为声程差，$N = 2\delta/\lambda$ 为菲涅耳数，其中 λ 为声波波长。

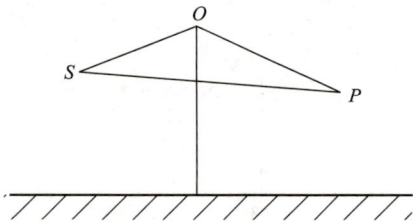

图5-4　无限长声屏障示意图

在噪声预测中，声屏障插入损失的计算方法应根据实际情况作简化处理。屏障衰减 A_{bar} 在单绕射（即薄屏障）情况下，衰减最大取 20dB；在双绕射（即厚屏障）情况下，衰减最大取 25dB。

（5）其他方面效应引起的衰减（A_{misc}）

其他衰减包括通过工业场所的衰减，通过建筑群的衰减等。在声环境影响评价中，一般情况下，不考虑自然条件（如风、温度梯度、雾）变化引起的附加修正。

① 绿化林带引起的衰减（A_{fol}）　绿化林带的附加衰减与树种、林带结构和密度等因素有关。在声源附近的绿化林带，或在预测点附近的绿化林带，或两者均有的情况都可以使声波衰减，见图 5-5。

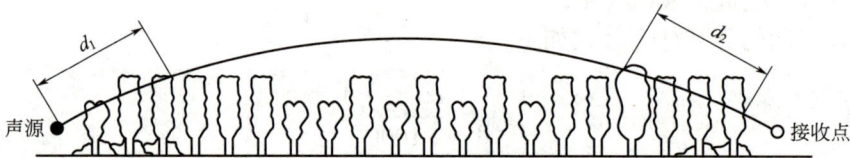

图5-5　通过树和灌木时遭受衰减示意图

通过树叶传播造成的噪声衰减随通过树叶传播距离 d_f 的增长而增长，其中 $d_f = d_1 + d_2$，为了计算 d_1 和 d_2，可假设弯曲路径的半径为 5km。

表 5-4 中的第一行给出了通过总长度为 10m 到 20m 之间的乔灌结合郁闭度较高的林带时，由林带引起的衰减；第二行为通过总长度 20m 到 200m 之间林带时的衰减系数；当通过林带的路径长度大于 200m 时，可使用 200m 的衰减值。

表 5-4　倍频带噪声通过林带传播时产生的衰减

项目	传播距离 d_f/m	倍频带中心频率 /Hz							
		63	125	250	500	1000	2000	4000	8000
衰减/dB	10~20	0	0	1	1	1	1	2	3
衰减系数/（dB/m）	20~200	0.02	0.03	0.04	0.05	0.06	0.08	0.09	0.12

② 建筑群噪声衰减（A_{hous}） 建筑群衰减 A_{hous} 不超过 10dB 时，近似等效连续 A 声级可根据声导则估算。当从受声点可直接观察到线路时，不考虑此项衰减。

在进行预测计算时，建筑群衰减 A_{hous} 与地面效应引起的衰减 A_{gr} 通常只需考虑一项最主要的衰减。对于通过建筑群的声传播，一般不考虑地面效应引起的衰减 A_{gr}；但地面效应引起的衰减 A_{gr}（假定预测点与声源之间不存在建筑群时的计算结果）大于建筑群衰减 A_{hous} 时，则不考虑建筑群插入损失 A_{hous}。

三、预测和评价内容

1. 预测和评价内容的一般要求

① 预测建设项目在施工期和运营期所有声环境保护目标处的噪声贡献值和预测值，评价其超标和达标情况。

② 预测和评价建设项目在施工期和运营期厂界（场界、边界）噪声贡献值，评价其超标和达标情况。

③ 铁路、城市轨道交通、机场等建设项目，还需预测列车通过时段内声环境保护目标处的等效连续 A 声级（L_{Aeq,T_p}）、单架航空器通过时在声环境保护目标处的最大 A 声级（L_{Amax}）。

④ 一级评价应绘制运行期代表性评价水平年噪声贡献值等声级线图，二级评价根据需要绘制等声级线图。

⑤ 对工程设计文件给出的代表性评价水平年噪声级可能发生变化的建设项目，应分别预测。

2. 典型建设项目噪声影响预测

（1）工业噪声预测

按不同评价工作等级的基本要求，选择以下工作内容分别进行预测，给出相应的预测结果。

① 厂界（场界、边界）噪声预测 预测厂界（场界、边界）噪声，给出厂界（场界、边界）噪声的最大值及位置。

② 声环境保护目标噪声预测 预测声环境保护目标处的贡献值、预测值以及预测值与现状噪声值的差值，声环境保护目标所处声环境功能区的声环境质量变化，声环境保护目标所受噪声影响的程度，确定噪声影响的范围，并说明受影响人口分布情况。当声环境保护目标高于（含）三层建筑时，还应预测有代表性的不同楼层的噪声。

③ 绘制等声级线图 绘制等声级线图，说明噪声超标的范围和程度。

④ 分析超标原因 根据厂界（场界、边界）和声环境保护目标受影响的情况，明确影响厂界（场界、边界）和周围声环境功能区声环境质量的主要声源，分析厂界（场界、边界）和声环境保护目标的噪声超标的原因。

（2）公路、城市道路交通运输、铁路、城市轨道交通噪声预测

预测各预测点的贡献值、预测值、预测值与现状噪声值的差值，预测高层建筑有代表性的不同楼层所受的噪声影响。按贡献值绘制代表性路段的等声级线图，分析声环境保护目标所受噪声影响的程度，确定噪声影响的范围，并说明受影响人口分布情况。给出典型路段满足相应声环境功能区标准要求的距离。

依据评价工作等级要求，给出相应的预测结果。

（3）机场航空器噪声预测

给出计权等效连续感觉噪声级（L_{WECPN}）包含 70dB、75dB 的不少于 5 条等声级线图（各

条等声级线间隔 5dB 给出）。同时给出评价范围内声环境保护目标的计权等效连续感觉噪声级（L_{WECPN}）。给出高于所执行标准限值不同声级范围内的面积、户数、人口。

（4）施工场地、调车场、停车场等噪声预测

根据建设项目工程的特点，分别预测固定声源和移动声源对场界（或边界）、声环境保护目标的噪声贡献值，进行叠加后作为最终的噪声贡献值。

根据评价工作等级要求，给出相应的预测结果。

四、预测评价结果图表要求

列表给出建设项目厂界（场界、边界）噪声贡献值和各声环境保护目标处的背景噪声值、噪声贡献值、噪声预测值、超标和达标情况等。分析超标原因，明确引起超标的主要声源。机场项目还应给出评价范围内不同声级范围覆盖下的面积。

判定为一级评价的工业企业建设项目应给出等声级线图；判定为一级评价的地面交通建设项目应结合现有或规划保护目标给出典型路段的噪声贡献值等声级线图；工业企业和地面交通建设项目预测评价结果图制图比例尺一般不应小于工程设计文件对其相关图件要求的比例尺；机场项目应给出飞机噪声等声级线图及超标声环境保护目标与等声级线关系局部放大图，飞机噪声等声级线图比例尺应和环境现状评价图一致，局部放大图底图应采用近 3 年内空间分辨率一般不低于 1.5m 的卫星影像或航拍图，比例尺不应小于 1:5000。

第六节 噪声防治对策及措施

一、噪声防治措施的一般要求

① 坚持统筹规划、源头防控、分类管理、社会共治、损害担责的原则。加强源头控制，合理规划噪声源与声环境保护目标布局；从噪声源、传播途径、声环境保护目标等方面采取措施；在技术经济可行条件下，优先考虑对噪声源和传播途径采取工程技术措施，实施噪声主动控制。

② 评价范围内存在声环境保护目标时，工业企业建设项目噪声防治措施应根据建设项目投产后厂界噪声影响最大噪声贡献值以及声环境保护目标超标情况制定。

③ 交通运输类建设项目（如公路、城市道路、铁路、城市轨道交通、机场项目等）的噪声防治措施应针对建设项目代表性评价水平年的噪声影响预测值进行制定。铁路建设项目噪声防治措施还应同时满足铁路边界噪声限值要求。结合工程特点和环境特点，在交通流量较大的情况下，铁路、城市轨道交通、机场等项目，还需考虑单列车通过（L_{Aeq,T_p}）、单架航空器通过（L_{Amax}）时噪声对声环境保护目标的影响，进一步强化控制要求和防治措施。

④ 当声环境质量现状超标时，属于与本工程有关的噪声问题应一并解决；属于本工程和工程外其他因素综合引起的，应优先采取措施降低本工程自身噪声贡献值，并推动相关部门采取区域综合整治等措施逐步解决相关噪声问题。

⑤ 当工程评价范围内涉及主要保护对象为野生动物及其栖息地的生态敏感区时，应从优化工程设计和施工方案、采取降噪措施等方面强化控制要求。

二、噪声防治途径

1. 规划防治对策

主要指从建设项目的选址（选线）、规划布局、总图布置（跑道方位布设）和设备布局等方面进行调整，提出降低噪声影响的建议。如根据"以人为本""闹静分开"和"合理布局"的原则，提出高噪声设备尽可能远离声环境保护目标、优化建设项目选址（选线）、调整规划用地布局等建议。

2. 技术防治措施

（1）噪声源控制措施

①选用低噪声设备、低噪声工艺。

②采取声学控制措施，如对声源采用吸声、消声、隔声、减振等措施。

③改进工艺、设施结构和操作方法等。

④将声源设置于地下、半地下室内。

⑤优先选用低噪声车辆、低噪声基础设施、低噪声路面等。

（2）噪声传播途径控制措施

①设置声屏障等措施，包括直立式、折板式、半封闭、全封闭等类型声屏障。声屏障的具体形式根据声环境保护目标处超标程度、噪声源与声环境保护目标的距离、敏感建筑物高度等因素综合考虑来确定。

②利用自然地形物（如利用位于声源和声环境保护目标之间的山丘、土坡、地堑、围墙等）降低噪声。

（3）声环境保护目标自身防护措施

①声环境保护目标自身增设吸声、隔声等措施。

②优化调整建筑物平面布局、建筑物功能布局。

③声环境保护目标功能置换或拆迁。

3. 管理措施

提出噪声管理方案（如合理制定施工方案、优化调度方案、优化飞行程序等），制定噪声监测方案，提出工程设施、降噪设施的运行使用、维护保养等方面的管理要求，必要时提出跟踪评价要求等。

三、典型建设项目噪声防治措施

1. 工业噪声防治措施

①应从选址、总图布置、声源、声传播途径及声环境保护目标自身防护等方面分别给出噪声防治的具体方案。主要包括：选址的优化方案及其原因分析，总图布置调整的具体内容及其降噪效果（包括边界和声环境保护目标）；给出各主要声源的降噪措施、效果和投资。

②预测设置声屏障和对声环境保护目标进行噪声防护等措施方案的降噪效果及投资，并进行经济、技术可行性论证。

③根据噪声影响特点和环境特点，提出规划布局及功能调整建议。

④提出噪声监测计划、管理措施等对策建议。

2. 公路、城市道路交通运输噪声防治措施

①通过选线方案的声环境影响预测结果比较，分析声环境保护目标受影响的程度、影响规模，提出选线方案推荐建议。

② 根据工程与环境特征，给出局部线路调整、声环境保护目标搬迁、邻路建筑物使用功能变更、改善道路结构和路面材料、设置声屏障和对敏感建筑物进行噪声防护等具体的措施方案及其降噪效果，并进行经济、技术可行性论证。

③ 根据噪声影响特点和环境特点，提出城镇规划区路段线路与敏感建筑物之间的规划调整建议。

④ 给出车辆行驶规定（限速、禁鸣等）及噪声监测计划等对策建议。

3. 铁路、城市轨道交通噪声防治措施

① 通过不同选线方案声环境影响预测结果，分析声环境保护目标受影响的程度，提出优化的选线方案建议。

② 根据工程与环境特征，提出局部线路和站场优化调整建议，明确声环境保护目标搬迁或功能置换措施，从列车、线路（路基或桥梁）、轨道的优选，列车运行方式、运行速度、鸣笛方式的调整，设置声屏障和对敏感建筑物进行噪声防护等方面，给出具体的措施方案及其降噪效果，并进行经济、技术可行性论证。

③ 根据噪声影响特点和环境特点，提出城镇规划区段铁路（或城市轨道交通）与敏感建筑物之间的规划调整建议。

④ 给出列车行驶规定及噪声监测计划等对策建议。

4. 机场航空器噪声防治措施

① 通过不同机场位置、跑道方位、飞行程序方案的声环境影响预测结果，分析声环境保护目标受影响的程度，提出优化的机场位置、跑道方位、飞行程序方案建议。

② 根据工程与环境特征，给出机型优选，昼间、傍晚、夜间飞行架次比例的调整，对敏感建筑物进行噪声防护或使用功能变更、拆迁等具体的措施方案，并进行经济、技术可行性论证。

③ 根据噪声影响特点和环境特点，提出机场噪声影响范围内的规划调整建议。

④ 给出机场航空器噪声监测计划等对策建议。

四、噪声防治措施图表要求

给出噪声防治措施位置、类型（形式）和规模、关键声学技术指标（包括实施效果）、责任主体、实施保障，并估算噪声防治投资。结合声环境保护目标与项目关系，给出噪声防治措施的布置平面图、设计图以及形式、位置、范围等。

第七节　环境噪声影响评价相关标准

一、《声环境质量标准》

《声环境质量标准》（GB 3096—2008）规定了五类声环境功能区的环境噪声限值及测量方法，适用于声环境质量评价与管理，机场周围区域受飞机通过（起飞、降落、低空飞越）噪声的影响，不适用于该标准。

按区域的使用功能特点和环境质量要求，声环境功能区分为以下五种类型。

0 类声环境功能区：指康复疗养区等特别需要安静的区域。

1 类声环境功能区：指以居民住宅、医疗卫生、文化教育、科研设计、行政办公为主要

功能，需要保持安静的区域。

2 类声环境功能区：指以商业金融、集市贸易为主要功能，或者居住、商业、工业混杂，需要维护住宅安静的区域。

3 类声环境功能区：指以工业生产、仓储物流为主要功能，需要防止工业噪声对周围环境产生严重影响的区域。

4 类声环境功能区：指交通干线两侧一定距离之内，需要防止交通噪声对周围环境产生严重影响的区域，包括 4a 类和 4b 类两种类型。4a 类为高速公路、一级公路、二级公路、城市快速路、城市主干路、城市次干路、城市轨道交通（地面段）、内河航道两侧区域；4b 类为铁路干线两侧区域。

各类声环境功能区使用表 5-5 规定的环境噪声等效声级限值。

表5-5　环境噪声限值　　　　　　　　　　　单位：dB（A）

声环境功能区类别		时段	
		昼间	夜间
0类		50	40
1类		55	45
2类		60	50
3类		65	55
4类	4a类	70	55
	4b类	70	60

二、环境噪声排放标准

环境噪声排放标准包括《工业企业厂界环境噪声排放标准》（GB 12348—2008）、《社会生活环境噪声排放标准》（GB 22337—2008）、《建筑施工场界环境噪声排放标准》（GB 12523—2011），以及汽车、摩托车和轻便摩托车定置噪声排放限值及测量方法等。

工业企业厂界环境噪声、社会生活噪声排放源边界噪声排放限值见表 5-6。

表5-6　工业企业厂界环境噪声、社会生活噪声排放源边界噪声排放限值　　单位：dB（A）

厂界(边界)外声环境功能区类别	时段	
	昼间	夜间
0类	50	40
1类	55	45
2类	60	50
3类	65	55
4类	70	55

建筑施工过程中场界环境噪声排放限值见表 5-7。

表5-7　建筑施工过程中场界环境噪声排放限值　　　　　单位：dB（A）

昼间	夜间
70	55

案例分析

扫描二维码可查看案例分析。

声环境影响评价
案例分析

习 题

一、简答题

1. 噪声污染有哪些特点？
2. 噪声防治途径有哪些？
3. 声环境影响评价的工作等级划分依据是什么？
4. 声环境影响评价的范围如何确定？
5. 声环境功能区分几类？每类的限值是多少？

二、选择题

1. 根据《声环境质量标准》，关于 2 类声环境功能区执行环境噪声限值的说法，正确的是（　　）。

 A. 夜间等效声级限值为 45dB(A)

 B. 昼间等效声级限值为 65dB(A)

 C. 夜间突发噪声最大声级限值为 65dB(A)

 D. 昼间突发噪声最大声级限值为 75dB(A)

2. 某建设项目位于 1 类声环境功能区，项目建设前后敏感目标噪声级增高量在 5dB（A）以上，受噪声影响人口显著增多。根据《环境影响评价技术导则 声环境》，该项目声环境影响评价工作等级应为（　　）。

 A. 一级   B. 二级   C. 三级   D. 判据不充分，无法判定

3. 根据《环境影响评价技术导则 声环境》，户外声传播过程中，与大气吸收引起的衰减无关的因素是（　　）。

 A. 大气温度、湿度   B. 声传播距离   C. 声波频率   D. 声源源强

4. 根据《环境影响评价技术导则 声环境》，关于预测点处 A 声级与各倍频带声压级关系的说法，正确的是（　　）。（2018 年注册环评师真题）

 A. A 声级大于各倍频带声压级

 B. A 声级为各倍频带声压级代数和

 C. A 声级小于各倍频带声压级中的最大值

D. A 声级不一定大于各倍频带声压级中的最大值

5. 根据《建筑施工场界环境噪声排放标准》，关于环境噪声排放限值的说法，正确的是（　　）。

A. 对昼间施工噪声有等效声级和最大声级要求

B. 昼间、夜间环境噪声排放限值针对不同施工阶段有所差异

C. 昼间、夜间环境噪声排放限值与施工现场所处声环境功能区类别有关

D. 夜间施工噪声的最大声级超过夜间等效声级限制的幅度不得高于 15dB（A）

6. 某燃煤电厂增压风机隔声墙体为 370mm 墙面未抹灰砖墙，导致最近厂界处超标 3dB（A），对砖墙两侧抹灰处理后达标，原因是（　　）。（2019 年注册环评师真题）

A. 墙体厚度增加　　　　　　　　　B. 墙体吸声效果增加

C. 墙面密度增加　　　　　　　　　D. 避免了墙体缝隙漏声

7. 经调查，某铁路改扩建工程沿线共有 6 个居民点，均位于 2 类声环境功能区，昼间环境噪声现状监测结果见下表，则昼间噪声超标排放的声环境保护目标数量为（　　）个。

居民点	1	2	3	4	5	6
L_d/dB(A)	60	61	66	58	62	49

A. 1　　　　　　　　B. 3　　　　　　　　C. 4　　　　　　　　D. 5

8. 下列利用某时段内瞬时 A 声级数据系列计算等效连续 A 声级的方法中，正确的是（　　）。（2017 年注册环评师真题）

A. 调和平均法　　　B. 算术平均法　　　C. 几何平均法　　　D. 能量平均法

9. 根据《环境影响评价技术导则 声环境》，声环境影响预测所需声源资料不包括（　　）。（2018 年注册环评师真题）

A. 声源空间位置　　　B. 声源噪声源强　　C. 声源噪声变幅　　D. 声源种类和数量

10. 根据《环境影响评价技术导则 声环境》，关于环境噪声评价量或声源源强表达量的说法，错误的是（　　）。（2021 年注册环评师真题）

A. 最大 A 声级属于厂界（场界、边界）噪声评价量

B. 有效感觉噪声级属声源源强表达量

C. 倍频带声压级属声环境质量评价量

D. A 声功率级属声源源强表达量

三、计算题

1. 某项目环境影响评价中，评价范围内某声环境保护目标现状监测结果为 49.0dB（A），预测项目运营后该声环境保护目标噪声值为 50.0dB（A），则该项目对该声环境保护目标的噪声贡献值为多少？

2. 某项目风机经消声处理后，距离排风口 15m 处经 A 计权网络修正后的各倍频带声压级如下表，则距离排风口 15m 处的 A 声级是多少？

倍频带中心频率 /Hz	63	125	250	500	1000	2000	4000	8000
声压级 /dB	41.3	41.3	41.3	44.2	41.2	41.2	25.1	25.1

3. 某化工厂锅炉排气噪声的 A 声功率级为 125dB（A），距离排气口 100m 处的 A 声级是多少分贝？

4. 已知某声环境保护目标昼间现状声级为 57dB（A），执行 2 类声环境功能区标准，企

业拟新增一处点声源，靠近点声源 1m 处的声级为 77dB（A），为保障该声环境保护目标昼间达标，新增点声源和声环境保护目标的距离至少应大于多少米？（2017 年注册环评师真题）

5. 有一列列车（列车长 300m）正在运行，若距铁路中心线 20m 处，测得声压级为 90dB，距铁路中心线 40m 处有一栋居民楼，则该居民楼的声压级为多少分贝？

第六章
固体废物环境影响评价

学习目标

了解固体废物的定义、特点、分类和对环境的影响，理解固体废物的处理、处置方法。熟悉固体废物环境影响评价相关标准，掌握固体废物环境影响评价的特点、编制内容和具体实施过程。

第一节　固体废物的基础知识

一、固体废物的定义

固体废物来自人们生产过程和生活过程的许多环节。根据《中华人民共和国固体废物污染环境防治法》修订版（以下简称《固废法》）的规定，固体废物是指在生产、生活和其他活动中产生的丧失原有利用价值或者虽未丧失利用价值但被抛弃或者放弃的固态、半固态和置于容器中的气态的物品、物质以及法律、行政法规规定纳入固体废物管理的物品、物质。经无害化加工处理，并且符合强制性国家产品质量标准，不会危害公众健康和生态安全，或者根据固体废物鉴别标准和鉴别程序认定为不属于固体废物的除外。

对于固体废物与非固体废物的鉴别，除应首先根据上述定义进行判断外，还可根据《固体废物鉴别导则（试行）》进行判断。该导则所指固体废物包含（但不限于）下列物质、物品或材料：

① 从家庭收集的垃圾。
② 生产过程中产生的废弃物质、报废产品。
③ 实验室产生的废弃物质。
④ 办公产生的废弃物质。
⑤ 城市污水处理厂污泥，生活垃圾处理厂产生的残渣。
⑥ 其他污染控制设施产生的垃圾、残余渣、污泥。
⑦ 城市河道疏浚污泥。

⑧ 不符合标准或规范的产品，继续用作原用途的除外。

⑨ 假冒伪劣产品。

⑩ 所有者或其代表声明是废物的物质或物品。

⑪ 被污染的材料（如被多氯联苯 PCBs 污染的油）。

⑫ 被法律禁止使用的任何材料、物质或物品。

⑬ 国务院环境保护行政主管部门声明是固体废物的物质或物品。

固体废物不包括下列物质或物品：

① 放射性废物。

② 不经过贮存而在现场直接返回到原生产过程或返回到其产生过程的物质或物品。

③ 任何用于其原始用途的物质和物品。

④ 实验室用样品。

⑤ 国务院环境保护行政主管部门批准其他可不按固体废物管理的物质或物品。

若出现根据《固废法》中的固体废物定义和《固体废物鉴别导则（试行）》中所列上述固体废物范围仍难以鉴别的，还可以从"根据废物的作业方式和原因"及"根据特点和影响"两个方面进行判断。

根据《固体废物鉴别导则（试行）》，固体废物与非固体废物判别流程见图 6-1。

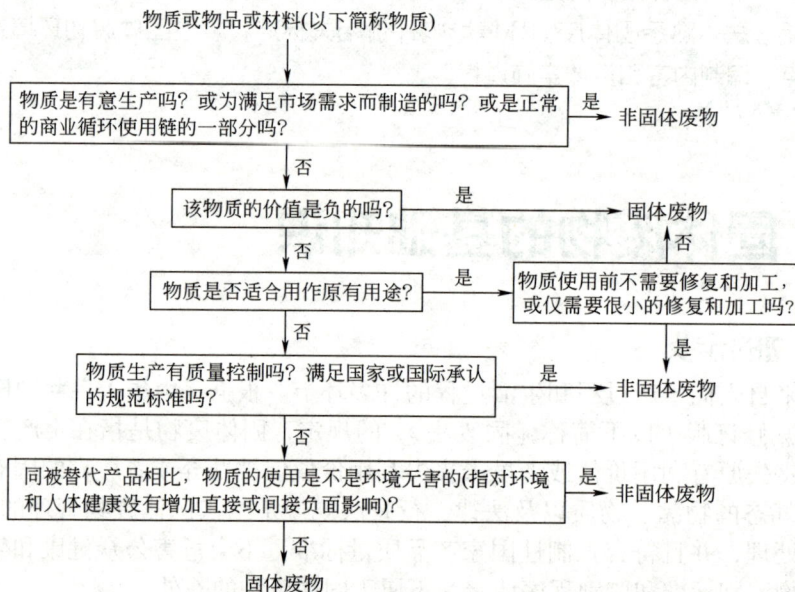

图6-1　固体废物与非固体废物判别流程

二、固体废物的特点和分类

1. 固体废物的特点

固体废物直接占用土地，具有一定的空间，并且品种繁多，数量巨大，而且包括了有固体外形的危险液体和气体废物。

（1）数量巨大、种类繁多、成分复杂

随着工业生产规模的扩大、人口的增加和居民生活水平的提高，各类固体废物的产生量也逐年增加。固体废物的来源广泛，有工业垃圾、生活垃圾、农业垃圾等，成分也十分复杂。

（2）危害具有潜在性、长期性和灾难性

固体废物不具备流动性，进入环境后没有被与其形态相同的环境体接纳。所以固体废物不能像废气、废水那样可以迁移到大容量的水体或融入大气中，通过自然界中物理、化学、生物等多种途径进行稀释、降解和净化。固体废物只能通过释放渗滤液和气体进行"自我消化"处理。而这种消化过程是长期的、复杂的和难以控制的。例如：堆放场的城市垃圾一般需要 10 ～ 30 年的时间才可以稳定，而其中的废旧塑料、薄膜等即使经历更长时间也不能完全消化掉。如果是危险废物（例如化学废物）的堆放，对环境的危害程度更大，如美国的洛夫渠事件就是由于化学废物污染土壤引起了严重后果。

（3）富集终态和污染源头的双重作用

一方面，固体废物是水污染物、大气污染物等处理处置的终态；另一方面，固体废物又是造成大气、水体、土壤污染的源头。正是由于其两面性，对其进行管理既要避免、减少产生固废，又要控制在其处理处置过程中对水体、大气和土壤的污染。

（4）资源和废物的相对性

固体废物具有二重性，即鲜明的时间性和空间性，因此固体废物有"放错地点的原料"之称。任何产品经过使用都将变成废物，但所谓废物仅仅相对于当时的科技水平和经济条件而言，随着时间的推移，科学技术进步了，今天的废物也可能成为明天的有用资源。例如：石油炼制过程中产生的残留物，可变为沥青筑路的材料；动物粪便可转化为液体燃料；燃料发电过程中产生的粉煤灰，可作为建筑材料的原料。

2. 固体废物的分类

固体废物来源广，种类繁多，性质各异。按组成可分为有机废物和无机废物；按危害程度可分为有害废物和一般废物；按来源可分为工业固体废物、生活垃圾和农业固体废物。

根据《固废法》的规定，固体废物分为工业固体废物、生活垃圾和危险废物。

（1）工业固体废物

工业固体废物是指在工业生产活动中产生的固体废物。主要来自各个工业生产部门的生产和加工过程及流通过程中所产生的粉尘、碎屑、污泥等。

工业固体废物主要包括冶金工业固体废物、能源工业固体废物、石油化学工业固体废物、矿业固体废物、轻工业固体废物和其他工业固体废物。不同工业类型所产生的固体废物的种类和性质是截然不同的。

（2）生活垃圾

生活垃圾是指在日常生活中或者为日常生活提供服务的活动中产生的固体废物，以及法律、行政法规规定视为生活垃圾的固体废物。包括城市生活垃圾、建筑垃圾和农村生活垃圾。

（3）危险废物

① 危险废物的定义　根据《固废法》的规定，危险废物是指列入国家危险废物名录或者根据国家规定的危险废物鉴别标准和鉴别方法认定的具有危险特性的固体废物。危险特性包括腐蚀性、毒性、易燃性、反应性和感染性。

生态环境部、国家发展和改革委员会、公安部、交通运输部、国家卫生健康委员会联合制定《国家危险废物名录》（以下简称《名录》）。《名录》共列出了 50 类危险废物的废物类别、废物来源、废物代码、废物危险特性、常见危险废物组分和名称，于 2021 年 1 月 1 日起施

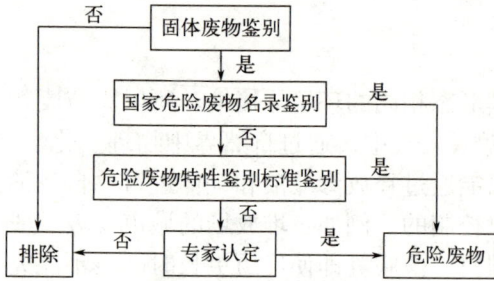
图6-2 危险废物鉴别程序

行。危险废物鉴别程序见图6-2。

② 危险废物的鉴别标准　国家危险废物鉴别标准规定了固体废物危险特性技术指标，危险特性符合标准规定的技术指标的固体废物属于危险废物，须依法按危险废物进行管理。国家危险废物鉴别标准由《危险废物鉴别标准 通则》（GB 5085.7）、《危险废物鉴别标准 腐蚀性鉴别》（GB 5085.1）、《危险废物鉴别标准 急性毒性初筛》（GB 5085.2）、《危险废物鉴别标准 浸出毒性鉴别》（GB 5085.3）、《危险废物鉴别标准 易燃性鉴别》（GB 5085.4）、《危险废物鉴别标准 反应性鉴别》（GB 5085.5）和《危险废物鉴别标准 毒性物质含量鉴别》（GB 5085.6）等 7 个标准组成。

③ 危险废物混合后判定规则　具有毒性、感染性中一种或两种危险特性的危险废物与其他物质混合，导致危险特性扩散到其他物质中，混合后的固体废物属于危险废物。仅具有腐蚀性、易燃性、反应性中一种或一种以上危险特性的危险废物与其他物质混合，混合后的固体废物经鉴别不再具有危险特性的，不属于危险废物。危险废物与放射性废物混合，混合后的废物应按照放射性废物管理。

④ 危险废物利用处置后判定规则　仅具有腐蚀性、易燃性、反应性中一种或一种以上危险特性的危险废物利用过程和处置后产生的固体废物，经鉴别不再具有危险特性的，不属于危险废物。具有毒性危险特性的危险废物利用过程产生的固体废物，经鉴别不再具有危险特性的，不属于危险废物。除国家有关法规、标准另有规定的外，具有毒性危险特性的危险废物处置后产生的固体废物，仍属于危险废物。除国家有关法规、标准另有规定的外，具有感染性危险特性的危险废物利用处置后，仍属于危险废物。

三、固体废物对环境的影响

固体废物污染环境的途径多、污染形式复杂。固体废物可直接或间接污染环境，既有即时性污染，又有潜伏性和长期性污染。一旦固体废物造成环境污染或潜在的污染变成现实，消除这些污染往往需要比较复杂的技术和大量的资金投入，耗费较大的代价进行治理，并且很难使被污染破坏的环境得到完全彻底的恢复。

固体废物对环境的危害主要表现在以下几个方面。

1. 污染水体

固体废物对水体的污染有直接污染和间接污染两种途径。固体废物弃置于水中，导致水体的直接污染，严重危害水生生物的生存条件，并影响水资源的充分利用。此外，向水体倾倒固体废物还将缩减江、河、湖泊的有效面积，使其排洪和灌溉能力有所降低。固体废物在堆积过程中，经雨水浸淋和自身分解产生的渗出液流入江、河、湖泊和渗入地下，将导致附近区域地表水和地下水的污染。

2. 污染大气

堆放的固体废物中的细微颗粒、粉尘等可随风飞扬，从而对大气环境造成污染。一些有机固体废物在适宜的湿度和温度下被微生物分解，释放出有害气体，造成地区性空气污染。

采用焚烧法处理固体废物时，若尾气处理不当会造成严重的大气污染。

3. 污染土壤

固体废物及其渗滤液所含的有害物质对土壤会产生污染。它包括改变土壤的物理结构和化学性质，影响植物营养吸收和生长；影响土壤中微生物的活动，破坏土壤内部的生态平衡；有害物质在土壤中发生累积，致使土壤中有害物质超标；有害物质还会通过植物吸收进入食物链，影响人体健康。此外，固体废物携带的病菌还会四处传播，造成生物污染。

第二节　固体废物的处理与处置

一、固体废物的综合利用和资源化

1. 一般工业固体废物的再利用

由矿物开采、火力发电以及金属冶炼产生的大量的一般工业固体废物，积存量大，处置占地多。主要固体废物有煤矸石、锅炉渣、粉煤灰、高炉渣、钢渣、尘泥等，这些废物多以 SiO_2、Al_2O_3、CaO、MgO、Fe_2O_3 为主要成分，只要适当进行调配，经加工即可生产水泥等多种建筑材料，这不仅实现了资源再利用，而且由于其产生量大，可以大大减少处置的费用和难度。

在一般工程项目固体废物环境影响评价过程中，应首先考虑实现对建设项目产生固体废物的再利用，并应在环境影响评价文件中明确可实现资源化的固体废物利用方式。

2. 固体废物生物处理技术

固体废物生物处理是以固体废物中的可降解有机物为对象，通过微生物的好氧或厌氧作用，使之转化为稳定产物、能源和其他有用物质的一种处理技术。该技术是对固体废物进行稳定化、无害化处理的重要方式之一，也是实现固体废物资源化、能源化的途径，主要包括堆肥化、沼气化和其他生物转化技术。

好氧堆肥化是大规模处理生活垃圾的一种常用生物处理技术，并已取得了成熟的经验。生活垃圾经分拣后，玻璃废物、塑料废物、金属物质进行回收再利用，剩余垃圾的有机质含量得到很大提高，具有极大的好氧堆肥的潜力。

利用城市生活污水处理厂剩余污泥进行堆肥，产生的肥料必须进行组分分析，只有符合国家相关用肥标准和规定才能使用，否则将会导致土壤污染，这是环境影响评价中经常遇到并必须关注的问题。

二、固体废物的热处理技术

各类固体废物包括城市垃圾中的有机物均可采用不同类型的热处理技术使其无害化。在固体废物处理技术中，所谓热处理工艺是在某种装有固体废物的设备中以高温使有机物分解并深度氧化而改变其化学、物理或生物特性和组成的处理技术。热处理技术具有减容效果好、消毒彻底、减轻或消除后续处置过程对环境的影响以及可回收资源、能源等特点，但也具有投资和运行费用高、操作运行复杂、存在二次污染等问题。热处理技术的方法包括焚烧、热解、熔融、湿式氧化和烧结等，其中最常用的是焚烧技术。

1. 焚烧技术的特点

焚烧技术是一种最常用的高温热处理技术，在过量氧气的条件下，采用加热氧化作用使有机物转化成无机废物，同时减少废物体积。焚烧技术的特点是可以同时实现废物的无害化、减量化和资源化。焚烧法不但可以处理固体废物，还可以处理液态废物和气态废物；不但可以处理城市垃圾和一般工业废物，还可以处理危险废物。焚烧适宜处置有机成分多、热值高的废物。当可燃有机物组分很少时，需添加辅助燃料以维持高温燃烧。

2. 焚烧技术的废气污染

焚烧烟气中常见的空气污染物包括粒状污染物、酸性气体、氮氧化物、重金属、一氧化碳和有机氯化物。

（1）粒状污染物

在废物焚烧过程中产生的粒状污染物有三类：

① 废物中的不可燃物，在焚烧过程中（较大残留物）成为炉渣排出，而部分粒状物则随废气排出炉外成为飞灰。飞灰所占的比例随焚烧炉操作条件（如送风量、炉温等），以及粒状物粒径分布、形状与密度而定。

② 部分无机盐类在高温下氧化而排出，在炉外凝结成粒状物。另外，排出的二氧化硫在低温下遇水滴而形成硫酸盐雾状颗粒等。

③ 未燃烧完全而产生的碳颗粒与煤烟。由于颗粒微细，难以去除，最好的控制办法是在高温下使其氧化分解。

（2）酸性气体

废物焚烧过程中产生的酸性气体主要包括 SO_2、HCl 和 HF 等。这些污染物都是直接由废物中的 S、Cl、F 等元素经过焚烧反应而形成的。据国外研究报道，一般城市垃圾中硫含量为 0.12%，其中约 30% ～ 60% 转化为 SO_2，其余则残留于底灰中或被飞灰所吸收。

（3）氮氧化物

废物焚烧过程中产生的氮氧化物有两个主要来源：一个来源是在高温下，助燃空气中的 N_2 与 O_2 反应形成氮氧化物；另一个来源是废物中的氮组分转化成氮氧化物。

（4）重金属

废物中所含重金属物质经高温焚烧后一部分残留于灰渣中，一部分在高温下气化挥发进入烟气中，还有一部分在炉中参与反应生成重金属氧化物或氯化物进入烟气中。这些氧化物及氯化物，因挥发、热解、还原及氧化等作用，可能进一步发生复杂的化学反应，最终产物包括元素态重金属、重金属氧化物及重金属氯化物等。

（5）毒性有机氯化物

废物焚烧过程中产生的毒性有机氯化物主要为二噁英类，包括多氯代二苯并二噁英（PCDDs）和多氯代二苯并呋喃（PCDFs）。在焚烧过程中有三条途径产生二噁英类物质，即废物本身含有二噁英类物质、炉内形成和炉外低温再合成。由于二噁英类物质毒性极强，因此最为人们所关注。

三、固体废物的土地填埋处置技术

填埋处置生活垃圾是应用最早、最广泛的，也是当今世界各国普遍使用的一项固体废物的处置技术。将垃圾埋入地下会大大减少因垃圾敞开堆放带来的环境问题，如散发恶臭、滋生蚊蝇等。但垃圾填埋处理不当，也会引发新的环境污染，如由于降雨的淋洗及地下水的浸泡，垃圾中的有害物质溶出并污染地表水和地下水；垃圾中的有机物在厌氧微生物的作用下产生以甲烷为主的可燃性气体，从而引发填埋场火灾或爆炸。

填埋处置对环境的影响包括多个方面，通常主要考虑占用土地、植被破坏所造成的生态影响以及填埋场释放物包括渗滤液和填埋气体对周围环境的影响。

随着人们对填埋场所带来的各种环境影响的认识，填埋技术也不断得到发展，由最初的简易堆填，发展到具有防渗系统、集排水系统、导气系统和覆盖系统的卫生填埋。填埋场设计和施工的要求是最有效地控制和利用释放气体；最有效地减少渗滤液的产生量，有效地收集渗滤液并加以处理，防止渗滤液对地下水的污染。

根据填埋场污染控制"三重屏障"（即地质屏障、人工防渗屏障和废物处理屏障）理论，填埋场污染控制的重点通常是填埋场选址、填埋场防渗结构和渗滤液处理、填埋气体控制。

四、其他物理化学技术

物理、化学方法是综合利用或预处理的方法。工业生产过程产生的某些含油、含酸、含碱或含重金属的废液不宜直接焚烧或填埋，需利用物理、化学方法进行处理。经处理后的有机溶剂可以用作燃料，浓缩物或沉淀物则可进行填埋或焚烧处理。固体废物的物理、化学处理方法包括沉淀法、固化法、脱水、化学反应等。

第三节 固体废物的环境影响评价

在建设项目环境影响评价中，固体废物的环境影响评价主要分为两类：第一类是一般工程项目的固体废物环境影响评价；第二类是固体废物集中处置设施的环境影响评价。

一、一般工程项目的固体废物环境影响评价

一般工程项目的固体废物环境影响评价应包括由产生、收集、运输、处理到最终处置的全过程环境影响评价。其中若涉及一般固体废物或危险废物贮存或处置设施的建设，则同时还应执行相应的污染控制标准。

1. 污染源调查

通过对所建项目进行"工程分析"，依据整个工艺过程，统计出各个生产环节所产生的固体废物的名称、组分、形态、排放量、排放规律等内容。

根据《国家危险废物名录》或者国家规定的危险废物鉴别标准和鉴别方法对产生的固体废物进行识别或鉴别，明确其属性。根据其识别或鉴别结果对产生的固体废物按一般废物和危险废物分别列出调查清单，危险废物需明确其废物类别和危险特性等内容。

2. 污染防治措施的论证

根据工艺过程的各个环节产生的固体废物的危害性及排放方式、排放量等，按照"全过程控制"的思路，分析其在产生、收集、运输、处理到最终处置等过程中对环境的影响，有针对性地提出污染防治措施，并对其可行性加以论证。对于危险废物则需要提出最终处置措施并加以论证。

3. 提出危险废物最终处置措施方案

（1）综合利用

给出综合利用的危险废物名称、数量、性质、用途、利用价值、防治污染转移及二次污染措施、综合利用单位情况、综合利用途径、供需双方的书面协议等。

（2）焚烧处置

给出危险废物名称、组分、热值、形态及在《国家危险废物名录》中的分类编号，并应说明处置设施的名称、隶属关系、地址、运距、路由、运输方式及管理。如处置设施属于工程范围内项目，则需要对处置设施建设项目单独进行环境影响评价。

（3）安全填埋处置

给出危险废物名称、组分、产生量、形态、容量、浸出液组分及浓度以及在《国家危险废物名录》中的分类编号、是否需要固化处理。

对填埋场应说明名称、隶属关系、厂址、运距、路由、运输方式及管理。如填埋场属于工程范围内项目，则需要对安全填埋场单独进行环境影响评价。

（4）其他处置方法

使用其他物理、化学方法处置危险废物，必须注意对处置过程产生的环境影响进行评价。

（5）委托处置

一般工程项目产出的危险废物也可采取委托处置的方式进行处理处置，受委托单位具有环境保护行政主管部门颁发的相应类别的危险废物处理处置资质。在采取此种处置方式时，应提供与接收方的危险废物委托处置协议和接收方的危险废物处置资质证书，并将其作为环境影响评价文件的附件。

二、固体废物集中处置设施的环境影响评价

固体废物集中处置设施主要包括一般工业废物的贮存、处置场，危险废物贮存场，生活垃圾填埋场，危险废物填埋场，生活垃圾焚烧厂和危险废物焚烧厂等。在进行这些项目的环境影响评价时应根据处理处置的工艺特点，依据环境影响评价技术导则及相应的污染控制标准进行环境影响评价。评价的重点应放在处理、处置固体废物设施的选址、污染控制项目、污染物排放等内容上。除此之外，为了保证固体废物处理、处置设施的安全稳定运行，必须建立一个完整的收集、贮存、运输系统，因此在环境影响评价中这个系统与处理、处置设施构成一个整体。如果这一系统运行的过程中，可能对周围环境敏感目标造成威胁（例如危险废物的运输），如何规避环境风险也是环境影响评价的主要任务。

由于一般固体废物和危险固体废物在性质上差别较大，因此其环境影响评价的内容和重点也有所不同。

1. 生活垃圾填埋场环境影响评价

生活垃圾填埋场是指利用工程技术手段，将所处置的居民生活垃圾、商业垃圾等在密封型屏障隔离的条件下进行土地填埋，使其对人体健康和环境安全不会产生明显的危害。生活垃圾填埋场除了要有导排气系统外，为了防止渗滤液对地下水和地表水的污染，必须将渗滤液与外界的联系隔断，同时收集后引出处理，因此填埋场必须设有防渗层及渗滤液集排水系统。

（1）主要环境影响

生活垃圾填埋场在运营期间对环境的影响主要有：

① 填埋场渗滤液未处理或处理不达标造成地下水及地表水的污染。

② 填埋场产生的气体污染物对大气的污染，以及产生的气体在无组织排放情况下可能燃烧爆炸。

③ 填埋堆体对周围地质环境的影响，如造成滑坡、崩塌、泥石流等。

④ 填埋场对周围景观的不利影响。

⑤ 垃圾运输及填埋作业产生的噪声对公众的影响。

⑥ 填埋场滋生的害虫、昆虫、啮齿动物以及在填埋场觅食的鸟类和其他动物可能传播疾病。

⑦ 填埋垃圾中的塑料袋、纸张以及尘土等在未来得及覆土压实情况下可能飘出场外，

造成环境污染和景观破坏。

⑧ 流经填埋区的地表径流可能受到污染。

封场后的填埋场对环境的影响减小，上述环境影响中的⑤～⑧项基本上不再存在，但在填埋场植被恢复过程中种植于填埋场顶部覆盖层上的植物可能受到污染。

（2）主要污染源

垃圾填埋场主要污染源是垃圾渗滤液和填埋场释放的气体。

①渗滤液　城市垃圾填埋场渗滤液是一种成分复杂的高浓度有机废水，其pH值在4～9之间，COD在2000～62000mg/L的范围内，BOD_5为60～45000mg/L，可生化性差，重金属浓度和市政污水中重金属的浓度基本一致。

垃圾渗滤液的性质随着填埋场的运行时间的不同而发生变化，这主要是由填埋场中垃圾的稳定化过程所决定的。年轻的垃圾填埋场（填埋时间在5年以下）渗滤液，水质特点是pH值较低，COD和BOD_5浓度均较高，色度大，可生化性较好，各类重金属离子浓度较高。年老的垃圾填埋场（填埋时间一般在5年以上）渗滤液，水质特点是pH值为6～8，接近中性或弱碱性，COD和BOD_5浓度均较低，NH_3-N浓度高，重金属离子浓度比年轻填埋场有所下降，渗滤液可生化性差。因此，在进行生活垃圾填埋场的环境影响评价时，应根据填埋场的年龄选择有代表性的指标。

②释放气体　生活垃圾填埋场释放气体的典型组成为：甲烷45%～50%，二氧化碳40%～60%，氮气2%～5%，氧气0.1%～1.0%，硫化氢0%～1.0%，氨气0.1%～1.0%，氢气0%～0.2%，微量气体0.01%～0.6%。填埋场释放气体中的微量气体量很少，但成分却多达116种有机成分，其中许多为挥发性有机组分（VOCs）。在垃圾填埋过程中产生环境影响的主要大气污染物是恶臭气体。

（3）生活垃圾填埋场环境影响评价的主要内容

根据生活垃圾填埋场建设及其排污特点，环境影响评价工作主要内容见表6-1。

表 6-1　生活垃圾填埋场环境影响评价工作的主要内容

评价项目	评价内容
场址合理性论证	生活垃圾填埋场场址选择原则主要是符合当地城乡建设总体规划要求，避开不允许建设的区域。场址选择是评价中的关键所在，场址选择合理，环评工作存在的问题就较易解决，因此要根据所选场址的场地自然条件，按照国家标准逐项进行评判。有条件的地方可以选择多个备选场址，根据约束性条件和参考性条件，淘汰部分场址，对对优化出的场址进一步做比选。考虑到生活垃圾填埋场渗滤液是最重要的污染源，因此，选址过程中，应特别关注场址的水文地质条件、工程地质条件、土壤自净能力等
环境质量现状调查	在选择场址的基础上，通过历史资料调查和现场监测对拟选场址及其周围的空气、地表水、地下水、噪声等环境质量现状进行评价，其评价结果既是生活垃圾填埋场建设前的本底值，也是评价环境现状是否容许建设生活垃圾填埋场的评判条件
工程污染因素分析	对拟填埋垃圾的组分、预测产生量、运输途径等进行分析说明；对施工布局、施工作业方式、取土石区和弃渣点位设置，以及其环境类型和占地特点进行说明；分析填埋场建设过程中，以及建成投产后从收集、运输、贮存、处理直至填埋全过程可能产生的主要污染源及其污染物，并给出它们产生的数量、种类、排放方式等。其方法一般采用计算、类比、经验统计等。 建设期主要是施工场地内排放的生活污水、各类施工机械产生的机械噪声、振动及二次扬尘对周围地区产生的环境影响。 运营期主要的污染源有渗滤液、释放气体、恶臭、噪声
水环境影响预测与评价	主要评价填埋场衬层系统的安全性以及结合渗滤液防治措施综合评价渗滤液的排出对周围水环境的影响，包括两方面内容： （1）正常排放对地表水的影响。根据预测结果和相应标准评价渗滤液经处理达标后是否会对受纳水体产生影响。如果有影响，应分析影响程度。 （2）非正常渗漏对地下水的影响。主要评价衬里破裂后渗滤液下渗对地下水及周围环境的影响。 在评价时段上应体现对施工期、运行期和服务期满后的全时段评价

评价项目	评价内容
大气环境影响预测及评价	主要评价填埋场释放气体及恶臭对环境的影响。 （1）填埋气体：主要是根据排气系统的结构，预测和评价排气系统的可靠性，预测和评价释放气体利用的可能性，当释放气体未被利用时，提出应采取的处置手段及其对环境的影响。预测模式可采用地面源模式。 （2）恶臭：主要是评价运输、填埋过程中及封场后可能对环境的影响。评价时要根据垃圾的种类，预测各阶段臭气产生的位置、种类、浓度及其影响范围。 在评价时段上应体现对施工期、运行期和服务期满后的全时段评价

2. 危险废物和医疗废物处置设施建设项目环境影响评价

由于危险废物和医疗废物都具有危险性、危害性及对环境影响的滞后性，因此为了防止处置过程中的二次污染，减少处置设施建设项目潜在的风险，认真落实国务院颁布的《全国危险废物和医疗废物处置设施建设规划》，制定了《危险废物和医疗废物处置设施建设项目环境影响评价技术原则（试行）》（以下简称《技术原则》）和《建设项目危险废物环境影响评价指南》（以下简称《指南》）。《技术原则》和《指南》的实施，进一步规范了建设项目产生危险废物和医疗废物的环境影响评价工作，指导各级生态环境主管部门开展相关建设项目环境影响评价审批。

（1）原则和内容

危险废物和医疗废物处置设施建设项目环境影响评价必须编制环境影响报告书，并严格执行国家、地方相关法律、法规、标准的有关规定。在评价过程中，应根据处置设施的特点，进行环境影响因素识别和评价因子筛选，并确定评价重点。环境要素应按三级或三级以上等级进行评价，评价范围应根据处理方法和环境敏感程度合理确定，要包括事故状态下可能影响的范围。

根据《技术原则》和《指南》要求，危险废物和医疗废物处置设施建设项目环境影响评价主要包括厂（场）址选择、工程分析、环境现状调查、大气环境影响评价、水环境影响评价、生态影响评价、污染防治措施、环境风险评价、环境监测与管理、公众参与、结论与建议等内容。

（2）评价要点

危险废物和医疗废物处置设施建设项目的环境影响评价与一般工程环境影响评价有不同的要求和评价重点，主要体现在以下五个方面。

① 重点关注厂（场）址选择　由于危险废物及医疗废物的处置具有一定的危险性，因此在对其处置设施的环境影响评价中，首要关注的是厂（场）址的选择。处置设施选址除了要符合相关的国家法律法规要求外，还要对社会环境、自然环境、场地环境、工程地质、水文地质、气候条件、应急救援等多因素进行综合分析。结合《危险废物焚烧污染控制标准》《危险废物填埋污染控制标准》《危险废物集中焚烧处置工程建设技术规范》《危险废物安全填埋处置工程建设技术要求》《医疗废物集中处置技术规范》《医疗废物集中焚烧处置工程建设技术规范》等技术文件中规定的对厂址选择的要求，详细论证拟选厂（场）址的合理性。

② 全时段的环境影响评价　危险废物或医疗废物的处置方法包括焚烧法、安全填埋法和其他物理化学方法。无论采用何种技术处置废物，环境影响预测和评价时段均为建设期、运营期和服务期满后（封场后）三个时段。但采用的处理、处置工艺不同，评价时需重点关注的时段也有所不同。以焚烧工艺及其他物化技术为主的处置厂，预测和评价主要关注的时段是运营期。而填埋场在建设期将产生永久占地和临时占地，造成生物资源或农业资源损失，甚至对生态敏感目标产生影响。在服务期满后，必须进行填埋场封场、植被恢复和建

设，并在封场后多年内仍需要进行管理和监测。因此对于填埋场而言，建设期、运营期和封场后三个评价时段均为环境影响评价的重点关注时段。

③ 全过程的环境影响评价　危险废物和医疗废物处置设施环境影响评价必须贯彻"全过程管理"的原则，包括收集、运输、临时贮存、中转、预处理、处置以及工程建设期、运营期和服务期满后的环境评价。由于各环节所产生的污染物及其对环境的影响有所不同，由此制定的防治措施是保证在处置过程中不造成二次污染的重要环境影响评价内容。

④ 环境风险评价和应急措施　危险废物种类多、成分复杂，具有传染性、毒性、腐蚀性、易燃易爆性。因此，该类项目的环境影响评价中必须包含环境风险评价和应急措施的相关内容。例如运输过程中产生的事故风险分析、渗滤液的泄漏事故风险分析以及由于入场废物的不相容性产生的事故风险分析等。通过分析和预测该类建设项目存在的潜在危险，从而提出合理可行的防范与减缓措施及应急预案，以使建设项目的事故率达到最低，使事故带来的损失及对环境的影响达到可接受的水平。

⑤ 充分重视环境管理与环境监测　为保证危险废物和医疗废物的安全处置与有效运行，必须具备健全的管理机构和完善的规章制度。环境影响评价报告书必须提出风险管理及应急救援体系、转移联单管理制度、处置过程安全操作规程、人员培训考核制度、档案管理制度、处置全过程管理制度、职业健康与安全以及环保管理体系等。

不同的危险废物处置设施，其环境监测的重点也有所不同。例如，危险废物焚烧厂的重点是大气环境监测，而安全填埋场的重点则是地下水的监测。

第四节　固体废物环境影响评价相关标准及要求

一、《一般工业固体废物贮存和填埋污染控制标准》

《一般工业固体废物贮存和填埋污染控制标准》（GB 18599—2020）规定了一般工业固体废物贮存场、填埋场的选址、建设、运行、封场、土地复垦等过程的环境保护要求，替代贮存、填埋处置的一般工业固体废物充填及回填利用环境保护要求，以及监测要求和实施与监督等内容。

1. 标准中的相关定义与分类

（1）第Ⅰ类和第Ⅱ类一般工业固体废物

一般工业固体废物指企业在工业生产过程中产生且不属于危险废物的工业固体废物。一般工业固体废物可分为第Ⅰ类一般工业固体废物和第Ⅱ类一般工业固体废物。

第Ⅰ类一般工业固体废物是指按照 HJ 557 规定方法获得的浸出液中任何一种特征污染物的浓度均未超过 GB 8978 最高允许排放浓度（第二类污染物最高允许排放浓度按照一级标准执行），而且 pH 值在 6～9 范围内的一般工业固体废物。

第Ⅱ类一般工业固体废物是指按照 HJ 557 规定方法获得的浸出液中有一种或一种以上的特征污染物的浓度超过 GB 8978 最高允许排放浓度（第二类污染物最高允许排放浓度按照一级标准执行），或 pH 值在 6～9 范围外的一般工业固体废物。

（2）Ⅰ类场和Ⅱ类场

根据建设、运行、封场等污染控制技术要求的不同，贮存场、填埋场分为Ⅰ类场和Ⅱ类场。

进入Ⅰ类场的一般工业废物应同时满足以下要求：

①第Ⅰ类一般工业固体废物（包括第Ⅱ类一般工业固体废物经处理后属于第Ⅰ类一般工业固体废物的）；

②有机质含量小于2%（煤矸石除外）；

③水溶性盐总量小于2%。

进入Ⅱ类场的一般工业废物应同时满足以下要求：

①有机质含量小于5%（煤矸石除外）；

②水溶性盐总量小于5%。

2.贮存场和填埋场选址要求

一般工业固体废物贮存场、填埋场的选址应符合环境保护法律法规及相关法定规划要求。贮存场、填埋场的位置与周围居民区的距离应依据环境影响评价文件及审批意见确定。贮存场、填埋场不得选在生态保护红线区域、永久基本农田集中区域和其他需要特别保护的区域内，不得选在江河、湖泊、运河、渠道、水库水位线以下的滩地和岸坡，以及国家和地方长远规划中的水库等人工蓄水设施的淹没区和保护区之内，而且应避开活动断层、溶洞区、天然滑坡或泥石流影响区以及湿地等区域。

3.贮存场和处置场技术要求

（1）一般规定

贮存场、填埋场的防洪标准应按重现期不小于50年一遇的洪水位设计，其渗滤液收集池的防渗要求应不低于对应贮存场、填埋场的防渗要求。

贮存场和填埋场一般应包括以下单元：

①防渗系统、渗滤液收集和导排系统；

②雨污分流系统；

③分析化验与环境监测系统；

④公用工程和配套设施；

⑤地下水导排系统和废水处理系统（根据具体情况选择设置）。

（2）Ⅰ类场技术要求

当天然基础层饱和渗透系数不大于1.0×10^{-5}cm/s且厚度不小于0.75m时，可以采用天然基础层作为防渗衬层。当天然基础层不能满足以上防渗要求时，可采用改性压实黏土类衬层或具有同等以上隔水效力的其他材料防渗衬层，其防渗性能应至少相当于渗透系数为1.0×10^{-5}cm/s且厚度为0.75m的天然基础层。

（3）Ⅱ类场技术要求

①Ⅱ类场应采用单人工复合衬层作为防渗衬层，并符合以下技术要求：

a.人工合成材料应采用高密度聚乙烯膜，厚度不小于1.5mm，并满足技术指标要求。采用其他人工合成材料的，其防渗性能至少相当于1.5mm高密度聚乙烯膜的防渗性能。

b.黏土衬层厚度应不小于0.75m，而且经压实、人工改性等措施处理后的饱和渗透系数不应大于1.0×10^{-7}cm/s。使用其他黏土类防渗衬层材料时，应具有同等以上隔水效力。

②Ⅱ类场基础层表面应与地下水年最高水位保持1.5m以上的距离。当场区基础层表面与地下水年最高水位距离不足1.5m时，应建设地下水导排系统。地下水导排系统应确保Ⅱ类场运行期地下水水位维持在基础层表面1.5m以下。

③Ⅱ类场应设置渗漏监控系统，监控防渗衬层的完整性。渗漏监控系统的构成包括但不限于防渗衬层渗漏监测设备、地下水监测井。

④ 人工合成材料衬层、渗滤液收集和导排系统的施工不应对黏土衬层造成破坏。

4. 一般工业固体废物贮存场和填埋场污染控制项目

① 渗滤液及其处理后的排放水　应选择一般工业固体废物的特征组分作为控制项目。

② 地下水　贮存场、填埋场投入使用前，以 GB/T 14848 规定的项目为控制项目；使用过程中和关闭或封场后的控制项目，可选择所贮存、填埋的固体废物的特征组分。

③ 土壤　贮存场、填埋场投入使用之前，企业应监测土壤本底水平。使用过程中和关闭或封场后的控制项目，可选择所贮存、填埋的固体废物的特征组分。

④ 大气　贮存场、填埋场应根据贮存及填埋废物的特性筛选控制项目，例如属于自燃性煤矸石的贮存场、填埋场，以颗粒物和二氧化硫为控制项目。

二、《生活垃圾填埋场污染控制标准》

《生活垃圾填埋场污染控制标准》（GB 16889—2008）规定了生活垃圾填埋场选址，设计、施工与验收，填埋废物的入场，运行，封场，以及后期维护与管理的污染控制和监测等方面的要求。

1. 选址要求

生活垃圾填埋场选址的具体要求如下。

① 生活垃圾填埋场的选址应符合区域性环境规划、环境卫生设施建设规划和当地的城市规划。

② 生活垃圾填埋场场址不应选在城市工农业发展规划区、农业保护区、自然保护区、风景名胜区、文物（考古）保护区、生活饮用水水源保护区、供水远景规划区、矿产资源储备区、军事要地、国家保密地区和其他需要特别保护的区域内。

③ 生活垃圾填埋场选址的标高应位于重现期不小于 50 年一遇的洪水位之上，并建设在长远规划中的水库等人工蓄水设施的淹没区和保护区之外。

④ 生活垃圾填埋场场址的选择应避开下列区域：破坏性地震及活动构造区；活动中的坍塌、滑坡和隆起地带；活动中的断裂带；石灰岩溶洞发育带；废弃矿区的活动塌陷区；活动沙丘区；海啸及涌浪影响区；湿地；尚未稳定的冲积扇及冲沟地区；泥炭以及其他可能危及填埋场安全的区域。

⑤ 生活垃圾填埋场场址的位置及与周围人群的距离应依据环境影响评价结论确定，并经地方环境保护行政主管部门批准。

在对生活垃圾填埋场场址进行环境影响评价时，应考虑生活垃圾填埋场产生的渗滤液、大气污染物（含恶臭物质）、滋养动物（蚊、蝇、鸟类等）等因素，根据其所在地区的环境功能区类别，综合评价其对周围环境、居住人群的身体健康、日常生活和生产活动的影响，确定生活垃圾填埋场与常住居民居住场所、地表水域、高速公路、交通主干道（国道或省道）、铁路、飞机场、军事基地等敏感对象之间合理的位置关系以及合理的防护距离。环境影响评价的结论可作为规划控制的依据。

国家环境保护总局（现生态环境部）2007 年第 17 号公告发布的《加强国家污染物排放标准制修订工作的指导意见》中要求："排放标准中原则上不规定统一的污染源与敏感区域之间的合理距离（防护距离），可注明污染源与敏感区域之间的合理距离应根据污染源的性质和当地的自然、气象条件等因素，通过环境影响评价确定。"根据该指导意见的规定，生活垃圾填埋场的最小防护距离原则上应根据环境影响评价来确定。

2. 设计、施工与验收要求

① 如果天然基础层的饱和渗透系数小于 $1.0 \times 10^{-7} cm/s$，而且厚度不小于 2m，可采用天然黏土防渗衬层。采用天然黏土防渗衬层应满足以下基本条件：

a. 压实后的黏土防渗衬层的饱和渗透系数应小于 $1.0 \times 10^{-7} cm/s$；

b. 黏土防渗衬层的厚度不小于 2m。

② 如果天然基础层的饱和渗透系数小于 $1.0 \times 10^{-5} cm/s$，而且厚度不小于 2m，可采用单层人工合成材料防渗衬层。人工合成材料衬层下应具有厚度不小于 0.75m，而且被压实后的饱和渗透系数小于 $1.0 \times 10^{-7} cm/s$ 的天然黏土防渗衬层，或具有同等以上隔水效力的其他材料防渗衬层。

③ 如果天然基础层的饱和渗透系数不小于 $1.0 \times 10^{-5} cm/s$，或者天然基础层厚度小于 2m，应采用双层人工合成材料防渗衬层。下层人工合成材料防渗衬层下应具有厚度不小于 0.75m，而且被压实后的饱和渗透系数小于 $1.0 \times 10^{-7} cm/s$ 的天然黏土衬层，或具有同等以上隔水效力的其他材料衬层；两层人工合成材料衬层之间应布设导水层及渗漏检测层。

3. 填埋废物的入场要求

① 可直接进入生活垃圾填埋场填埋处置的废物：

a. 由环境卫生机构收集或者自行收集的混合生活垃圾，以及企事业单位产生的办公废物；

b. 生活垃圾焚烧炉渣（不包括飞灰）；

c. 生活垃圾堆肥处理产生的固态残余物；

d. 服装加工、食品加工以及其他城市生活服务行业产生的性质与生活垃圾相近的一般工业固体废物。

②《医疗废物分类目录》中的感染性废物经过下列方式处理后，可以进入生活垃圾填埋场填埋处置。

a. 按照 HJ 228 要求进行破碎毁形和化学消毒处理，并满足消毒效果检验指标；

b. 按照 HJ 229 要求进行破碎毁形和微波消毒处理，并满足消毒效果检验指标；

c. 按照 HJ 276 要求进行破碎毁形和高温蒸汽处理，并满足处理效果检验指标。

③ 生活垃圾焚烧飞灰和医疗废物焚烧残渣（包括飞灰、底渣）经处理后满足下列条件时，可以进入生活垃圾填埋场填埋处置。

a. 含水率小于 30%；

b. 二噁英含量低于 3μg TEQ/kg；

c. 按照 HJ/T 300 制备的浸出液中危害成分浓度低于本标准规定的限值。

④ 一般工业固体废物经处理后，按照 HJ/T 300 制备的浸出液中危害成分浓度低于规定的限值，可以进入生活垃圾填埋场填埋处置。

⑤ 经处理后满足相应要求的生活垃圾焚烧飞灰、医疗废物焚烧残渣（包括飞灰、底渣）和一般工业固体废物在生活垃圾填埋场中应单独分区填埋。

⑥ 厌氧产沼气等生物处理后的固态残余物、粪便经处理后的固态残余物和生活污水处理厂的污泥经处理后含水率小于 60% 时，可以进入生活垃圾填埋场填埋处置。

⑦ 下列废物不得在生活垃圾填埋场中填埋处置。

a. 除符合处理规定的生活垃圾焚烧飞灰以外的危险废物；

b. 未经处理的餐饮废物；

c. 未经处理的粪便；

d. 禽畜养殖废物；

e. 电子废物及其处理处置残余物；

f. 除本填埋场产生的渗滤液之外的任何液态废物和废水。

国家环境保护标准另有规定的除外。

4. 污染物排放控制要求

（1）水污染物排放控制要求

生活垃圾填埋场应设置污水处理装置。2011 年 7 月 1 日起，现有全部生活垃圾填埋场应自行处理生活垃圾渗滤液。生活垃圾渗滤液（含调节池废水）等污水经处理并符合表 6-2 规定的水污染排放浓度限值要求后，可直接排放。

表 6-2　现有和新建生活垃圾填埋场水污染物排放浓度限值

序号	控制污染物	排放浓度限值	污染物排放监控位置
1	色度（稀释倍数）	40	常规污水处理设施排放口
2	化学需氧量（COD_{Cr}）/（mg/L）	100	常规污水处理设施排放口
3	生化需氧量（BOD_5）/（mg/L）	30	常规污水处理设施排放口
4	悬浮物/（mg/L）	30	常规污水处理设施排放口
5	总氮/（mg/L）	40	常规污水处理设施排放口
6	氨氮/（mg/L）	25	常规污水处理设施排放口
7	总磷/（mg/L）	3	常规污水处理设施排放口
8	粪大肠菌群数/（个/L）	10000	常规污水处理设施排放口
9	总汞/（mg/L）	0.001	常规污水处理设施排放口
10	总镉/（mg/L）	0.01	常规污水处理设施排放口
11	总铬/（mg/L）	0.1	常规污水处理设施排放口
12	六价铬/（mg/L）	0.05	常规污水处理设施排放口
13	总砷/（mg/L）	0.1	常规污水处理设施排放口
14	总铅/（mg/L）	0.1	常规污水处理设施排放口

根据环境保护工作的要求，在国土开发密度已经较高、环境承载能力开始减弱，或环境容量较小、生态环境脆弱，容易发生严重环境污染问题而需要采取特别保护措施的地区，应严格控制生活垃圾填埋场的污染物排放行为。在上述地区的生活垃圾填埋场执行表 6-3 规定的水污染物特别排放限值。

表 6-3　现有和新建生活垃圾填埋场水污染物特别排放限值

序号	控制污染物	排放浓度限值	污染物排放监控位置
1	色度（稀释倍数）	30	常规污水处理设施排放口
2	化学需氧量（COD_{Cr}）/（mg/L）	60	常规污水处理设施排放口
3	生化需氧量（BOD_5）/（mg/L）	20	常规污水处理设施排放口
4	悬浮物/（mg/L）	30	常规污水处理设施排放口
5	总氮/（mg/L）	20	常规污水处理设施排放口

序号	控制污染物	排放浓度限值	污染物排放监控位置
6	氨氮/（mg/L）	8	常规污水处理设施排放口
7	总磷/（mg/L）	1.5	常规污水处理设施排放口
8	粪大肠菌群数/（个/L）	1000	常规污水处理设施排放口
9	总汞/（mg/L）	0.001	常规污水处理设施排放口
10	总镉/（mg/L）	0.01	常规污水处理设施排放口
11	总铬/（mg/L）	0.1	常规污水处理设施排放口
12	六价铬/（mg/L）	0.05	常规污水处理设施排放口
13	总砷/（mg/L）	0.1	常规污水处理设施排放口
14	总铅/（mg/L）	0.1	常规污水处理设施排放口

（2）甲烷排放控制要求

生活垃圾填埋场应采取甲烷减排措施和防止恶臭物质扩散的措施。填埋工作面上 2m 以下高度范围内甲烷的体积分数应不大于 0.1%；当通过导气管道直接排放填埋气体时，导气管排放口甲烷的体积分数不大于 5%。在生活垃圾填埋场周围环境敏感点方位的场界的恶臭污染物浓度应符合 GB 14554 的规定。

三、《生活垃圾焚烧污染控制标准》

《生活垃圾焚烧污染控制标准》（GB 18485—2014）规定了生活垃圾焚烧厂选址要求、技术要求、入炉废物要求、运行要求、排放控制要求、监测要求、实施与监督等内容，适用于生活垃圾焚烧厂的环境影响评价。

1. 选址要求

生活垃圾焚烧厂的选址应符合当地的城乡总体规划、环境保护规划和环境卫生专项规划，并符合当地的大气污染防治、水资源保护、自然生态保护等要求。

应依据环境影响评价结论确定生活垃圾焚烧厂厂址的位置及其与周围人群的距离。经具有审批权的环境保护行政主管部门批准后，这一距离可作为规划控制的依据。

在对生活垃圾焚烧厂厂址进行环境影响评价时，应重点考虑生活垃圾焚烧厂内各设施可能产生的有害物质泄漏、大气污染物（含恶臭物质）的产生与扩散以及可能的事故风险等因素，根据其所在地区的环境功能区类别，综合评价其对周围环境、居住人群的身体健康、日常生活和生产活动的影响，确定生活垃圾焚烧厂与常住居民居住场所、农用地、地表水体以及其他敏感对象之间合理的位置关系。

2. 技术要求

① 生活垃圾的运输应采取密闭措施，避免在运输过程中发生垃圾遗撒、气味泄漏和污水滴漏。

② 生活垃圾贮存设施和渗滤液收集设施应采取封闭负压措施，并保证其在运行期和停炉期均处于负压状态。这些设施内的气体应优先通入焚烧炉中进行高温处理，或收集并经除臭处理满足 GB 14554 要求后排放。

③ 生活垃圾焚烧炉的主要技术性能指标应满足下列要求。

a. 炉膛内焚烧温度、炉膛内烟气停留时间和焚烧炉渣热灼减率应满足表 6-4 的规定。

表 6-4　生活垃圾焚烧炉主要技术性能指标

序号	项目	指标	检验方法
1	炉膛内焚烧温度	≥850℃	在二次空气喷入点所在断面、炉膛中部断面和炉膛上部断面中至少选择两个断面分别布设监测点,实行热电偶实时在线测量
2	炉膛内烟气停留时间	≥2s	根据焚烧炉设计书检验和制造图核验炉膛内焚烧温度监测点断面间的烟气停留时间
3	焚烧炉渣热灼减率	≤5%	HJ/T 20

b. 生活垃圾焚烧炉排放烟气中一氧化碳浓度应满足表 6-5 的规定。

表 6-5　生活垃圾焚烧炉排放烟气中一氧化碳浓度限值

取值时间	限值/(mg/m³)	监测方法
24h均值	80	HJ/T 44
1h均值	100	

④ 每台生活垃圾焚烧炉必须单独设置烟气净化系统并安装烟气在线监测装置,处理后的烟气应采用独立的排气筒排放;多台生活垃圾焚烧炉的排气筒可采用多筒集束式排放。

⑤ 焚烧炉烟囱高度不得低于表 6-6 规定的高度,具体高度应根据环境影响评价结论确定。如果在烟囱周围 200m 半径距离内存在建筑物,烟囱高度应高出这一区域内最高建筑物 3m 以上。

表 6-6　焚烧炉烟囱高度

焚烧处理能力/(t/d)	烟囱最低允许高度/m	焚烧处理能力/(t/d)	烟囱最低允许高度/m
<300	45	≥300	60

注:在同一厂区内如有多台焚烧炉,则以各焚烧炉处理能力综合作为评判依据。

⑥ 焚烧炉应设置助燃系统,在启、停炉时以及当炉膛内焚烧温度低于表 6-4 要求的温度时使用并保证焚烧炉的运行工况满足表 6-4、表 6-5 的要求。

⑦ 应按照 GB/T 16157 的要求设置永久采样孔,并在采样孔的正下方约 1m 处设置不小于 3m² 的带护栏的安全监测平台,并设置永久电源(220V),以便放置采样设备进行采样操作。

3. 污染物排放控制要求

(1)焚烧炉大气污染物排放限值

生活垃圾焚烧炉排放烟气中污染物限值见表 6-7。

表 6-7　生活垃圾焚烧炉排放烟气中污染物限值

序号	污染物项目	限值	取值时间
1	颗粒物/(mg/m³)	30	1h均值
		20	24h均值
2	氮氧化物(NO$_x$)/(mg/m³)	300	1h均值
		250	24h均值
3	二氧化硫(SO$_2$)/(mg/m³)	100	1h均值
		80	24h均值

序号	污染物项目	限值	取值时间
4	氯化氢（HCl）/（mg/m³）	60	1h均值
		50	24h均值
5	汞及其化合物（以Hg计）/（mg/m³）	0.05	测定均值
6	镉、铊及其化合物（以Cd+Tl计）/（mg/m³）	0.1	测定均值
7	锑、砷、铅、铬、钴、铜、锰、镍及其化合物（以Sb+As+Pb+Cr+Co+Cu+Mn+Ni计）/（mg/m³）	1.0	测定均值
8	二噁英类/（ng TEQ/m³）	0.1	测定均值
9	一氧化碳（CO）/（mg/m³）	100	1h均值
		80	24h均值

注：生活污水处理设施产生的污泥、一般工业固体废物的专用焚烧炉排放烟气中二噁英类污染物浓度限值不适用上表。

（2）焚烧残余物的处置要求

① 生活垃圾焚烧飞灰与焚烧炉渣应分别收集、贮存、运输和处置。

② 生活垃圾焚烧飞灰应按危险废物进行管理。如进入生活垃圾填埋场处置，应满足 GB 16889 的要求；如进入水泥窑处置，应满足 GB 30485 的要求。

（3）渗滤液和废水处理要求

生活垃圾渗滤液和车辆清洗废水应收集并在生活垃圾焚烧厂内处理或送至生活垃圾填埋场渗滤液处理设施处理，处理后满足 GB 16889 表2 的要求（如厂址在符合 GB 16889 中第9.1.4 条要求的地区，应满足 GB 16889 表3 的要求）后，可直接排放。若通过污水管网或采用密闭输送方式送至采用二级处理方式的城市污水处理厂处理，应满足以下条件：

① 在生活垃圾焚烧厂内处理后，总汞、总镉、总铬、六价铬、总砷、总铅等污染物浓度达到 GB 16889 表2 规定的浓度限值要求；

② 城市二级污水处理厂每日处理生活垃圾渗滤液和车辆清洗废水总量不超过污水处理量的 0.5%；

③ 城市二级污水处理厂应设置生活垃圾渗滤液和车辆清洗废水专用调节池，将其均匀注入生化处理单元；

④ 不影响城市二级污水处理厂的污水处理效果。

四、《危险废物焚烧污染控制标准》

《危险废物焚烧污染控制标准》（GB 18484—2020）规定了危险废物焚烧设施的选址、运行、监测和废物贮存、配伍及焚烧处置过程的生态环境保护要求，以及实施与监督等内容，适用于新建危险废物焚烧设施建设项目的环境影响评价。

1. 焚烧厂选址原则

危险废物焚烧设施选址应符合生态环境保护法律法规及相关法定规划要求，并综合考虑设施服务区域、交通运输、地质环境等基本要素，确保设施处于长期相对稳定的环境。鼓励危险废物焚烧设施入驻循环经济园区等市政设施的集中区域，在此区域内各设施功能布局可依据环境影响评价文件进行调整。

焚烧设施选址不应位于国务院和国务院有关主管部门及省、自治区、直辖市人民政府划定的生态保护红线区域、永久基本农田集中区域和其他需要特别保护的区域内。

焚烧设施厂址应与敏感目标之间设置一定的防护距离，防护距离应根据厂址条件、焚烧处置技术工艺、污染物排放特征及其扩散因素等综合确定，并应满足环境影响评价文件及审批意见要求。

2. 技术要求

（1）贮存

贮存设施应符合 GB 18597 中规定的要求。贮存设施应设置焚烧残余物暂存设施和分区。

（2）配伍

① 入炉危险废物应符合焚烧炉的设计要求。具有易爆性的危险废物禁止进行焚烧处置。

② 危险废物入炉前应根据焚烧炉的性能要求对危险废物进行配伍，以使其热值、主要有害组分含量、可燃氯含量、重金属含量、可燃硫含量、水分和灰分符合焚烧处置设施的设计要求，应保证入炉废物理化性质稳定。

③ 预处理和配伍车间污染控制措施应符合 GB 18597 中规定的要求，产生的废气应收集并导入废气处理装置，产生的废水应收集并导入废水处理装置。

（3）焚烧

① 一般规定 焚烧设施应采取负压设计或其他技术措施，防止运行过程中有害气体逸出。焚烧设施应配置具有自动联机、停机功能的进料装置，烟气净化装置，以及集成烟气在线自动监测、运行工况在线监测等功能的运行监控装置。

② 进料装置 进料装置应保证进料通畅、均匀，并采取防堵塞和清堵塞设计。液态废物进料装置应单独设置，并应具备过滤功能和流量调节功能，选用材质应具有耐腐蚀性。进料口应采取气密性和防回火设计。

③ 焚烧炉 危险废物焚烧炉的技术性能指标应符合表 6-8 的要求。

表 6-8 危险废物焚烧炉的技术性能指标

指标	焚烧炉高温段温度 /℃	烟气停留时间 /s	烟气含氧量（干烟气，烟囱取样口）	烟气一氧化碳浓度（烟囱取样口)/(mg/m³)		燃烧效率	焚毁去除率	热灼减率
				1h均值	24h均值或日均值			
限值	≥1100	≥2.0	6%～15%	≤100	≤80	≥99.9%	≥99.99%	<5%

④ 烟气净化装置 焚烧烟气净化装置至少应具备除尘、脱硫、脱硝、脱酸、去除二噁英类及重金属类污染物的功能。每台焚烧炉宜单独设置烟气净化装置。

⑤ 排气筒 排气筒高度不得低于表 6-9 规定的高度，具体高度及设置应根据环境影响评价文件及其审批意见确定，并应按 GB/T 16157 设置永久性采样孔。排气筒周围 200m 半径距离内存在建筑物时，排气筒高度应至少高出这一区域内最高建筑物 5m 以上。如有多个排气源，可集中到一个排气筒排放或采用多筒集合式排放，并在集中或合并前的各分管上设置采样孔。

表 6-9 焚烧炉排气筒高度

焚烧处理能力 /(kg/h)	排气筒最低允许高度 /m	焚烧处理能力 /(kg/h)	排气筒最低允许高度 /m
≤300	25	2000～2500	45
300～2000	35	≥2500	50

3. 污染物排放控制要求

① 焚烧设施烟气污染物排放浓度限值应符合表 6-10 的规定。

表 6-10　危险废物焚烧设施烟气污染物排放浓度限值

序号	污染物项目	限值	取值时间
1	颗粒物/（mg/m³）	30	1h均值
		20	24h均值或日均值
2	一氧化碳（CO）/（mg/m³）	100	1h均值
		80	24h均值或日均值
3	氮氧化物（NO$_x$）/（mg/m³）	300	1h均值
		250	24h均值或日均值
4	二氧化硫（SO$_2$）/（mg/m³）	100	1h均值
		80	24h均值或日均值
5	氟化氢（HF）/（mg/m³）	4.0	1h均值
		2.0	24h均值或日均值
6	氯化氢（HCl）/（mg/m³）	60	1h均值
		50	24h均值或日均值
7	汞及其化合物（以Hg计）/（mg/m³）	0.05	测定均值
8	铊及其化合物（以Tl计）/（mg/m³）	0.05	测定均值
9	镉及其化合物（以Cd计）/（mg/m³）	0.05	测定均值
10	铅及其化合物（以Cd计）/（mg/m³）	0.5	测定均值
11	砷及其化合物（以Cd计）/（mg/m³）	0.5	测定均值
12	铬及其化合物（以Cd计）/（mg/m³）	0.5	测定均值
13	锡、锑、铜、锰、镍、钴及其化合物（以Sn+Sb+Cu+Mn+Ni+Co计）/（mg/m³）	2.0	测定均值
14	二噁英类/[ng TEQ/m³(标)]	0.5	测定均值

注：表中污染物限值为基准氧含量排放浓度。

除危险废物焚烧炉外的其他生产设施及厂界的大气污染物排放应符合 GB 16297 和 GB 14554 的相关规定。属于 GB 37822 定义的 VOCs 物料的危险废物，其贮存、运输、预处理等环节的挥发性有机物无组织排放控制应符合 GB 37822 的相关规定。

② 焚烧设施产生的焚烧残余物及其他固体废物，应根据《国家危险废物名录》和国家规定的危险废物鉴别标准等进行属性判定。属于危险废物的，其贮存和利用处置应符合国家和地方危险废物有关规定。

③ 焚烧设施产生的废水排放应符合 GB 8978 的要求。

④ 厂界噪声应符合 GB 12348 的控制要求。

五、《危险废物填埋污染控制标准》

《危险废物填埋污染控制标准》（GB 18598—2019）规定了危险废物填埋的入场条件，填埋场的选址、设计、施工、运行、封场及监测的环境保护要求。

1. 填埋场场址选择要求

① 填埋场选址应符合环境保护法律法规及相关法定规划要求。

② 填埋场场址的位置及与周围人群的距离应依据环境影响评价结论确定。在对危险废

物填埋场场址进行环境影响评价时，应重点考虑危险废物填埋场渗滤液可能产生的风险、填埋场结构、防渗层长期安全性及由此造成的渗漏风险等因素，根据其所在地区的环境功能区类别，结合该地区的长期发展规划和填埋场设计寿命期，重点评价其对周围地下水环境、居住人群的身体健康、日常生活和生产活动的长期影响，确定其与常住居民居住场所、农用地、地表水体以及其他敏感对象之间合理的位置关系。

③ 填埋场场址不应选在国务院和国务院有关主管部门及省、自治区、直辖市人民政府划定的生态保护红线区域、永久基本农田和其他需要特别保护的区域内。

④ 填埋场场址不得选在以下区域：破坏性地震及活动构造区，海啸及涌浪影响区；湿地；地应力高度集中，地面抬升或沉降速率快的地区；石灰溶洞发育带；废弃矿区、塌陷区；崩塌、岩堆、滑坡区；山洪、泥石流影响地区；活动沙丘区；尚未稳定的冲积扇、冲沟地区及其他可能危及填埋场安全的区域。

⑤ 填埋场选址的标高应位于重现期不小于100年一遇的洪水位之上，并在长远规划中的水库等人工蓄水设施淹没和保护区之外。

⑥ 填埋场场址地质条件应符合下列要求，刚性填埋场除外：

a. 场区的区域稳定性和岩土体稳定性良好，渗透性低，没有泉水出露；

b. 填埋场防渗结构底部应与地下水有记录以来的最高水位保持3m以上的距离。

⑦ 填埋场场址不应选在高压缩性淤泥、泥炭及软土区域，刚性填埋场选址除外。

⑧ 填埋场场址天然基础层的饱和渗透系数不应大于1.0×10^{-5}cm/s，并且其厚度不应小于2m，刚性填埋场除外。

⑨ 填埋场场址不能满足⑥～⑧条的要求时，必须按照刚性填埋场要求建设。

2. 填埋废物入场要求

① 下列废物不得填埋：

a. 医疗废物；

b. 与衬层具有不相容性反应的废物；

c. 液态废物。

② 除①条所列废物外，满足下列条件或经预处理满足下列条件的废物，可进入柔性填埋场。

a. 根据HJ/T 299制备的浸出液中有害成分浓度不超过允许填埋控制限值的废物；

b. 根据GB/T 15555.12测得浸出液pH值在7.0～12.0之间的废物；

c. 含水率低于60%的废物；

d. 水溶性盐总量小于10%的废物，测定方法按照NY/T 1121.16执行，待国家发布固体废物中水溶性盐总量的测定方法后执行新的监测方法标准；

e. 有机质含量小于5%的废物，测定方法参照HJ 761；

f. 不再具有反应性、易燃性的废物。

③ 除①条所列废物外，不具有反应性、易燃性或经预处理不再具有反应性、易燃性的废物，可进入刚性填埋场。

④ 砷含量大于5%的废物，应进入刚性填埋场处置。

3. 污染物排放控制要求

① 填埋场产生的渗滤液（调节池废水）等污水必须经过处理，并符合本标准规定的污染

物排放控制要求（表 6-11）后方可排放，禁止渗滤液回灌。

表 6-11 危险废物填埋场废水污染物排放限值   单位：mg/L（pH值除外）

序号	污染物项目	直接排放	间接排放①	污染物排放监控位置
1	pH值	6～9	6～9	危险废物填埋场废水总排放口
2	生化需氧量（BOD₅）	4	50	
3	化学需氧量（COD）	20	200	
4	总有机碳（TOC）	8	30	
5	悬浮物（SS）	10	100	
6	氨氮	1	30	
7	总氮	1	50	
8	总铜	0.5	0.5	
9	总锌	1	1	
10	总钡	1	1	
11	氰化物（以CN计）	0.2	0.2	
12	总磷（TP，以P计）	0.3	3	
13	氟化物（以F计）	1	1	
14	总汞	0.001		渗滤液调节池废水排放口
15	烷基汞	不得检出		
16	总砷	0.05		
17	总镉	0.01		
18	总铬	0.1		
19	六价铬	0.05		
20	总铅	0.05		
21	总铍	0.002		
22	总镍	0.05		
23	总银	0.5		
24	苯并[a]芘	0.00003		

① 工业园区和危险废物集中处置设施内的危险废物填埋场向污水处理系统排放废水时执行间接排放限值。

② 填埋场有组织气体和无组织气体排放应满足 GB 16297 和 GB 37822 的规定。监测因子由企业根据填埋废物特性从上述两个标准的污染物控制项目中提出，并征得当地生态环境主管部门同意。

③ 危险废物填埋场不应对地下水造成污染。地下水监测因子和地下水监测层位由企业根据填埋废物特性及填埋场所处区域水文地质条件提出，必须是具有代表性且能表示废物特性的参数，并征得当地生态环境主管部门同意。常规测定项目包括浑浊度、pH 值、溶解性总固体、氯化物、硝酸盐（以 N 计）、亚硝酸盐（以 N 计）。填埋场地下水质量评价按照 GB/T 14848 执行。

案例分析

扫描二维码可查看案例分析。

固体废物环境影响评价案例分析

习题

一、简答题

1. 简述固体废物的定义和分类。
2. 固体废物的特点是什么？
3. 固体废物对环境的主要影响有哪些方面？
4. 简述固体废物污染控制的主要措施。
5. 垃圾填埋场环境影响评价包括哪些主要内容？

二、不定项选择

1. 一般情况，下列属于"年老"垃圾填埋场渗滤液水质特点的是（　　　）。
  A. BOD_5 及 COD 浓度较低   B. pH 接近中性或弱碱性
  C. 各类重金属离子浓度开始下降   D. 氨氮浓度较高

2. 根据《危险废物填埋污染控制标准》，危险废物填埋场禁选区域包括（　　　）。
  A. 塌陷区   B. 软土区域   C. 滑坡区   D. 废弃矿区

3. 根据《一般工业固体废物贮存和填埋污染控制标准》，进入Ⅰ类场的一般工业固体废物应同时满足的要求不包括（　　　）。（2021 年环评师考试真题）
  A. 第Ⅰ类一般工业固体废物   B. 有机质含量小于 2%（煤矸石除外）
  C. 水溶性盐总量小于 2%   D. 含水率低于 60%

4. 根据《生活垃圾焚烧污染控制标准》，下列废物中，可以进入生活垃圾焚烧炉处置的废物是（　　　）。（2019 年环评师考试真题）
  A. 电子废物及其处理处置残余物
  B. 危险废物
  C. 生活垃圾堆肥处理过程中筛分工序产生的筛上物
  D. 医疗废物中的感染性废物

5. 根据《危险废物填埋污染控制标准》，在对危险废物填埋场场址进行环境影响评价时，重点考虑的因素不包括（　　　）。（2021 年环评师考试真题）
  A. 渗滤液可能产生的风险   B. 防渗层安全性导致的渗漏风险

C. 填埋场结构长期安全性　　　　　　　D. 填埋场集排气系统的设计保障

6.根据《生活垃圾填埋场污染控制标准》，不得在生活垃圾填埋场填埋处理的废物有（　　　）。
（2021年环评师考试真题）

    A. 电子废物　　　　　　　　　　　　　B. 未经处理的粪便

    C. 电子废物处置残余物　　　　　　　　D. 生活垃圾焚烧炉渣

7.根据《生活垃圾填埋场污染控制标准》，目前生活垃圾填埋场产生的垃圾渗滤液（　　　）。

    A. 在不影响城市污水处理厂处理效果的前提下，可排入城市污水处理厂

    B. 应自行处理并执行 GB 16889 表 2 规定

    C. 若排放量不超过污水厂处理量的 0.5%，可排入城市污水处理厂

    D. 应均匀注入城市污水处理厂

8.关于生活垃圾填埋场渗滤液处理的说法，正确的有（　　　）。

    A. 在填埋区和渗滤液处理设施间必须设置调节池

    B. 渗滤液的水质与填埋场使用年限关系不大

    C. 垃圾渗滤液处理宜采用"预处理＋生物处理＋深度处理"组合工艺

    D. 渗滤液处理中产生的污泥填埋处置时含水率不宜大于 80%

9.下列固废中，属于一般工业固体废物的有（　　　）。

    A. 石油加工业产生的油泥　　　　　　　B. 燃烧电厂产生的粉煤灰

    C. 煤矸石　　　　　　　　　　　　　　D. 电镀废水物化处理产生的污泥

10.铅锌冶炼厂对地下水存在潜在重金属污染风险的场所有（　　　）。

    A. 生产装置区　　　　　　　　　　　　B. 物料装卸区

    C. 生产废水处理站区　　　　　　　　　D. 职工生活区

第七章
生态影响评价

学习目标

了解生态影响评价基本概念、发展历程，熟悉生态影响的分类和特点，了解常见的生态影响类建设项目。掌握生态因子筛选、等级判定和评价范围的标准，现状调查的方法、要求与内容，熟悉现状和预测评价方法。了解典型行业的评价内容。掌握生态保护措施、生态影响评价条件的基本要求。

第一节 生态影响评价概述

目前全球范围内都面临物种灭绝速度加快、生物多样性丧失和生态系统退化的严峻挑战。这些问题都不断警示人类，必须深刻反思人与自然的关系，需要采取"变革性措施"，来扭转生物多样性不断恶化的全球挑战。

生物多样性的存在是人类赖以生存和发展的重要基础。每一种动植物，都对保持生态系统平衡起到重要作用。生物多样性的下降和生物生境的丧失，都有可能增加传染病和病毒传播风险。现在人们已经意识到了：人与自然是生命共同体，人类对大自然的伤害最终会反伤及人类自身。具体到我国而言，面临着诸多的生态问题：自然生态空间受到挤压，土地沙化、退化等现象不容忽视，水资源严重短缺，生物多样性受到挑战，常见各种生物入侵的报道，气候变化可能造成重大影响。以上各种生态问题严重威胁到我国的生态安全。生态安全是指一国具有较为稳定的、完整的、不受或少受威胁的、能够支撑国家生存发展的生态系统。它是国家安全的重要组成部分，是人们生存发展的基本条件，生态问题不仅关系到人们的日常生活和身体健康，更直接关系到国家经济发展和长治久安，事关国家兴衰和民族存亡。

为了保护生物多样性，作为重要环境管理方式的环境影响评价也很有必要将生态影响评价纳入其中。由于生态影响评价会涉及较多的生态概念，因此先介绍生态学的基本概念。

一、生态学基本概念

生态系统：生物群落及其地理环境相互作用的自然系统，由无机环境生物的生产者（绿色植物）、消费者（草食动物和肉食动物）以及分解者（腐生微生物）3部分组成。按照生境特征简单分为陆域生态系统、水域生态系统和湿地生态系统。生态系统对人类的价值之一是服务功能，主要包括向人类社会输入有用物质和能量，接受和转化废弃物及直接向人类社会提供服务。

初级生产力：是指生态系统中植物群落在单位时间、单位面积上进行光合作用，所产生有机物质的总量，反映了生产有机质或积累能量的速率。净初级生产力（净第一性生产力，NPP）是在单位面积、单位时间群落（或生态系统）中，从初级生产力中减去植物呼吸所消耗的数量，直接反映了植被群落在自然环境条件下的生产能力，表征生态系统的质量状况，是构成生物圈的基础。

生物量：指某一时间单位面积或体积栖息地内所含一个或一个以上生物种，或所含一个生物群落中所有生物种的总个数或总干质量（包括生物体内所存食物的质量）。

重要物种：在生态影响评价中需要重点关注、具有较高保护价值或保护要求的物种，包括国家及地方重点保护野生动植物名录所列的物种，《中国生物多样性红色名录》中列为极危、濒危和易危的物种，国家和地方政府列入拯救保护名单中的极小种群物种、特有种以及古树名木等。

生态因子：环境中对生物行为和分布有直接或间接影响的环境要素。包括气候因子（温度、湿度等）、土壤因子（盐度）、地形因子、生物因子（竞争、捕食等物种间相互作用）和人为因子。

生境：生物的生存空间和其中的生态因子。如栖息地（动物）、生长地（植物）、生活环境等。

生物多样性：生物（动物、植物、微生物）与环境形成的生态复合体以及与此相关的各种生态过程的总和，包括生态系统、物种和基因三个层次。概括起来，包含物种多样性、遗传多样性、生态系统多样性，也有专家认为景观多样性也应该包括在内。多样性是人类赖以生存和发展的基石，是社会生态文明水平的主要标志之一。在生态影响评价中落实多样性评价，既是我国生物多样性现状与形势的要求，也是落实《生物多样性保护公约》的要求。

生态敏感区：包括法定生态保护区域、重要生境以及其他具有重要生态功能、对保护生物多样性具有重要意义的区域。法定生态保护区域包括：依据法律法规、政策等规范性文件划定或确认的国家公园、自然保护区、自然公园等自然保护地、世界自然遗产、生态保护红线等区域。重要生境包括：重要物种的天然集中分布区、栖息地，重要水生生物的产卵场、索饵场、越冬场和洄游通道（"三场一通道"），迁徙鸟类的重要繁殖地、停歇地、越冬地以及野生动物迁徙通道等。

景观及景观生态学：景观指的是在中尺度或者大尺度（几十到几百平方千米）范围内，具有不同生态特性的斑块组成的嵌合体，景观一般由斑块、基质和廊道组成。景观生态学则是以景观为研究对象，核心是研究空间格局、生态学过程与尺度之间的相互作用。

生境破碎化：是指对生物物种、种群、群落的生存繁衍起干扰、抑制作用的因素分割、压缩生境的过程。当建设项目占地面积较大时，就有可能导致生态系统的破碎化。

生境孤岛化：建设项目可能会分割野生动物生态环境，导致其彼此不能直接相连，形成独立的众多"生态岛屿"，从而形成生态"孤岛效应"。比如盘山公路对山区的动物活动的切割分块。

3S 技术：遥感（remote sensing，RS）、地理信息系统（geographical information system，GIS）、全球定位系统（global position system，GPS）三种技术的简称。随着其技术发展，在生态影响评价中的应用也越来越广泛。遥感是从一定高度，利用不同物体对波谱的反映不同来获取信息的过程和方法。地理信息系统是指在计算机软硬件支持下，对空间信息进行输入、存储、查询等功能的技术系统，是 3S 技术的中枢。全球定位系统泛指利用卫星技术，实时提供全球地理坐标的技术，我国目前拥有北斗卫星定位系统。

生态影响：工程占用、施工活动干扰、环境条件改变、时间或空间累积作用等，直接或间接导致物种、种群、生物群落、生境、生态系统以及自然景观、自然遗迹等发生的变化。

二、生态影响分类、强度及特点

生态影响评价：在工程分析和生态现状调查的基础上，识别、预测和评价建设项目在施工期、运行期以及服务期满后（可根据项目情况选择）等不同阶段的生态影响，提出预防或者减缓不利影响的对策和措施，制订相应的环境管理和生态监测计划，从生态影响角度明确建设项目是否可行。

1. 生态影响分类

在工作中，生态影响按照影响方式可分为直接生态影响、间接生态影响、累积生态影响等。直接生态影响指的是由建设项目导致的与其建设和运行同时同地发生的生态影响。间接生态影响指的是由建设项目和其直接生态影响引起的与项目不在同一地点或者时间发生的生态影响。累积生态影响指的是由项目与其他相关活动（包括过去、现在、未来）之间相互叠加造成的生态影响。各种类型的现象举例如下。

① 直接生态影响　临时或永久占地导致生境直接破坏或丧失；工程施工、运行导致个体直接死亡；物种迁徙（或洄游）、扩散、种群交流受到阻隔；施工活动以及运行期噪声、振动、灯光等对野生动物的行为产生干扰；工程建设改变河流、湖泊等水体的天然状态等。

② 间接生态影响　水文情势变化导致生境条件、水生生态系统发生变化；地下水水位、土壤理化特性变化导致动植物群落发生变化；生境面积和质量下降导致个体死亡、种群数量下降或种群生存能力降低；资源减少及分布变化导致种群结构或种群动态发生变化；阻隔影响造成种群间基因交流减少，导致小种群灭绝风险增加；滞后效应（例如关键种的消失使捕食者和被捕食者的关系发生变化）等。

③ 累积生态影响　整个区域生境的逐渐丧失和破碎化；在景观尺度上生境的多样性减少；不可逆转的生物多样性下降；生态系统持续退化等。

2. 生态影响强度

在工作中，建设项目对生态影响的强度可分为强、中、弱、无四个等级，可依据以下现象进行初步判断。

① 强　生境受到严重破坏，水系开放连通性受到显著影响；野生动植物难以栖息繁衍（或生长繁殖），物种种类明显减少，种群数量显著下降，种群结构明显改变；生物多样性显著下降，生态系统的结构和功能受到严重损害，生态系统的稳定性难以维持；自然景观、自然遗迹受到永久性破坏；生态修复难度较大。

② 中　生境受到一定程度的破坏，水系开放连通性受到一定程度的影响；野生动植物的栖息繁衍（或生长繁殖）受到一定程度的干扰，物种种类减少，种群数量下降，种群结构改变；生物多样性有所下降，生态系统的结构和功能受到一定程度的破坏，生态系统的稳定性受到一定程度的干扰；自然景观、自然遗迹受到暂时性影响；通过采取一定措施上述不利影响可以得到减缓和控制，生态修复难度一般。

③ 弱　生境受到暂时性破坏，水系开放连通性变化不大；野生动植物的栖息繁衍（或生长繁殖）受到暂时性干扰，物种种类、种群数量、种群结构的变化不大；生物多样性，生态系统结构、功能以及生态系统稳定性基本维持现状；自然景观、自然遗迹基本未受到破坏；在干扰消失后可以修复或自然恢复。

④ 无　生境未受到破坏，水系开放连通性未受到影响；野生动植物的栖息繁衍（或生长繁殖）未受到影响；生物多样性，生态系统结构、功能以及生态系统稳定性维持现状；自然景观、自然遗迹未受到破坏。

3. 生态影响特点

生态系统的多样性和复杂性以及工程的阶段性、类型的多样性等导致了建设项目对生态的影响具有如下特点：阶段性、地域性、多样性、长期性、滞后性、系统性等。

① 阶段性　工程的建设分为几个阶段，典型的比如水利水电工程，分为勘察设计期、施工期、运营期等阶段，每个阶段对环境的影响的特点是不同的。

② 地域性　生态系统的复杂性导致生态影响的地域性明显。比如修建公路，分别在平原区和国家公园内修建，对生态环境的影响显然是不同的。

③ 多样性　生态影响是多方面的，包括直接影响、间接影响、显见影响、潜在影响、长期影响等。比如水电站的建设，直接阻隔了洄游性鱼类，间接影响了物种交流，进而影响当地生物之间的食物网，可能会引起多种不利后果。

④ 长期性　对生态的影响不是仅在项目建设期和运营期持续，而是在项目退役后仍然可能有不利影响。比如退役的矿山项目对周围生态环境的影响。

⑤ 滞后性　工程行为在经历一段时间后才会显现对生态环境的不利影响。比如线性工程导致的群落退化、生物多样性下降等后果，都是十几年后可能才会显现。

⑥ 系统性　由生态系统的整体性所决定。比如在生态保护措施中坚持山水林田湖草沙一体化保护的原则和系统治理的思路，就是一种典型的系统性思维。

4. 常见的生态影响评价建设项目

在工作中，常见的涉及生态影响评价的建设项目见表 7-1。

表 7-1　涉及生态影响评价的建设项目举例

行业分类	具体项目
水利水电项目	水电站、水库、水利设施、跨流域调水工程
能源项目	风力发电、光伏太阳能发电、地热发电
海洋项目	钻井、海堤整治、港口、码头
涉农项目	农业、林业、渔业
采掘项目	矿山开采、油气田开采
陆上交通项目	铁路、公路、机场
线性项目	铁路、公路、输气输油管线

第二节　生态环境影响评价工作程序与等级判定

生态影响评价的根本意义在于维持生态系统的动态平衡，避免因项目建设导致生态系统超过干扰限度（阈值）改变为另外一个退化的生态系统，特别是生境破碎化、孤岛化等生态脆弱等趋势。

生态影响评价的基本要求：建设项目选址选线应尽量避让各类生态敏感区，符合自然保护地、世界自然遗产、生态保护红线等管理要求以及国土空间规划、生态环境分区管控要求。建设项目生态影响评价应结合行业特点、工程规模以及对生态保护目标的影响方式，合理确定评价范围，按相应评价等级的技术要求开展现状调查、影响分析及预测工作。应按照避让、减缓、修复和补偿的次序提出生态保护对策措施，所采取的对策措施应有利于保护生物多样性，维持或修复生态系统功能。

涉及海洋的建设项目，其具体工作步骤、内容与要求参见《海洋工程环境影响评价技术导则》（GB/T 19485—2014）。

一、工作程序

生态影响评价工作一般分为三个阶段，具体工作程序见图7-1。

第一阶段：收集、分析建设项目工程技术文件以及所在区域国土空间规划、生态环境分区管控方案、生态敏感区以及生态环境状况等相关数据资料，开展现场踏勘，通过工程分析、筛选评价因子进行生态影响识别，确定生态保护目标，有必要的补充提出比选方案。确定评价等级、评价范围。

第二阶段：在充分的资料收集、现状调查、专家咨询基础上，根据不同评价等级的技术要求开展生态现状评价和影响预测分析。涉及有比选方案的，应对不同方案开展同等深度的生态环境比选论证。

第三阶段：根据生态影响预测和评价结果，确定科学合理、可行的工程方案，提出预防或减缓不利影响的对策和措施，制订相应的环境管理和生态监测计划，明确生态影响评价结论。

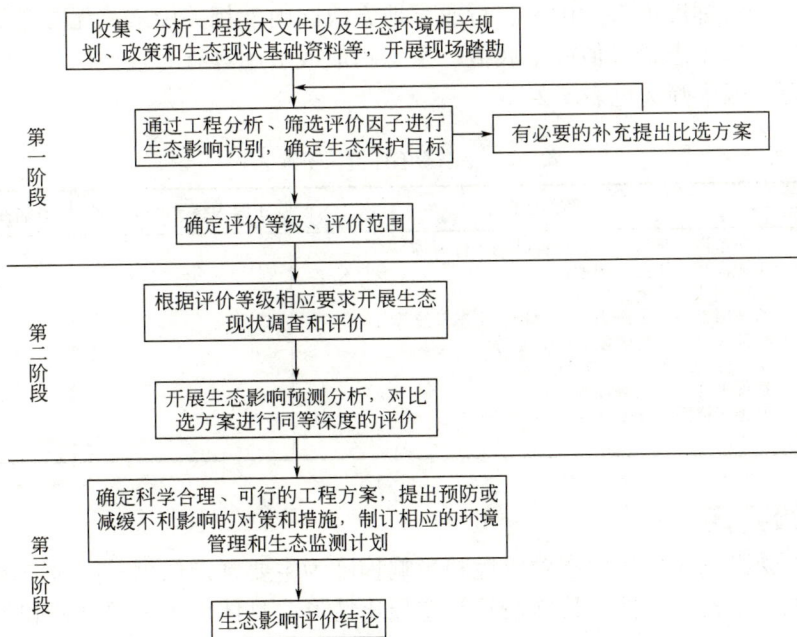

图7-1　生态影响评价工作程序

二、生态影响识别

1.工程分析

工程分析的实质是确定影响源和源强，是对影响的性质、方式、范围、程度的初步估算。具体工作中，需要按照《建设项目环境影响评价技术导则 总纲》（HJ 2.1—2016）的要求开展工程分析，主要采用工程设计文件的数据和资料以及类比工程的资料，明确建设项目地理位置、建设规模、总平面及施工布置、施工方式、施工时序、建设周期和运行方式，各种工程行为及其发生的地点、时间、方式和持续时间，以及设计方案中的生态保护措施等。

结合建设项目特点和区域生态环境状况，分析项目在施工期、运行期以及服务期满后（可根据项目情况选择）可能产生生态影响的工程行为及其影响方式，判断生态影响性质和影响程度。重点关注影响强度大、范围广、历时长或涉及重要物种、生态敏感区的工程行为。

工程设计文件中包括工程位置、工程规模、平面布局、工程施工及工程运行等不同比选方案的，应对不同方案进行工程分析。现有方案均占用生态敏感区，或明显可能对生态保护目标产生显著不利影响，还应补充提出基于减缓生态影响考虑的比选方案。

在工作中特别需要注意掌握工程的依托工程和配套工程的信息。比如修建水电站工程中，建设开通的进场道路、施工便道、作业场地，重要原材料生产、储运设施，污染控制工程、绿化工程、迁建补建工程、施工队伍驻地和拆迁居民安置地等。

2. 评价因子筛选

生态保护的宏观目标是保护生物多样性和实现生态系统的服务功能，微观目标包括物种及其生境、生态区域和自然保护地等。生态评价因子的筛选需要考虑维持物种生存、繁衍、迁徙或者洄游、扩散和种群交流等的空间范围及缓解条件。以动物为例，需要考虑其水源、食源、繁殖地、庇护所、迁徙路径、越冬地、领地。在工作中，需要在工程分析基础上筛选评价因子。筛选评价标准可参考国家、行业、地方或国内外相关标准，无参考标准的可采用所在地区及相似区域生态背景值或本底值、生态阈值或引用具有时效性的相关权威文献数据等。生态影响评价因子筛选见表 7-2。

表 7-2　生态影响评价因子筛选

受影响对象	评价因子	工程内容及影响方式	影响性质	影响程度
物种	分布范围、种群数量、种群结构、行为等			
生境	生境面积、质量、连通性			
生物群落	物种组成、群落结构等			
生态系统	植被覆盖率、生产力、生物量、生态系统等			
生物多样性	物种丰富度、均匀度、优势度等			
生态敏感区	主要保护对象、生态功能			
自然景观	景观多样性、完整性等			
自然遗迹	遗迹多样性、完整性等			
……	……			

三、评价等级判定

等级判定以受影响区域的生态敏感性和影响程度为主要判定依据，同时兼顾项目的行业类型、施工形式、生物多样性、特殊情景等差异化情形。具体分为简单分析和等级评价，根据下列标准进行判定。

① 简单分析　符合生态环境分区管控的要求并且位于原厂界（或永久用地）范围内的污染影响类改扩建项目，位于已批准规划环评的产业园区内且符合规划环评要求、不涉及生态敏感区的污染影响类建设项目，可不确定评价等级，直接进行生态影响简单分析。

② 一级评价　涉及国家公园、自然保护区、世界自然遗产、重要生境。

③ 二级评价　涉及自然公园。

当满足以下任意条件之一时，至少为二级评价：涉及生态保护红线；根据《环境影响评价技术导则 地表水环境》（HJ 2.3—2018）判断属于水文要素影响型且地表水评价等级不低于二级的建设项目；根据《环境影响评价技术导则 地下水环境》（HJ 610—2016）、《环境影响评价技术导则 土壤环境（试行）》（HJ 964—2018）判断地下水水位或土壤影响范围内分布有天然林、公益林、湿地等生态保护目标的建设项目；当工程占地规模大于 20km² 时（包括永久和临时占用陆域和水域）；改扩建项目的占地范围以新增占地（包括陆域和水域）确定。

④ 三级评价　除了上述情形以外的其他情形。

⑤ 按最高等级评价　当项目同时符合上述多种情况时，应按其中最高的等级进行评价。

等级调整分为上调和下调两种情形。上调需满足下列条件之一：涉及经论证对保护生物多样性具有重要意义的区域；当矿山开采可能导致矿区土地利用类型明显改变，或拦河闸坝建设可能明显改变水文情势等。下调情形包括：线性工程地下穿越或地表跨越生态敏感区，在生态敏感区范围内无永久、临时占地时，生态敏感区内的项目评价可以下调，比如大桥项目一跨而过某些河流时。

⑥ 分情形判定　包括分段、分环境介质判定。分段评价针对线性工程，典型的如公路工程以非架桥形式先后途经农耕区和国家公园，则农耕区和国家公园段的评价等级不同。分环境介质评价针对项目同时涉及陆生、水生的情形，典型的如港口和码头的建设、海涂围垦等工程，需要分别针对水生生态和陆生生态进行评价。

四、评价范围确定

生态影响评价应能够充分体现生态完整性和生物多样性保护要求，涵盖评价项目全部活动的直接影响区域和间接影响区域。评价范围应依据评价项目对生态因子的影响方式、影响程度和生态因子之间的相互影响及相互依存关系确定。可综合考虑评价项目与项目区的气候过程、水文过程、生物过程等生物地球化学循环过程的相互作用关系，以评价项目影响区域所涉及的完整气候单元、水文单元、生态单元、地理单元等的界限为参照边界。

特殊要求：涉及占用或穿（跨）越生态敏感区时，应考虑生态敏感区的结构、功能及主要保护对象合理确定评价范围。污染影响类建设项目评价范围应涵盖直接占用区域以及污染物排放产生的间接生态影响区域。

典型行业的要求：主要是针对矿山开采、水利水电、线性工程、陆上机场等类型的项目。

矿山开采项目评价范围应涵盖开采区及其影响范围、各类场地及运输系统占地以及施工临时占地范围等。

水利水电项目评价范围应涵盖枢纽工程建筑物、水库淹没、移民安置等永久占地、施工临时占地，以及库区坝上坝下、地表地下、水文水质影响河段及区域，受水区，退水影响区，输水沿线影响区等。

线性工程项目在穿越生态敏感区时，应以线路穿越段向两端外延 1km、线路中心线向两侧外延 1km 为参考评价范围，实际确定时应结合生态敏感区主要保护对象的分布、生态学特征、项目的穿越方式、周边地形地貌等适当调整，主要保护对象为野生动物及其栖息地时，应进一步扩大评价范围，涉及迁徙、洄游物种的，其评价范围应涵盖工程影响的迁徙洄游通道范围；穿越非生态敏感区时，以线路中心线向两侧外延 300m 为参考评价范围。

陆上机场项目以占地边界外延 3 ~ 5km 为参考评价范围，实际确定时应结合机场类型、规模、占地类型、周边地形地貌等适当调整。涉及有净空处理的，应涵盖净空处理区域。航空器爬升或进近航线下方区域内有以鸟类为重点保护对象的自然保护地和鸟类重要生境的，评价范围应涵盖受影响的自然保护地和重要生境范围。

第三节　生态现状调查与评价

现状调查是生态影响评价的基础，基本内容包括：评价范围内的生态状况及特征、生态敏感区调查与评价、主要生态问题调查。

生态现状调查应在充分收集资料的基础上开展现场工作，生态现状调查范围应不小于评价范围。由于生态系统的复杂性，评价无法完全定量化，所以生态现状评价应坚持定性和定量相结合、尽量采用定量方法的原则。生态现状调查及评价工作成果应采用文字、表格和图件相结合的表现形式。扫描二维码可查看调查结果统计表。

调查结果统计表

一、调查方法

常见的调查方法有资料收集法、现场调查法、专家和公众咨询法、生态监测法、遥感调查法等。水生动物调查方法分别参见《淡水浮游生物调查技术规范》（SC/T 9402）和《淡水渔业资源调查规范 河流》（SC/T 9429）。

① 资料收集法　最基本的方法之一。收集现有的可以反映生态现状或生态背景的资料，分为现状资料和历史资料，包括相关文字、图件和影像等。引用资料应进行必要的现场校核。常见的资料来源渠道有生态环境、自然资源、水利、农业等行政机构及当地专家。常见的资料包括文献记录、历史调查资料及科考报告等。

② 现场调查法　最重要的调查方法。现场调查应遵循整体与重点相结合的原则，整体上兼顾项目所涉及的各个生态保护目标，突出重点区域和关键时段的调查，并通过实地踏勘，核实收集资料的准确性，以获取实际资料和数据。

③ 专家和公众咨询法　在当地工作多年的专家，往往有许多研究成果和资料，有助于解决很多实际问题。

④ 生态监测法　当上述方法获取的数据无法满足评价工作需要，或项目可能产生潜在的或长期累积影响时，可选用生态监测法。生态监测应根据监测因子的生态学特点和干扰活动的特点确定监测位置和频次，有代表性地布点。生态监测方法与技术要求须符合国家现行的有关生态监测规范和监测标准分析方法；对于生态系统生产力的调查，必要时需现场采样、实验室测定。

⑤ 遥感调查法　在获取大区域监测数据方面具有速度快、成本低、效率高的优势。当项目涉及区域较大时可采用，但是必须辅助必要的实地调查工作。常用的有卫星和航空遥感技术，不过前者价格较高，航空遥感成本较低，更方便使用。无人机遥感技术属于一种新型、能够在短时间内获得高精度测量数据的航空遥感技术，其具备消耗成本较低、工作效率高且精度高等优势。随着该技术的日趋完善，其在生态影响评价领域中的应用也愈渐频繁。

二、调查要求

在进行现状调查时，需要考虑时限性、调查方法和深度、评价等级等 3 方面对调查信息的要求。

① 时限性　引用的生态现状资料其调查时间宜在 5 年以内，用于回顾性评价或变化趋势分析的资料可不受调查时间限制。

② 调查方法和深度　当已有调查资料不能满足评价要求时，应通过现场调查获取现状资料，现场调查遵循全面性、代表性和典型性原则。项目涉及生态敏感区时，应开展专题调查。工程永久占用或施工临时占用区域应在收集资料基础上开展详细调查，查明占用区域是否分布有重要物种及重要生境。此外，还应充分考虑生物多样性保护的要求。

③ 评价等级各个等级的要求如下。

a. 三级评价现状调查：以收集有效资料为主，可开展必要的遥感调查或现场校核。

b. 陆生生态一级、二级评价：应结合调查范围、调查对象、地形地貌和实际情况选择合适的调查方法。开展样线、样方调查的，应合理确定样线、样方的数量、长度或面积，涵盖评价范围内不同的植被类型及生境类型，山地区域还应结合海拔段、坡位、坡向进行布设。根据植物群落类型（宜以群系及以下分类单位为调查单元）设置调查样地，一级评价每种群落类型设置的样方数量不少于 5 个，二级评价不少于 3 个，调查时间宜选择植物生长旺盛季节；一级评价每种生境类型设置的野生动物调查样线数量不少于 5 条，二级评价不少于 3 条；除了收集历史资料外，一级评价还应获得近 1～2 个完整年度不同季节的现状资料，二级评价尽量获得野生动物繁殖期、越冬期、迁徙期等关键活动期的现状资料。

c. 水生生态一级、二级评价：调查点位、断面等应涵盖评价范围内的干流、支流、河口、湖库等不同水域类型。一级评价应至少开展丰水期、枯水期（河流、湖库）或春季、秋季（入海河口、海域）两期（季）调查，二级评价至少获得一期（季）调查资料，涉及显著改变水文情势的项目应增加调查强度。鱼类调查时间应包括主要繁殖期，水生生境调查内容应包括水域形态结构、水文情势、水体理化性状和底质等。

三、调查内容

调查内容根据调查对象的不同而有所区别，主要分为陆生和水生生态，涉及生态敏感区，已存在生态问题，改扩建、分期的建设项目。

陆生生态现状调查内容：评价范围内的植物区系，植被类型，植物群落结构及演替规律，群落中的关键种、建群种、优势种；动物区系、物种组成及分布特征；生态系统的类型、面积及空间分布；重要物种的分布、生态学特征、种群现状，迁徙物种的主要迁徙路线、迁徙时间，重要生境的分布及现状。

水生生态现状调查内容：评价范围内的水生生物、水生生境和渔业现状；重要物种的分布、生态学特征、种群现状以及生境状况；鱼类等重要水生动物调查包括种类组成、种群结构、资源时空分布，产卵场、索饵场、越冬场等重要生境的分布、环境条件以及洄游路线、洄游时间等行为习性。

涉及生态敏感区：收集生态敏感区的相关规划资料、图件、数据，调查评价范围内生态敏感区主要保护对象、功能区划、保护要求等。

调查区域存在的主要生态问题，如水土流失、沙漠化、石漠化、盐渍化、生物入侵和污染危害等。调查已经存在的对生态保护目标产生不利影响的干扰因素。

对于改扩建、分期实施的建设项目，调查既有工程、前期已实施工程的实际生态影响以及采取的生态保护措施。

在工作中，调查的重点和难点包括：动植物种类的识别、生物量计算、生态系统结构的识别等。

四、评价方法

常见的评价方法有列表清单法、图形叠置法、生态机理法、指数法、类比分析法、系统分析法、生物多样性法、生态系统法、景观生态学法、生境评价法。

现状的评价方法同样适用于后续的影响预测。后者的侧重点在于生态影响评价中加入了工程影响的因素所导致的与现状不同的环境结果。

具体方法应用时除了问题本身之外，文件编写者还需要考虑自身的生态学、数学背景，有时候可能还要考虑和生态学家的合作。评价方法的类型见表7-3。

表7-3　评价方法分类

类型	举例
定性	列表清单法
定量	生态机理法、指数法、系统分析法、生物多样性法、生态系统法、景观生态学法、生境评价法
两者皆可（定性或者半定量）	图形叠置法、类比分析法

1. 列表清单法

该方法的特点是简单明了、针对性强。具体步骤为：将拟建设的项目影响因素与可能受影响的环境因子分别列在同一张表格的行与列内，逐点进行分析，并逐条阐明影响的性质、强度等，由此分析开发建设活动的生态影响。可应用在以下领域：进行开发建设活动对生态因子的影响分析；进行生态保护措施的筛选；进行物种或栖息地重要性或优先度比选。

2. 图形叠置法

把两个以上的生态信息叠合到一张图上，构成复合图，用以表示生态变化的方向和程度。特点是直观、形象，简单明了。有两种常见制作方法：指标法和3S叠图法。

① 指标法　确定评价范围；开展生态调查，收集评价范围及周边地区自然环境、动植物等信息；识别影响并筛选评价因子，包括识别和分析主要生态问题；建立表征评价因子特性的指标体系，通过定性分析或定量方法对指标赋值或分级，依据指标值进行区域划分；将上述区划信息绘制在生态图上。

② 3S叠图法　选用符合要求的工作底图，底图范围应大于评价范围；在底图上描绘主要生态因子信息，如植被覆盖、动植物分布、河流水系、土地利用、生态敏感区等；进行影响识别与筛选评价因子；运用3S技术，分析影响性质、方式和程度；将影响因子图和底图叠加，得到生态影响评价图。

3. 生态机理法

根据建设项目的特点和受影响物种的生物学特征，依照生态学原理分析、预测建设项目生态影响的方法。该方法需要与生物学、地理学、水文学、数学及其他多学科合作评价，才能得出较为客观的结果。

工作步骤：调查环境背景现状，收集工程组成、建设、运行等有关资料；调查植物和动物分布，动物栖息地和迁徙、洄游路线；根据调查结果分别对植物或动物种群、群落和生态系统进行分析，描述其分布特点、结构特征和演化特征；识别有无珍稀濒危物种、特有种等需要特别保护的物种；预测项目建成后该地区动物、植物生长环境的变化；根据项目建成后的环境变化，对照无开发项目条件下动物、植物或生态系统演替或变化趋势，预测建设项目对个体、种群和群落的影响，并预测生态系统演替方向。评价过程中可根据实际情况进行相应的生物模拟试验，如环境条件、生物习性模拟试验，生物毒理学试验，实地种植或放养试验等；或进行数学模拟，如种群增长模型的应用。

4. 指数法

指数法分为单因子指数法和综合指数法。应用范围：生态因子单因子质量评价；生态多因子综合质量评价；生态系统功能评价。该法的难点在于需要建立表征生态环境质量的标准体系并进行赋权和准确定量。

① 单因子指数法　选定合适的评价标准，可进行生态因子现状或预测评价。例如，以同类型立地条件的森林植被覆盖率为标准，可评价项目建设区的植被覆盖现状情况；以评价区域现状植被盖度为标准，可评价项目建成后植被盖度的变化率。

② 综合指数法　从确定同度量因素出发，把不能直接对比的事物变成能够同度量的方法。具体步骤如下：分析各生态因子的性质及变化规律；建立表征各生态因子特性的指标体系；确定评价标准；建立评价函数曲线，将生态因子的现状值（开发建设活动前）与预测值（开发建设活动后）转换为统一的无量纲的生态环境质量指标，用 1 ~ 0 表示优劣（"1"表示最佳的、顶极的、原始或人类干预甚少的生态状况，"0"表示最差的、极度破坏的、几乎无生物性的生态状况），计算开发建设活动前后各因子质量的变化值；根据各因子的相对重要性赋予权重；将各因子的变化值综合，提出综合影响评价值，具体见式（7-1）：

$$\Delta E = \sum \left(E_{\mathrm{h}i} - E_{\mathrm{q}i} \right) W_i \qquad (7\text{-}1)$$

式中　ΔE——开发建设活动前后生态质量变化值；

$E_{\mathrm{h}i}$——开发建设活动后 i 因子的质量指标；

$E_{\mathrm{q}i}$——开发建设活动前 i 因子的质量指标；

W_i——i 因子的权值。

其中建立评价函数曲线需要根据标准规定的指标值确定曲线的上、下限。对于大气、水环境等已有明确质量标准的因子，可直接采用不同级别的标准值作为上、下限；对于无明确标准的生态因子，可根据评价目的、评价要求和环境特点等选择相应的指标值，再确定上、下限。

5. 类比分析法

一般有生态整体类比、生态因子类比和生态问题类比等具体方法。我国已经开展环境影响评价工作 40 多年了，有很多和评价项目类似的项目在运行，其生态影响后果已经显现，这是采用该法的基础条件。方法的应用领域：进行生态影响识别（包括评价因子筛选）；以原始生态系统作为参照，可评价目标生态系统的质量；进行生态影响的定性分析与评价；进行某一个或几个生态因子的影响评价；预测生态问题的发生与发展趋势及其危害；确定环保目标和寻求最有效、可行的生态保护措施。

具体步骤：根据已有的建设项目的生态影响，分析或预测拟建项目可能产生的影响。选择好类比对象（类比项目）是进行类比分析或预测评价的基础，也是该方法成败的关键。选择条件是工程性质、工艺和规模与拟建项目基本相当，生态因子（地理、地质、气候、生物因素等）相似，项目建成已有一定时间，所产生的影响已基本全部显现。类比对象确定后，须选择和确定类比因子及指标，并对类比对象开展调查与评价，再分析拟建项目与类比对象的差异。根据类比对象与拟建项目的比较，得出类比分析结论。

6. 系统分析法

系统分析法是把要解决的问题作为一个系统，对系统要素进行综合分析，找出解决问题的可行方案的方法。具体步骤包括：限定问题、确定目标、调查研究、收集数据、提出备选方案和评价标准、备选方案评估和提出最可行方案。

系统分析法因其能妥善解决一些多目标动态性问题，已广泛应用于各行各业，尤其在进行区域开发或解决优化方案选择问题时，系统分析法已经显示出其他方法所不能达到的效果。具体方法有专家咨询法、层次分析法、模糊综合评判法、综合排序法、系统动力学、灰色关联等方法。该方法涉及较多的数学知识，在工作中采用的时候最好参考相应的书籍。

7. 生物多样性法

在工作中，生物多样性通常用物种多样性表示，评价指标包括物种丰富度、香农 - 威纳多样性指数、Pielou 均匀度指数、Simpson 优势度指数等。

① 物种丰富度　调查区域内物种种数之和。

② 香农 - 威纳多样性指数　来源于信息论中熵的公式，见式（7-2）：

$$H = -\sum_{i=1}^{S} P_i \ln P_i \qquad (7\text{-}2)$$

式中　H——香农 - 威纳多样性指数；

　　　S——调查区域内物种种类总数；

　　　P_i——调查区域内属于第 i 种的个体比例，如总个体数为 N，第 i 种个体数为 n_i，则 $P_i=n_i/N$。

③ Pielou 均匀度指数是反映调查区域各物种个体数目分配均匀程度的指数，见式（7-3）：

$$J = \left(-\sum_{i=1}^{S} P_i \ln P_i \right) / \ln S = H / \ln S \qquad (7\text{-}3)$$

式中　J——Pielou 均匀度指数；

　　　S——调查区域内物种种类总数；

　　　P_i——调查区域内属于第 i 种的个体比例。

④ Simpson 优势度指数与均匀度指数相对应，见式（7-4）：

$$D = 1 - \sum_{i=1}^{S} P_i^2 \qquad (7\text{-}4)$$

式中　D——Simpson 优势度指数；

　　　S——调查区域内物种种类总数；

　　　P_i——调查区域内属于第 i 种的个体比例。

8. 生态系统法

该法是运用生态学的概念，针对植物覆盖率、生物量、生产力、生物完整性指数、生态系统功能等生态因子进行评价。其中，生态系统功能的评价方法参考《全国生态状况调查评估技术规范——生态系统服务功能评估》（HJ 1173），根据生态系统类型选择适用指标。

① 植物覆盖率　用于定量分析评价范围内的植被现状。基于遥感估算植被覆盖率可根据区域特点和数据基础采用不同的方法，如植被指数法、回归模型、机器学习法等。其中的植被指数法主要是通过对各像元中植被类型及分布特征的分析，建立植被指数与植被覆盖率的转换关系，具体的指数较多，常用的是归一化植被指数（NDVI），见式（7-5）：

$$FVC = (NDVI - NDVIs)/(NDVIv - NDVIs) \tag{7-5}$$

式中　FVC——所计算像元的植被覆盖率；
　　NDVI——所计算像元的 NDVI 值；
　　NDVIv——纯植物像元的 NDVI 值；
　　NDVIs——完全无植被覆盖像元的 NDVI 值。

② 生物量　不同生态系统的生物量测定方法不同，可采用实测与估算相结合的方法。地面上生物量估算可采用植被指数法、异速生长方程法等方法进行计算。植被指数法是通过实地测量的生物量数据和遥感植被指数建立统计模型，在遥感数据的基础上反演得到评价区域的生物量。

③ 生产力　净初级生产力通常使用各种数学模型来计算，包括统计模型（如 Miami 模型）、过程模型（如 BIOME-BGC 模型、BEPS 模型）和光能利用率模型（如 CASA 模型）等。需要根据区域植被特点和数据基础确定具体的模型。

④ 生物完整性指数　已被广泛应用于河流、湖泊、沼泽、海岸滩涂、水库等生态系统健康状况评价，指示生物类群包括底栖动物、着生藻类、维管植物、两栖动物和鸟类等。

工作步骤如下：结合工程影响特点和所在区域水生态系统特征，选择指示物种；根据指示物种种群特征，在指标库中确定指示物种状况参数指标；选择参考点（未开发建设、未受干扰的点或受干扰极小的点）和干扰点（已开发建设、受干扰的点），采集参数指标数据，通过对参数指标值的分布范围分析、判别能力分析（敏感性分析）和相关关系分析，建立评价指标体系；确定每种参数指标值以及生物完整性指数的计算方法，分别计算参考点和干扰点的指数值；建立生物完整性指数的评分标准；评价项目建设前所在区域水生态系统状况，预测分析项目建设后水生态系统变化情况。

9. 景观生态学法

主要有三种：定性描述法、景观生态图叠置法和景观动态的定量化分析法。目前较常用的方法是最后一种，主要是对收集的景观数据进行解译或数字化处理，建立景观类型图，通过计算景观格局指数或建立动态模型对景观面积变化和景观类型转化等进行分析，揭示景观的空间配置以及格局动态变化趋势。应用中可以采用 FRAGSTATS 等景观格局分析软件进行计算分析。

涉及显著改变土地利用类型的矿山开采、大规模的农林业开发以及大中型水利水电建设项目等可采用该方法对景观格局的现状及变化进行评价，公路、铁路等线性工程造成的生境破碎化等累积生态影响也可采用该方法进行评价。

10. 生境评价法

生境评价法是评价项目对野生动植物生境影响的一种定量化评价方法。一般也是借用生态学的模型工具。常用的是物种分布模型（species distribution models，SDMs），是基于物种分布信息和对应的环境变量数据对物种潜在分布区进行预测的模型，广泛应用于濒危物种保护、保护区规划、入侵物种控制及气候变化对生物分布区影响预测等领域。具体的预测模型有很多，其中，基于最大熵理论建立的最大熵模型（maximum entropy model，MaxEnt），可以在分布点相对较少的情况下获得较好的预测结果，是目前使用频率最多的物种分布模型之一。

五、评价内容

同其他评价一样，三级评价内容较为简单，一、二级的评价内容较多。

1. 一、二级评价

应根据现状调查结果选择以下全部或部分内容开展评价。

根据植被和植物群落调查结果，编制植被类型图，统计评价范围内的植被类型及面积，可采用植被覆盖率等指标分析植被现状，图示植被覆盖率空间分布特点。

根据土地利用调查结果，编制土地利用现状图，统计评价范围内的土地利用类型及面积。

根据物种及生境调查结果，分析评价范围内的物种分布特点、重要物种的种群现状以及生境的质量、连通性、破碎化程度等，编制重要物种、重要生境分布图，迁徙、洄游物种的迁徙、洄游路线图；涉及国家重点保护野生动植物和极危、濒危物种的，可通过模型模拟物种适宜生境分布，图示工程与物种生境分布的空间关系。

根据生态系统调查结果，编制生态系统类型分布图，统计评价范围内的生态系统类型及面积；结合区域生态问题调查结果，分析评价范围内的生态系统结构与功能状况以及总体变化趋势；涉及陆地生态系统的，可采用生物量、生产力、生态系统服务功能等指标开展评价；涉及河流、湖泊、湿地生态系统的，可采用生物完整性指数等指标开展评价。

涉及生态敏感区的，分析其生态现状、保护现状和存在的问题；明确并图示生态敏感区及其主要保护对象、功能分区与工程的位置关系。

物种多样性可采用前述指数进行评价。

对于改扩建、分期实施的建设项目，应对既有工程、前期已实施工程的实际生态影响、已采取的生态保护措施的有效性和存在问题进行评价。

2. 三级评价

可采用定性描述或面积、比例等定量指标，重点对评价范围内的土地利用现状、植被现状、野生动植物现状等进行分析，编制土地利用现状图、植被类型图、生态保护目标分布图等图件。

第四节　生态影响预测与评价

生态影响预测与评价是以科学的方法推断各种类型的生态在某种外来作用下所发生的响应过程、发展趋势和最终结果，揭示事物的客观本质和规律，有选择有重点地对某些评价因子的变化和生态功能变化进行预测并且进行评价的过程。

生态影响预测与评价内容应与现状评价内容相对应，根据建设项目特点、区域生物多样性保护要求以及生态系统功能等选择评价预测指标。生态影响预测与评价尽量采用定量方法进行描述和分析，生态影响预测与评价方法同现状评价。

一、生态影响预测与评价内容

1. 一、二级评价

根据项目和所在地生态环境、生态影响的特点，采用不同的方法预测。

采用图形叠置法分析工程占用的植被类型、面积及比例；通过引起地表沉陷或改变地表径流、地下水水位、土壤理化性质等方式对植被产生影响的，采用生态机理分析法、类比分析法等方法分析植物群落的物种组成、群落结构等变化情况。

结合工程的影响方式预测分析重要物种的分布、种群数量、生境状况等变化情况；分析施工活动和运行产生的噪声、灯光等对重要物种的影响；涉及迁徙、洄游物种的，分析工程施工和运行对迁徙、洄游行为的阻隔影响；涉及国家重点保护野生动植物和极危、濒危物种的，可采用生境评价方法预测分析物种适宜生境的分布及面积变化、生境破碎化程度等，图示建设项目实施后的物种适宜生境分布情况。

结合水文情势、水动力和冲淤、水质（包括水温）等影响预测结果，预测分析水生生境质量、连通性以及产卵场、索饵场、越冬场等重要生境的变化情况，图示建设项目实施后的重要水生生境分布情况；结合生境变化预测分析鱼类等重要水生生物的种类组成、种群结构、资源时空分布等变化情况。

采用图形叠置法分析工程占用的生态系统类型、面积及比例；结合生物量、生产力、生态系统功能等变化情况预测分析建设项目对生态系统的影响。

结合工程施工和运行引入外来物种的主要途径、物种生物学特性以及区域生态环境特点，参考《外来物种环境风险评估技术导则》（HJ 624）分析建设项目实施可能导致外来物种造成生态危害的风险。

结合物种、生境以及生态系统变化情况，分析建设项目对所在区域生物多样性的影响；分析建设项目通过时间或空间的累积作用方式产生的生态影响，如生境丧失、退化及破碎化、生态系统退化、生物多样性下降等。

涉及生态敏感区的，结合主要保护对象开展预测评价；涉及以自然景观、自然遗迹为主要保护对象的生态敏感区时，分析工程施工对景观、遗迹完整性的影响，结合工程建筑物、构筑物或其他设施的布局及设计，分析与景观、遗迹的协调性。

2. 三级评价

可采用图形叠置法、生态机理分析法、类比分析法等预测分析工程对土地利用、植被、野生动植物等的影响。

二、典型项目的要求

不同行业还应结合行业特点、项目规模、影响方式、影响对象等确定评价重点，典型项目举例如下。

① 矿产资源开发项目应对开采造成的植物群落及植被覆盖率变化、重要物种的活动与分布及重要生境变化，以及生态系统结构和功能变化、生物多样性变化等开展重点预测与评价。

② 水利水电项目应对河流、湖泊等水体天然状态改变引起的水生生境变化、鱼类等重要水生生物的分布及种类组成、种群结构变化，水库淹没、工程占地引起的植物群落、重要物种的活动、分布及重要生境变化，调水引起的生物入侵风险，以及生态系统结构和功能变

化、生物多样性变化等开展重点预测与评价。

③ 公路、铁路、管线等线性工程应对植物群落及植被覆盖率变化、重要物种的活动与分布及重要生境变化、生境连通性及破碎化程度变化、生物多样性变化等开展重点预测与评价。

④ 农业、林业、渔业等建设项目应对土地利用类型或功能改变引起的重要物种的活动与分布及重要生境变化、生态系统结构和功能变化、生物多样性变化以及生物入侵风险等开展重点预测与评价。

第五节　生态保护措施与生态影响评价结论

生态保护措施需要遵循生态学的基本原理，使受到损害的生态系统的结构和功能尽量得以恢复和完善。原则是：维护生态系统结构的完整性、运行的连续性；保护生态系统的再生能力，核心是保护生物多样性；关注重点生态保护目标，解决区域性生态问题及重建退化生态系统；措施切实可行，能在工程竣工后通过验收；严格执行国家相关法律法规。

应针对生态影响的对象、范围、时段、程度，提出避让、减缓、修复、补偿、管理、监测、科研等对策措施，分析措施的技术可行性、经济合理性、运行稳定性、生态保护和修复效果的可达性，选择技术先进、经济合理、便于实施、运行稳定、长期有效的措施，明确措施的内容、设施的规模及工艺、实施位置和时间、责任主体、实施保障、实施效果等，编制生态保护措施平面布置图、生态保护措施设计图，并估算（概算）生态保护投资。

保护措施按照避让、减缓、修复、补偿的先后顺序选择。优先采取避让方案，从源头防止生态破坏，包括通过选址选线调整或局部方案优化避让生态敏感区，施工作业避让重要物种的繁殖期、越冬期、迁徙洄游期等关键活动期和特别保护期，取消或调整产生显著不利影响的工程内容和施工方式等。优先采用生态友好的工程建设技术、工艺及材料等。

坚持山水林田湖草沙一体化保护和系统治理的思路，提出生态保护对策措施。必要时开展专题研究和设计，确保生态保护措施有效。坚持尊重自然、顺应自然、保护自然的理念，采取自然的恢复措施或绿色修复工艺，避免生态保护措施自身的不利影响。不应采取违背自然规律的措施，切实保护生物多样性，比如人工造景、河流砌底等现象。

一、生态保护措施

针对不同的生态保护对象应该采取不同的保护措施，常见的保护对象包括土壤、水体、动植物、自然景观、古树名木等。

项目施工前应对工程占用区域可利用的表土进行剥离，单独堆存，加强表土堆存防护及管理，确保有效回用。施工过程中，采取绿色施工工艺，减少地表开挖，合理设计高陡边坡支挡、加固措施，减少对脆弱生态的扰动。

项目建设造成地表植被破坏的，应提出生态修复措施，充分考虑自然生态条件，因地制宜，制定生态修复方案，优先使用原生表土和选用乡土物种，防止外来生物入侵，构建与周边生态环境相协调的植物群落，最终形成可自我维持的生态系统。生态修复的目标主要包括：恢复植被和土壤，保证一定的植被覆盖率和土壤肥力；维持物种种类和组成，保护生物多样性；实现生物群落的恢复，提高生态系统的生产力和自我维持力；维持生境的连通性等。比如针对可能的生境破碎化，可以通过建设生态廊道实现生境片段组成网络，以最大限度地保证原有生物的继续生存。

生态修复应综合考虑物理（非生物）方法、生物方法和管理措施，结合项目施工工期、扰动范围，有条件的可提出"边施工边修复"的措施要求。

尽量减少对动植物的伤害和生境占用。项目建设对重点保护野生植物、特有植物、古树名木等造成不利影响的，应提出优化工程布置或设计、就地或迁地保护、加强观测等措施，具备移栽条件、长势较好的尽量全部移栽。项目建设对重点保护野生动物、特有动物及其生境造成不利影响的，应提出优化工程施工方案、运行方式，实施物种救护，划定生境保护区域，开展生境保护和修复，构建活动廊道或建设食源地等措施。采取增殖放流、人工繁育等措施恢复受损的重要生物资源。项目建设产生阻隔影响的，应提出减缓阻隔、恢复生境连通的措施，如野生动物通道、过鱼设施等。项目建设和运行噪声、灯光等对动物造成不利影响的，应提出优化工程施工方案、设计方案或降噪遮光等防护措施。

矿山开采项目还应采取保护性开采技术或其他措施控制沉陷深度和保护地下水的生态功能。水利水电项目还应结合工程实施前后的水文情势变化情况、已批复的所在河流生态流量（水量）管理与调度方案等相关要求，确定合适的生态流量，具备调蓄能力而且有生态需求的，应提出生态调度方案。涉及河流、湖泊或海域治理的，应尽量塑造接近自然水域的形态、底质、亲水岸线，尽量避免采取完全硬化措施。

二、生态监测和环境管理

结合项目规模、生态影响特点及所在区域的生态敏感性，针对性地提出全生命周期、长期跟踪或常规的生态监测计划，提出必要的科技支撑方案。应开展全生命周期生态监测的项目常见的有大中型水利水电项目、采掘类项目、新建100km以上的高速公路及铁路项目、大型海上机场项目等。应开展长期跟踪生态监测（施工期并延续至正式投运后5～10年）的项目包括新建50～100km的高速公路及铁路项目、新建码头项目、高等级航道项目、围填海项目以及占用或穿（跨）越生态敏感区项目等。开展全生命周期和长期跟踪生态监测的项目，其监测点位以代表性为原则，在生态敏感区可适当增加调查密度、频次。其他项目可根据情况开展常规生态监测。

生态监测计划应明确监测因子、方法、频次、点位等。施工期重点监测施工活动干扰下生态保护目标的受影响状况，如植物群落变化、重要物种的活动和分布变化、生境质量变化等，运行期重点监测对生态保护目标的实际影响、生态保护对策措施的有效性以及生态修复效果等。有条件或有必要的，可开展生物多样性监测。

明确施工期和运行期环境管理原则与技术要求。可提出开展施工期工程环境监理、环境影响后评价等环境管理和技术要求。

三、生态影响评价结论

对生态现状、生态影响预测与评价结果、生态保护对策措施等内容进行概括总结，从生态影响角度明确建设项目是否可行。

案例分析

扫描二维码可查看案例分析。

生态影响评价
案例分析

习　题

一、填空题

1. 生物多样性包含（　　　　）、（　　　　）、（　　　　）和景观多样性。

2. 制订生态保护措施应该坚持（　　　　　　　　　　）的原则和系统治理的思路。

3. 按照建设项目对生态影响的强度，生态评价可分为（　　　　）、（　　　　）、（　　　　）和无四个等级。

4. 当工程占地规模大于（　　　　）平方公里（包括永久和临时占用陆域和水域）时的生态评价等级至少为二级评价。

5. 生态现状调查结果的统计表包括（　　　　）、（　　　　）、（　　　　）和古树名木调查结果统计表。

6. 图形叠置法有两种常见制作方法，即（　　　　）和（　　　　）。

7. 建立评价函数曲线的时候，用 1～0 表示优劣，（　　　　）表示最差的、（　　　　）的、几乎无生物性的生态状况。

8. 生态监测计划应明确监测因子、（　　　　）、（　　　　）、（　　　　）等。

9. 物种多样性常用的评价指标包括（　　　　）、（　　　　）、（　　　　）和 Simpson 优势度指数等。

10. 净初级生产力通常使用各种数学模型来计算，通常包括（　　　　）、（　　　　）、（　　　　）等。

11. 常见的生态保护对象包括（　　　　）、（　　　　）、（　　　　）和自然景观、古树名木等。

二、多选题（每题的备选项中，至少有2个符合题意）

1. 属于生态系统层次的是（　　　　）。

A. 群落　　　　　　　　B. 生态结构　　　　C. 个体　　　　　　　　D. 种群

2. 下列不需要关注退役期的生态影响分析的项目是（　　　　）。

A. 公路项目　　　　　　B. 矿山项目　　　　C. 水电项目　　　　　　D. 管线项目

3. 以下属于生态影响评价一级评价标准的是（　　　　）。

    A. 自然公园　　　　　　B. 国家公园　　　　C. 自然保护区　　　D. 世界自然遗产

4. 生态现状调查结果的统计表包括（　　　　）。

    A. 植物群落调查结果统计表　　　　　　　　B. 重要野生植物调查结果统计表

    C. 重要野生动物调查结果统计表　　　　　　D. 文物古迹调查结果统计表

5. 下列方法中，属于生态现状调查方法的是（　　　　）。

    A. 类比法　　　　　　　B. 生态监测法　　　　C. 遥感调查法　　　D. 矩阵法

6. 图形叠置法包括（　　　　）。

    A. 3S 叠图法　　　　　　B. 指标法　　　　　　C. 生态系统法　　　D. 景观生态学法

7. 生态影响评价中常提到的"3S"技术是指（　　　　）。

    A. GPS　　　　　　　　B. GIS　　　　　　　C. TS　　　　　　　D. RS

8. 以下属于鱼类"三场一通道"的是（　　　　）。

    A. 繁殖通道　　　　　　B. 产卵场　　　　　　C. 索饵场　　　　　D. 洄游通道

9. 下列属于水生生态调查的底栖动物有（　　　　）。

    A. 底层鱼类　　　　　　B. 着生藻类　　　　　C. 蚌类　　　　　　D. 螺类

10. 在生态环境现状评价中，可列为生态脆弱区的有（　　　　）。

    A. 石漠化地区　　　　　B. 沙尘暴源头区　　　C. 热带雨林区　　　D. 丘陵地带

三、简答题

1. 简述生态影响评价等级至少为二级的标准。

2. 简述水利水电项目的评价范围的要求。

3. 生态现状调查的主要方法有哪些？

4. 简述生物完整性指数的评价步骤。

5. 生态保护措施的顺序与原则是什么？

四、计算题

1. 某项目评价区进行生物多样性调查时布设 3 个草地样方，物种 A、B、C、D 的株数分别为 24 株、12 株、10 株、4 株，求该评价区群落的香农 - 威纳多样性指数、Pielou 均匀度指数、Simpson 优势度指数。

第八章
土壤环境影响评价

学习目标

了解土壤环境影响类型、项目类别、土壤环境影响评价工作等级以及土壤环境评价采用的相关标准。理解土壤环境影响评价工作等级划分方法、土壤环境现状调查要求和评价方法、土壤环境影响预测和评价方法。对土壤环境保护的相关措施和土壤环境监测有一定认识，掌握环境影响评价工作中土壤环境影响章节的编制内容和具体实施过程。

第一节　土壤环境影响识别和评价工作程序

一、土壤环境影响类型和评价项目类别

1. 土壤环境影响类型

土壤是自然环境要素的重要组成之一，它是处于岩石圈最外面的一层疏松部分，为植物生长及微生物繁殖提供重要支撑条件，是人类生活中必不可少的一项极其宝贵的自然资源。土壤环境是指由矿物质、有机质、水、空气、生物有机体等组成的陆地表面疏松综合体，包括陆地表层能够生长植物的土壤层和污染物能够影响的松散层，因此本章所述土壤环境范围大于传统的仅为农作物提供生长条件的土壤层。

对自然生态系统而言，土壤是各种生态系统能够持续存在和健康演化的重要物质基础；对人类社会而言，土壤最重要的作用是为保证有足够数量的、健康安全的食物提供基础，当然，土壤也为人类生产和生活提供建设用地。土壤自身的理化特征及其中有害物质的含量水平对上述土壤功能的发挥具有至关重要的影响。在土壤环境影响评价中，根据建设项目可能导致土壤环境的变化，将土壤环境影响类型分为两类。

其一为土壤环境生态影响，简称"生态影响型"，即人为因素引起土壤环境特征变化，导致其生态功能变化的过程或状态，后果是土壤盐化、酸化、碱化、沙化等。如大型灌区建设项目可能导致区域地下水位上升，引起土壤盐化、碱化；毁草开荒导致土壤表层水分、养分快速流失，引起土壤沙化等。

其二为土壤环境污染影响，简称"污染影响型"，即人为因素导致某种物质进入土壤环

境中，引起土壤物理、化学、生物等方面特性的改变，最终导致土壤环境质量恶化的过程或状态。典型的如有毒有害物质进入土壤，其在土壤中的含量超过相应的土壤质量标准限值，对土壤的进一步使用造成不利影响。

2. 土壤环境影响评价项目类别

土壤环境影响评价的项目类别是指按照建设项目所属行业、规模大小、工艺特点等，初步定性预判其可能的土壤环境影响大小，并将之分为Ⅰ~Ⅳ类，为后续的土壤环境影响评价等级判定提供条件，其中Ⅳ类建设项目可不开展环境影响评价。相关社会生产行业的土壤环境影响评价的建设项目类别划分见表 8-1。

评价项目自身为环境敏感目标的建设项目（如湿地公园、森林公园等），可根据需要仅对土壤环境现状进行调查。

表 8-1　土壤环境影响评价的建设项目类别划分

行业类别		建设项目类别			
		Ⅰ类	Ⅱ类	Ⅲ类	Ⅳ类
农林牧渔业		灌溉面积大于50万亩（1亩≈667m²）的灌区工程	新建5万亩至50万亩的、改造30万亩及以上的灌区工程；年出栏生猪10万头（其他畜禽种类折合猪的养殖规模）及以上的畜禽养殖场或养殖小区	年出栏生猪5000头（其他畜禽种类折合猪的养殖规模）及以上的畜禽养殖场或养殖小区	其他
水利		1.0×10⁸m³及以上水库；长度大于1000km的引水工程	库容1.0×10⁷m³至1.0×10⁸m³的水库；跨流域调水的引水工程	其他	
采矿业		金属矿、石油、页岩油开采	化学矿、石棉矿、煤矿采选；天然气、页岩气、砂岩气、煤层气开采（含净化、液化）	其他	
制造业	纺织、化纤、皮革等及服装、鞋制造	制革、毛皮鞣制	化学纤维制造；有洗毛、染整、脱胶工段及产生缫丝废水、精炼废水的纺织品；有湿法印花、染色、水洗工艺的服装制造；使用有机溶剂的制鞋业	其他	
	造纸和纸制品		纸浆、溶解浆、纤维浆等制造；造纸（含制浆工艺）	其他	
	设备制造、金属制品、汽车制造及其他用品制造①	含电镀工艺；含金属制品表面处理及热处理加工；使用有机涂层（喷粉、喷塑和电泳除外）；有钝化工艺的热镀锌	有化学处理工艺的	其他	
	石油、化工	石油加工、炼焦；化学原料和化学制品制造；农药制造；涂料、染料、颜料、油墨及其类似产品制造；合成材料制造；炸药、火工及焰火产品制造；水处理剂等制造；化学药品制造；生物、生化制品制造	半导体材料、日用化学品制造；化学肥料制造	其他	
	金属冶炼和压延加工及非金属矿物制品	有色金属冶炼（含再生有色金属冶炼）	有色金属铸造及合金制造；炼铁；球团；烧结炼钢；冷轧压延加工；铬铁合金制造；水泥制造；平板玻璃制造；石棉制品；含焙烧的石墨、炭素制品	其他	
电力、热力、燃气及水生产和供应业		生活垃圾及污泥发电	水力发电；火力发电（燃气发电除外）；矸石、油页岩、石油焦等综合利用发电；工业废水处理；燃气生产	生活污水处理；燃煤、燃油锅炉总容量65t/h（不含）以上的热力生产工程	其他

行业类别	建设项目类别			
	I类	II类	III类	IV类
交通运输仓储邮政业		油库（无加油站）；机场供油工程及油库；涉及危险品、化学品、石油、成品油储罐区的码头及仓储；石油及成品油输送管线	公路的加油站；铁路的维修场所	其他
环境和公共设施管理业	危险废物利用及处置	采取填埋和焚烧方式的一般工业固体废物处置及综合利用；城镇生活垃圾（不含餐厨废弃物）集中处置	一般工业固废处置及综合利用（除采取填埋和焚烧方式以外的）；废旧资源加工、再生利用	其他
社会事业与服务业			高尔夫球场；加油站；赛车场	其他
其他行业				全部

① 其他用品制造包括：a.木材加工和木、竹、藤、棕、草制品业；b.家具制造业；c.文教、工美、体育和娱乐用品制造业；d.仪器仪表制造业等。

注：仅切割组装的、单纯混合和分装的、编织物及其制品制造的，列入IV类。建设项目土壤环境影响评价项目类别不在本表的，可根据土壤环境影响源、影响途径、影响因子的识别结果，参照相近或相似项目类别确定。

二、土壤环境影响识别

土壤环境影响识别是进行现状调查、监测、影响预测、评价的重要基础，也是进行土壤环境影响评价等级判定的重要依据。在工程分析的基础上，结合项目本身及周边土壤环境敏感目标，识别土壤环境影响类型。根据建设项目建设期、运营期和服务期满后（可根据项目情况选择）三个阶段的具体特征，识别土壤环境影响类型与影响途径，并初步分析可能影响的范围。对于运营期内土壤环境影响源可能发生变化的建设项目，还应按其变化特征分阶段进行环境影响识别。

1. 土壤环境影响途径识别

污染影响型和生态影响型土壤环境影响途径可参考表8-2。通常，污染影响过程考虑大气沉降、地面漫流和垂直入渗三个途径，当然也可以根据实际情况考虑其他途径；生态影响过程主要考虑盐化、碱化、酸化，也可以根据项目实际考虑其他情况，如沙化。

表 8-2　建设项目土壤环境影响类型与影响途径

不同阶段	污染影响型				生态影响型			
	大气沉降	地面漫流	垂直入渗	其他	盐化	碱化	酸化	其他
建设期								
运营期								
服务期满后								

注：在可能产生的土壤环境影响类型处打"√"，本表未涵盖的可自行设计。

2. 土壤环境影响源及影响因子识别

污染影响型建设项目土壤环境影响源及其影响因子识别按表8-3进行，生态影响型建设项目的土壤环境影响因子识别按照表8-4进行。

表 8-3　污染影响型建设项目土壤环境影响源及影响因子识别矩阵

污染源	工艺流程 / 节点	污染途径	全部污染物指标①	特征因子	备注②
车间1/场地1	污染节点1	大气沉降 地面漫流 垂直入渗 其他			
	污染节点2	… …			
车间2/场地2					
……					

① 根据工程分析结果填写。
② 应描述污染源特征，如连续、间断、正常、事故等；涉及大气沉降途径的，应识别建设项目周边的土壤环境敏感目标。

表 8-4　生态影响型建设项目土壤环境影响因子识别表

影响结果	影响途径	具体指标	土壤环境敏感目标
盐化	物质输入/运移		
酸化	…		
碱化	…		
其他	…		

3. 土壤环境影响敏感目标识别

在对建设项目的土壤环境影响识别中，应重点关注土壤环境敏感目标可能受到的不利影响。土壤环境敏感目标是指可能受到人为活动影响的与土壤环境相关的敏感区或对象。通常分为：a. 耕地、林地、草地和饮用水源地；b. 居民区、学校、医院、疗养院、养老院；c. 重点生态功能区和自然保护区、生物多样性优先保护区域、风景名胜区、国家公园、地质公园、森林公园、湿地公园等生态用地；d. 未利用地。

需要说明的是，在实际环境影响评价工作中，一般根据《土地利用现状分类》（GB/T 21010）识别建设项目及周边土地利用类型，并分析建设项目可能影响的土壤环境敏感目标。

三、土壤环境影响评价程序

土壤环境影响评价程序是土壤环境影响专项评价工作的流程，通常可划分为准备阶段、现场调查与评价阶段、预测分析与评价阶段、结论阶段（图 8-1）。

1. 准备阶段

收集并掌握国家和地方土壤环境相关的法律、法规、政策、标准及规划等资料，明确评价区域的土壤环境敏感特征；对项目进行初步工程分析，识别建设项目对土壤环境可能造成的影响类型，并分析造成土壤环境影响的主要可能途径；开展现场踏勘，识别评价区域内外土壤环境敏感目标；确定评价工作等级、范围以及评价工作的内容。

2. 现场调查与评价阶段

根据国家或地方发布的场地调查相关规范、标准以及土壤环境影响评价技术导则，开展现状调查、取样、监测和数据处理与分析工作；收集评价地块及周边的土壤环境质量调查相关资料；确定采取的相关土壤环境质量评价标准，进行土壤环境质量现状评价。

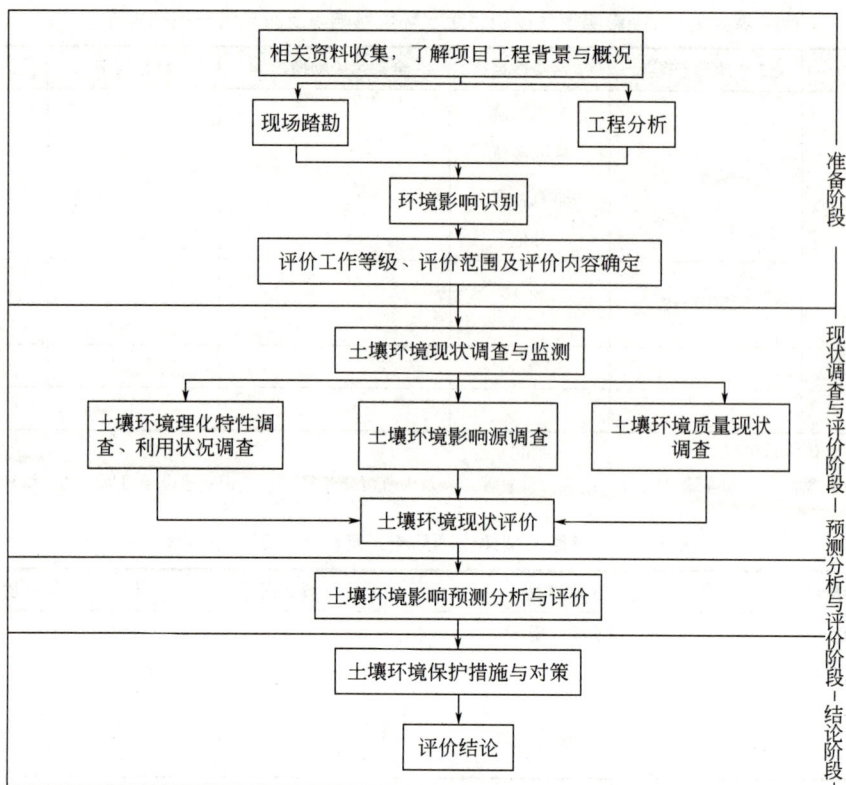

图8-1　土壤环境影响评价工作流程

3.预测分析与评价阶段

在环境影响识别的基础上，根据工程分析确定的污染源及污染物排放特征，采用相关预测模式或经论证有效的预测方法，对建设项目可能造成的土壤环境影响进行分析预测，并依据相应的土壤环境质量标准进行分析评价。

4.结论阶段

根据现状调查和评价结果，明确土壤环境质量现状；根据预测分析和评价成果，提出土壤环境保护措施和对策，明确土壤环境影响是否可以接受；对建设项目拟采取的土壤环境影响措施进行评述，明确其可行性。

第二节　土壤环境影响评价工作分级

一、土壤环境生态影响型等级划分

土壤环境影响评价等级决定了现状调查与评价、影响预测的工作深度，因此是进行土壤环境影响评价工作的重要基础。无论是生态影响型还是污染影响型，土壤环境影响评价工作等级划分的直接依据均为建设项目类别和所在地土壤环境敏感程度，并分为 3 个等级。

对于生态影响型，根据建设项目类别、所在地土壤环境敏感程度，其评价工作等级划分为一级、二级和三级。生态影响型土壤环境的敏感程度划分依据见表 8-5。生态影响型土壤环境影响评价工作等级划分方法见表8-6，其中的项目类别判定依据表8-1进行，由于Ⅳ类建设项目可不进行土壤环境影响评价，因此这里只列出Ⅰ～Ⅲ类建设项目。

表8-5　生态影响型土壤环境的敏感程度分级表

土壤环境敏感程度	判别依据		
	盐化	酸化	碱化
敏感	建设项目所在地干燥度①>2.5且常年地下水位平均埋深<1.5m的地势平坦区域；或土壤含盐量>4g/kg的区域	pH≤4.5	pH≥9.0
较敏感	建设项目所在地干燥度>2.5且常年地下水位平均埋深≥1.5m的，或1.8<干燥度≤2.5且常年地下水位平均埋深<1.8m的地势平坦区域；建设项目所在地干燥度>2.5或常年地下水位平均埋深<1.5m的平原区；或2g/kg<土壤含盐量≤4g/kg的区域	4.5<pH≤5.5	8.5≤pH<9.0
不敏感	其他	5.5<pH<8.5	

① 指采用E601观测的多年平均水面蒸发量与降水量的比值，即蒸降比值。

表8-6　生态影响型土壤环境影响评价工作等级划分方法

敏感程度	Ⅰ类	Ⅱ类	Ⅲ类
敏感	一级	二级	三级
较敏感	二级	二级	三级
不敏感	二级	三级	—

注："—"表示可不开展土壤环境影响评价工作。

二、土壤环境污染影响型等级划分

　　根据建设项目类别、所在地土壤环境敏感程度，污染影响型土壤环境影响评价工作等级也划分为一级、二级和三级。污染影响型土壤环境的敏感程度划分按表8-7进行。污染影响型土壤环境影响评价工作等级划分方法见表8-8，其中的项目类别判定依据表8-1进行，项目占地规模根据≥50hm²、5～50hm²、≤5hm²分别定义为"大""中""小"，这里的"占地"一般指项目建设区域内的永久性占地。

表8-7　污染影响型土壤环境的敏感程度分级表

敏感程度	判别依据
敏感	建设项目周边存在耕地、园地、牧草地、饮用水水源地或居民区、学校、医院、疗养院、养老院等土壤环境敏感目标的
较敏感	建设项目周边存在其他土壤环境敏感目标的
不敏感	其他情况

表8-8　污染影响型土壤环境影响评价工作等级划分方法

敏感程度	Ⅰ类			Ⅱ类			Ⅲ类		
	大	中	小	大	中	小	大	中	小
敏感	一级	一级	一级	二级	二级	二级	三级	三级	三级
较敏感	一级	一级	二级	二级	二级	三级	三级	三级	—
不敏感	一级	二级	二级	二级	三级	三级	三级	—	—

注："—"表示可不开展土壤环境影响评价。项目永久占地规模≥50hm²、5～50hm²、≤5hm²分别定义为"大""中""小"。

三、多类型、多等级的等级确定

在实际土壤环境影响评价工作中，同一建设项目可能同时涉及污染影响和生态影响的情况；也会遇到同一建设项目涉及多个场地或地区的情况，这些不同的场地可能有不同的评价工作等级。涉及多类型、多等级建设项目的土壤环境影响评价工作等级确定原则如下。

① 对于不同的土壤环境影响类型，同一建设项目同时涉及生态影响型与污染影响型的，应分别判定其评价工作等级，并按相应的等级开展评价工作。

② 对于生态影响型，同一建设项目涉及两个或两个以上场地或地区的，应分别判定其敏感程度。产生两种或两种以上生态影响后果的，敏感程度按照最高级别判定。如某"Ⅰ类项目"处于土壤环境"酸化敏感"地区，对"盐化"和"碱化"不敏感，则按照"敏感"处理，评价等级应判定为"一级"。

③ 对于污染影响型，同一建设项目涉及两个或两个以上场地的，各场地应分别判定其评价工作等级，并按相应等级分别开展评价工作。

④ 对于线性工程（如铁路、公路等），重点针对主要站场位置（如输油站、泵站、阀室、加油站、维修场所、服务区、搅拌站等）分段判定评价工作等级，并按相应等级分别开展评价工作。

第三节　土壤环境现状调查与评价

一、调查评价范围

土壤环境现状调查范围主要指建设项目可能影响到的范围，该范围内是进行现场踏勘、监测点布设、资料收集等工作的重点区域，同时该范围也要满足土壤环境影响预测和评价的要求。对于改、扩建类建设项目的现状调查评价范围还应兼顾现有工程可能影响的范围。现状调查的范围一般和评价工作等级有关，评价等级越高，现状调查涉及的范围越大。具体工作中现状调查和评价的范围可参考表8-9确定。

表8-9　现状调查范围

评价工作等级	影响类型	调查范围[1]	
		占地[2]范围内	占地范围外
一级	生态影响型	全部	5km范围内
	污染影响型		1km范围内
二级	生态影响型		2km范围内
	污染影响型		0.2km范围内
三级	生态影响型		1km范围内
	污染影响型		0.05km范围内

① 涉及大气沉降途径影响的，可根据主导风向下风向的最大落地浓度点适当调整。
② 矿山类项目指开采区与各场地的占地；改、扩建类的指现有工程与拟建工程的占地。

需要注意的是，建设项目同时涉及生态影响型与污染影响型的，应各自确定调查评价范围。危险品、化学品或石油、天然气运输管线应以工程边界为起点向两侧以外各延伸 0.2km 作为调查评价范围。具体工作中确定调查范围时，可依据建设项目影响类型、污染途径，参考项目所在区域气象和水文地质条件，以及地形地貌等确定，不一定局限于表 8-9 列出的范围。

二、调查内容与要求

1. 原则性要求

现状调查与评价工作应遵循资料收集与现场调查相结合、资料分析与现状监测相结合的原则。工作深度应满足相应评价工作等级要求，当现有资料不满足要求时，通过组织现场调查、监测等方法获取相关资料；建设项目同时涉及土壤环境生态影响型与污染影响型时，应分别按相应评价工作等级要求开展相关调查；对于工业园区的建设项目，重点在建设项目占地范围内开展现状调查工作，并兼顾其可能影响的园区外围土壤环境敏感目标。

2. 资料收集

对土壤环境影响评价而言，主要收集的资料包括以下四个方面。

① 相关图件：土地利用现状图、土地利用规划图、土壤类型分布图。

② 自然环境资料：气候气象、地形地貌特征、水文及水文地质资料等。

③ 土地利用相关资料：项目范围内及周边土地利用历史资料。

④ 与建设项目土壤环境影响评价相关的其他资料，如场地调查资料、土壤和地下水调查资料、周边或场地内项目环评、区域环评、规划环评等。

3. 土壤理化特性调查

土壤理化性质主要包括土体构型、土壤结构、土壤质地、阳离子交换量（CEC）、氧化还原电位（ORP）、饱和导水率、土壤容重、孔隙率等。其中土体构型主要指垂直方向各土壤发生层有规律的组合、有序的排列状况，也称为土壤剖面构型，是土壤剖面最重要的特征。自然土壤的土体构型一般从上到下可分为四或五个基本层次，分别是覆盖层、淋溶层、淀积层、母质层（基岩层）；旱地土壤的土体构型一般可分为四层，即耕作层（表土层）、犁底层（亚表土层）、心土层和底土层；水田土壤由于长期经历频繁的水旱交替，形成了不同于旱地的土壤剖面构型，一般分为耕作层（水耕熟化层）、犁底层、潴育层、潜育层等。

分层次的土壤理化性质调查内容可参见表 8-10。除上述基本指标外，评价工作等级为一级的建设项目还应按照表 8-11 补充不同层次的土壤剖面调查资料。

表 8-10 土壤理化特性调查表

点号			时间		
经度			纬度		
层次	层次1	层次2	层次3	层次4	层次5
现场记录	颜色				
	结构				
	质地				
	砂砾含量				
	其他异物				

点号				时间	
实验室测定	pH值				
	阳离子交换量/（mg/kg）				
	氧化还原电位/mV				
	饱和导水率/（cm/s）				
	土壤容重/（kg/m³）				
	孔隙率/%				

注：1. 根据7.3.2确定需要调查的理化特性并记录，土壤环境生态影响型建设项目还应调查植被、地下水位埋深、地下水溶解性总固体等。

2. 点号为代表性监测点位。

表 8-11　土体构型（土壤剖面）

点号	景观照片	土壤剖面照片	层次①

① 根据土壤分层情况描述土壤的理化特性。

注：应给出带标尺的土壤剖面照片及其景观照片。

4. 土壤环境影响源调查

影响源调查的目的是了解待评价建设项目对土壤环境发生影响之前，评价范围内还有哪些与待评价建设项目产生同种特征因子或造成相同土壤环境影响后果的影响源，为后期影响评价提供基础资料。对于改、扩建的污染影响型建设项目，如果其评价工作等级为一级、二级，则应对现有工程的土壤环境保护措施情况进行调查，并重点调查主要装置或设施附近的土壤污染现状，为土壤环境污染影响预测或分析提供基础。

三、现状监测

现状监测是进一步定量了解土壤环境质量现状的重要手段之一，不同评价工作等级对现状监测的要求不同，主要涉及监测点布设方法与数量、监测取样方法、监测因子与监测频次等的确定。

1. 布点原则

为节省成本并充分反映建设项目调查评价范围内的土壤环境质量现状，监测点布设采用均匀性与代表性相结合的原则。具体要求如下。

① 覆盖所有土壤类型。调查范围内每种土壤类型至少设置1个表层监测点，并应尽量布置在未受人为污染或相对未受污染的区域。

② 生态影响型和污染影响型项目的布点各有侧重。对于生态影响型建设项目，应根据所在地地形特征、地面径流方向设置表层样监测点。对于污染影响型项目，涉及入渗途径影响的，主要产污装置区应设置柱状样监测点，采样深度须至装置底部与土壤接触面以下；涉及大气沉降影响的，应在占地范围外主导风向上、下风向各设置1个表层样监测点，重点考

虑在最大落地浓度处设置表层采样点；涉及地面漫流影响的，可结合地貌特征，在占地范围上、下游各设置1个表层样监测点。

③ 线性工程项目的布点原则。通常在站场位置处设置监测点，涉及危化品或油气运输管线的，可结合土壤环境敏感目标确定监测点。

④ 监测点应考虑土壤受到的历史影响。评价工作等级为一级、二级的改扩建项目，应在现有工程厂界外可能产生影响的土壤敏感目标处设置监测点。建设项目占地范围内及其可能影响区域的土壤已存在污染风险的，应结合用地历史资料和现状调查情况，在可能受影响最重的区域布设监测点，取样深度根据其可能影响的情况确定。

⑤ 现状布点兼顾未来监测计划要求。现状监测点的布设应兼顾土壤环境影响跟踪监测计划，一般要求覆盖土壤影响跟踪监测计划中布设的监测点。

2. 布点数量

建设项目各评价工作等级的监测点数按表8-12的要求确定，一般不少于表中要求的数量。对于生态影响型项目，在保持总数不变的情况下，可优化调整占地范围内、外监测点数量；占地范围超过5000hm²的，每增加1000hm²增加1个监测点。对于污染影响型项目，占地范围超过100hm²的，每增加20hm²增加1个监测点。

柱状样点是指在垂直方向上采集土柱的点位，通过采集土柱，可以了解土体构型以及不同深度上的土壤质地、容重、孔隙率、含水率、污染物含量等相关参数。

表 8-12　现状监测布点类型与数量

评价工作等级		占地范围内	占地范围外
一级	生态影响型	5个表层样点[①]	6个表层样点
	污染影响型	5个柱状样点[②]，2个表层样点	4个表层样点
二级	生态影响型	3个表层样点	4个表层样点
	污染影响型	3个柱状样点，1个表层样点	2个表层样点
三级	生态影响型	1个表层样点	2个表层样点
	污染影响型	3个表层样点	不做要求

① 表层样应在0~0.2m取样。

② 柱状样通常在0~0.5m、0.5~1.5m、1.5~3m分别取样，3m以下每隔3m取1个样，可根据基础埋深、土体构型适当调整。

3. 监测取样

对于柱状样，一般土柱深度不小于6m，并且在潜水位以上表层处、潜水位以上附近各采集1个土样；对于重金属类污染指标，土柱取样位置同时可以参考现场快速筛查结果，在污染物含量相对较高处取样。

表层样监测点及土壤剖面的土壤监测取样方法可参照《土壤环境监测技术规范》（HJ/T 166）执行，该规范规定了土壤环境监测的采样方法、样品制备、分析方法等。柱状样监测点和污染影响型改扩建项目的土壤监测取样方法还可参照《建设用地土壤污染状况调查技术导则》（HJ 25.1）、《建设用地土壤污染风险管控和修复监测技术导则》（HJ 25.2）规定的方法执行。

4. 监测因子

监测因子分为基本因子和特征因子两大类。基本因子是指《土壤环境质量 农用地土壤污染风险管控标准》（GB 15618）和《土壤环境质量 建设用地土壤污染风险管控标准》（GB

36600）规定的基本因子，分别根据调查评价范围内的土地利用类型选取不同评价项目的基本因子。

特征因子指建设项目产生的代表性因子或特有因子。在工程分析的基础上，特征因子可根据表 8-3 和表 8-4 的调查结果确定；如果某一因子同时属于特征因子和基本因子，归类为特征因子。

在对不同土壤类型调查时以及调查项目占地范围内历史污染影响风险时布设的监测点必须覆盖基本因子与特征因子，这将为预测或跟踪评价建设项目是否会加重相关土壤环境影响提供基础数据。

5. 监测频次

对于基本因子，监测频次和评价工作等级有关。一级评价项目，至少开展 1 次现状监测。二级、三级评价项目，若掌握了近 3 年内至少 1 次的监测数据，并且数据点分布和数量满足前述布点原则和布点数量要求的，可不再进行现状监测，但要说明数据资料的有效性。

对于特征因子，则无论评价等级如何，至少应开展 1 次现状监测。

四、现状评价

现状评价是根据现状监测数据或资料调查数据，依据相应的土壤环境质量标准，采用单因子指数法或综合指数法对土壤环境质量现状进行分析评估的过程。

1. 评价标准

污染影响型土壤环境质量评价主要依据两个标准进行，分别是《土壤环境质量 农用地土壤污染风险管控标准》（GB 15618）和《土壤环境质量 建设用地土壤污染风险管控标准》（GB 36600）。一般依据上述两个标准中的筛选值进行评价。对于上述两个标准中未规定的评价因子，可参照行业、地方或国外相关标准进行。确实无参照标准的，也可依据相关文献研究结果给出参考值，并作出分析判断。

（1）污染影响型项目的评价标准

污染影响型土壤环境影响评价项目主要参照表 8-13 和表 8-14 列出的基本项目的筛选值限值进行评价。其中，GB 15618 含有 8 个基本项目，全部为重金属类指标；GB 36600 含有 45 个基本项目，包括 7 种重金属指标（HMs），27 种挥发性有机物（VOCs），11 种半挥发性有机物（SVOCs）。另外，GB 15618 和 GB 36600 除了规定基本项目的筛选值限值外，还提供了其他项目的筛选值限值，亦可作为土壤环境质量评价的参考标准。GB 15618 和 GB 36600 也提供了基本项目或其他项目中每个因子的检测分析方法，可以作为制定土壤监测方案的依据。

表 8-13　农用地土壤污染风险筛选值（基本项目，来自 GB 15618）　单位：mg/kg

序号	污染物项目[①②]		风险筛选值			
			pH ≤ 5.5	5.5 < pH ≤ 6.5	6.5 < pH ≤ 7.5	pH > 7.5
1	镉	水田	0.3	0.4	0.6	0.8
		其他	0.3	0.3	0.3	0.6
2	汞	水田	0.5	0.5	0.6	1.0
		其他	1.3	1.8	2.4	3.4
3	砷	水田	30	30	25	20
		其他	40	40	30	25

序号	污染物项目[①②]		风险筛选值			
			pH ≤ 5.5	5.5 < pH ≤ 6.5	6.5 < pH ≤ 7.5	pH > 7.5
4	铅	水田	80	100	140	240
		其他	70	90	120	170
5	铬	水田	250	250	300	350
		其他	150	150	200	250
6	铜	果园	150	150	200	200
		其他	50	50	100	100
7	镍		60	70	100	190
8	锌		200	200	250	300

① 重金属和类金属砷均按元素总量计。

② 对于水旱轮作地，采用其中较严格的风险筛选值。

表8-14　建设用地土壤污染风险筛选值（基本项目，来自GB 36600）　　　单位：mg/kg

序号	污染物项目	CAS 编号	筛选值	
			第一类用地[①]	第二类用地[①]
重金属和无机物				
1	砷	7440-38-2	20[②]	60[②]
2	镉	7440-43-9	20	65
3	铬（六价）	18540-29-9	3.0	5.7
4	铜	7440-50-8	2000	18000
5	铅	7439-92-1	400	800
6	汞	7439-97-6	8	38
7	镍	7440-02-0	150	900
挥发性有机物				
8	四氯化碳	56-23-5	0.9	2.8
9	氯仿	67-66-3	0.3	0.9
10	氯甲烷	74-87-3	12	37
11	1,1-二氯乙烷	75-34-3	3	9
12	1,2-二氯乙烷	107-06-2	0.52	5
13	1,1-二氯乙烯	75-35-4	12	66
14	顺-1,2-二氯乙烯	156-59-2	66	596
15	反-1,2-二氯乙烯	156-60-5	10	54
16	二氯甲烷	75-09-2	94	616
17	1,2-二氯丙烷	78-87-5	1	5
18	1,1,1,2-四氯乙烷	630-20-6	2.6	10

序号	污染物项目	CAS 编号	筛选值	
			第一类用地①	第二类用地①
19	1,1,2,2-四氯乙烯	79-34-5	1.6	6.8
20	四氯乙烷	127-18-4	11	53
21	1,1,1-三氯乙烷	71-55-6	701	840
22	1,1,2-三氯乙烷	79-00-5	0.6	2.8
23	三氯乙烯	79-01-6	0.7	2.8
24	1,2,3-三氯丙烷	96-18-4	0.05	0.5
25	氯乙烯	75-01-4	0.12	0.43
26	苯	71-43-2	1	4
27	氯苯	108-90-7	68	270
28	1,2-二氯苯	95-50-1	560	560
29	1,4-二氯苯	106-46-7	5.6	20
30	乙苯	100-41-4	7.2	28
31	苯乙烯	100-42-5	1290	1290
32	甲苯	108-88-3	1200	1200
33	间二甲苯+对二甲苯	108-38-3，106-42-3	163	570
34	邻二甲苯	95-47-6	222	640
半挥发性有机物				
35	硝基苯	98-95-3	34	76
36	苯胺	62-53-3	92	260
37	2-氯酚	95-57-8	250	2256
38	苯并[a]蒽	56-55-3	5.5	15
39	苯并[a]芘	50-32-8	0.55	1.5
40	苯并[b]荧蒽	205-99-2	5.5	15
41	苯并[k]荧蒽	207-08-9	55	151
42	蒀	218-01-9	490	1293
43	二苯并[a,h]蒽	53-70-3	0.55	1.5
44	茚并[1,2,3-cd]芘	193-39-5	5.5	15
45	萘	91-20-3	25	70

① 第一类用地包括城市建设用地中的居住用地，公共管理与公共服务用地中的中小学用地、医疗卫生用地和社会福利设施用地，以及公园绿地中的社区公园或儿童公园用地等。第二类用地包括城市建设用地中的工业用地、物流仓储用地、商业服务业设施用地、道路与交通设施用地、公用设施用地、公共管理与公共服务用地、绿地与广场用地（社区公园或儿童公园用地除外）。

② 具体地块土壤中污染物检测含量超过筛选值，但等于或者低于土壤环境背景值水平的，可评价为未受到明显污染。不同土壤环境背景值可参考GB 36600所列附表。

（2）生态影响型项目的评价标准

生态影响型项目的评价主要包括盐化、碱化、酸化三个方面，可参照表8-15和表8-16

所列标准进行。

表 8-15 土壤盐化分级标准

分级	土壤含盐量（SSC）/（g/kg）	
	滨海、半湿润和半干旱地区	干旱、半荒漠和荒漠地区
未盐化	SSC<1	SSC<2
轻度盐化	1≤SSC<2	2≤SSC<3
中度盐化	2≤SSC<4	3≤SSC<5
重度盐化	4≤SSC<6	5≤SSC<10
极重度盐化	SSC≥6	SSC≥10

注：根据区域自然背景状况适当调整。

可见，盐化分级主要依据干旱程度不同地区的土壤中含盐量确定，根据含盐量由低到高，从"未盐化"到"极重度盐化"分为 5 个等级；酸化和碱化强度主要依据土壤 pH 确定，根据 pH 值由小到大，从"极重度酸化"到"极重度碱化"，分为 9 个等级。

表 8-16 土壤酸化、碱化分级标准

土壤 pH 值	土壤酸化、碱化强度	土壤 pH 值	土壤酸化、碱化强度
pH<3.5	极重度酸化	8.5≤pH<9.0	轻度碱化
3.5≤pH<4.0	重度酸化	9.0≤pH<9.5	中度碱化
4.0≤pH<4.5	中度酸化	9.5≤pH<10.0	重度碱化
4.5≤pH<5.5	轻度酸化	pH≥10.0	极重度碱化
5.5≤pH<8.5	无酸化或碱化		

注：土壤酸化、碱化强度指受人为影响后呈现的土壤pH值，可根据区域自然背景状况适当调整。

2. 评价方法

对于污染影响型土壤环境质量评价，可采用标准指数法进行评价，常用的为单因子指数法 [式（8-1）]。

$$I_i = C_i / C_{si} \tag{8-1}$$

式中，I_i 为第 i 个评价因子的标准指数，无量纲；C_i 为第 i 个评价因子的浓度，mg/kg；C_{si} 为 i 个评价因子的评价标准，mg/kg。

若 I_i 大于 1.0，则表示第 i 个评价因子超标，土壤已经受到污染，I_i 表示超标倍数。

同时，应对各评价因子进行统计分析，给出样本数量、最大值、最小值、平均值、标准差、检出率和超标率、最大超标倍数等。

对于生态影响型土壤环境质量评价，可对照表 8-15、表 8-16 给出各监测点土壤盐化、酸化、碱化的级别，并统计样本数量、最大值、最小值和平均值，评价平均值对应的级别。

3. 评价结论

现状分析评价完成后，应给出相应的结论。对污染影响型项目，应给出相关评价因子是否满足评价标准的明确结论，如果存在因子超标的，应分析超标的可能原因。对生态影响型项目，应给出项目区域土壤盐化、酸化和碱化的现状。

第四节　土壤环境影响预测与评价

一、预测评价基本要求

预测评价是对建设项目对土壤环境可能造成的不利影响进行定量、定性判断的过程。预测评价的过程一般是：根据工程分析和评价等级，确定预测评价范围，设定预测情景；选定预测因子和评价标准；利用相关分析预测方法，对土壤污染影响或生态影响进行预估、分析和评价。确定影响预测的范围、时段、内容和方法的过程中，应根据前期影响识别结果和评价工作等级，结合当地土地利用规划进行。

预测评价要求选用合适的预测分析方法，预测评价建设项目各实施阶段不同环节与不同环境影响防控措施下的土壤环境影响结果，给出预测因子的影响范围与程度，明确建设项目对土壤环境的影响结果。

预测评价的重点是建设项目对占地范围外土壤环境敏感目标的累积影响，并兼顾对占地范围内的影响预测。可采用定性或半定量的方法说明建设项目对土壤环境产生的影响及趋势。如果建设项目可能导致土壤潜育化、沼泽化、潴育化或土地沙化等影响，应进一步分析土壤环境可能受到影响的范围和程度。

二、预测评价方法

1.预测评价范围、时段和情景

预测评价范围与现状调查评价的范围一致。预测时段的确定主要根据项目特点和工程分析结果，筛选出可能产生最大影响的重点预测时段（建设期、运营期、服务期满后）。

预测是对尚未发生而未来可能发生的情况作出的预估，因此需要设置预测情景。从保守角度考虑，预测情景的设置可以考虑最不利的条件，如设置可能最大的影响源，考虑最不利的影响条件等。

2.预测评价因子选择与评价标准

对于污染影响型项目，应选取环境影响识别出的特征因子或排放量最大的因子或土壤环境质量标准限值小的因子或毒害性大的因子作为关键预测因子。

对于生态影响型项目，分别选取土壤盐分含量、pH值作为预测因子，也可选用地下水位、土壤水分含量等作为预测因子。对含盐量和pH的预测结果可参照表8-15和表8-17进行评价，含盐量也可参考表8-17和表8-18作为预测评价因子和评价标准。

对污染影响型项目，可依据《土壤环境质量 农用地土壤污染风险管控标准（试行）》（GB 15618）和《土壤环境质量 建设用地土壤污染风险管控标准（试行）》（GB 36600）选取评价因子和评价标准（其中的基本项目、其他项目均可作为预测评价因子）。

3.预测评价方法选择

当评价等级为一级、二级时，可采用定量计算的预测方法；当评价等级为三级时，可采用定性描述、类比分析或半定量分析的方法进行预测。定量化预测可采用如下方法。

（1）土壤盐化综合评分预测法

主要用于预测土壤盐化的程度，具体可采用式（8-2）进行，其影响因素指标评分值和权重值参考表8-17确定，盐化预测结果参考表8-18确定。

$$S_a = \sum_{i=1}^{n} W_i S_i \qquad (8\text{-}2)$$

式中，W_i 为第 i 个影响因素指标权重；S_i 为第 i 个影响因素指标评分值；n 为参评影响因素指标数目（$n=5$）；S_a 为土壤盐化综合评分值。

表8-17　土壤盐化影响因素赋值表

影响因素指标（i）	评分值（S）				权重（W）
	0分	2分	4分	6分	
地下水位埋深（GWD）/m	GWD≥2.5	1.5≤GWD<2.5	1.0≤GWD<1.5	GWD<1.0	0.35
干燥度（蒸降比值）（EPR）	EPR<1.2	1.2≤EPR<2.5	2.5≤EPR<6	EPR≥6	0.25
土壤本底含盐量（SSC）/（g/kg）	SSC<1	1≤SSC<2	2≤SSC<4	SSC≥4	0.15
地下水溶解性总固体（TDS）/（g/L）	TDS<1	1≤TDS<2	2≤TDS<5	TDS≥5	0.15
土壤质地	黏土	砂土	壤土	砂壤、粉土、砂粉土	0.10

表8-18　土壤盐化预测表

土壤盐化综合评分值（S_a）	$S_a<1$	$1≤S_a<2$	$2≤S_a<3$	$3≤S_a<4.5$	$S_a≥4.5$
土壤盐化综合评分预测结果	未盐化	轻度盐化	中度盐化	重度盐化	极重度盐化

（2）土壤盐化、酸化或碱化质量平衡预测法

适用于某种物质以面源形式输入土壤环境引起的影响。面源输入途径包括大气沉降、地面漫流，输入物质概化为盐、酸、碱三大类，引起的土壤影响分为盐化、酸化、碱化。其计算步骤如下。

首先，估算输入量。通过工程分析计算土壤中某种物质的输入量；涉及大气沉降影响的，可参照《环境影响评价技术导则　大气环境》规定的相关技术方法给出。

其次，估算输出量。土壤中某种物质的输出量主要包括淋溶或径流排出、土壤缓冲消耗两部分；植物吸收量通常较小，不予考虑；涉及大气沉降影响的，可不考虑输出量。

再其次，增量估算。比较输入量和输出量差值，计算土壤中某种物质的增量。

最后，进行预测估算。将某种物质的增量与现状值进行叠加后，进行土壤环境影响预测。

具体的预测计算方法如下。

第一，单位质量土壤中某种物质的增量可用式（8-3）计算。

$$\Delta S = n\left(I_s - L_s - R_s\right)/\left(\rho_b AD\right) \tag{8-3}$$

式中，ΔS 为单位质量表层土壤中某种物质的增量，g/kg，或表层土壤中游离酸或游离碱浓度增量，mmol/kg；I_s 为年表层土壤中某种物质的输入量，g/a，或年表层土壤中游离酸、游离碱输入量，mmol；L_s 为年表层土壤中某种物质经淋溶排出的量，g/a，或预测评价范围内年表层土壤中经淋溶排出的游离酸、游离碱的量，mmol；R_s 为年表层土壤中某种物质经径流排出的量，g，或年表层土壤中经径流排出的游离酸、游离碱的量，mmol；ρ_b 为表层土壤容重，kg/m³；A 为预测评价范围，m²；D 为表层土壤深度，一般取 0.2m，可根据实际情况适当调整；n 为持续年份，a。

第二，单位质量土壤中某种物质的预测值可根据其增量叠加现状值进行计算，见式（8-4）。

$$S = S_b + \Delta S \tag{8-4}$$

式中，S_b 代表单位质量土壤中某种物质的现状值，g/kg；S 代表单位质量土壤中某种物质的预测值，g/kg。

第三，酸性物质或碱性物质排放后表层土壤 pH 预测值，可根据表层土壤游离酸或游离碱浓度的增量进行计算，见式（8-5）。

$$pH = pH_b \pm \Delta S / BC_{pH} \tag{8-5}$$

式中，pH_b 为土壤 pH 现状值；BC_{pH} 为缓冲容量，mmol/（kg·pH）；pH 代表 pH 预测值。

第四，缓冲容量（BC_{pH}）的测定采用斜率法。具体方法为：在项目区土壤样品中加入不同量游离酸或游离碱后分别进行 pH 值测定，绘制不同浓度游离酸或游离碱和 pH 值之间的曲线，曲线斜率即为缓冲容量。

（3）污染物溶质运移模型法

适用于污染物以点源形式垂直进入土壤的影响预测，重点预测其可能影响到的深度。采用一维非饱和溶质运移模型预测方法，计算公式见式（8-6）。

$$\frac{\partial(\theta c)}{\partial t} = \frac{\partial}{\partial z}\left(\theta D \frac{\partial c}{\partial z}\right) - \frac{\partial}{\partial z}(qc) \tag{8-6}$$

式中，c 为介质中某污染物浓度，mg/L；D 为弥散系数，m²/d；q 为渗流速率，m/d；z 为沿 z 轴（垂直方向）的距离，m；t 为时间变量，d；θ 为土壤含水率，%。

式（8-6）微分方程的初始条件如式（8-7），表示初始时刻土柱中拟计算的污染物浓度为 0 或 c_0。

$$c(z,t) = 0(c_0) \qquad (t=0, L \leqslant z < 0) \tag{8-7}$$

式（8-6）微分方程的边界条件有两类，分别是 Dirichlet 边界条件 [式（8-8）或式（8-9）] 或者 Neumann 边界条件 [式（8-10）]。

第一类 Dirichlet 边界条件中，式（8-8）适用于上边界连续点源的情景，表示污染物持续以恒定浓度 c_1 输入土柱中；式（8-9）适用于上边界非连续点源情景，表示在 $0 < t \leqslant t_0$ 时段范围内，污染物以恒定浓度 c_2 输入土柱中，在 $t > t_0$ 时段，污染物输入土柱的浓度为 0。

$$c(z,t) = c_1 \qquad (t>0, z=0) \tag{8-8}$$

$$c(z,t) = \begin{cases} c_2 & (0 < t \leqslant t_0, \ z=0) \\ 0 & (t > t_0, \ z=0) \end{cases} \tag{8-9}$$

第二类 Neumann 零梯度边界，表示下边界污染物浓度梯度为 0，即下边界污染物浓度在任何时刻都不随垂向距离变化。

$$-\theta D \frac{\partial c}{\partial z} = 0 \qquad (t>0, z=L) \tag{8-10}$$

（4）多孔介质溶质运移软件介绍

从水文地质的角度来看，污染物在土壤中的迁移实际上是溶质在多孔介质中的运移过程，可以用地下水溶质运移模型进行估算和预测。土壤中的污染物运移包括污染物在各种因素综合影响作用下随着土壤水流的运动和迁移，运移过程中包含对流、弥散等物理过程，离子反应化学过程，吸附 - 解吸、溶解 - 沉淀、挥发等物理化学过程，甚至生物降解、植物吸收等生物化学和生物过程。因此，土壤中污染物运移过程受到众多因素的影响，如土壤含水率、地下水流场、气候条件、土壤质地及其理化特征、污染源排放形式、污染物本身的理化特性等。

由于土壤中污染物迁移过程的复杂性，对其进行大尺度、长时段的准确模拟预测是有一定挑战性的。所以，在实际的土壤环境影响评价工作中，在获得评价区域土壤各种物理化学参数的基础上，使用成熟的商业化专业软件进行影响预测逐渐成为一种工作常态。

目前，常见的用于地下水系统中溶质运移的模拟软件包括 MOC3D、MT3DMS、RT3D、FEMWATER、TOUGH、HST3D、FRAC3DVS、FEFLOW、MODFLOW、HYDRUS-1D、HYDRUS-2D、HYDRUS-3D 等十几种，其中 RT3D、MT3DMS 是应用比较广泛的三维溶质运移数值模拟软件，HYDRUS-1D、HYDRUS-2D、HYDRUS-3D 可分别用于土壤和地下水中一维、二维、三维的模拟。HYDRUS 系列软件是基于微软 windows 环境，分析变饱和多孔介质中水流和溶质运移的模拟软件。其中的 HYDRUS-1D 软件在解决一维垂直入渗方向的土壤溶质运移计算中得到广泛应用，它具备计算模型建立的可操作图形化视窗以及将模拟结果展示的图形化环境，应用方便。

三、预测评价结论

根据选择的预测评价因子，将土壤影响预测结果和《土壤环境质量 农用地土壤污染风险管控标准（试行）》（GB 15618）与《土壤环境质量 建设用地土壤污染风险管控标准（试行）》（GB 36600）中规定的筛选值限值进行对比分析，或者和表 8-15、表 8-16 设定的盐化、酸化、碱化分级标准进行对比分析，以此评价土壤受到污染影响或生态影响的程度，并给出明确的结论。土壤影响预测评价的结论分为两类，即土壤环境影响可以接受或不可接受。

1. 土壤环境影响预测评价可以接受的结论

① 建设项目各不同阶段，土壤环境敏感目标处且占地范围内各评价因子均满足 GB 15618 或 GB 36600 中相关标准要求。

② 生态影响型建设项目各不同阶段，出现或加重土壤盐化、酸化、碱化等问题，但采取防控措施后，可满足表 8-15、表 8-16 以及其他土壤污染防治相关管理规定。

③ 污染影响型建设项目各不同阶段，土壤环境敏感目标处或占地范围内有个别点位、层位或评价因子出现超标，但采取必要措施后，可满足 GB 15618 或 GB 36600 或其他土壤污染防治相关管理规定。

2. 土壤环境影响预测评价不可接受的结论

① 对生态影响型建设项目，土壤盐化、酸化、碱化等对预测评价范围内土壤原有生态功能会造成重大不可逆影响。

② 对污染影响型建设项目，其不同阶段土壤环境敏感目标处或占地范围内多个点位、层位或评价因子出现超标，采取必要措施后，这些点位仍无法满足 GB 15618 或 GB 36600 或其他土壤污染防治相关管理规定。

第五节　土壤环境保护措施与对策

一、基本要求

实施土壤环境保护措施与对策的目的在于消除或减缓不良土壤环境影响的结果。土壤环境保护措施与对策应满足如下基本要求。

（1）措施与对策的基本内容要求

明确保护的对象、目标，列出措施的具体内容、设施的规模及工艺、实施部位和时间、实施的保证措施，并进行预期效果分析。在此基础上估算（概算）土壤环境保护投资，并编制环境保护措施布置图。

（2）措施与对策的针对性要求

对于新建项目，在建设项目可行性研究提出的影响防控对策基础上，结合建设项目特点、调查评价范围内的土壤环境质量现状，根据环境影响预测与评价结果，提出合理、可行、操作性和针对性强的土壤环境影响防控措施；对于改扩建项目，还应提出针对性的"以新带老"措施，防止土壤环境影响加剧；对于涉及取土的建设项目，所取土壤应满足占地范围对应的土壤环境相关标准要求，并说明其来源。对于涉及弃土的项目，应按照固体废物相关规定对弃土进行处理处置，确保不产生二次污染。

二、土壤环境保护措施

1. 提出土壤环境保护措施

可根据造成土壤污染或不良土壤生态影响的原因、途径等，提出相应的土壤环境保护措施。对于建设项目占地范围内的土壤环境质量现状存在点位超标的，可依据土壤污染防治相关管理办法、规定和标准，提出应采取的土壤污染防治措施。对于有明显土壤污染源头的建设项目，应提出源头防控措施。特别是根据影响预测结果，对污染源头的特征污染物、排放量大的污染物或者毒害性大的污染物提出针对性的源头防控措施。对于可确定土壤污染途径的，可根据建设项目的行业特点与占地范围内的土壤特性，提出过程阻断、污染物削减和分区防控等过程防控措施。

（1）生态影响型的过程防控措施

涉及酸化、碱化影响的可采取相应措施调节土壤 pH 值，以减轻土壤酸化、碱化的程度；涉及盐化影响的，可采取排水排盐或降低地下水位等措施，以减轻土壤盐化的程度。

（2）污染影响型的过程防控措施

涉及大气沉降影响的，占地范围内应采取绿化措施，以种植具有较强吸附能力的植物为主；涉及地面漫流影响的，可根据建设项目所在地的地形特点优化地面布局，必要时设置地面硬化、围堰或围墙等；涉及入渗途径影响的，可根据相关标准规范要求，对设备设施采取相应的防渗措施，防止入渗污染。

2. 制订跟踪监测措施

通过土壤环境跟踪监测，可定期监测土壤环境中的相关指标，适时评估土壤环境质量变化，以利于及时采取相关的消除或减缓不良土壤环境影响的措施。土壤环境跟踪监测措施包括制订跟踪监测计划、建立跟踪监测制度。

（1）跟踪监测计划

应明确监测点位、监测指标、监测频次以及执行的评价标准等内容。监测点应位于重点影响区和土壤环境敏感目标附近。监测指标应选择和建设项目有关的特征因子。一级评价项目，一般每 3 年内至少开展 1 次监测工作；二级评价项目，每 5 年内开展 1 次监测；三级评价项目必要时可开展跟踪监测。

（2）跟踪监测制度

除了包含跟踪监测计划中的相关规定外，还应明确跟踪监测的责任人、责任部门、跟踪监测结果分析及数据保存、上报等相关规定。

案例分析

扫描二维码可查看案例分析。

土壤环境影响
评价案例

习 题

一、填空题

1. 将土壤环境影响类型划分为_____与_____。

2. 根据行业特征、工艺特点或规模大小等将建设项目类别分为_____类，其中____类建设项目可不展开土壤环境影响评价。

3. 土壤环境污染影响是指人为因素导致某种物质进入土壤环境，引起____、____、____等方面特性的改变，导致土壤质量恶化的过程或状态。

4. 建设项目所在地周边的土壤环境敏感程度分为_____、_____、_____。

5. 应调查与建设项目产生_____或造成相同土壤环境影响后果的影响源。

6. 土壤环境现状监测点布设应根据建设项目____、____、____确定，采用均布性与____相结合的原则。

7. 调查评价范围内的每种土壤类型应至少设置____个表层样监测点，应尽量设置在未受人为污染或相对未受污染的区域。

8. 生态影响型建设项目应根据建设项目所在地的_____、_____设置表层样监测点。

9. 土壤环境现状监测因子分为_____和_____。

10. 土壤环境质量现状评价应采用_____，并进行统计分析，给出样本数量、最大值、最小值、均值、标准差、检出率和超标率、最大超标倍数等。

11. 生态影响型建设项目应给出土壤盐化、_____、_____的现状，并且选取土壤盐分含量、_____等作为预测因子。

12. 评价工作等级为_____级的建设项目，可采用定性描述或_____法进行预测。

13. 滨海、半湿润和半干旱地区为中度盐化时的土壤含盐量 SSC 为_____

14. 按照土壤污染程度和相关标准，将农用地划分为优先保护类、_____、_____。

二、多选题（每题的备选项中，至少有2个符合题意）

1. 土壤环境现状调查与评价工作应遵循以下哪些原则（ ）。

A. 资料收集与现场调查相结合　　　　　B. 资料整理与现场勘探相结合
C. 资料分析与现状监测相结合　　　　　D. 数据分析与资料收集相结合

2. 土壤环境跟踪监测计划应明确监测点位、监测指标、监测频次以及执行标准等，以下说法正确的是（　　　）。

A. 监测点位应布设在重点影响区和土壤环境敏感目标附近

B. 生态影响型建设项目跟踪监测应尽量在农作物收割后开展

C. 评价工作等级为一级的建设项目一般每 5 年内开展 1 次监测工作，二级的每 7 年内开展 1 次，三级的必要时可开展跟踪监测

D. 监测指标应选择建设项目特征因子

3. 以下哪些项目属于采矿业Ⅱ类项目（　　　）。

A. 砂岩气开采　　　　　　　　　　　B. 金属矿、石油、页岩油开采
C. 煤层气开采（含净化、液化）　　　　D. 石棉矿采选

4. 地方人民政府生态环境主管部门应当会同自然资源主管部门对下列哪些建设用地地块进行重点监测（　　　）。

A. 曾用于生产、使用、贮存、回收、处置有毒有害物质的

B. 曾用于固体废物堆放、填埋的

C. 曾发生过重大、特大污染事故的

D. 国务院生态环境、自然资源主管部门规定的其他情形

5. 国家鼓励和支持农业生产者采取以下哪些措施（　　　）。

A. 使用低毒、低残留农药以及先进喷施技术

B. 采用测土配方施肥技术、生物防治等病虫害绿色防控技术

C. 使用生物可降解农用薄膜

D. 综合利用秸秆、移出高富集污染物秸秆

6. 对于列入建设用地土壤污染风险管控和修复名录的地块，下列说法正确的是（　　　）。

A. 土壤污染责任人应当按照国家有关规定以及土壤污染风险评估报告的要求，采取相应的风险管控措施

B. 土壤污染责任人应当结合土地利用总体规划和城乡规划编制修复方案，报地方人民政府生态环境主管部门备案并实施

C. 可以作为住宅、公共管理与公共服务用地

D. 地方人民政府生态环境主管部门可以根据实际情况采取一系列的风险管控措施

7. 根据《土壤污染防治行动计划》，关于严格管控类耕地管理要求的说法，错误的是（　　　）。

A. 实行耕地轮作休耕制度试点

B. 研究将严格管控类耕地纳入国家新一轮退耕还林还草实施范围

C. 对威胁地下水、饮用水水源安全的严格管控类耕地，有关县（市、区）应制定环境风险管控方案

D. 依法划定特定农产品禁止生产区域，严禁种植农产品

8. 土壤污染重点监管单位应当履行下列哪些义务（　　　）。

A. 严格控制有毒有害物质排放，并按年度向生态环境主管部门报告排放情况

B. 应当对监测数据的真实性和准确性负责

C. 建立土壤污染隐患排查制度，保证持续有效防止有毒有害物质渗漏、流失、扩散

D. 制定、实施自行监测方案，并将监测数据报生态环境主管部门

9. 下列哪些属于土壤防治的资金制度与支持（　　　　）。

  A. 建设集中处理设施   B. 建立土壤污染防治基金制度

  C. 加大管控和修复的信贷投放 D. 鼓励和提倡为防治土壤污染捐赠财物

10. 下列未污染的土地属于地方各级人民政府应当重点保护的有（　　　　）。

  A. 耕地   B. 林地   C. 草地   D. 饮用水源地

三、简答题

1. 简述土壤污染风险评估报告的主要内容。

2. 从源头控制和过程防控两个方面简述土壤污染防治措施。

3. 简述土壤环境影响评价工作程序。

4. 简述污染影响型评价工作等级。

5.《中华人民共和国土壤污染防治法》有哪些亮点？

四、计算题

1. 一项目为烟气二噁英大气沉降污染，此项目的输入量实际为烟气二噁英在评价范围内土壤中的沉降量，沉降量为 0.077g，此项目所有区域周边土壤容重为 1.1kg/m³，预测评价范围为项目周边半径 1km 的圆形范围，考虑项目投产 5 年后二噁英污染对土壤的影响，计算在单位质量土壤中二噁英的增量（根据土壤评价导则要求，涉及大气沉降因素的，可不考虑输出量；土壤深度一般取 0.2m）。

2. 某一土壤样品对某污染物的等温吸附符合 Langmuir 方程。当吸附达平衡后，平衡液中该污染物浓度为 30mg/L，土壤污染物的吸附量为 50mg/kg；而当平衡液中污染物浓度为 10mg/L 时，土壤污染物的吸附量为 25mg/kg。

（1）求此土壤对该污染物的最大吸附量。

（2）相似条件下的实验中，另一土壤样品对该污染物的最大吸附量为 70mg/kg，问哪一种土壤更容易受该污染物的污染？

3. 某土壤样品，其湿重为 1000g，体积为 640cm³，当在烘箱中烘干后，它的干重为 800g，土壤相对密度为 2.65，试计算：

① 该土壤样品的容重；

② 该土壤样品的总孔隙率；

③ 该土壤样品的孔隙比；

④ 该土壤样品的容积含水量（%）；

⑤ 该土壤样品的三相比（固：液：气）。

第九章

建设项目环境风险评价

了解环境风险的概念、适用范围，掌握环境风险评价的概念、工作流程与内容。掌握工作等级的划分方法，环境风险的源项分析步骤与内容，源强的确定方法。了解风险预测的内容，风险管理的目标和应急预案编制要求。

第一节　环境风险评价概述

一、基本概念

环境风险：广义上，环境风险是指突发性事故对自然环境或人类健康的危害程度及可能性。环境风险具有不确定性和危害性的特点。不确定性是指人们对事件发生的时间、地点、强度等事先难以准确预料；危害性针对事件的后果而言，具有风险的事件对其承受者会造成威胁，并且一旦事件发生，就会对风险的承受者造成损失或危害，包括对人身健康、经济财产、社会福利乃至生态系统等带来程度不同的危害。

环境风险的分布广泛，复杂多样。按其成因可分为化学风险、物理风险和自然灾害引发的风险。化学风险是指对人类、动植物能产生毒害或不利作用的化学物品的排放、泄漏或易燃易爆物品的泄漏而引发的风险。物理风险是指由机械设备或机械结构的故障所引发的风险。自然灾害引发的风险是指地震、火山、洪水、台风、滑坡等自然灾害带来的各种风险。按事件承受的对象，风险分为人群风险、设施风险和生态风险。人群风险是指因危害事件而致人病、伤、死、残等损失的概率。设施风险是指危害事件对人类社会经济活动的依托设施，如水库大坝、房屋、桥梁等造成破坏的概率。生态风险是指危害性事件对生态系统中某些要素或生态系统本身造成破坏的概率，如生态系统中生物种群的减少或灭绝，生态系统结构与功能的变异等。

建设项目的环境风险：针对建设项目而言，环境风险是指突发性事故对环境造成的危害程度和可能性。突发性事故通常是指导致危险物质泄漏、火灾和爆炸引发的伴生/次生污染物排放的原因，但是不包括由人为破坏及自然灾害所导致的。本章的建设项目范围涉及有毒有害和易燃易爆物质的生产、使用、储存、管线运输等，但是核和辐射类等相关建设项目除外。同时，建设项目对生态造成的风险也不包含在内。

建设项目的环境风险评价：以突发性事故导致的危险物质环境急性损害防控为目标，对建设项目的环境风险进行分析、预测和评估，提出环境风险预防、控制、减缓措施，明确环境风险监控及应急建议要求等整个过程。

环境风险潜势：对建设项目潜在环境危害程度的概化分析表达，是基于建设项目涉及的物质和工艺系统危险性及其所在地环境敏感程度的综合表征。

二、与其他评价的区别

1. 与环境要素环境影响评价的区别

环境风险评价与环境要素环境影响评价的根本区别在于评价对象不同。环境风险评价以突发事故为分析重点，这类事件具有概率特征，危害后果发生的时间、范围、强度等都相对难以准确预测；而环境要素环境影响评价主要考虑相对确定的事件，其影响程度也较容易预测。如评价化工厂项目，环境要素环境影响评价主要考虑正常工况下，污染物的排放对大气、水等环境介质的影响，而环境风险评价则考虑火灾、爆炸、泄漏等意外事故的发生导致危险物质释放产生的不利影响。表 9-1 列出两者的对比。

表 9-1　环境风险评价与环境要素环境影响评价的对比

项目	环境风险评价	环境要素环境影响评价
分析重点	突发事故	正常运行工况
持续时间	很短	正常运行工况
应计算的物理效应	火灾、爆炸，向空气、水体中释放污染物	向空气、地表水、地下水中释放污染物、噪声、热污染等
释放类型	瞬时或短时间连续释放	长时间连续释放
应考虑的影响类型	突发性的激烈的效应及事故后期长远效应	连续的、累积效应
主要危害受体	人、建筑、生态	人和生态
危害性质	急性中毒，灾难性的	慢性中毒
大气扩散模式	烟团模式、分段烟羽模式	连续烟羽模式
影响时间	很短	很长
源项确定性	较大的不确定性	不确定性很小
评价方法	概率方法	确定论方法
防范措施与应急计划	需要	不需要

2. 与安全评价的区别

环境风险评价与安全评价的区别在于评价范围、内容等的不同。评价范围不同：环境风险评价把事故引起厂（场）界外人群的伤害、环境质量的恶化及对生态系统影响的预测和防护作为评价工作重点；安全评价则主要是预测和评价事故对厂（场）界内人群的伤害。两者的评价内容不同，表 9-2 列出两者评价内容的对比。

表 9-2　常见事故类型下环境风险评价与安全评价的内容对比

事故类型	环境风险评价内容	安全评价内容
石油化工长输管线油品泄漏	土壤污染和生态破坏	火灾、爆炸
大型码头油品泄漏	海洋污染	火灾、爆炸
储罐、工艺设备有毒物质泄漏	空气污染、人员毒害	火灾、爆炸，人员急性中毒
油井井喷	土壤污染和生态破坏	火灾、爆炸
炼化厂的SO_2等事故排放	空气污染、人员毒害	人员急性中毒

第二节　工作程序和环境风险潜势初判

一、工作程序

环境风险评价工作程序见图 9-1。

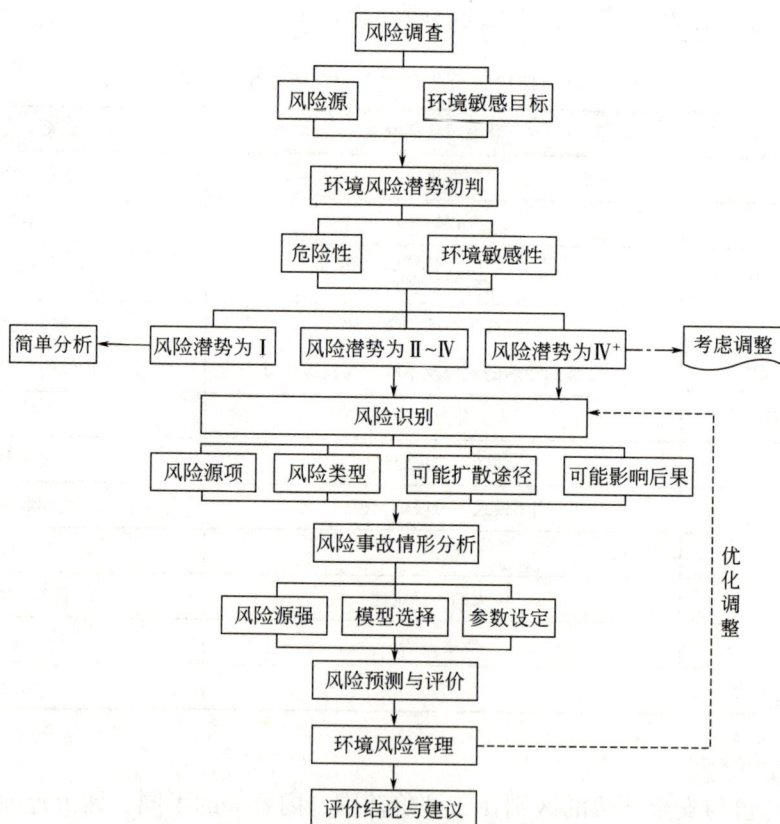

图9-1　环境风险评价工作程序

风险评价的工作内容包括风险调查、环境风险潜势初判、风险识别、风险事故情形分析、风险预测与评价、环境风险管理、结论与建议等。

对建设项目进行风险评价，首先需要搞清楚项目中哪些物质、行为会导致环境风险，哪些功能单元可能是事故风险发生的潜在位置，周围有哪些环境敏感目标。这就需要进行项目的风险调查，对项目潜在的风险进行识别。然后基于风险调查，分析建设项目物质及工艺系统危险性和环境敏感性等级，得到风险潜势的等级，从而确定风险评价的工作等级。接着对事故情形进行分析，分析源项，确定可能发生事故的概率，从中筛选出最大可信事故，估算源强，并且选择模型，设定参数。再根据评价工作等级分别对各环境要素开展针对性的预测评价，分析说明环境风险危害范围与程度。提出具体的环境风险管理对策，明确环境风险防范措施及突发环境事件应急预案编制要求。最后，综合环境风险评价过程，给出风险评价结论与建议。

二、风险调查

风险调查的内容包括建设项目风险源和环境敏感目标等两部分。

建设项目风险源调查：调查建设项目危险物质数量和分布情况、生产工艺特点，收集危险物质安全技术说明书（MSDS）等基础资料。

环境敏感目标调查：根据危险物质可能的影响途径，明确项目周围的环境敏感目标，给出环境敏感目标区位分布图，列表明确调查对象、属性、相对方位及距离等信息。

三、危险性的确定

危险性的等级可分为轻度危害（P4）、中度危害（P3）、高度危害（P2）和极高危害（P1）四个等级。具体是通过分析建设项目生产、使用、储存过程中涉及的有毒有害和易燃易爆物质在厂界内的最大存在总量与临界量的比值（Q）范围，所属行业及生产工艺特点（M）（见表9-3），构建Q-M风险矩阵对危险物质及工艺系统危险性（P）等级进行确定，标准见表9-4。

1. 危险物质数量与临界量比值的确定

计算所涉及的每种危险物质在厂界内的最大存在总量与临界量的比值Q，在不同厂区的同一种物质，按其在厂界内的最大存在总量计算。对于长输管线项目，按照两个截断阀室之间管段危险物质最大存在总量计算。当只涉及一种危险物质时，计算该物质的总量与其临界量比值，即为Q；当存在多种危险物质时，则需对多种物质的Q值求和，具体按式（9-1）计算：

$$Q = \frac{q_1}{Q_1} + \frac{q_2}{Q_2} + \cdots + \frac{q_n}{Q_n} \qquad (9-1)$$

式中　q_1，q_2，…，q_n——每种危险物质的最大存在总量，t；

Q_1，Q_2，…，Q_n——每种危险物质的临界量，t。

当$Q < 1$时，该项目的环境风险潜势直接判定为Ⅰ；当$Q \geqslant 1$时，将Q值划分为$1 \leqslant Q < 10$、$10 \leqslant Q < 100$、$Q \geqslant 100$等三种情形。

2. 行业及生产工艺的确定

分析项目所属行业及生产工艺特点，按照表9-3评估生产工艺情况。对于具有多套工艺单元的项目，则对每套生产工艺分别评分并求总分。根据得分，将M划分为$M > 20$、$10 < M \leqslant 20$、$5 < M \leqslant 10$、$M=5$四种情形，分别以M1、M2、M3和M4表示。

表 9-3　行业及生产工艺

行业	评估依据	分值
石化、化工、医药、轻工、化纤、有色冶炼等	涉及光气及光气化工艺、电解工艺（氯碱）、氯化工艺、硝化工艺、合成氨工艺、裂解（裂化）工艺、氟化工艺、加氢工艺、重氮化工艺、氧化工艺、过氧化工艺、胺基化工艺、磺化工艺、聚合工艺、烷基化工艺、新型煤化工工艺、电石生产工艺、偶氮化工艺	10/套
	无机酸制酸工艺、焦化工艺	5/套
	其他高温或高压，而且涉及危险物质的工艺过程、危险物质贮存罐区	5/套（罐区）
管道、港口/码头等	涉及危险物质管道运输项目、港口/码头等	10
石油天然气	石油、天然气、页岩气开采（含净化），气库（不含加气站的气库），油库（不含加气站的油库）、油气管线（不含城镇燃气管线）	10
其他	涉及危险物质使用、贮存的项目	5

注：高温指工艺温度≥300℃，高压指压力容器的设计压力（P）≥10.0MPa；油气管线中的长输管道运输项目应按站场、管线分段进行评价。

比值 Q 和工艺 M 得出以后，根据表 9-4，确定危险性等级 P。

表 9-4　危险物质及工艺系统危险性等级判断

危险物质数量与临界量比值（Q）	行业及生产工艺（M）			
	M1	M2	M3	M4
$Q \geq 100$	P1	P1	P2	P3
$10 \leq Q < 100$	P1	P2	P3	P4
$1 \leq Q < 10$	P2	P3	P4	P4

四、环境敏感程度的确定

需要分别针对危险物质在事故情形下的环境影响途径，如大气、地表水、地下水等环境要素的环境敏感程度（E）等级进行判断。每种环境要素都分为三种类型，E1 为环境高度敏感区，E2 为环境中度敏感区，E3 为环境低度敏感区。当各要素等级不一致时，取各要素等级的最高值作为 E 值，判断建设项目环境风险潜势综合等级。

1. 大气环境敏感程度

指标主要量化为企业周边 5km 及油气、化学品输送管线管段周边 500m 范围内的居住区、医疗卫生、文化教育、科研、行政办公等机构人口总数，分级原则见表 9-5。

表 9-5　大气环境敏感程度分级

分级	分级标准
E1	周边5km范围内居住区、医疗卫生、文化教育、科研、行政办公等机构人口总数大于5万人，或其他需要特殊保护区域；或周边500m范围内人口总数大于1000人；油气、化学品输送管线管段周边200m范围内，每千米管段人口数大于200人
E2	周边5km范围内居住区、医疗卫生、文化教育、科研、行政办公等机构人口总数大于1万人，小于5万人；或周边500m范围内人口总数大于500人，小于1000人；油气、化学品输送管线管段周边200m范围内，每千米管段人口数大于100人，小于200人
E3	周边5km范围内居住区、医疗卫生、文化教育、科研、行政办公等机构人口总数小于1万人；或周边500m范围内人口总数小于500人；油气、化学品输送管线管段周边200m范围内，每千米管段人口数小于100人

2. 地表水敏感程度

分级指标包括受纳水体功能敏感性、下游敏感保护目标情况及跨界水体影响情况。具体而言，首先分别确定受纳的地表水体功能敏感性（F）与下游环境敏感目标情况（S）两者的等级，再构建F-S矩阵确定敏感程度（E）。

地表水功能敏感性分区（F）指标包括地表水水域环境功能等级、海水水质和是否涉及行政边界，具体见表9-6。下游环境敏感目标（S）分级指标参照水体敏感点，具体见表9-7。地表水敏感程度（E）分级见表9-8。

表 9-6　地表水功能敏感性（F）分区标准

敏感性	分区标准
敏感F1	排放点进入地表水水域环境功能为Ⅱ类及以上，或海水水质分类第一类；或以发生事故时，危险物质泄漏到水体的排放点算起，排放进入受纳河流最大流速时，24h流经范围内涉跨国界的
较敏感F2	排放点进入地表水水域环境功能为Ⅲ类，或海水水质分类第二类；或以发生事故时，危险物质泄漏到水体的排放点算起，排放进入受纳河流最大流速时，24h流经范围内涉跨省界的
低敏感F3	上述地区之外的其他地区

表 9-7　下游环境敏感目标（S）分级标准

分级	分级标准
S1	发生事故时，危险物质泄漏到内陆水体的排放点下游（顺水流向）10km范围内、近岸海域一个潮周期水质点可能达到的最大水平距离的两倍范围内，有如下一类或多类环境风险受体：集中式地表水饮用水水源保护区（包括一级保护区、二级保护区及准保护区）；农村及分散式饮用水水源保护区；自然保护区；重要湿地；珍稀濒危野生动植物天然集中分布区；重要水生生物的自然产卵场及索饵场、越冬场和洄游通道；世界文化和自然遗产地；红树林、珊瑚礁等滨海湿地生态系统；珍稀、濒危海洋生物的天然集中分布区；海洋特别保护区；海上自然保护区；盐场保护区；海水浴场；海洋自然历史遗迹；风景名胜区；或其他特殊重要保护区域
S2	发生事故时，危险物质泄漏到内陆水体的排放点下游（顺水流向）10km范围内、近岸海域一个潮周期水质点可能达到的最大水平距离的两倍范围内，有如下一类或多类环境风险受体：水产养殖区；天然渔场；森林公园；地质公园；海滨风景游览区；具有重要经济价值的海洋生物生存区域
S3	排放点下游（顺水流向）10km范围内、近岸海域一个潮周期水质点可能达到的最大水平距离的两倍范围内无上述类型1和类型2包括的敏感保护目标

表 9-8　地表水环境敏感程度（E）分级

环境敏感目标	地表水功能敏感性		
	F1	F2	F3
S1	E1	E1	E2
S2	E1	E2	E3
S3	E1	E2	E3

3. 地下水敏感程度

分级指标主要包括建设项目所在场地包气带固有防渗性能和地下水的使用功能或下游敏感点。其中，包气带固有防渗性能决定一旦发生污染风险，污染物能否快速通过垂向渗透渗入地下水中，从而造成地下水环境污染；地下水的使用功能则代表建设项目场地所在区域地下水是否处于地下水源的补给径流区，或者自身水质条件好，应优先予以保护。

具体而言，首先分别确定地下水功能敏感性（G）与包气带防污性能（D）两者的等级，再通过构建G-D矩阵确定其敏感程度（E）。地下水功能敏感性（G）分区指标为是否是水源区及其补给径流区和地下水资源保护区，具体见表9-9。包气带防污性能分级（D）指标为岩土层单层厚度和渗透系数，具体见表9-10。当同一建设项目涉及两个G分区或D分级及以上时，取相对高值。地下水敏感程度（E）分级见表9-11。

表 9-9　地下水功能敏感性（*G*）分区

表 9-9　地下水功能敏感性（*G*）分区

敏感性	分区标准
敏感G1	集中式饮用水水源（包括已建成的在用、备用、应急水源，在建和规划的饮用水水源）准保护区；除集中式饮用水水源以外的国家或地方政府设定的与地下水环境相关的其他保护区，如热水、矿泉水、温泉等特殊地下水资源保护区
较敏感G2	集中式饮用水水源（包括已建成的在用、备用、应急水源，在建和规划的饮用水水源）准保护区以外的补给径流区；未划定准保护区的集中式饮用水水源，其保护区以外的补给径流区；分散式饮用水水源地；特殊地下水资源（如热水、矿泉水、温泉等）保护区以外的分布区等其他未列入上述敏感分级的环境敏感区
不敏感G3	上述地区之外的其他地区

环境敏感区：《建设项目环境影响评价分类管理名录》中所界定的涉及地下水的环境敏感区

表 9-10　包气带防污性能（*D*）分级

分级	分级标准
D3	$M_b \geq 1.0\text{m}$，$K \leq 1.0 \times 10^{-6}\text{cm/s}$，并且分布连续、稳定
D2	$0.5\text{m} \leq M_b < 1.0\text{m}$，$K \leq 1.0 \times 10^{-6}\text{cm/s}$，并且分布连续、稳定； $M_b \geq 1.0\text{m}$，$1.0 \times 10^{-6}\text{cm/s} < K \leq 1.0 \times 10^{-4}\text{cm/s}$，并且分布连续、稳定
D1	岩（土）层不满足上述"D2"和"D3"条件

注：M_b为岩土层单层厚度。K为渗透系数。

表 9-11　地下水环境敏感程度（*E*）分级

包气带防污性能	地下水功能敏感性		
	G1	G2	G3
D1	E1	E1	E2
D2	E1	E2	E3
D3	E2	E3	E3

五、潜势初判

从项目涉及的物质危险性（*P*）、周围环境敏感程度（*E*）两方面，结合事故情形下的环境影响途径，初步判断建设项目在未采取风险防控措施的情况下固有的、潜在的风险状况。在环境风险评价工作中，对建设项目环境风险潜势进行初步判断，为环境风险评价工作重点确定、工作等级判断、风险防控措施建议提供依据，也为管理部门差别化管理提供技术支持。风险潜势等级包括Ⅰ、Ⅱ、Ⅲ、Ⅳ、Ⅳ⁺级，其中Ⅳ⁺级为极高环境风险，如果高于此级，则可考虑前期进行优化调整，降低其风险潜势，再进行评价。

环境风险潜势等级的确定使用复合矩阵法得出，判断流程如图9-2所示。

根据各环境要素的环境敏感程度和危险性对其潜势进行分别判断，具体等级见表9-12。

表 9-12　建设项目环境风险潜势划分等级

环境敏感程度（*E*）	危险物质及工艺系统危险性（*P*）			
	极高危害（P1）	高度危害（P2）	中度危害（P3）	轻度危害（P4）
环境高度敏感区（E1）	Ⅳ⁺	Ⅳ	Ⅲ	Ⅲ
环境中度敏感区（E2）	Ⅳ	Ⅲ	Ⅲ	Ⅱ
环境低度敏感区（E3）	Ⅲ	Ⅲ	Ⅱ	Ⅰ

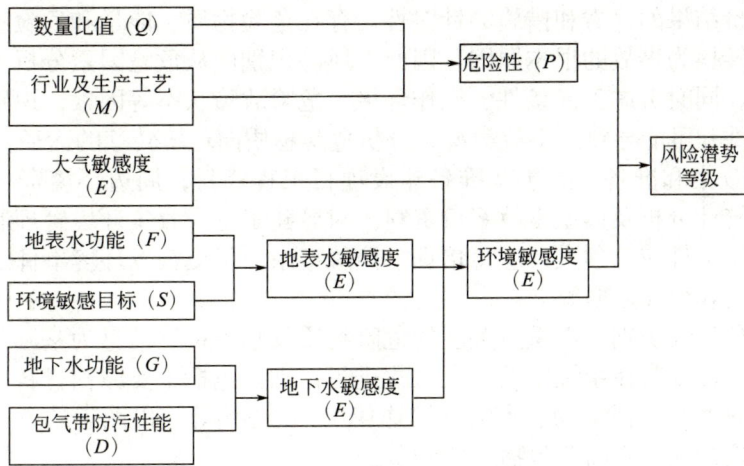

图9-2 环境风险潜势等级确定流程图

六、工作等级与评价范围

依据环境风险潜势等级对环境风险评价工作进行等级划分，具体标准见表 9-13。当各要素中的简单分析仅需描述危险物质、环境影响途径、环境危害后果、风险防范措施等方面时，要求给出定性说明。

表 9-13　工作等级划分

环境风险潜势	IV⁺、IV	III	II	I
评价工作等级	一级	二级	三级	简单分析

大气的评价范围：一级、二级评价距建设项目边界一般不低于 5km；三级评价距建设项目边界一般不低于 3km。油气、化学品输送管线项目一级、二级评价距管道中心线两侧一般均不低于 200m；三级评价距管道中心线两侧一般均不低于 100m。当大气毒性终点浓度预测到达距离超出评价范围时，应根据预测到达距离进一步扩大评价范围。

地表水和地下水的评价范围：分别参照《环境影响评价技术导则 地表水环境》（HJ 2.3—2018）、《环境影响评价技术导则 地下水环境》（HJ 610—2016）的相应内容执行。

评价范围应根据环境敏感目标分布情况、事故后果预测可能对环境产生危害的范围等综合确定。如果项目周边所在区域，原定评价范围外存在需要特别关注的环境敏感目标，评价范围需延伸至所关心的目标。

第三节　风险识别和源项分析

一、风险识别

风险识别包括了物质危险性识别、生产系统危险性识别和危险物质向环境转移的途径识别。它是环境风险评价的基础，是进行风险分析和风险控制的首要步骤，识别的全面与否和深度直接影响评价结果的优劣和措施的针对性。存在危险物质、能量和危险物质、能量失去控制是危险因素转换为事故的根本原因。因此，风险识别应从危险因素分析入手，根据危险因素存在的特点，同时考虑工艺条件、操作环境、危险故障状态等因素，识别危险物质转化为事故的触发条件和可能导致的事故类型，分析危险物质向环境转移的途径。步骤如下：

首先，资料收集和准备。收集和准备建设项目工程资料，周边环境资料，国内外同行业、同类型事故统计分析及典型事故案例资料。对已建工程应收集环境管理制度，操作和维护手册，突发环境事件应急预案，应急培训、演练记录，历史突发环境事件及生产安全事故调查资料，设备失效统计数据等。

其次，物质危险性识别。以重点关注的危险物质及临界量等信息为基础，并根据物质自身的危险、有害特性及其在系统中的存在方式进行识别。包括主要原辅材料、燃料、中间产品、副产品、最终产品、污染物、火灾和爆炸伴生/次生物等。以图表的方式给出其易燃易爆、有毒有害危险特性，明确危险物质的分布。

再次，生产系统危险性识别。对主要生产装置、储运设施、公用工程和辅助生产设施，以及环境保护设施等进行识别。建设项目应明确其生产特征，按工艺流程和平面布置功能区划，结合物质危险性识别，以图表的方式给出危险单元划分结果及单元内危险物质的最大存在量。按生产工艺流程分析危险单元内潜在的风险源。按危险单元分析风险源的危险性、存在条件和转化为事故的触发因素。采用定性或定量分析方法筛选确定最大可信事故。

再次，危险物质向环境转移的途径识别。包括分析危险物质特性及可能的环境风险事故类型，识别危险物质影响环境的途径，分析可能影响的环境敏感目标。

最后，图示所有的危险单元分布并且给出建设项目环境风险识别汇总。汇总内容包括危险单元、风险源、主要危险物质、环境风险类型、环境影响途径、可能受影响的环境敏感目标等，说明风险源的主要参数。

二、风险事故情形设定

风险事故情形设定主要为风险预测提供事故场景和源强输入，对风险管理具有指导意义。在风险识别的基础上，选择对环境影响较大并具有代表性的事故类型，设定为风险事故情形。设定内容应包括环境风险类型、风险源、危险单元、危险物质和影响途径等。

由于同一种危险物质可能有多种环境风险类型，所以它对不同环境要素产生影响的风险事故情形，应分别进行设定。对于火灾、爆炸事故，须将事故中未完全燃烧的危险物质在高温下迅速挥发释放至大气，以及将燃烧过程中产生的伴生/次生污染物对环境的影响作为风险事故情形设定的内容。

设定的风险事故情形发生概率应处于合理的区间，一般不包括极端情况，并与当时的经济技术发展水平相适应。一般而言，发生概率小于 $10^{-6}/a$ 的事件是极小概率事件，可作为代表性事故情形中最大可信事故设定的参考。但对特定的区域及行业，可依据实际情况进行相应事故情形的假定并进行相关解释说明。

由于事故触发因素具有不确定性，因此事故情形的设定并不能包含全部可能的环境风险，但通过具有代表性的事故情形分析可为风险管理提供科学依据。事故情形的设定应在环境风险识别的基础上筛选，设定的事故情形应具有危险物质、环境危害、影响途径等方面的代表性。

三、源项分析

源项分析的任务是确定风险事故情形的发生频率，筛选最大可信事故，并合理计算其源强。

1. 事故发生频率的确定

风险事故的发生频率可以选用参考频率、事故树、事件树或类比分析法确定。

① 参考频率　见《建设项目环境风险评价技术导则》（HJ 169—2018）附录 E，该法方便易行。

② 事故树　一种演绎分析工具，用以系统地描述能导致工厂达到通常称为顶事件的某一特定危险状态的所有可能的故障。顶事件可以是一事故序列，也可以是风险定量分析中认为重要的任一状态。通过事故树的分析，能估算出某一特定事故（顶事件）的发生概率。

③ 事件树　事故树分析只能给出事故（顶事件）的发生概率，但并不能给出事故的其他性质，这需要通过事件树来完成。事件树分析是从初因事件出发，按照事件发展的时序，分成阶段，对后继事件一步一步地进行分析，每一步都从成功和失败（可能与不可能）两种或多种可能状态进行考虑（分支），最后直到用水平树状图表示其可能后果的一种分析方法。

④ 类比分析法　根据同行业的资料统计，选取同行业当前水平的事故发生概率作为本项目的事故概率。

2. 最大可信事故的选取

在风险事故的各种情形中，基于经验统计分析，在一定可能性区间内发生的事故中，造成环境危害最严重的事故，称为最大可信事故。考虑到核事故风险评价领域的研究开展较早，故引入了该领域中的"最大可信事故"概念，应用在环境风险评价中。由于环境风险评价是以取最大危害为设防原则，故需要确定最大可信事故，作为风险预测与评价的基础，值得注意的是化工等行业可能有多个最大可信事故情形，需要从中筛选。

3. 源强的计算

事故源强的计算方法有计算法和经验估算法。计算法适用于由腐蚀或应力作用等引起的泄漏型事故；经验估算法适用于火灾、爆炸等突发事故导致的伴生/次生物质释放。根据风险事故情形确定事故源参数（如泄漏点高度、温度、压力、泄漏液体蒸发面积等）、释放/泄漏速率、释放/泄漏时间、释放/泄漏量、泄漏液体蒸发量等，给出源强汇总。

四、泄漏事故的源强计算

泄漏事故类型常见的包括容器、管道、泵体、压缩机、装卸臂和装卸软管的破裂和泄漏等情形。源强（危险化学品泄漏量）＝泄漏时间×泄漏速率（蒸发速率）。其中的泄漏时间应结合建设项目的探测和隔离系统的设计原则确定，在有紧急隔离系统的条件下，可按 10min 计。泄漏液体的蒸发时间应该结合物质特性、气象条件、工况等综合考虑，一般按照 15～30min 计。泄漏物质形成的液池面积以不超过泄漏单元的围堰或围堤内面积计。泄漏速率计算包括液体泄漏速率、气体泄漏速率、两相流泄漏速率、泄漏液体蒸发量等几种情况的计算。

1. 液体泄漏速率

首先确定液体泄漏系数，再代入式（9-2）计算。具体为：首先根据裂口形状、雷诺数确定液体泄漏系数，具体可查表 9-14。

表 9-14　液体泄漏系数

雷诺数	裂口形状		
	圆形/多边形	三角形	长方形
>100	0.65	0.60	0.55
≤100	0.50	0.45	0.40

然后根据式（9-2）计算泄漏速率：

$$Q_L = C_d A \rho \sqrt{\frac{2(p - p_0)}{\rho} + 2gh}$$ （9-2）

式中，Q_L 为液体泄漏速率，kg/s；C_d 为液体泄漏系数，根据表 9-14 取值；A 为裂口面积，m^2；p 为容器内介质压力，Pa；p_0 为环境压力，Pa；g 为重力加速度，取 $9.8m/s^2$；h 为裂口之上液位高度，m；ρ 为泄漏液体密度，kg/m^3。

由于该公式是由伯努利方程推导而得，因此液体在喷口处不应该有急骤蒸发现象。

2. 气体泄漏速率

首先判断气流速度与声速的大小关系，再选择对应的流出系数，最后假定气体的特性是理想气体，代入公式求得。具体步骤如下。

首先，判断式（9-3）是否成立。

$$\frac{p_0}{p} \leqslant \left(\frac{2}{\kappa + 1} \right)^{\frac{\kappa}{\kappa + 1}}$$ （9-3）

式中，p 为容器内介质压力，Pa；p_0 为环境压力，Pa；κ 为气体的绝热指数（热容比），即定压比热容 C_p 与定容比热容 C_V 之比。

如果成立，则气体流动属于声速流动（临界流），流出系数 $Y=1.0$。反之，气体流动属于亚声速流动（次临界流），流出系数 Y 按式（9-4）计算：

$$Y = \left(\frac{p_0}{p} \right)^{\frac{1}{\kappa}} \times \left[1 - \left(\frac{p_0}{p} \right)^{\frac{\kappa-1}{\kappa}} \right]^{\frac{1}{2}} \times \left[\left(\frac{2}{\kappa - 1} \right) \times \left(\frac{\kappa + 1}{2} \right)^{\frac{\kappa+1}{\kappa-1}} \right]^{\frac{1}{2}}$$ （9-4）

气体泄漏速率 Q_G 按式（9-5），代入 Y 值进行计算：

$$Q_G = Y C_d A p \sqrt{\frac{M \kappa}{R T_G} \left(\frac{2}{\kappa + 1} \right)^{\frac{\kappa+1}{\kappa-1}}}$$ （9-5）

式中，Q_G 为气体泄漏速率，kg/s；p 为容器压力，Pa；C_d 为气体泄漏系数（当裂口形状为圆形时取 1.00，三角形时取 0.95，长方形时取 0.90）；A 为面积，m^2；M 为气体分子量；R 为气体常数，J/（mol·K）；T_G 为气体温度，K；Y 为流出系数；其他符号含义同上。

3. 两相流泄漏速率

首先求出蒸发的液体占液体总量的比例，再依据此求出两相混合物的平均密度，最后求得两相流泄漏速率 Q_{LG}。

具体步骤为：判断蒸发的液体占液体总量的比例 F_V，由式（9-6）计算得出。

$$F_V = \frac{C_p (T_{LG} - T_C)}{H}$$ （9-6）

式中，C_p 为两相混合物的定压比热容，J/（kg·K）；T_{LG} 为两相混合物的温度，K；T_C 为液体在临界压力下的沸点，K；H 为液体的汽化热，J/kg。

如果 F_V 很小，则可近似地按液体泄漏公式（9-2）计算；当 $F_V > 1$ 时，表明液体将全部蒸发成气体，这时应按气体泄漏公式（9-5）计算。当 F_V 介于两者之间时，则属于两相流，先由式（9-7）求得平均密度（ρ_m）：

$$\rho_m = \cfrac{1}{\cfrac{F_V}{\rho_1} + \cfrac{1-F_V}{\rho_2}} \qquad (9\text{-}7)$$

式中，ρ_1 为液体蒸发的蒸气密度，kg/m^3；ρ_2 为液体密度，kg/m^3；F_V 为蒸发的液体占液体总量的比例。

再将求得的相对密度代入下式，求得两相流泄漏速率 Q_{LG}：

$$Q_{LG} = C_d A \sqrt{2\rho_m(p-p_C)} \qquad (9\text{-}8)$$

式中，Q_{LG} 为两相流泄漏速率，kg/s；C_d 为两相流泄漏系数，可取 0.8；A 为裂口面积，m^2；p 为操作压力或容器压力，Pa；p_C 为临界压力，Pa，可取 $p_C=0.55p$；ρ_m 为两相混合物的平均密度，kg/m^3。

4. 泄漏液体蒸发量

泄漏液体的蒸发可分为闪蒸蒸发 Q_1、热量蒸发 Q_2 和质量蒸发 Q_3 三种情形，蒸发总量为三种之和。

① 闪蒸速率估算　先计算蒸发的液体占液体总量的比例，再代入公式计算。F 为蒸发的液体占液体总量的比例，F 按式（9-9）计算。

$$F = C_p \frac{T_L - T_b}{H} \qquad (9\text{-}9)$$

式中，C_p 为液体的定压比热容，$J/(kg \cdot K)$；T_L 为泄漏前液体的温度，K；T_b 为液体在常压下的沸点，K；H 为液体的汽化热，J/kg。

再将 F 代入式（9-10）计算：

$$Q_1 = FW_T/t_1 \qquad (9\text{-}10)$$

式中，Q_1 为闪蒸量，kg/s；W_T 为液体泄漏总量，kg；t_1 为闪蒸蒸发时间，s；F 为蒸发的液体占液体总量的比例。

② 热量蒸发速率估算　当液体闪蒸不完全时，有一部分液体在地面形成液池，并吸收地面热量而气化称为热量蒸发。首先确定地面的表面热导率 λ 和表面热扩散系数 α（见表 9-15），再代入式（9-11）计算热量蒸发速率 Q_2。

表 9-15　某些地面的热导率

地面情况	$\lambda/[W/(m \cdot K)]$	$\alpha/(10^{-7}m^2/s)$
水泥（8%含水率）	1.1	1.29
土地	0.9	4.3
干润土地	0.3	2.3
湿地	0.6	3.3
砂砾地	2.5	11.0

$$Q_2 = \frac{\lambda S(T_0 - T_b)}{H\sqrt{\pi \alpha t}}$$　　　　　（9-11）

式中，Q_2 为热量蒸发速率，kg/s；T_0 为环境温度，K；T_b 为沸点温度；K；S 为液池面积，m²；H 为液体汽化热，J/kg；λ 为表面热导率，W/（m·K）；α 为表面热扩散系数，m²/s；t 为蒸发时间，s。

③ 质量蒸发速率估算　当热量蒸发结束后，液池表面气流运动使液体蒸发，称为质量蒸发。首先确定各种稳定度条件下的液池蒸发模式的参数，再按照式（9-12）计算 Q_3。

根据所需的气象条件，获取具体的大气不稳定度，确定对应的参数 n、a，具体见表 9-16。

表 9-16　液池蒸发模式参数

稳定度条件	n	$a \times 10^{-3}$
不稳定（A，B）	0.2	3.846
中性（D）	0.25	4.685
稳定（E，F）	0.3	5.285

$$Q_3 = apM/(RT_0) \times u^{(2-n)/(2+n)} r^{(4+n)/(2+n)}$$　　　　　（9-12）

式中，Q_3 为质量蒸发速率，kg/s；a、n 为大气稳定度系数，见表 9-16；p 为液体表面蒸气压，Pa；M 为分子量，g/mol；R 为气体常数；J/（mol·K）；T_0 为环境温度，K；u 为风速，m/s；r 为液池半径，m。

液池的最大直径取决于泄漏点附近的地域构型、泄漏的连续性或瞬时性。有围堰时，以围堰最大等效半径作为液池的半径；无围堰时，设定液体瞬间扩散到最小厚度时，推算液池的等效半径。

五、火灾和爆炸事故的源强计算

风险中的火灾、爆炸情形造成的危害除热辐射、冲击波和抛射物等直接危害外，未完全燃烧的危险物质在高温下迅速挥发至大气，同时可能产生伴生/次生的环境污染物质。后者为环境风险分析的对象。释放至大气的未完全燃烧的危险物质的量，按事故单元的危险物在线量及其半致死浓度（LC_{50}）设定相应释放比例。油品火灾伴生/次生污染物则以二氧化硫和一氧化碳为代表进行计算。

二氧化硫产生量按式（9-13）计算：

$$G_{二氧化硫} = 2BS$$　　　　　（9-13）

式中，$G_{二氧化硫}$ 为二氧化硫排放速率，kg/h；B 为物质燃烧量，kg/h；S 为物质中硫的含量，%。

一氧化碳产生量按式（9-14）计算：

$$G_{一氧化碳} = 2330qCQ$$　　　　　（9-14）

式中，$G_{一氧化碳}$ 为一氧化碳的产生量，kg/s；C 为物质中碳的含量，取 85%；q 为化学不完全燃烧值，取 1.5%～6.0%；Q 为参与燃烧的物质量，t/s。

第四节 大气环境风险预测与评价

一、预测模型选择

推荐的模型有 SLAB 和 AFTOX 两种，模型的选择取决于气体的物理性质。根据气体密度与空气密度的大小关系，将气体简单地分为轻质、中性、重质气体。由于扩散的复杂性，具体应由理查德森数（Ri）来确定。

模型选择的具体步骤为：首先根据污染物到达最近受体点（网格点或敏感点）的时间 T 确定气体排放类型，再由排放类型确定理查德森数的计算公式，接着根据理查德森数的大小确定气体的类型，最后由气体类型确定预测模型。

1. 排放方式的判定

通过对比排放时间 T_d 和污染物到达最近受体点（网格点或敏感点）的时间 T 确定，具体见式（9-15）。

$$T=2X/U_r \tag{9-15}$$

式中，X 为事故发生地与计算点的距离，m；U_r 为 10m 高处风速，m/s。

假设风速和风向在 T 时间段内保持不变。当 $T_d > T$ 时，可被认为是连续排放；当 $T_d \leqslant T$ 时，可被认为是瞬时排放。

2. 理查德森数的计算

根据排放方式的不同，使用以下不同的公式计算理查德森数，见式（9-16）、式（9-17）。

连续排放：

$$Ri = \frac{\left[\dfrac{g(Q/\rho_{rel})}{D_{rel}} \times \dfrac{\rho_{rel} - \rho_a}{\rho_a} \right]^{\frac{1}{3}}}{U_r} \tag{9-16}$$

瞬时排放：

$$Ri = \frac{g(Q_t/\rho_{rel})^{\frac{1}{3}}}{U_r^2} \times \left(\frac{\rho_{rel} - \rho_a}{\rho_a} \right) \tag{9-17}$$

式中，ρ_{rel} 为排放物质进入大气的初始密度，kg/m³；ρ_a 为环境空气密度，kg/m³；Q 为连续排放烟羽的排放速率，kg/s；Q_t 为瞬时排放的物质质量，kg；D_{rel} 为初始的烟团宽度，即源直径，m；U_r 为 10m 高处风速，m/s。

3. 气体类型的判断

对于连续排放，$Ri \geqslant 1/6$ 为重质气体，$Ri < 1/6$ 为轻质气体；对于瞬时排放，$Ri > 0.04$ 为重质气体，$Ri \leqslant 0.04$ 为轻质气体。当 Ri 处于临界值附近时，说明烟团/烟羽既不是典型的重质气体扩散，也不是典型的轻质气体扩散。可以进行敏感性分析，分别采用重质气体模型和轻质气体模型进行模拟，选取影响范围最大的结果。

4. 模型选择

在平坦地形下，重质气体排放选择 SLAB 模型，平坦地形下中性气体和轻质气体排放选择 AFTOX 模型。需要注意的是，当泄漏事故发生在丘陵、山地等地形时，还需要考虑地形对扩散的影响，选择合适的大气风险预测模型。如果选用其他技术成熟的模型，还应给出理由，分析其应用合理性。模型的参数包括地表粗糙度、地形数据。

二、预测范围与计算点

预测范围即预测物质浓度达到评价标准时的最大影响范围，通常由预测模型计算获取。预测范围一般不超过10km。计算点包括特殊计算点和一般计算点。特殊计算点指大气环境敏感目标等关心点，一般计算点指下风向不同距离点。一般计算点在距离风险源500m范围内可设置10～50m间距，大于500m可设置50～100m间距。

三、事故源参数的选择

事故源参数包括泄漏设备类型、尺寸、操作参数（压力、温度等），以及泄漏物质理化特性（摩尔质量、沸点、临界温度、临界压力、比热容比、气体定压比热容、液体定压比热容、液体密度、汽化热等）。

四、气象参数的选择

气象参数主要包括大气稳定度、风速等，包括最不利和最常见气象条件下的参数。最不利气象条件取F类稳定度，风速1.5m/s，温度25℃，相对湿度50%。最常见气象条件由当地近3年内至少连续1年的气象观测资料统计分析得出，包括出现频率最高的稳定度、该稳定度下的平均风速（非静风）、日最高平均气温、年平均湿度。

一级评价，需选取最不利气象条件、最常见气象条件两种情形分别进行预测。二级评价，仅需选取最不利气象条件进行预测。

五、预测评价标准的选择

预测评价标准即大气毒性终点浓度（PAC）。大气毒性终点浓度值分为1、2级。其中1级（PAC-1）为当大气中危险物质浓度低于该限值时，绝大多数人员暴露1h不会对生命造成威胁，当超过该限值时，有可能对人群造成生命威胁。2级（PAC-2）为当大气中危险物质浓度低于该限值时，暴露1h一般不会对人体造成不可逆的伤害，或出现的症状一般不会损伤该个体采取有效防护措施的能力，具体浓度值见《建设项目环境风险评价技术导则》（HJ 169—2018）的附录H。

六、大气环境风险评价

根据模型得出的结果，给出下风向不同距离处有毒有害物质的最大浓度，以及预测浓度达到不同毒性终点浓度的最大影响范围。给出各关心点的有毒有害物质浓度随时间变化的情况，以及关心点的预测浓度超过评价标准时对应的时刻和持续时间。

对于存在极高大气环境风险的建设项目，应进一步开展关心点概率分析，以反映关心点处人员在无防护措施条件下受到伤害的可能性。关心点概率＝有毒有害气体（物质）剂量负荷对个体的大气伤害概率×关心点处气象条件的频率×事故发生概率。

第五节　水环境风险预测与评价

一、进入水环境的途径

有毒有害物质进入水环境的原因，包括事故直接导致和事故处理处置过程间接导致有毒有害物质进入水体。有毒有害物质进入水体的途径一般包括"瞬时源"和"有限时段源"两种。

二、地表水环境风险预测

根据风险识别结果、有毒有害物质进入水体的方式、水体类别及特征，以及有毒有害物质的溶解性，选择适用的预测模型。

对于油品类泄漏事故，流场计算按《环境影响评价技术导则 地表水环境》（HJ 2.3—2018）附录 E、F 中的相关要求，选取适用的预测模型。其中的溢油漂移扩散过程按《海洋工程环境影响评价技术导则》（GB/T 19485）中的溢油粒子模型（附录 D4）进行溢油轨迹预测。

其他事故的风险预测模型及参数参照《环境影响评价技术导则 地表水环境》（HJ 2.3—2018）的附录 E、F。终点浓度值根据水体分类及预测点水体功能要求，按照《地表水环境质量标准》（GB 3838—2002）、《生活饮用水卫生标准》（GB 5749）、《海水水质标准》（GB 3097—1997）或《地下水质量标准》（GB/T 14848—2017）等选取。对于未列入上述标准，但确需进行分析预测的物质，其终点浓度值选取可参照《环境影响评价技术导则 地表水环境》（HJ 2.3—2018）的附录 A、《环境影响评价技术导则 地下水环境》（HJ 610—2016）。对于难以获取终点浓度值的物质，可按质点运移到达判定。

三、地表水环境风险评价

给出有毒有害物质进入地表水体最远超标距离及时间。给出有毒有害物质经排放通道到达下游环境敏感目标处的时间、超标时间、超标持续时间及最大浓度，对于在水体中漂移类物质，应给出漂移轨迹。

四、地下水环境风险预测与评价

地下水风险预测模型及参数参照、终点浓度同地表水要求。评价可采用以下表述方式：给出有毒有害物质进入地下水体到达下游厂区边界和环境敏感目标处的时间、超标时间、超标持续时间及最大浓度。

第六节　环境风险管理与环境风险评价结论

一、环境风险管理

环境风险管理是根据风险评价的结果，按照相关的法规条例，选用有效的控制技术，进行减缓风险的费用与效益分析，确定可接受的风险度和损害水平，提出减缓或控制环境风险的措施或决策，既满足人类活动的基本需要，又不超出当前社会对环境风险的接受水平，以降低或消除风险，保护人群健康和生态系统安全，即最低合理可行性原则。在制定人类活动方案时要充分考虑各种可能产生的环境风险是可以预测的，即可以控制的，常见的环境风险控制的方式有以下几种。

① 减轻环境风险：通过优化生产工艺或提高生产设备安全性使环境风险降低。

② 规避环境风险：如利用迁移厂址、迁出居民等措施使环境风险转移。

③ 替代环境风险：通过改变生产原料或改变产品品种可以用另一种较小的环境风险替代原有的环境风险。

二、环境风险防范措施

在环境风险识别与评价的基础上，对项目拟采取的防范措施的充分性、有效性和可操作性进行分析论证；并将防范措施的预期效果反馈给风险评价，以使识别出的环境风险能够得到降低并保持在可接受的程度；针对项目情况要提出防止事故有害物质向环境转移的措施。

1. 风险防范措施分析论证

从风险防范措施的充分性、有效性、可操作性、替代方案等方面进行分析论证。

① 充分性分析　分析项目拟采取的风险防范措施，以及依托措施是否涵盖了所有识别出的重大环境风险。风险防范措施应包括但不限于以下措施：a. 事故预防措施。加工、储存、输送危险物料的设备、容器、管道的安全设计；防火、防爆措施；危险物质或污染物质的防泄漏、溢出措施；工艺过程事故自诊断和连锁保护等。b. 事故预警措施。可燃气体和有毒气体的泄漏、危险物料溢出报警系统；污染物排放监测系统；火灾爆炸报警系统等。c. 事故应急处置措施。事故报警、应急监测及通信系统；终止风险事故的措施，如消防系统、紧急停车系统、中止或减少事故泄放量的措施等；防止事故蔓延和扩大的措施，如危险物料的消除、转移及安全处置，在有毒有害物质泄漏风险较大的区域作地面防渗处理、设置安全距离，切断危险物或污染物传入外环境的途径，以及设置暂存设施等。d. 事故终止后的处理措施。事故过程中产生的有毒有害物质的处理措施，如污染的消防废水的处理处置。e. 对外环境敏感目标的保护措施，如必要的撤离疏散通道、避难所的设置，重要生活饮用水取水口的隔离保护措施等，应提出要求和建议。

② 有效性分析　针对环境风险事故的污染物量、传输途径、影响范围及受害对象等，从设计能力、服务范围及控制效果等方面，分析风险防范措施能否有效地防范风险事故的影响。对重要或关键的防范措施，如全厂性水污染风险防范措施等，应通过计算、图示说明论证结果。环境风险的防范体系要完整。

③ 可操作性分析　针对风险防范措施的应急启动和执行程序，分析其能否满足风险防范和应急响应的要求。

④ 替代方案　经分析论证，建设项目拟采取的风险防范措施不能满足风险防范要求时，应提出替代方案或否定结论。

2. 环境风险防范措施论证反馈

环境风险防范措施的分析论证结果应及时反馈给源项分析及预测计算，对初始风险评价作修正，以确定在采取了风险防范措施之后，识别出的重大环境风险是否已降低并保持在可接受的程度。

3. 环境风险防范措施落实及"三同时"检查

应对环境风险防范措施在设计、施工、资源配置等方面提出落实要求。设计应保证设施的能力能满足防范风险的需要；施工应保证设施的安装质量符合工程验收规范、规程和检验评定标准；资源配置应能满足工程防范措施的正常运行。凡经过论证为可实施的风险防范工程措施均应列为"三同时"检查内容。

三、突发环境事件应急预案

在编写的建设项目环境影响评价文件中，应从环境风险防范的角度，提出环境事件应急预案编制的原则要求。环境事件应急预案应当符合"企业自救，属地为主，分类管理，分级响应，区域联动"的原则，与所在地地方人民政府突发环境事件应急预案相衔接。应急预案的主要内容为：a. 总则，包括编制目的、编制依据、环境事件分类与分级、适用范围和工作原则；组织指挥与职责；预警；应急响应，包括分级响应机制、应急响应程序、信息报送与处理、指挥和协调、应急处置措施、应急监测和应急终止；应急保障，包括资金、装备、通信、人力资源及技术的保障；善后处理；预案管理与更新。

四、环境风险评价结论与建议

上述工作结束后，对项目的危险因素、环境敏感性及事故环境影响、环境风险防范措施和应急预案等方面进行总结，最后给出结论，其要求如下。

① 项目危险因素　简要说明主要危险物质、危险单元及其分布，明确项目危险因素，提出优化平面布局、调整危险物质存在量及危险性控制的建议。

② 环境敏感性及事故环境影响　简要说明项目所在区域环境敏感目标及其特点，根据预测分析结果，明确突发性事故可能造成环境影响的区域和涉及的环境敏感目标，提出保护措施及要求。

③ 环境风险防范措施和应急预案　结合当地的环境条件和环境风险防控要求，明确建设项目环境风险防控体系，重点说明防止危险物质进入环境及进入环境后的控制、消减、监测等措施，提出优化调整风险防范的措施、建议及突发环境事件应急预案的原则要求。

④ 结论和建议　结合工作过程，明确给出项目的环境风险是否可防控的结论。根据风险可能影响的范围与程度，提出缓解环境风险的建议、措施。此外，对于存在较大环境风险的项目，还需要提出环境影响后评价的要求。

案例分析

扫描二维码可查看案例分析。

环境风险评价
案例分析

习　题

一、填空题

1. 环境风险按其成因可分为（　　　）、（　　　）和自然灾害引发的风险。

2. 化学风险是指对人类、动植物能产生毒害或不利作用的化学物品的（　　　）、（　　　）或易燃易爆物品的泄漏而引发的风险。

3. 环境风险导则涉及的建设项目的范围不包括（　　　），同时，建设项目对生态造成的风险也不包含在内。

4. 风险调查的内容包括（　　　　）和（　　　　）等两部分。

5. 危险性的等级可分为（　　　）、（　　　），高度危害（P2）和极高危害（P1）四个等级。

6. 确定（　　　）和（　　　）两者的等级，再通过构建 *G-D* 矩阵确定其地下水的环境敏感程度（*E*）。

7. 风险潜势等级，包括Ⅰ、Ⅱ、Ⅲ、（　　　）、（　　　）级，其中（　　　）级为极高环境风险。

8. 大气的评价范围：一级、二级评价距建设项目边界一般不低于（　　　）km；三级评价距建设项目边界一般不低于（　　　）km。

9. 风险识别包括（　　　）、（　　　）和危险物质向环境转移的途径识别。

10. 风险事故的发生频率可以选用参考频率、（　　　）、（　　　）或类比分析法确定。

11. 事故源强的计算方法有（　　　）、（　　　）。

12. 从风险防范措施的（　　　）、（　　　）、可操作性、替代方案等方面对风险防范措施进行分析论证。

二、多选题（每题的备选项中，至少有2个符合题意）

1. 某煤制甲醇项目建设内容包括煤气化装置、合成气净化装置、甲醇合成及精馏装置、公用工程及辅助设施产品罐区等，下列属于生产装置风险源的是（　　　）。
   A. 精馏塔火灾事故产生的含甲醇废水排放　　B. 合成气净化甲醇泄漏
   C. 生产设施检修时废气超标排放　　D. 堆煤场封闭不严粉尘逸散

2. 建设项目环境风险评价事故风险源泄漏液体的蒸发分为（　　　）等情形，其蒸发总量为其蒸发之和。
   A. 闪蒸蒸发　　　　B. 热量蒸发　　　　C. 质量蒸发　　　　D. 压缩蒸发

3. 用于估算常温液苯罐泄漏质量蒸发源强的参数有（　　　）。
   A. 液苯泄漏形成的液池半径　　　　B. 大气稳定度
   C. 液苯泄漏时液体温度　　　　D. 液苯汽化热

4. 以下不属于建设项目环境风险类型的是（　　　）。
   A. 储罐爆炸　　　　B. 管道泄漏　　　　C. 核物质泄漏　　　　D. 生态风险

5. 事故风险源项分析的步骤包括（　　　）。
   A. 划分功能单元　　　　B. 筛选危险物质，确定评价因子
   C. 事故源项分析和最大可信事故筛选　　　　D. 估算各功能单元最大可信事故的源强

6. 在环境风险识别中，有毒有害物质的释放扩散原因有（　　　）。
   A. 非正常工况排放　　B. 泄漏　　　　C. 爆炸　　　　D. 火灾

7. 以下属于环境风险防范和减缓措施的有（　　　）。
   A. 选址、总图布置的安全防范措施　　B. 工艺技术设计安全防范措施
   C. 紧急救援站的设计　　　　D. 消防及火灾报警系统

8. 以下属于应急预案主要内容的有（　　　）。
   A. 分级响应机制　　　　B. 应急处置措施
   C. 应急监测和应急终止　　　　D. 应急资金、装备的保障

9. 风险事故源强设定可以采用的数据有（　　　）。
   A. 雨水收集池数据　　　　B. 事故源强设计数据
   C. 同类事故类比源强数据　　　　D. 液体泄漏速率理论估算值

10. 以下属于石化项目的水环境风险防控措施的有（　　　　）。
   A. 消防水储罐
   B. 消防废水收集池
   C. 车间排水监测井
   D. 有机液体罐区围堰

三、简答题

1. 简述风险调查的内容。
2. 简述大气环境敏感程度 E1 的判断标准。
3. 简述下游环境敏感目标 S1 的判断标准。
4. 简述事件树确定风险概率的步骤。
5. 简述常见的环境风险控制措施的方式。

四、计算题

1. 某盐酸甲罐区存储盐酸 $600m^3$，罐区围堰内净空容量为 $100m^3$，事故废水管道容量为 $10m^3$，消防设施最大给水流量为 $18m^3/h$，消防设施对应的设计消防历时为 2h，发生事故时在 2h 内可以传输到乙罐区 $80m^3$，发生事故时生产废水及雨水截断无法进入事故废水管道，则在甲罐区设置的应急池设计容量至少为多少？

2. 某煤油输送管道设计能力为 20t/h，运行温度为 25℃，管道完全破裂环境风险事故后果分析时，假定 6min 内输煤油管道上下游阀门自动切断，则煤油泄漏事故的源强估算为多少？

第十章

环境影响经济损益分析、环境管理与监测计划

学习目标

了解环境影响经济损益分析的必要性。掌握环境影响经济损益分析的方法和步骤。对环境管理和环境监测有一定认识，掌握环境影响评价工作中环境管理和环境监测章节的编制内容。

第一节 环境影响经济损益分析

环境影响的经济损益分析，也称为环境影响的经济评价，即估算某一项目、规划或政策所引起环境影响的经济价值，并将环境影响的价值纳入项目、规划或政策的经济分析（即费用效益分析）中，以判断这些环境影响对该项目、规划或政策的可行性会产生多大的影响。对负面的环境影响，估算出的是环境成本；对正面的环境影响，估算出的是环境效益。

建设项目环境影响的经济评价，是以大气、水、声、生态等环境影响评价为基础的，只有在得到各环境要素影响评价结果以后，才可能在此基础上进行环境影响的经济评价。建设项目环境影响经济损益评价包括建设项目环境影响经济评价和环保措施的经济损益评价两部分。

环境保护措施的经济论证，是要估算环境保护措施的投资费用、运行费用、取得的效益，用于多种环境保护措施的比较，以选择费用比较低的环境保护措施。环境保护措施的经济论证不能代替建设项目的环境影响经济损益分析。

一、环境影响经济损益分析的必要性

1.法律规定

《中华人民共和国环境影响评价法》第三章第十七条和《建设项目环境影响评价技术导

则 总纲》（HJ 2.1—2016）明确规定，要对建设项目的环境影响进行经济损益分析。

2. 环境影响进行中体现可持续发展战略的要求

我国可持续发展战略付诸实践，必须使可持续发展战略具体化，将其纳入各种开发活动的管理体系中考虑。具体而言，就是在项目投资、区域开发活动政策制定中对其所造成的环境影响进行环境影响经济损益分析，以此进行综合的评估和判断，从而确定这些活动能否达到可持续发展的要求。

3. 环境影响评价中体现国民经济核算体系发展的要求

目前的国民经济核算体系没有考虑到环境资源的作用，因此存在着重大的缺陷。要想真实地反映国民财富的状况，就必须对现有的国民经济核算体系进行改造，将环境资源的变动状况综合地反映到国民经济核算体系中去。而只有通过对环境资源进行货币化估值，才有可能用货币价值这一共同的量度将环境资源与其他经济财富统一起来。对环境影响进行经济损益分析，将有利于推进把环境核算纳入我国国民经济核算体系之中的进程。

4. 进一步提高环境影响评价有效性的要求

目前，我国建设项目或区域开发，一般是企业从自身的角度先进行财务分析和国民经济评价，然后由环评单位进行环境影响评价。这种以经济效益为主要目标，没有具体考虑环境影响所产生的费用和效益的评价模式，不可避免地存在诸多弊端，诸如未对环境价值进行系统分析、过分集中于建设项目而忽视了环境外部不经济性等。为了进一步提高目前环境影响评价的有效性，我们就必须将有关的经济学理论融入传统的环境影响评价之中，使环境影响评价和国民经济评价有机结合起来，其结合点就是环境影响经济损益分析。

5. 环境影响评价体现生态补偿理念的要求

环境保护需要补偿机制，需要以补偿为纽带，以利益为中心，建立利益驱动机制、激励机制和协调机制。生态补偿制度的建立和完善，已经成为重大的现实课题。要实行生态补偿，首先面临的一个难题就是如何确定生态补偿的数额。生态补偿金的最终确定必须有明确的科学依据，其基础就是对环境影响进行经济损益分析，确定生态环境影响的货币化价值。

二、环境影响经济损益分析的方法

1. 环境价值

环境的总价值包括环境的使用价值和非使用价值。

环境的使用价值，是指环境被生产者或消费者使用时所表现出的价值。环境的使用价值通常包含直接使用价值、间接使用价值和选择价值。如森林的旅游价值就是森林的直接使用价值，森林防风固沙的价值就是森林的间接使用价值。选择价值是人们虽然现在不使用某一环境，但人们希望保留它，这样将来就有可能使用它，也即保留了人们选择使用它的机会，环境所具有的这种价值就是环境的选择价值。有的研究者将选择价值看作是环境非使用价值的一部分。

环境的非使用价值，是指人们虽然不使用某一环境物品，但该环境物品仍具有的价值。根据不同动机，环境的非使用价值又可分为遗赠价值和存在价值。如濒危物种的存在，有些人认为，其本身就是有价值的，这种价值与人们是否利用该物种谋取经济利益无关。

无论是使用价值还是非使用价值，价值的恰当度量都是人们的最大支付意愿，即一个人为获得某件物品（服务）而愿意付出的最大货币量。影响支付意愿的因素有：收入、替代品价格、年龄、教育、个人独特偏好以及对该物品的了解程度等。

市场价格在有些情况下（如对市场物品）可以近似地衡量物品的价值，但它不能准确地度量一个物品的价值。市场价格是由物品的总供给和总需求来决定的，它通常低于消费者的最大支付意愿，二者之差是消费者剩余。三者关系为：

$$价值=支付意愿=价格×消费量+消费者剩余$$

人们在消费许多环境服务或环境物品时，常常没有支付价格，因为这些环境服务没有市场价格，如游览许多户外景观时。那么，这些环境服务的价值就等于人们享受这些环境服务时所获得的消费者剩余。有些环境价值评估技术，就是通过测量这一消费者剩余来评估环境的价值。环境价值也可以根据人们对某种特定的环境退化表示的最低补偿意愿来度量。

2. 环境价值评估方法

面对千差万别的环境对象，人们使用过许多方法来评估环境的价值，同时在不断发明新的环境价值评估技术。目前，根据环境价值评估方法的特点，可将其分为三组。

（1）第Ⅰ组评估方法

① Ⅰ-1 旅行费用法　一般用来评估户外游憩地的环境价值，如评估森林公园、城市公园、自然景观等的游憩价值。旅行费用法的基本思想是到该地旅游要付出代价，这一代价即旅行费用。旅行费用越高，来该地游玩的人越少；旅行费用越低，来该地游玩的人越多。所以，旅行费用成了旅游地环境服务价格的替代物，据此，可以求出人们在消费该旅游地环境服务时获得的消费者剩余。旅游地门票为零时，消费者剩余就是这一景观的游憩价值。

② Ⅰ-2 隐含价格法　可用于评估大气质量改善的环境价值，也可用于评估大气污染、水污染、环境舒适性和生态系统环境服务功能等的环境价值。

其基本思想是，以上环境因素会影响房地产的价格。市场中形成的房地产价格，包含了人们对其环境因素的评估。通过回归分析，可以得出人们对环境因素的估价。

隐含价格法应用条件：a. 房地产价格在市场中自由形成；b. 可获得完整的、大量的市场交易记录以及长期的环境质量记录。

③ Ⅰ-3 调查评价法　可用于评估几乎所有的环境对象，如大气污染的环境损害、户外景观的游憩价值、环境污染的健康损害、人的生命价值、特有环境的非使用价值。其中环境的非使用价值，只能使用调查评价法来评估。

调查评价法通过构建模拟市场来揭示人们对某种环境物品的支付意愿（WTP），从而评价环境价值。它通过人们在模拟市场中的行为，而不是在现实市场中的行为来进行价值评估，通常不发生实际的货币支付。

调查评价法应用的关键在于受到严格检验的实施步骤。从市场设计、问题提问、市场操作、抽样，一直到结果分析，每一步都需要精心设计，成功的设计要依靠实验经济学、认知心理学、行为科学以及调查研究技术的指导。

④ Ⅰ-4 成果参照法　成果参照法是参照旅行费用法、隐含价格法、调查评价法的实际评价结果，用于评价一个新的环境物品。该法类似于环评中常用的类比分析法。

最大优点是节省时间、费用。做一个完整的旅行费用法、隐含价格法或调查评价法实例研究，通常要花费 6～8 个月、5 万～10 万美元（在发达国家）。因此，环境影响经济评价中最常用的就是成果参照法。成果参照法有三种类型：

a. 直接参照单位价值，如引用某人评估某地的游憩价值：15 美元 /（人·d）。

b. 参照已有案例研究的评估函数，代入要评估的项目区变量，得到项目环境影响价值。

c. 进行 Meta 分析，以环境价值为因变量，以环境质量特性、人口特性、研究模型等为自变量，Meta 回归分析。

（2）第Ⅱ组评估方法

① Ⅱ-1 医疗费用法　用于评估环境污染引起的健康影响（疾病）的经济价值。

如果环境污染引起某种疾病（发病率）的增加，治疗该疾病的费用可以作为人们为避免该环境影响所具有的支付意愿的底线值。缺陷是它无视疾病给人们带来的痛苦。人们避免疾病，一方面是为了避免医疗费用，另一方面是为了避免疾病带来的痛苦。医疗费用法没有捕捉到健康影响的这一方面。

例如，大气 SO_2 污染会使哮喘发病率增加。一例哮喘发病的治疗费用若是 150 元 /d，每次发病若持续 7 天，则避免该疾病一次发病的支付意愿最少为 1050 元。这里需要剂量 - 反应关系才能完成评估。

② Ⅱ-2 人力资本法　用于评估环境污染的健康影响（收入损失、死亡）。

环境污染引起误工、收入能力降低、某种疾病死亡率增加，由此引起的收入减少，可以作为人们为避免该环境影响所具有的支付意愿（WTP）的底线值。

人力资本法把人作为生产财富的资本，用一个人生产财富的多少来定义这个人的价值。由于劳动力的边际产量等于工资，所以用工资表示一个人的边际价值，用一个人工资的总和（经贴现）表示这个人的总价值。

人力资本法计算的是环境污染的健康损害对社会造成的损失价值，这是其价值计量的基本点。基于这一社会角度，标准的人力资本法采取如下做法：a. 只计算工资收入，不计非工资收入，因为劳动力只创造工资；b. 无工资收入者，价值取为零，包括退休者（年金收入者）、无工作者、未成年人期间；c. 采用税前工资；d. 工资不反映劳动力边际产量时采用影子工资；e. 严格的人力资本法从工资收入中还要减去个人的消费，从早逝造成的工资丧失中还要减去医药费的节省；f. 贴现未来工资收入时，采用社会贴现率。

例如儿童铅中毒可降低智商，减少预期收入（流行病学、社会学），所减少的预期收入可作为这一环境污染造成健康危害的损害价值。

③ Ⅱ-3 生产力损失法　用于评估环境污染和生态破坏造成的工农业等生产力的损失。该方法用环境破坏造成的产量损失，乘以该产品的市场价格，来表示该环境破坏的损失价值。这种方法也称市场价值法。

例如，粉尘对作物的影响，酸雨对作物和森林产量的影响，湖泊富营养化对渔业的影响，常用生产力损失法来评估。

④ Ⅱ-4 恢复或重置费用法　用于评估水土流失、重金属污染、土地退化等环境破坏造成的损失。

用恢复被破坏的环境（或重置相似环境）的费用来表示该环境的价值。如果这种恢复或重置行为确实会发生，则该费用一定小于该环境影响的价值，该费用只能作为环境影响价值的最低估计值。如果这种恢复或重置行为可能不会发生，则该费用可能大于或小于环境影响价值。

⑤ Ⅱ-5 影子工程法　用于评估水污染造成的损失、森林生态功能价值等。用复制具有相似环境功能工程的费用来表示该环境的价值，是重置费用法的特例。

如森林具有涵养水源的生态功能，假如一片森林涵养的水源量是 $100 \times 10^4 m^3$，在当地建造一个 $100 \times 10^4 m^3$ 库容的水库的费用是 150 万元，可以用这 150 万元的建库费用来表示这片森林涵养水源生态功能的价值。

如果这种复制行为确会发生，则该费用一定小于该生态环境的价值，只能作为该价值的最低估计值。如果这种行为可能不会发生，则该费用可能大于或小于环境价值。

⑥ Ⅱ-6 防护费用法　用于评估噪声、危险品和其他污染造成的损失。用避免某种污染的

费用来表示该环境污染造成损失的价值。

如果把购买桶装净化水作为对水污染的防护措施，由此引起的额外费用，可视为水污染的损害价值。同样地，购买空气净化器以防大气污染，安装隔声设施以防噪声，都可用相应的防护费用来表示环境影响的损害价值。

如果这种防护行为确实会发生，则该费用一定小于该损失的价值，只能作为该损失的最低估计值。如果这种行为可能不会发生，则该费用可能大于或小于损失价值。

（3）第Ⅲ组评估方法

① Ⅲ-1 反向评估　反向评估不是直接评估环境影响的价值，而是根据项目的内部收益率或净现值反推，算出项目的环境成本不超过多少时，该项目才是可行的。

例如，根据可研报告，项目成本是 120 万元，收益是 150 万元，则环境成本不超过 30 万元时，该项目才是可行的。要判断的是，识别出的环境影响的价值，将会大于 30 万元还是小于 30 万元。根据已有文献做出判断。

② Ⅲ-2 机会成本法　机会成本法是一种反向评估法。它对项目只进行财务分析，先不考虑外部环境影响，计算出该项目的净收益。这时，提出这样一个问题：该项目占用的环境资源的价值，大于还是小于该收益？

例如，20 世纪 70 年代新西兰有一个水电开发计划，但需提高一个风景湖区的水位。该湖的景观价值和野生生物栖息地价值难以估计。项目财务分析的结果是，该项目的净现值是 2000 万～2500 万新元（1973 年），在项目计算期内，新西兰平均每人每年净得益约合 0.62 新元。这就是保护该湖区的机会成本。问题：该湖区的风景、生态及野生生物栖息地的价值，大到使国民年人均放弃 0.62 新元的程度吗？这可以通过民意调查来了解。"你愿意每年放弃 0.62 新元的收入而保护该湖区的风景和生态及野生生物栖息地吗？"

（4）各组方法的特点

第Ⅰ组评估方法都有完善的理论基础，是对环境价值（以支付意愿衡量）的正确度量，可以称为标准的环境价值评估方法。该组方法已广泛应用于对非市场物品的价值评估。美国内政部、商务部在各自起草的自然资源损害评估原则条例中都把这些方法作为适用的评估方法。世界银行、亚洲开发银行等国际发展机构都在环境评估中应用这些方法。

第Ⅱ组评估方法都是基于费用或价格的。它们虽然不等于价值，但据此得到的评估结果，通常可作为环境影响价值的底线值。该组方法的优点是，所依据的费用或价格数据比较容易获得、数据变异小、易被管理者理解。缺陷是，在理论上，这组方法评估出的并不是以支付意愿衡量的环境价值。

第Ⅲ组评估方法，一般在数据不足时采用，有助于项目决策。

在可能的情况下，三组环境价值评估方法的选择优先顺序为：首选第Ⅰ组评估方法，再选第Ⅱ组评估方法，后选第Ⅲ组评估方法。

在环境影响评价实践中，最常用的方法是成果参照法。

三、环境影响经济损益分析的步骤

环境影响的经济损益分析按以下四个步骤来进行，在实际中有些步骤可以合并操作。

1. 环境影响的筛选

不是所有的环境影响都需要或可能进行经济损益分析，故需要进行环境影响的筛选。一般从以下四个方面来筛选。

（1）影响是否是内部的或已被控抑？

环境影响的经济评价只考虑项目的外部影响，即未被纳入项目财务核算的影响。内部影响将被排除，内部环境影响是已被纳入项目的财务核算的影响。环境影响的经济评价也只考虑项目未被控抑的影响。按项目设计已被环境保护措施治理掉的影响也将被排除，因为计算已被控抑的环境影响的价值在这里是毫无意义的。

（2）影响是小的或不重要的？

项目造成的环境影响通常是众多的、方方面面的，其中小的、轻微的环境影响将不再被量化和货币化。损益分析部分只关注大的、重要的环境影响。环境影响的大小轻重，需要评价者做出判断。

（3）影响是否不确定或过于敏感？

有些影响可能是比较大的，但也许这些环境影响本身是否发生存在很大的不确定性，或人们对该影响的认识存在较大的分歧，这样的影响将被排除。另外，对有些环境影响的评估可能涉及政治、军事禁区，在政治上过于敏感，这些影响也将不再进一步做经济评价。

（4）影响能否被量化和货币化？

由于认识上的限制、时间限制、数据限制、评估技术上的限制或者预算限制，有些大的环境影响难以定量化，有的环境影响难以货币化，这些影响将被筛选出去，不再对它们进行经济评价。例如，一片森林破坏引起当地社区在文化、心理或精神上的损失很可能是巨大的，但因为太难以量化，所以不再对此进行经济评价。

经过筛选过程后，全部环境影响将被分成三大类：第一类环境影响是被剔除、不再做任何评价分析的影响，如那些内部的环境影响、小的环境影响以及能被控抑的影响等。第二类环境影响是需要做定性说明的影响，如那些大的但可能很不确定的影响、显著但难以量化的影响等。第三类环境影响就是那些需要并且能够量化和货币化的影响。

2. 环境影响的量化

环境影响量化的大部分工作应在前面阶段已经完成，此部分工作的主要任务是：

① 对不适合于进行下一步价值评估的已有环境影响量化方式进行调整；

② 对只给出项目排放污染物的数量和浓度的情况，要分析其对受体影响的大小。

3. 环境影响的价值评估

对量化的环境影响进行货币化的过程，这是损益分析部分中最关键的一步，也是环境影响经济评价的核心。具体的环境价值评估方法，即前述的"环境价值评估方法"。

4. 将环境影响货币化价值纳入项目经济分析

将货币化的环境影响成本和效益纳入项目的整体经济分析中，以判断项目的这些环境影响将在多大程度上影响项目、规划或政策的可行性。

第二节　环境管理与监测计划

一、环境管理

1. 项目环境管理概述

环境管理是项目管理的一部分，其目的在于保证项目各项环境保护措施的顺利实施，使项目施工期和运行期产生的不利环境影响最小化，以实现项目建设与生态环境保护、经济发展相协调。

环境影响评价制度和"三同时"制度是我国建设项目环境管理的重要制度，其中环境影响评价贯穿于整个项目环境管理中，通过对项目的预测与评价，进一步明确项目的环境风险，提出具体的可操作的环境管理要求，为建设单位和环境管理部门提供可靠的环境管理依据，并在项目设计、施工和运行中落实，使项目的环境管理建立在科学可靠的基础上，具有不可替代的作用。

　　《建设项目环境影响评价技术导则 总纲》（HJ 2.1—2016）突出环境影响评价的源头预防作用，坚持保护和改善环境质量，明确环境影响评价报告应包括环境管理与监测计划。环评报告环境管理篇章涵盖环境管理机构设置、制度建设、各阶段环境管理要求和污染物排放要求等，为建设单位的日常环境管理给出了可操作清单，为环境保护主管部门的监管提供了有力的科学依据，有力地推动了环评"放管服"改革。

2. 环境管理内容

　　《建设项目环境影响评价技术导则 总纲》（HJ 2.1—2016）规定环境管理的内容如下。

　　① 应按建设项目建设阶段、生产运行、服务期满后（可根据项目情况选择）等不同阶段，针对不同工况、不同环境影响和环境风险特征，提出具体的环境管理要求。

　　② 应给出污染物排放清单，明确污染物排放的管理要求。包括工程组成及原辅材料组分要求，建设项目拟采取的环境保护措施及主要运行参数，排放的污染物种类、排放浓度和总量指标，污染物排放的分时段要求，排污口信息，执行的环境标准，环境风险防范措施以及环境监测等。提出应向社会公开的信息内容。

　　③ 应提出建立日常环境管理制度、组织机构和环境管理台账相关要求，明确各项环境保护设施和措施的建设、运行及维护费用保障计划。

二、环境监测计划

1. 环境监测概述

　　环境监测的目的是准确、及时、全面地反映环境质量现状及发展趋势，为环境管理、污染源控制、环境规划等提供科学依据。具体可归纳为：

　　① 根据环境质量标准，评价环境质量。

　　② 根据污染特点、分布情况和环境条件，追踪污染源，研究和提供污染变化趋势，为实现监督管理、控制污染提供依据。

　　③ 收集环境本底数据，积累长期监测资料，为研究环境容量、实施总量控制、进行目标管理、预测预报环境质量提供数据。

　　④ 为保护人类健康，保护环境，合理使用自然资源，制定环境法规、标准、规划等服务。

　　在环境影响评价工作中，环境监测具有基础作用，不仅可用于项目建设前的环境影响预测与评价，也可以指导项目建设期和运营期的环境管理工作。

2. 环境监测计划内容

　　① 环境监测计划应包括污染源监测计划和环境质量监测计划，内容包括监测因子、监测网点布设、监测频次、监测数据采集与处理、采样分析方法等，明确自行监测计划内容。

　　② 污染源监测包括对污染源（包括废气、废水、噪声、固体废物等）以及各类污染治理设施的运转进行定期或不定期监测，明确在线监测设备的布设和监测因子。

　　③ 根据建设项目环境影响特征、影响范围和影响程度，结合环境保护目标分布，制定环境质量定点监测或定期跟踪监测方案。

④对以生态影响为主的建设项目应提出生态监测方案。

⑤对存在较大潜在人群健康风险的建设项目，应提出环境跟踪监测计划。

习 题

1. 什么是环境影响的经济损益分析？

2. 什么是环境价值？

3. 简述环境价值的评估方法。

4. 环境管理的目的是什么？

5. 简述《建设项目环境影响评价技术导则 总纲》中对环境管理内容的规定。

6. 环境监测的目的是什么？

7. 环境监测计划的内容有哪些？

第十一章

规划环境影响评价

学习目标

了解规划环境影响评价的概念、目的和原则。掌握规划环境影响评价的现状调查、预测与评价方法，能够对资源与环境承载力进行评估，开展规划方案综合论证，并提出优化调整建议和环境影响减缓对策、措施。对"三线一单"有一定认识，熟悉规划环境影响评价的工作程序，掌握规划环境影响评价的编制内容和具体实施过程。

第一节 概述

2003 年 9 月 1 日实施的《中华人民共和国环境影响评价法》（以下简称《环评法》）确立了规划环境影响评价制度。《规划环境影响评价技术导则（试行）》（HJ/T 130—2003）、《开发区区域环境影响评价技术导则》（HJ/T 131—2003）和《规划环境影响评价技术导则 总纲》（HJ 130—2014）的发布在当时的背景和条件下，规范和指导了我国规划环境影响评价。为适应新形势生态文明建设和环境保护新要求，生态环境部对 2014 版导则进行了修订，于 2019 年 12 月发布《规划环境影响评价技术导则 总纲》（HJ 130—2019），进一步提高了导则的可操作性，新增了与"三线一单"工作的衔接，加强了规划环评对建设项目环评的指导，为进一步规范、加强规划环评工作提供技术支撑。此外，为进一步细化、落实规划环评中的新要求，生态环境部陆续出台了《"十四五"省级矿产资源总体规划环境影响评价技术要点（试行）》《规划环境影响评价技术导则 产业园区》（HJ 131—2021）、《规划环境影响评价技术导则 流域综合规划》（HJ 1218—2021）等技术文件，进一步发挥规划环评效能，促进绿色高质量发展。

扫描二维码可查看"规划环境影响评价术语和定义"。

规划环境影响
评价术语和定义

一、规划环境影响评价的概念与评价目的

1. 规划环境影响评价的概念

规划环境影响评价是指在规划编制阶段，对规划实施可能造成的环境影响进行分析、预测和评价，并提出预防或者减轻不良环境影响的对策和措施，综合考虑所拟议规划可能涉及

的环境问题，预防规划实施后对各种环境要素及其所构成的生态系统可能造成的影响，协调经济增长、社会进步与环境保护的关系，为科学决策提供依据。

2. 规划环境影响评价的评价目的

规划环境影响评价以改善环境质量和保障生态安全为目标，论证规划方案的生态环境合理性和环境效益，提出规划优化调整建议；明确不良生态环境影响的减缓措施，提出生态环境保护建议和管控要求，为规划决策和规划实施过程中的生态环境管理提供依据。

二、规划环境影响评价的适用范围和评价原则

1. 适用范围

国务院有关部门、设区的市级以上地方人民政府及其有关部门组织编制下列规划的环境影响评价。

（1）"一地三域"综合性规划

"一地三域"综合性规划包括土地利用的有关规划，区域、流域、海域的建设、开发利用规划。

（2）"十种"专项规划

"十种"专项规划指的是工业、农业、畜牧业、林业、能源、水利、交通、城市建设、旅游、自然资源开发的有关专项规划。

国务院有关部门、设区的市级以上地方人民政府及其有关部门组织编制的其他类型的规划，县级及乡镇人民政府编制的规划进行环境影响评价时可参照执行。

2. 评价原则

（1）早期介入、过程互动

评价应在规划编制的早期阶段介入，在规划前期研究和方案编制、论证、审定等关键环节和过程中充分互动，不断优化规划方案，提高环境合理性。

（2）统筹衔接、分类指导

评价工作应突出不同类型、不同层级规划及其环境影响特点，充分衔接"三线一单"成果，分类指导规划所包含建设项目的布局和生态环境准入。

（3）客观评价、结论科学

依据现有知识水平和技术条件对规划实施可能产生的不良环境影响的范围和程度进行客观分析，评价方法应成熟可靠，数据资料应完整可信，结论建议应具体明确且具有可操作性。

三、规划环境影响评价的评价范围

按照规划实施的时间维度和可能影响的空间尺度来界定评价范围。

① 时间维度上，应包括整个规划期，并根据规划方案的内容、年限等选择评价的重点时段。

② 空间尺度上，应包括规划空间范围以及可能受到规划实施影响的周边区域。周边区域确定应考虑各环境要素评价范围，兼顾区域流域污染物传输扩散特征、生态系统完整性和行政边界。

四、规划环境影响评价的工作程序

规划环境影响评价的工作程序见图11-1。

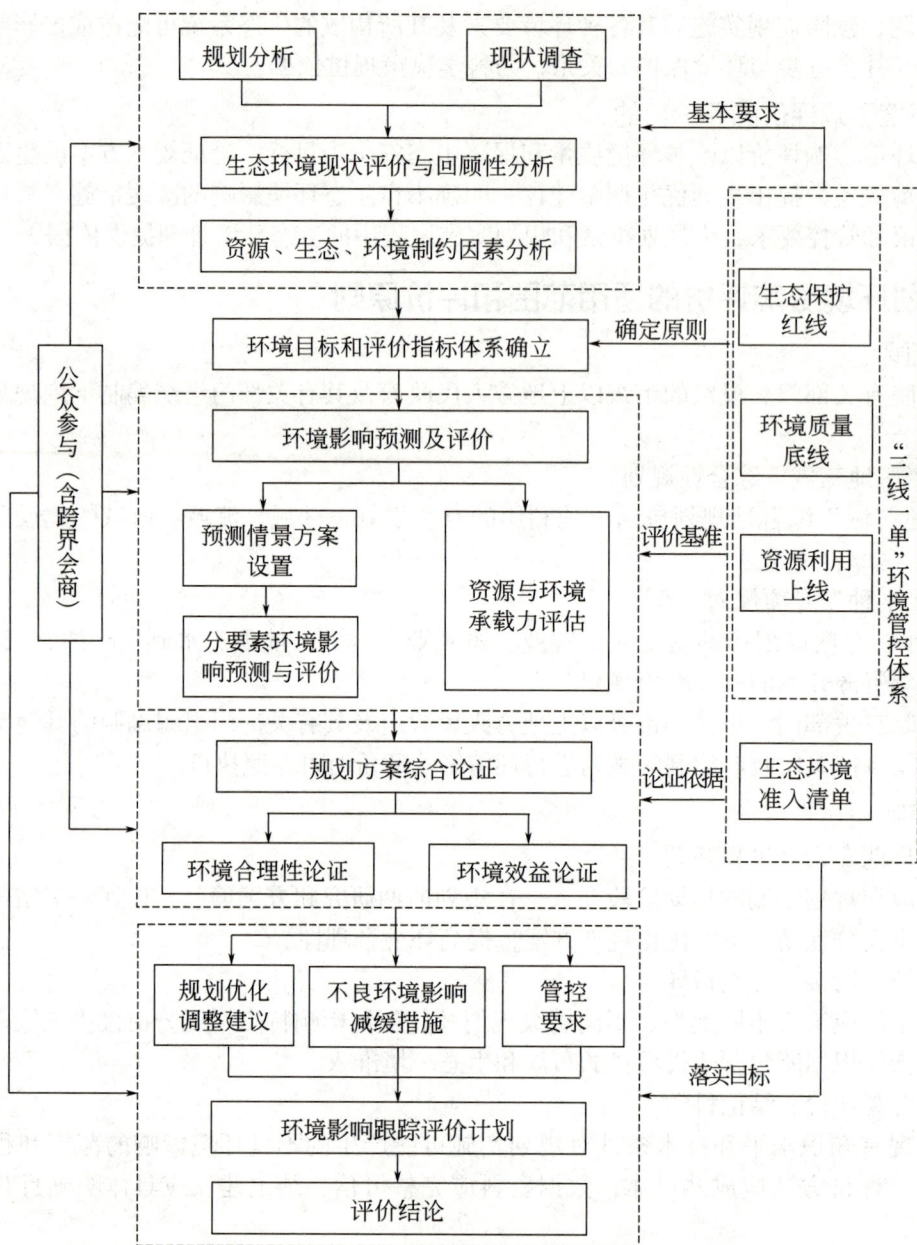

图11-1 规划环境影响评价工作程序

第二节 规划分析

一、基本要求

规划分析包括规划概述和规划的协调性分析。规划概述应明确可能对生态环境造成影响的规划内容；规划的协调性分析应明确规划与相关法律、法规、政策的相符性，以及规划在空间布局、资源保护与利用、生态环境保护等方面的冲突和矛盾。

二、规划概述

介绍规划编制背景和定位，结合图、表梳理分析规划的空间范围和布局，规划不同阶段目标、发展规模、布局、结构（包括产业结构、能源结构、资源利用结构等）、建设时序，配套基础设施等可能对生态环境造成影响的规划内容，梳理规划的环境目标、环境污染治理要求、环保基础设施建设、生态保护与建设等方面的内容。如规划方案包含的具体建设项目有明确的规划内容，应说明其建设时段、内容、规模、选址等。

三、规划的协调性分析

① 筛选出与本规划相关的生态环境保护法律法规、环境经济政策、环境技术政策、资源利用和产业政策，分析本规划与其相关要求的符合性。

② 分析规划规模、布局、结构等规划内容与上层位规划、区域"三线一单"管控要求、战略或规划环评成果的符合性，识别并明确在空间布局以及资源保护与利用、生态环境保护等方面的冲突和矛盾。

③ 筛选出在评价范围内与本规划同层位的自然资源开发利用或生态环境保护相关规划，分析与同层位规划在关键资源利用和生态环境保护等方面的协调性，明确规划与同层位规划间的冲突和矛盾。

第三节　现状调查与评价

通过开展资源利用和生态环境现状调查、环境影响回顾性分析，明确评价区域资源利用水平和生态功能、环境质量现状、污染物排放状况，分析主要生态环境问题及成因，梳理规划实施的资源、生态、环境制约因素。

一、现状调查

① 调查应包括自然地理状况、环境质量现状、生态状况及生态功能、环境敏感区和重点生态功能区、资源利用现状、社会经济概况、环保基础设施建设及运行情况等内容。

② 现状调查应立足于收集和利用评价范围内已有的常规现状资料，并说明资料来源和有效性。有常规监测资料的区域，资料原则上包括近5年或更长时间段资料，能够说明各项调查内容的现状和变化趋势。对其中的环境监测数据，应给出监测点位名称、监测点位分布图、监测因子、监测时段、监测频次及监测周期等，分析说明监测点位的代表性。

③ 当已有资料不能满足评价要求，或评价范围内有需要特别保护的环境敏感区时，可利用相关研究成果，必要时进行补充调查或监测，补充调查样点或监测点位应具有针对性和代表性。

二、现状评价与回顾性分析

1. 资源利用现状评价

明确与规划实施相关的自然资源、能源种类，结合区域资源禀赋及其合理利用水平或上线要求，分析区域水资源、土地资源、能源等各类资源利用的现状水平和变化趋势。

2. 环境与生态现状评价

① 结合各类环境功能区划及其目标质量要求，评价区域水、大气、土壤、声等环境要素的质量现状和演变趋势，明确主要和特征污染因子，并分析其主要来源；分析区域环境质量达标情况、主要环境敏感区保护等方面存在的问题及成因，明确需解决的主要环境问题。

② 结合区域生态系统的结构与功能状况，评价生态系统的重要性和敏感性，分析生态状况和演变趋势及驱动因子。当评价区域涉及环境敏感区和重点生态功能区时，应分析其生态现状、保护现状和存在的问题等；当评价区域涉及受保护的关键物种时，应分析该物种种群与重要生境的保护现状和存在问题。明确需解决的主要生态保护和修复问题。

3. 环境影响回顾性分析

结合上一轮规划的实施情况或区域发展历程，分析区域生态系统演变趋势和现状生态环境问题与上一轮规划实施或发展历程的关系，调查分析上一轮规划环评及审查意见落实情况和环境保护措施的效果。提出本次评价应重点关注的生态环境问题及解决途径。

三、制约因素分析

分析评价区域资源利用水平、生态状况、环境质量等现状与区域资源利用上线、生态保护红线、环境质量底线等管控要求间的关系，明确提出规划实施的资源、生态、环境制约因素。

第四节　环境影响识别与评价指标体系构建

识别规划实施可能产生的资源、生态、环境影响，初步判断影响的性质、范围和程度，确定评价重点，明确环境目标，建立评价的指标体系。

一、环境影响识别

① 根据规划方案的内容、年限，识别和分析评价期内规划实施对资源、生态、环境造成影响的途径、方式以及影响的性质、范围和程度。识别规划实施可能产生的主要生态环境影响和风险。

② 对于可能产生具有易生物蓄积、长期接触对人群和生物产生危害作用的无机和有机污染物、放射性污染物、微生物等的规划，还应识别规划实施产生的污染物与人体接触的途径以及可能造成的人群健康风险。

③ 对资源、生态、环境要素的重大不良影响，可从规划实施是否导致区域环境质量下降和生态功能丧失、资源利用冲突加剧、人居环境明显恶化等三个方面进行分析与判断。

④ 通过环境影响识别，筛选出受规划实施影响显著的资源、生态、环境要素，作为环境影响预测与评价的重点。

扫描二维码可查看"重大不良生态环境影响识别"。

重大不良生态
环境影响识别

二、环境目标与评价指标确定

1. 确定环境目标

分析国家和区域可持续发展战略、生态环境保护法规与政策、资源利用法规与政策的目标及要求，重点依据评价范围涉及的生态环境保护规划、生态建设规划以及其他相关生态环境保护管理规定，结合规划协调性分析结论，衔接区域"三线一单"成果，设定各评价时段有关生态功能保护、环境质量改善、污染防治、资源开发利用等的具体目标及要求。

2. 确定评价指标体系

结合规划实施的资源、生态、环境等制约因素，从环境质量、生态保护、资源利用、污染排放、风险防控、环境管理等方面构建评价指标体系。评价指标应符合评价区域生态环境特征，体现环境质量和生态功能不断改善的要求，体现规划的属性特点及其主要环境影响特征。

3. 确定评价指标值

评价指标应易于统计、比较和量化，指标值符合相关产业政策、生态环境保护政策、相关标准中规定限值要求，如国内政策、标准中没有相应的规定，也可参考国际标准来确定；对于不易量化的指标可参考相关研究成果或经过专家论证，给出半定量的指标值或定性说明。

第五节 环境影响预测与评价

规划的环境影响预测与评价主要针对环境影响识别出的资源、生态、环境要素，开展多情景的影响预测与评价。

一、预测情景设置

应结合规划所依托的资源环境和基础设施建设条件、区域生态功能维护和环境质量改善要求等，从规划规模、布局、结构、建设时序等方面，设置多种情景开展环境影响预测与评价。

二、规划实施生态环境压力分析

① 依据环境现状评价和回顾性分析结果，考虑技术进步等因素，估算不同情景下水、土地、能源等规划实施支撑性资源的需求量和主要污染物（包括常规污染物和特征污染物）的产生量、排放量。

② 依据生态现状评价和回顾性分析结果，考虑生态系统演变规律及生态保护修复等因素，评估不同情景下主要生态因子（如生物量、植被覆盖率、重要生境面积等）的变化量。

三、影响预测与评价

环境影响预测与评价应给出规划实施对评价区域资源、生态、环境的影响程度和范围，叠加环境质量、生态功能和资源利用现状，分析规划实施后能否满足环境目标要求，评估区域资源与环境承载能力。各要素影响预测与评价内容见表11-1。

表 11-1　各要素影响预测与评价内容

序号	预测与评价要素	预测与评价内容
1	水环境	预测不同情景下规划实施导致的区域水资源、水文情势、海洋水文动力环境和冲淤环境、地下水补径排状况等的变化，分析主要污染物对地表水和地下水、近岸海域水环境质量的影响，明确影响的范围、程度，评价水环境质量的变化能否满足环境目标要求，绘制必要的预测与评价图件

序号	预测与评价要素	预测与评价内容
2	大气环境	预测不同情景下规划实施产生的大气污染物对环境空气质量的影响，明确影响范围、程度，评价大气环境质量的变化能否满足环境目标要求，绘制必要的预测与评价图件
3	土壤环境	预测不同情景下规划实施的土壤环境风险，评价土壤环境的变化能否满足相应环境管控要求，绘制必要的预测与评价图件
4	声环境	预测不同情景下规划实施对声环境质量的影响，明确影响范围、程度，评价声环境质量的变化能否满足相应的功能区目标，绘制必要的预测与评价图件
5	生态	预测不同情景下规划实施对生态系统结构、功能的影响范围和程度，评价规划实施对生物多样性和生态系统完整性的影响，绘制必要的预测与评价图件
6	环境敏感区	预测不同情景下规划实施对评价范围内生态保护红线、自然保护区等环境敏感区的影响，评价其是否符合相应的保护和管控要求，绘制必要的预测与评价图件
7	人群健康风险	对可能产生具有易生物蓄积、长期接触对人群和生物产生危害作用的无机和有机污物、放射性污染物、微生物等的规划，根据上述特定污染物的环境影响范围，估算暴露人群数量和暴露水平，开展人群健康风险分析
8	环境风险	对于涉及重大环境风险源的规划，应进行风险源及源强、风险源叠加、风险源与受体响应关系等方面的分析，开展环境风险评价

四、资源与环境承载力评估

1. 资源与环境承载力分析

分析规划实施支撑性资源（水资源、土地资源、能源等）可利用（配置）上线和规划实施主要环境影响要素（大气、水等）污染物允许排放量，结合现状利用和排放量、区域削减量，分析各评价时段剩余可利用的资源量和剩余污染物允许排放量。

2. 资源与环境承载状态评估

根据规划实施新增资源消耗量和污染物排放量，分析规划实施对各评价时段剩余可利用资源量和剩余污染物允许排放量的占用情况，评估资源与环境对规划实施的承载状态。

第六节　规划方案综合论证和优化调整建议

以改善环境质量和保障生态安全为核心，综合环境影响预测与评价结果，论证规划目标、规模、布局、结构等规划内容的环境合理性以及评价设定的环境目标的可达性，分析判定规划实施的重大资源、生态、环境制约的程度、范围、方式等，提出规划方案的优化调整建议并推荐环境可行的规划方案。如果规划方案优化调整后资源、生态、环境仍难以承载，不能满足资源利用上线和环境质量底线要求，应提出规划方案的重大调整建议。

一、规划方案综合论证

规划方案的综合论证包括环境合理性论证和环境效益论证两部分内容。

1. 规划方案的环境合理性论证

环境合理性论证指从规划实施对资源、生态、环境综合影响的角度，论证规划内容的合理性。

① 基于区域环境保护目标以及"三线一单"要求，结合规划协调性分析结论，论证规划目标与发展定位的环境合理性。

② 基于环境影响预测与评价和资源与环境承载力评估结论，结合资源利用上线和环境质量底线等要求，论证规划规模和建设时序的环境合理性。

③ 基于规划布局与生态保护红线、重点生态功能区、其他环境敏感区的空间位置关系和对以上区域的影响预测结果，结合环境风险评价的结论，论证规划布局的环境合理性。

④ 基于环境影响预测与评价和资源与环境承载力评估结论，结合区域环境管理和循环经济发展要求，以及规划重点产业的环境准入条件和清洁生产水平，论证规划用地结构、能源结构、产业结构的环境合理性。

⑤ 基于规划实施环境影响预测与评价结果，结合生态环境保护措施的经济技术可行性、有效性，论证环境目标的可达性。

2. 规划方案的环境效益论证

环境效益论证指从规划实施对区域经济、社会与环境发挥的作用，以及协调当前利益与长远利益之间关系的角度，论证规划方案的合理性。主要分析规划实施在维护生态功能、改善环境质量、提高资源利用效率、减少温室气体排放、保障人居安全、优化区域空间格局和产业结构等方面的环境效益。

3. 不同类型规划方案综合论证重点

进行综合论证时，应针对不同类型和不同层级规划的环境影响特点，选择论证方向，突出重点（表 11-2）。

表 11-2　不同类型规划方案的综合论证重点

序号	规划方案类型	综合论证重点
1	资源能源消耗量大、污染物排放量高的行业规划	重点从流域和区域资源利用上线、环境质量底线对规划实施的约束、规划实施可能对环境质量的影响程度、环境风险、人群健康风险等方面，论述规划拟定的发展规模、布局（及选址）和产业结构的环境合理性
2	土地利用的有关规划和区域、流域、海域的建设、开发利用规划，农业、畜牧业、林业、能源、水利、旅游、自然资源开发专项规划	重点从流域或区域生态保护红线、资源利用上线对规划实施的约束，以及规划实施对生态系统及环境敏感区、重点生态功能区结构、功能的影响和生态风险等角度，论述规划方案的环境合理性
3	公路、铁路、城市轨道交通、航运等交通类规划	重点从规划实施对生态系统结构、功能所造成的影响，规划布局与评价区域生态保护红线、重点生态功能区、其他环境敏感区的协调性等方面，论述规划布局（及选线、选址）的环境合理性
4	产业园区等规划	重点从区域资源利用上线、环境质量底线对规划实施的约束、规划及包括的交通运输实施可能对环境质量的影响程度以及环境风险与人群健康风险等方面，综合论述规划规模、布局、结构、建设时序以及规划环境基础设施、重大建设项目的环境合理性
5	城市规划、国民经济与社会发展规划等综合类规划	重点从区域资源利用上线、生态保护红线、环境质量底线对规划实施的约束，城市环境基础设施对规划实施的支撑能力，规划及相关交通运输实施对改善环境质量、优化城市生态格局、提高资源利用效率的作用等方面，综合论述规划方案的环境合理性

二、规划方案的优化调整建议

根据规划方案的环境合理性和环境效益论证结果，对规划内容提出明确的、具有可操作性的优化调整建议，特别是出现以下情形时：

① 规划的主要目标、发展定位不符合上层位主体功能区规划、区域"三线一单"等要求。

② 规划空间布局和包含的具体建设项目选址、选线不符合生态保护红线、重点生态功能区，以及其他环境敏感区的保护要求。

③ 规划开发活动或包含的具体建设项目不满足区域生态环境准入清单要求，属于国家明令禁止的产业类型或不符合国家产业政策、环境保护政策。

④ 规划方案中配套的生态保护、污染防治和风险防控措施实施后，区域的资源、生态、环境承载力仍无法支撑规划实施，环境质量无法满足评价目标，或仍可能造成重大的生态破坏和环境污染，或仍存在显著的环境风险。

⑤ 规划方案中有依据现有科学水平和技术条件，无法或难以对其产生的不良环境影响的程度或范围作出科学、准确判断的内容。

应明确优化调整后的规划布局、规模、结构、建设时序，给出相应的优化调整图、表，说明优化调整后的规划方案具备资源、生态和环境方面的可支撑性。将优化调整后的规划方案作为评价推荐的规划方案。说明规划环评与规划编制的互动过程、互动内容和各时段向规划编制机关反馈的建议及其被采纳情况等互动结果。

第七节 环境影响减缓对策和措施

规划的环境影响减缓对策和措施是针对评价推荐的规划方案实施后可能产生的不良环境影响，在充分评估规划方案中已明确的环境污染防治、生态保护、资源能源增效等相关措施的基础上，提出的环境保护方案和管控要求。

环境影响减缓对策和措施应具有针对性和可操作性，能够指导规划实施中的生态环境保护工作，有效预防重大不良生态环境影响的产生，并促进环境目标在相应的规划期限内可以实现。

环境影响减缓对策和措施一般包括生态环境保护方案和管控要求。主要内容包括：

① 提出现有生态环境问题解决方案，规划区域整体性污染治理、生态修复与建设、生态补偿等环境保护方案，以及与周边区域开展联防联控等预防和减缓环境影响的对策措施。

② 提出规划区域资源能源可持续开发利用、环境质量改善等目标、指标性管控要求。

③ 对于产业园区等规划，从空间布局约束、污染物排放管控、环境风险防控、资源开发利用等方面，以清单方式列出生态环境准入要求。

扫描二维码可查看"生态环境准入清单内容"。

生态环境准入
清单内容

第八节 规划环境影响评价的常用方法

目前在规划环境影响评价中采用的技术方法大致分为两大类别：一类是在建设项目环境影响评价中采取的，如识别影响的各种方法（清单、矩阵、网络分析）、环境影响预测模型等；另一类是在经济部门、规划研究中使用的，如各种形式的情景和模拟分析、投入产出方法、地理信息系统、投资-效益分析等。表11-3列出了规划环境影响评价各个环节适用的方法。

表 11-3　规划环境影响评价方法

序号	评价环节		可采用的主要方式和方法
1	规划分析		核查表、叠图分析、矩阵分析、专家咨询（如智暴法、德尔斐法等）、情景分析、类比分析、系统分析
2	现状调查与评价	现状调查	资料收集、现场踏勘、环境监测、生态调查、问卷调查、访谈、座谈会
		现状分析与评价	专家咨询、指数法（单指数、综合指数）、类比分析、叠图分析、生态学分析法（生态系统健康评价法、生物多样性评价法、生态机理分析法、生态系统服务功能评价方法、生态环境敏感性评价方法、景观生态学法等）、灰色系统分析法
3	环境影响识别与评价指标确定		核查表、矩阵分析、网络分析、系统流图、叠图分析、灰色系统分析法、层次分析、情景分析、专家咨询、类比分析、压力-状态-响应分析
4	规划实施生态环境压力分析		专家咨询、情景分析、负荷分析（估算单位国内生产总值物耗、能耗和污染物排放量等）、趋势分析、弹性系数法、类比分析、对比分析、供需平衡分析
5	环境影响预测与评价		类比分析、对比分析、负荷分析（估算单位国内生产总值物耗、能耗和污染物排放量等）、弹性系数法、趋势分析、系统动力学法、投入产出分析、供需平衡分析、数值模拟、环境经济学分析（影子价格、支付意愿、费用-效益分析等）、综合指数法、生态学分析法、灰色系统分析法、叠图分析、情景分析、相关性分析、剂量-反应关系评价
6	环境风险评价		灰色系统分析法、模糊数学法、数值模拟、风险概率统计、事件树分析、生态学分析法、类比分析

下面对几种常用的规划环境影响评价方法进行介绍。

1. 系统流图法

将环境系统描述为一种相互关联的组成部分，通过环境成分之间的联系来识别次级的、三级的或更多级的环境影响，是描述和识别直接与间接影响非常有用的方法。系统流图法是利用进入、通过、流出一个系统的能量通道来描述该系统与其他系统的联系和组织。

系统图指导数据收集，组织并简要提出需考虑的信息，突出所提议的规划行为与环境间的相互影响，指出那些需要更进一步分析的环境要素。

最明显的不足是简单依赖并过分注重系统中能量过程和关系，忽视了系统间的物质、信息等其他联系，可能造成系统因素被忽略。

2. 情景分析法

未来发展趋势可能是多样的，情景分析法是通过对系统内外相关问题的分析，设计出多种可能的未来情景，然后对系统发展态势的情景进行描述。情景分析法通常并不是某一个特定的方法，而是构造情景和分析情景的多个方法，是一个有特定步骤和方法工具箱的方法集。情景分析法可以用于规划环境影响的识别、预测以及累积影响评价等多个环节。其特点是可以反映出不同的规划方案（经济活动）情景下的环境影响后果，以及一系列主要变化的过程，便于研究、比较和决策。

例如，某市城市总体规划环境影响评价，情景设计主要参照规划中已经明确的内容（如人口规模、产业发展方向），对于规划中明确或细化的内容（如产业结构）做出不同情景预测。

情景一：人口增长和经济发展按目前发展现状进行外推设置。

情景二：对人口增长和经济发展采用一定的控制措施，资源、能源利用效率不断提高，但产业结构没有发生优化，工业主导产业仍包括部分高耗水、高耗能行业，第二产业增加值占 GDP（国内生产总值）比重持续上升，主要反映人口控制措施不严格、经济结构不优化的情景下社会经济发展和环境、资源能源承载力情况。

情景三：采取严格的人口控制政策和产业政策，石油化工、精细化工和冶金业等高耗水、高耗能行业工业增加值占工业总增加值比重持续下降，低能耗、低水耗的电子信息业发展显著，第三产业占 GDP 比重上升，贡献率增加。

各情景概况如表 11-4 所示。从经济角度看，情景一获得的经济收益最大，但资源迅速耗尽、环境容量超载必然会影响经济发展的持续性；情景二资源、能源难以保障，经济发展后劲不足；情景三下产业结构优化，资源、能源利用效率提高，既满足了经济发展的需要，又使资源、能源得到了持续利用，污染物排放得到控制，是较好的发展情景。

表 11-4　某市设计的情景概况

情景		常住人口/10^4人	第一产业		第二产业		第三产业		GDP/10^8元
			产值/10^8元	占 GDP 比例/%	产值/10^8元	占 GDP 比例/%	产值/10^8元	占 GDP 比例/%	
情景一	2010年	966	5.30	0.05	5912.36	57.13	4432.00	42.82	10349.66
	2012年	1330	1.63	0.004	27225.79	68.19	12700.00	31.81	39927.42
情景二	2010年	952	4.57	0.05	4972.18	54.27	4185.42	45.68	9162.17
	2012年	1144	0.66	0.003	12544.1	58.14	9032.13	41.86	21576.89
情景三	2010年	926	4.57	0.05	4464.82	48.92	4656.57	51.03	9125.9
	2012年	1097	0.66	0.003	8779.14	38.85	13817.25	61.15	22597.06

3. 投入产出分析

在国民经济部门，投入产出分析主要是编制棋盘式的投入产出表和建立相应的线性代数方程体系，构成一个模拟现实的国民经济结构和社会产品再生产过程的经济数学模型，借助计算机，综合分析和确定国民经济各部门间错综复杂的联系和再生产的重要比例关系。投入是指产品生产所消耗的原材料、燃料、动力、固定资产折旧和劳动力；产出是指产品生产出来后所分配的去向、流向，即使用方向和数量，例如用于生产消费、生活消费和积累。

在规划环境影响评价中，投入产出分析可以用于拟定规划引导下，区域经济发展趋势的预测与分析，也可以将环境污染造成的损失作为一种"投入"（外在化的成本），对整个区域经济环境系统进行综合模拟。

4. 加权比较法

对规划方案的环境影响评价指标赋予分值，同时根据各类环境因子的相对重要程度予以加权；分值与权重的乘积即为某一规划方案对于该评价因子的实际得分；所有评价因子的实际得分累计加和就是这一规划方案的最终得分；最终得分最高的规划方案即为最优方案。分值和权重的确定可以通过 Delphy 法进行评定，权重也可以通过层次分析法（AHP 法）予以确定。

5. 对比评价法

① 前后对比分析法，是将规划执行前后的环境质量状况进行对比，从而评价规划环境影响。其优点是简单易行，缺点是可信度低。

② 有无对比法，是指将规划环境影响预测情况与若无规划执行这一假设条件下的环境质量状况进行比较，以评价规划的真实或净环境影响。

6. 博弈论

博弈论又称对策论，是使用严谨的数学模型研究冲突对抗条件下最优决策问题的理论。博弈论可定义为：一些个人、一些团体或其他组织，面对一定的环境条件，在一定的规则约束下，依靠所掌握的信息，同时或先后、一次或多次从各自允许选择的行为或策略中进行选择并加以实施，并从中各自取得相应结果或收益的过程。博弈论所关心的问题是决策主体的行为在发生直接的相互作用时，双方所采取的决策以及这种决策之间的均衡问题，但核心问题是决策主体的一方行动后，参与博弈的其他人将会采取什么行动？参与者为取得最佳效果应采取怎样的对策？

规划的协调性分析的重要内容之一是分析不同类型的规划之间的冲突及如何协调，基于博弈论思想，可提出有针对性的规划协调思路。规划不相容，表面上是规划衔接协调不够，但背后反映的是规划编制参与主体之间的利益冲突。不同领域主管部门的价值观不同以及信息不对称等，同级部门编制的规划间常会出现冲突和矛盾，突出表现在社会经济类规划与环境保护类、资源利用类规划之间的矛盾与冲突。例如，某工业规划与同级的环境保护类规划以及土地利用总体规划等资源型规划之间冲突的分析见表 11-5。

表 11-5　不同级别部门编制的规划冲突分析表

冲突原因	冲突表现	利益相关方	核心价值
①部门间价值观冲突； ②部门间信息不对称	①环保目标和指标（污染物总量控制和排放标准等）； ②用地布局及土地利用方式	环保部门	管辖区域环境质量改善，控制环境污染和生态破坏，至少保证区域环境质量不出现明显恶化，无重大污染事故
		国土部门	在确保耕地总量动态平衡和严格控制城市、集镇及村庄用地规模的前提下，统筹安排各类用地。严禁占用基本农田，严格控制农用地转为建设用地，切实保护耕地
		发展商	企业或个人的经济行为，以谋求最大利润为目的，受市场经济规律的制约，追求局部、短期的经济利益的最大化
		城市规划建设部门	考虑整体利益和长远利益，考虑整个城市甚至更大区域范围内用地的合理组织，以求达到经济效益、社会效益和生态效益的统一，具有全局性的特点

由于这类规划编制部门属于同级行政部门，因此各部门规划目标发生冲突时，可以依据二者共同的上级别规划，即区域总体规划、综合性规划的相关内容进行调整。在专项规划与综合性规划发生冲突时，按照专项规划服从综合性规划，非法定规划服从法定规划的原则进行协调。

案例分析

扫描二维码可查看案例分析。

规划环境影响
评价案例分析

习　题

一、简答题

1. 规划环境影响评价中的"一地三域"和"十个专项"分别指什么？

2. 简述规划环境影响评价的评价原则。

3. 简述"三线一单"的含义。

4. 简述跟踪评价的含义。

5. 规划环境影响评价常用的方法有哪些?

二、单选题

1. 根据《规划环境影响评价技术导则 总纲》，规划环境影响评价的原则不包括（   ）。（2021 年注册环评师真题）

    A. 早期介入、过程互动　　　　　　　　B. 统筹衔接、分类指导

    C. 规划优先、公众参与　　　　　　　　D. 客观评价、结论科学

2. 根据《规划环境影响评价技术导则 总纲》，规划协调性分析不包括（   ）。（2021 年注册环评师真题）

    A. 分析同层位生态环境保护规划的协调性

    B. 分析与生态环境保护法律法规的符合性

    C. 分析与"三线一单"管控要求的符合性

    D. 分析与所包含建设项目的协调性

3. 根据《规划环境影响评价技术导则 总纲》，关于环境现状调查的说法，错误的是（   ）。（2021 年注册环评师真题）

    A. 环境现状调查应优先开展环境现状监测

    B. 采用环境监测数据应说明其监测点位的代表性

    C. 环境现状调查应立足于收集和利用评价范围内已有的常规现状资料

    D. 有常规监测资料的区域，监测资料原则上包括近 5 年或更长时间段资料

4. 根据《规划环境影响评价技术导则 总纲》，环境影响预测与评价内容不包括（   ）。（2021 年注册环评师真题）

    A. 评估不同情景下生态系统的演变趋势

    B. 评估不同情景下环境质量底线的调整空间

    C. 估算不同情景下规划实施支撑性资源的需求量

    D. 估算不同情景下主要污染物的产生量、排放量

5. 根据《规划环境影响评价技术导则 总纲》，规划方案综合论证与优化调整建议的基本要求不包括（   ）。（2021 年注册环评师真题）

    A. 论证设定的环境目标可达性　　　　　B. 论证规划内容的环境合理性

    C. 分析规划实施的环境制约因素　　　　D. 提出上层规划方案的调整建议

第十二章
环境影响评价文件的编制

学习目标

了解环境影响评价文件的类型、政策和技术对文件的要求以及新变化，理解环境影响报告书编制内容，掌握污染影响型和生态影响型环境影响报告表的编制内容与要求，了解环境影响评价图件的分类、要求和绘制方法。

第一节　环境影响评价文件编制要求

一、政策和技术要求

环境影响评价文件（简称"环评文件"）包括环境影响报告书、环境影响报告表和环境影响登记表，是环境保护部门审批项目的重要技术依据，也是项目今后污染防治工作的指导性文件，其编制质量的好坏直接关系到环境影响评价制度的执行效果。对于环境影响评价文件编制的质量，可以从政策层面和技术层面来分析。

在政策层面，环境影响评价文件应说明项目的建设是否符合国家的环境保护相关法律法规规定，是否符合部门规章、行业政策，是否符合产业政策，是否符合区域发展规划、环境规划的要求。

在技术层面，环境影响评价文件要能够全面、客观、公正、概括地反映环境影响评价的全部工作；体现建设项目的工程特点，特别是产污环节、产污量、采用的污染防治措施的具体化；项目建成后对环境的影响程度，包括对环境敏感目标的影响程度，以及环境及受体的可接受性；有简洁明了的评价结论。

特别需要注意的是保密要求：涉密建设项目应按照国家有关规定执行，非涉密建设项目不应包含涉密数据及图件。文件中含有知识产权、商业秘密等不可公开内容的应注明并说明理由，未注明的视为可公开内容。

二、总体要求

环境影响评价文件编制总体要求为：

① 应全面、概括地反映环境影响评价的全部工作，环境现状调查应细致，主要环境问题应阐述清楚，重点应突出，论点应明确，环境保护措施应可行、有效，评价结论应明确。

② 文字应简洁、准确，文本应规范，计量单位应标准化，数据应可靠，资料应翔实，并尽量采用能反映需求信息的图表和照片。

③ 资料表述应清楚，利于阅读和审查，相关数据、应用模式须编入附录，并说明引用来源；所参考的主要文献应注意时效性，并列出目录。

④ 跨行业建设项目的环境影响评价，或评价内容较多时，其环境影响报告书中各专项评价根据需要可繁可简，必要时，其重点专项评价应另编专项评价分报告，特殊技术问题另编专题技术报告。

近几年，为适应环境影响评价管理工作的新变化，推动环境影响评价、排污许可管理有机衔接和信息化建设，深化环境管理领域的"放管服"改革。生态环境部实行了以下新政策：登记表的网上备案制（涉密的除外）；启用环境影响评价信用平台；构建在法律框架下以质量为核心、以公开为手段、以信用为主线的环境影响报告书（表）管理平台；形成事中事后监管制度体系；缩小项目环评范围，某些项目适当降低环评等级；简化报告书（表）编制内容；将环境影响报告表细分为污染影响类和生态影响类，同时出台了相应的编制指南。由于登记表简单，故后文仅介绍报告书和报告表的编制。

第二节 环境影响报告书的编制

报告书包括前言，总则，工程概况与工程分析，环境现状调查与评价，环境影响评价，环境保护措施及经济、技术论证，环境影响经济损益分析，环境管理与监测计划，结论，附件等必备部分，以及根据实际情况增加的水土保持分析等内容和专题报告等。

以污染影响为主的建设项目一般应设置工程分析，周围地区的环境现状调查与评价，环境影响预测与评价，清洁生产，风险评价，环境保护措施及其经济、技术论证，污染物排放总量控制，环境影响经济损益分析，环境管理与监测计划，公众参与，评价结论和建议等专题。

以生态影响为主的建设项目还应增加设置勘察设计期、生态敏感区、珍稀动植物、水土流失、文物古迹等方面的专项内容。

① 前言 简要说明建设项目的特点，环境影响评价的工作流程、关注的主要环境问题，以及环境影响报告书的主要结论。

② 总则 主要说明选取的评价因子、评价等级、政策与规划的符合性等内容。具体包括如下内容：编制依据；评价因子与评价标准；评价工作等级和评价重点；评价范围及环境敏感区；相关规划及"三线一单"生态环境管控；规划环评及符合性分析（如有需要）；园区配套设施情况（如有需要）。

③ 工程概况与工程分析 采用图表及文字结合方式，概要说明建设项目的基本情况、项目组成、主要工艺路线、工程布置，以及与原有、在建工程的关系。对建设项目的全部项

目组成和施工期、运营期、服务期满后的所有时段的全部行为过程的环境影响因素及其影响特征、程度、方式等进行分析与说明，突出重点，并从保护周围环境、景观及环境保护目标要求出发，分析总图及规划布置方案的合理性。

④ **环境现状调查与评价** 根据当地环境特征、建设项目特点和专项评价设置情况，从自然环境、社会环境、环境质量和区域污染源等方面选择相应内容进行现状调查与评价。

⑤ **环境影响评价** 给出预测时段、预测内容、预测范围、预测方法及预测结果，并根据环境质量标准或评价指标对建设项目的环境影响进行评价。

⑥ **水土保持分析**（如有需要） 说明造成水土流失的原因、容许流失量和分布特点。

⑦ **环境风险评价 / 生态风险评价**（如有需要） 根据建设项目环境风险识别、分析情况，给出环境风险评估后果、环境风险的可接受程度，从环境风险 / 生态风险角度论证建设项目的可行性，提出具体可行的风险防范措施和应急预案。

⑧ **环境保护措施及经济、技术论证** 明确建设项目拟采取的具体环境保护措施。结合环境影响评价结果，论证建设项目拟采取环境保护措施的可行性，并按技术先进、适用、有效的原则，进行多方案比选，推荐最佳方案。按工程实施不同时段，分别列出其环保投资额，并分析其合理性。给出各项措施及投资估算一览表。

⑨ **清洁生产分析和循环经济**（如有需要） 量化分析建设项目清洁生产水平，提高资源利用率，优化废物处置途径，提出节能、降耗、提高清洁生产水平的改进措施与建议。

⑩ **污染物排放总量控制**（如有需要） 根据国家和地方总量控制要求、区域总量控制的实际情况及建设项目主要污染物排放指标分析情况，提出污染物排放总量控制指标建议和满足指标要求的环境保护措施。

⑪ **环境影响经济损益分析** 根据建设项目环境影响所造成的经济损失与效益分析结果，提出补偿措施与建议。

⑫ **环境管理与监测计划** 根据建设项目的环境影响特点，提出勘察设计期、施工期、运营期、退役期的环境管理及监测计划要求，包括环境管理制度、机构、人员、监测点位、监测时间、监测频次、监测因子等。

⑬ **公众参与**（如有需要） 给出采取的调查方式、调查对象、建设项目的环境影响信息、拟采取的环保措施、公众对环境保护的主要意见、公众意见的采纳情况等。

⑭ **方案比选**（如有需要） 建设项目的选址、选线和规模，应从是否与规划相协调、是否符合法规要求、是否满足环境功能区要求、是否影响环境敏感区或造成重大资源经济和社会文化损失等方面进行环境合理性论证。如要进行多个厂址或选线方案的优选时，应对各选址或选线方案的环境影响进行全面比较，从环境保护角度，提出具体的选址、选线意见。

⑮ **结论** 是全部评价工作的总结，应在概括全部评价工作的基础上，简洁、准确、客观地总结上述内容，明确一般情况下和特定情况下的环境影响，规定采取的环境保护措施，应从与法规政策及相关规划一致性、清洁生产和污染物排放水平、环境保护措施可靠性和合理性、达标排放稳定性、公众参与接受性等方面分析，进而明确得出建设项目是否可行的结论。

⑯ **附件**：将项目依据文件、评价标准和污染物排放总量批复文件、引用文献资料、原燃料品质等必要的有关文件、资料、图件等附在环境影响报告书结论的后面。

在报告书的实际编制过程中，根据工程特点、环境特征、评价级别、国家和地方的环境保护要求，选择上述但不限于上述全部或部分专项评价，亦应根据国家或地方新的保护要求适当调整或增加专题评价。

第三节 环境影响报告表的编制

一、污染影响类报告表的编制

编制内容包括建设项目基本情况、区域环境质量现状、环境保护目标及评价标准、工程分析、主要环境影响和保护措施、环境保护措施监督检查清单和结论等部分。

① 建设项目基本情况 项目名称、建设单位、建设地点、地理坐标、国民经济行业类别、建设项目行业类别、是否开工建设、用地（用海）面积、专项评价设置情况、规划情况、规划环境影响评价情况（如有）、规划及规划环境影响评价符合性分析以及其他符合性分析。比如分析建设项目与所在地"三线一单"及相关生态环境保护法律法规政策、生态环境保护规划的符合性。

② 区域环境质量现状、环境保护目标及评价标准 大气、地表水、地下水、声环境、土壤、生态、电磁辐射等环境质量现状，大气、地下水、声环境、生态等一定距离内的环境保护目标。与建设项目相关的国家、地方污染物排放控制标准，以及污染物的排放浓度、排放速率限值等污染物排放控制标准。总量控制指标（如有）、开展专项评价的环境要素的调查和评价结果。

③ 工程分析 从主体工程、辅助工程、公用工程、环保工程、储运工程、依托工程等方面进行分析，明确主要产品及产能、主要生产单元、主要工艺、主要生产设施及设施参数、主要原辅材料及燃料的种类和用量（改建、扩建及技改项目应说明原辅料及产品变化情况）。

简要分析主要原辅料中与污染排放有关的物质或元素，必要时开展相关元素平衡计算。产生工业废水的建设项目应开展水平衡分析。明确劳动定员及工作制度。简述厂区平面布置并附图。

④ 工艺流程和产排污环节 简述工艺流程和产排污环节，绘制包括产排污环节的生产工艺流程图。

与项目有关的原有环境污染问题：改建、扩建及技改项目说明现有工程履行环境影响评价、竣工环境保护验收、排污许可手续等情况，核算现有工程污染物实际排放总量，梳理与该项目有关的主要环境问题并提出整改措施。

⑤ 主要环境影响和保护措施

a. 施工期环境保护措施：施工扬尘、废水、噪声、固体废物、振动等污染的防治措施。产业园区外建设项目新增用地的，应明确新增用地范围内生态环境保护目标的保护措施。

b. 运营期环境影响和保护措施：可参考源强核算技术指南和排污许可证申请与核发技术规范要求填写废气、废水、固废、地下水、土壤、生态、风险、电磁辐射等环境要素的对应内容。开展专项评价的环境要素，应给出主要环境影响评价结论。

⑥ 结论 从环境保护角度，明确建设项目环境影响可行或不可行的结论。

二、生态影响类报告表的编制

编制内容包括建设项目基本情况（要求同污染影响类）、建设内容、生态环境现状、保护目标及评价标准、生态环境影响分析、主要生态环境保护措施、生态环境保护措施监督检查清单和结论等内容。

1. 建设内容

① 地理位置 如果是线性工程还需填写线路总体走向（起点、终点及途经的省、地级或

县级行政区）。建设内容涉及水体，比如河流、湖库、海洋的项目还需要填写所在行政区及所在流域（海域）、河流（湖库）。

②**项目组成及规模**　主体工程、辅助工程、环保工程、依托工程、临时工程等工程内容，建设规模及主要工程参数，资源开发类建设项目还应说明开发方式，水利水电项目应明确工程任务及相应的建设内容、工程运行方式。总平面及现场布置、施工方案。

③其他　比选方案等其他内容（如有）。

2. 生态环境现状、保护目标及评价标准

①**生态环境现状**　说明主体功能区规划和生态功能区划情况，以及项目用地及周边与项目生态环境影响相关的生态环境现状。其中，陆生生态现状应说明项目影响区域的土地利用类型、植被类型，水利水电等涉及河流的项目应说明所在流域现状及影响区域的水生生物现状，海洋工程项目应说明影响区域的海域开发利用类型、海洋生物现状，明确影响区域内重点保护野生动植物（包括陆生和水生）及其生境分布情况，说明与建设项目的具体位置关系；项目涉及的水、大气、声、土壤等其他环境要素，应明确项目所在区域的环境质量现状。

开展专项评价的环境要素，应按照相关技术导则要求进行现状调查和评价，并在表格中填写其现状调查和评价结果概要。不开展专项评价的环境要素，引用与项目距离近的有效数据和调查资料，包括符合时限要求的规划环境影响评价监测数据和调查资料，国家、地方环境质量监测网数据或生态环境主管部门公开发布的生态环境质量数据等；无相关数据的，大气、固定声源环境质量现状监测参照污染影响类报告表编制技术指南相关规定开展补充监测，水、生态、土壤等其他环境要素参照环境影响评价相关技术导则开展补充监测和调查。

与项目有关的原有环境污染和生态破坏问题：改建、扩建和技术改造项目，说明现有工程履行环境影响评价、竣工环境保护验收、排污许可手续等情况，阐述与该项目有关的原有环境污染和生态破坏问题，并提出整改措施。

②**生态环境保护目标**　按照相关技术导则要求确定评价范围并识别环境保护目标。填写环境保护目标的名称、与建设项目的位置关系、规模、主要保护对象和涉及的功能分区等。

③**评价标准**　填写建设项目相关的国家和地方环境质量、污染物排放控制等标准。

④其他　总量控制指标等其他相关内容（如有）。

3. 生态环境影响分析

结合建设项目特点，识别施工期、运营期可能产生生态破坏和环境污染的主要环节、因素，明确影响的对象、途径和性质，分析影响范围和影响程度。开展专项评价的环境要素，应按照相关技术导则要求进行影响分析，并填写影响分析结果概要；不开展专项评价的环境要素，环境影响以定性分析为主。涉及环境敏感区的，应单独列出相关影响内容。涉及污染影响的，参照前述污染影响类报告表进行分析。

选址选线环境合理性分析：从环境制约因素、环境影响程度等方面分析选址选线的环境合理性，有不同方案的应进行环境影响对比分析，从环境角度提出推荐方案。

4. 主要生态环境保护措施

应针对建设项目生态环境影响的对象、范围、时段、程度，参照相关技术导则要求，提出避让、减缓、修复、补偿、管理、监测等对策措施，分析措施的技术可行性、经济合理性、运行稳定性、生态保护和修复效果的可达性，选择技术先进、经济合理、便于实施、运行稳定、长期有效的措施，明确措施的内容、设施的规模及工艺、实施部位和时间、责任主

体、实施保障、实施效果等。估算（概算）环境保护投资，制订环境监测计划。各要素应明确影响评价结论。

对重点保护野生植物造成影响的，应提出就地保护、迁地保护等措施，生态修复宜选用本地物种以防外来生物入侵。对重点保护野生动物及其栖息地造成影响的，应提出优化工程施工方案、运行方式，实施物种救护，划定栖息地保护区域，开展栖息地保护与修复，构建活动廊道或建设食源地等措施。项目建设产生阻隔影响的，应提出野生动物通道、过鱼设施等措施。涉及河流、湖泊或海域治理的，应尽量塑造近自然水域形态和亲水岸线，尽量避免采取完全硬化措施。

水利水电项目应确定合适的生态流量；具备调蓄能力且有生态需求的，应提出生态调度方案。涉及生态修复的，应因地制宜，制定生态修复方案，重建与当地生态系统相协调的植被群落，恢复生物多样性。涉及噪声影响的，在技术经济可行条件下，优先考虑实施噪声主动控制。

涉及其他污染影响的，参照前述污染影响类报告表提出污染治理措施。涉及环境风险的，应提出环境风险防范措施。涉及环境敏感区的，应单独列出相关生态环境保护措施内容。

环保投资：各项生态环境保护措施的估算（概算）投资。

第四节　图件的绘制

一、图件的概念与分类

环境影响评价图件是以图形、图像的形式，对环境影响评价有关空间、内容的描述、表达或定量分析。包括建设项目环境影响评价报告书中的正文插图和报告附图。图件是环境影响评价文件不可缺少的部分之一，具有直观、清晰、对比性强等特点，能起到文字起不到的作用。因此，它在环境评价中的作用越来越受到重视。

在环评工作中，应用图件的本质是从图件中分析出相应的数据信息。图件按照用途分为污染类项目环境影响评价图件、生态类项目环境影响评价图件、规划类环境影响评价图件。按照来源分为图片和照片。

在环评工作中，图片常见的有以下几种：

① 环境功能区划类：如地表水环境功能区划图、环境空气功能区划图、环境噪声功能区划图等。

② 环境质量评价类：如地表水、空气、土壤、饮用水水源地质量评价图。

③ 污染源排放及分布类：如废水、废气、噪声、固体废物污染源分布图。

④ 环境风险类：如企业风险源分布图。

⑤ 生态影响类：如自然保护区分类图、生态红线分布图。

⑥ 其他类：如新（扩）建厂房设备类图、放射源分析图、区域发展规划图等。

图件制作的总体要求：图件应能直观、清晰并完整地表达环境影响评价的相关内容。图件图面配置应在科学性、美观性、清晰性等方面相互协调。良好的图面配置总体效果包括：符号及图形的清晰与易读、整体图面的视觉对比度强、图形突出于背景、图形的视觉平衡效果好、图面设计的层次结构合理。图件涉及保密性的应符合相关的保密性要求，尽量避免经纬度的使用。

照片主要为了表现报告编制人实地考察的过程和环境现状。比如项目外环境照片：环评文件编制人员在项目现场踏勘时拍摄的照片。

二、污染影响类图件的要求

在污染影响类项目的环评文件中常出现以下图件。

① 工艺流程及产污节点图　标示出各工艺生产工序的先后过程，以及各个产生污染物的节点；标示各个产污环节采取的环保措施，各个产污环节产生的大气污染物、水污染物、噪声污染物及固体废物等。

② 平衡图　包括水平衡图、物料平衡图、元素平衡图等。标示物料（水量、元素）的投入和产出节点；标示各生产环节各物料进料、出料数量；标示各个生产工序新鲜水量、循环水量、回用水量、损耗量、外排量等；标示各个产生环节各元素进出量。

③ 风险敏感目标分布图　根据风险评价范围划定，列出范围内的敏感目标。

④ 危险单元示意图　根据环境风险章节的生产设施识别结果画出项目危险单元分布图。

⑤ 大气预测地形图　根据《环境影响评价技术导则 大气环境》（HJ 2.2—2018）中 C.1.2 的要求执行，图形清晰，地形图比例与预测范围需基本匹配。

⑥ 土地利用图　根据《环境影响评价技术导则 大气环境》（HJ 2.2—2018）中 C.5.4 的要求执行，以项目范围为中心，缓冲距离为 3km 的区域，作为估算模型 AERSCREEN 选择城市或农村的重要依据。

⑦ 大气环境影响预测结果图　根据《环境影响评价技术导则 大气环境》（HJ 2.2—2018）中 8.9.4 的要求执行；预测底图清晰，范围要与预测范围网格一致，应有敏感点、风玫瑰、比例尺等要素，网格浓度分布图颜色统一、字体统一。

⑧ 卫生防护距离图和大气环境防护区域图　分别按照《环境影响评价技术导则 大气环境》（HJ 2.2—2018）中 8.9.5 和 C.5.9 的要求执行；根据预测结果得出大气防护距离，根据计算得出卫生防护距离。

⑨ 噪声现状评价图和噪声预测评价结果图　分别按照《环境影响评价技术导则 声环境》（HJ2.4—2021）中 7.5.1 和 8.6.2 的要求执行。

⑩ 事故废水三级防控体系示意图　标示一级、二级、三级防控措施。

⑪ 项目应急疏散路线图　须底图清晰，具有风玫瑰、比例尺等要素，疏散线路清晰可行。

⑫ 项目地理位置图　项目位于区域或流域的相对位置；分别体现出项目在整个省、自治区和在当地行政区的位置关系；项目位置局部放大。

⑬ 项目总平面布置图　各工程内容的平面布置；标示建设项目红线范围，标示生产车间的范围和名称，排气筒编号和位置，主要污染防治设施，危废暂存设施，事故应急池，各层平面布置图（涉及多楼层的）。

⑭ 项目环境保护目标分布图　标示项目评价范围内的环境保护目标。要求：采用最新卫星图片或无人机拍摄的图片；标示项目红线范围，大气、地下水、噪声、土壤、环境风险评价范围，各个评价范围内的敏感目标，地表水水系及流向；若项目在工业园区内，则标示园区范围。

⑮ 项目环境现状监测布点图　项目环境现状监测布点，包括大气、地表水、地下水、噪声、土壤等。要求：标示项目范围、主要敏感目标，大气、地表水、地下水、噪声、土壤监测点，地表水水系及流向，各要素监测点采用特定统一样式。

⑯ 项目与周围保护区、生态红线位置关系图　展示项目周边的饮用水水源保护区、环境空气质量一类区、自然保护区、风景名胜区以及其他生态红线；标示项目范围，地表水水系及流向，涉及的饮用水水源保护区（一级、二级保护水域、陆域）、取水口、环境空气质量一类区、自然保护区（核心区、缓冲区、实验区）等。

⑰ 项目与城市/工业园区规划用地关系图　展示评价范围内的土地利用类型及分布情况。要求：标示项目范围、用地性质，体现项目与城市/园区规划用地关系。

⑱ 水文地质图　项目所在区域及厂区的水文地质图；项目所在区域及厂区的水文地质图，标示项目范围、调查范围、地下水流向、柱状图、剖面图、钻井或调查民井水位、井深等基本信息。

⑲ 项目分区防渗图　项目各工程内容的平面布置，重点防渗区、一般防渗区；标示建设项目红线范围、生产车间的范围和名称、污染防治设施，采用不同颜色标示项目重点防渗区、一般防渗区。

⑳ 区域污染源分布图　包括拟建、在建项目；标示出项目大气评价范围内的拟建、在建项目位置及项目名称。

㉑ 其他图件　污水管网、雨水管网、区域水系图等；根据项目的情况，附上相应的图件，标示项目范围，能充分表达和支撑环评报告中的内容。

三、生态影响类图件的要求

① 数据来源及其要求　生态影响评价图件的基础数据来源包括已有图件资料、采样、实验、地面勘测和遥感信息等。图件基础数据应满足生态影响评价的时效性要求，选择与评价基准时段相匹配的数据源。当图件主题内容无显著变化时，制图数据源的时效性要求可在无显著变化期内适当放宽，但必须经过现场勘验校核。

② 制图内容与成图精度要求　生态影响评价制图应采用标准地形图作为工作底图，精度不低于工程设计的制图精度，比例尺一般在 $1:5\times10^4$ 以上。调查样方、样线、点位、断面等布设图，生态监测布点图，生态保护措施平面布置图及生态保护措施设计图等应结合实际情况选择适宜的比例尺，一般为 $1:1\times10^4 \sim 1:2\times10^3$。当工作底图的精度不满足评价要求时，应开展针对性的测绘工作。生态影响评价成图应能准确、清晰地反映评价主题内容，满足生态影响判别和生态保护措施的实施。当成图的范围过大时，可采用点线面相结合的方式，分幅成图；涉及生态敏感区时，应分幅单独成图。

项目地理位置图、项目总平面布置图及施工总布置图：参照污染类影响的图件要求。

地表水系图：项目涉及的地表水系分布情况，标明干流及主要支流。

线性工程平纵断面图：线路走向、工程形式等。

土地利用现状图：评价范围内的土地利用类型及分布情况。采用《土地利用现状分类》（GB/T 21010—2017）的土地利用分类体系，以二级类型作为基础制图单位。

植被类型图：评价范围内的植被类型及分布情况，将植物群落调查成果作为基础制图单位。植被遥感制图应结合工作地图精度选择适宜分辨率的遥感数据，必要时应采用高分辨率遥感数据。涉及山地植被的，还需要典型剖面植被示意图。

生态系统类型图：评价范围内的生态系统类型分布情况，采用《全国生态状况调查评估技术规范——生态系统遥感解译与野外核查》（HJ 1166—2021）的生态系统分类体系，以Ⅱ级类型作为基础制图单位。

生态保护目标空间分布图：项目与生态保护目标的空间位置关系，针对重要物种、生态敏感区等不同的生态保护目标应分别成图。

物种迁徙、洄游路线图：物种迁徙、洄游的路线、方向及时间。

物种适宜生境分布图：通过模型预测得到的物种分布图，以不同色彩表示不同适宜性等级的生境空间分布范围。

调查样方、样线、点位、断面布设图：调查样方、样线、点位、断面等布设位置，在不同海拔布设的样方、样线，应说明其海拔。

生态监测布点图：生态监测点位布置情况。

生态保护措施平面布置图：主要生态保护措施的空间位置。

生态保护措施设计图：典型生态保护措施的设计方案及主要设计参数等信息。

四、环境风险评价类图件的要求

图件包括环境敏感目标位置图、危险单元分布图、预测结果图、风险防范措施平面布置示意图，具体要求如下：

① 环境敏感目标位置图　评价范围内大气、地表水、地下水等环境可能受到影响的环境敏感目标位置图。

② 危险单元分布图　建设项目危险单元分布图。

③ 预测结果图　危险物质在大气中的浓度达到评价标准时的最大影响范围图。

④ 风险防范措施平面布置示意图　区域应急疏散通道，安置场所位置图；防止事故水进入外环境的控制、封堵系统图。

按照评价等级，风险评价的基本图件要求见表 12-1。

表 12-1　环境风险评价类图件的要求

序号	名称	所属内容	一级	二级	三级
1	环境敏感目标位置图	风险调查	√	√	√
2	危险单元分布图	风险识别	√	√	√
3	预测结果图	风险预测与评价	√	√	
4	风险防范措施平面布置示意图	环境风险管理	√	√	

五、规划类环境影响评价图件的要求

该类型图件一般包括规划概述相关图件，环境现状和区域规划相关图件，现状评价、环境影响评价、规划优化调整、环境管控、跟踪评价计划等成果图件。成果图件应包含地理信息、数据信息，依法需要保密的除外。成果图件及格式、内容应符合《规划环境影响评价技术导则 总纲》（HJ 130—2019）要求。实际工作中应根据规划环境影响特点和区域环境保护要求，选取提交相应图件。

六、图件的绘制方法

需要绘制的图件通常指的是带地理数据的环境信息图（环境专题空间数据图件）。环境专题空间数据图件：以环境基础空间数据为基础，按环境管理业务分类或分级集中表现某种主题内容的空间数据，比如突出环境监测点位、环境敏感点等环境专题要素的图件。

图件的加工通用流程包括：专题空间数据准备与设计；编辑与制作；专题图整理和修饰。环境专题空间数据的要素包括三个方面，即数学要素、地理底图要素、环境专题要素。数学要素：坐标网、比例尺、指北针。地理底图要素：包括境界线、行政中心、河流、道路等，反映区域的基本地理状况，应该采用法定基础地理信息数据。环境专题要素：是环境专题地图的主要要素，编辑过程中首先进行环境专题空间数据的内容取舍，将一种或几种与主题相关联的要素详细显示，其他要素概略显示。

判断环境专题空间数据的图件合格的标准如下：配置图名、比例尺、指北针和图例，根据需要添加图廓、经纬网、注记、制图数据源、制图单位、成图时间等要素，以保证图件层次分明，富有美感，使得他人阅读环评文件能够一目了然地获取信息。最好使用彩色图，条件不允许时只能使用黑白图，也应以其他醒目的方式标记重要信息。环境专题要素在图件上的绘制方法有以下几种：

a. 定点符号法：定点符号法表示点状分布的对象，常采用不同形状、大小、颜色的符号表示，如污染源排放企业、环境质量监测点等。

b. 线状符号法：线状符号法用于表示呈线状分布的对象，如移动排放源等。

c. 范围法：范围法表示呈间断成片分布的面状对象，常用真实的或隐含的轮廓线表示其分布范围，内部用颜色、网纹、符号乃至注记等手段区分其质量和分布特征，如自然保护区、环境功能区等。

d. 质底法：质底法表示连续分布、满布于整个区域的面状现象，其表示手段与范围法几乎相同，同样是在轮廓界线内用颜色、网纹、符号乃至注记等表示现象的质量特征，如环境功能区划等。

e. 等值线法：等值线法是一种很特殊的表示方法，它是用等值线的形式表示布满全区域的面状现象，适用于像环境质量监测因子指标、污染团扩散等布满整个制图区域的均匀渐变的自然现象。

f. 定位图表法：定位图表法用图表的形式反映定位于制图区域某些点周期性现象的数量特征和变化。

g. 点值法：点值法适用于制图区域中呈分散的、复杂分布的现象，像污染源排放空间分布等，如果无法勾绘其分布范围，可以用一定大小和形状的点群来反映。点的分布范围可大致 代表现象分布范围，点的多少反映其数量特征，点的集中程度反映现象分布的密集程度。用点值法作图时，点的排布方式有两种：一是均匀布点法；二是定位布点法（地理方法）。均匀布点法是在一定的区划单元内均匀布点，而不考虑地理背景；定位布点法则是根据专题要素的分布与地理底图的关系，按实际分布状况布点。

h. 动线法：动线法是用矢量符号和不同宽度、颜色的条带表示现象移动的方向、路径、数量和质量特征。如环境污染团分布等都适合用动线法表示。

i. 分级统计图法：分级统计图法是按行政区划或自然区划分出若干制图单元，根据各单元的统计数据对它们分级，用不同色阶，如饱和度、亮度，乃至色相的差别，或用晕线网反映各分区现象的集中程度或发展水平的方法，也称分级比值法。

j. 分区统计图表法：分区统计图表法是在各分区单元内按统计数据描绘成不同形式的统计图表，置于相应的区划单元内，以反映各区划单元内某现象的总量、构成和变化。

习 题

一、填空题

1. 水土保持分析的内容有（   ）、（   ）和分布特点。

2.建设项目对重点保护野生植物造成影响的，应提出（　　　）、（　　　）等措施。

3.环评的评价结论应当遵循的原则为：（　　　）、（　　　）、（　　　）和结论明确。

4.图件按照用途可以分为（　　　）、（　　　）和规划类环境影响评价图件。

5.环境风险类的图件包括（　　　）、（　　　）、（　　　）和风险防范措施平面布置示意图。

6.用点值法作图时，点的排布方式有两种：（　　　）、（　　　）。

7.分级统计图法是按行政区划或自然区划分出若干制图单元，根据各单元的统计数据对它们分级，用不同色阶，如（　　　）、（　　　），乃至色相的差别，反映各分区现象的集中程度或发展水平。

二、多选题（每题的备选项中，至少有2个符合题意）

1.以下属于环评文件的有（　　　）。

A.环境影响登记表　　　　　　　　　B.环境影响报告表

C.环境影响报告书　　　　　　　　　D.环境影响篇章

2.以生态影响为主的建设项目环评报告书中还应增加以下哪些专项内容（　　　）。

A.勘察设计期　　　B.生态敏感区　　　C.文物古迹　　　D.公众参与

3.以下建设工程项目中，需要在环境影响报告表中填写线路总体走向的是（　　　）。

A.公路项目　　　B.输气工程　　　C.修建学校　　　D.建设工业园区

4.平衡图包括（　　　）。

A.水平衡图　　　B.物料平衡图　　　C.元素平衡图　　　D.能量平衡图

5.评价等级为三级的风险评价类图件包括（　　　）。

A.环境敏感目标位置图　　　　　　　B.危险单元分布图

C.预测结果图　　　　　　　　　　　D.风险防范措施平面布置示意图

6.下列属于在一般情况下，生态监测布点图的比例尺的是（　　　）。

A.1：200　　　B.1：2000　　　C.1：5000　　　D.1：20000

7.地图的数学要素包括（　　　）。

A.坐标网　　　B.比例尺　　　C.指北针　　　D.境界线

8.地理底图要素包括（　　　）等，反映区域的基本地理状况。

A.境界线　　　B.行政中心　　　C.河流　　　D.道路

9.环境专题空间数据的要素包括（　　　）。

A.数学要素　　　B.地理底图要素　　C.环境专题要素　　D.气象要素

三、简答题

1.报告书包括哪些部分的内容？

2.报告书中的工程概况与工程分析需要包括哪些内容？

3.生态报告表中的生态环境现状需要了解哪些内容？

4.简述在环评工作中图片常见的种类。

5.简述环境专题空间数据的要素。

参考文献

[1] 生态环境部环境工程评估中心．环境影响评价技术导则与标准．北京：中国环境出版集团，2022.

[2] 李淑芹，孟宪林．环境影响评价．北京：化学工业出版社，2021.

[3] 周国强．环境影响评价．武汉：武汉理工大学出版社，2003.

[4] 环境影响评价技术导则 地表水环境 HJ 2.3—2018.

[5] 马太玲，张江山．环境影响评价．武汉：华中科技大学出版社，2009.

[6] 生态环境部环境工程评估中心．环境影响评价技术方法．北京：中国环境出版集团，2022.

[7] 奚旦立．环境监测．5 版．北京：高等教育出版社，2019.

[8] 马太玲，张江山．环境影响评价．武汉：华中科技大学出版社，2009.

[9] 张征．环境评价学．北京：高等教育出版社，2004.

[10] 朱世云，林春绵．环境影响评价．北京：化学工业出版社，2007.

[11] 李海波，赵锦慧．环境影响评价实用教程．武汉：中国地质大学出版社，2010.

[12] 丁桑岚．环境评价概论．北京：化学工业出版社，2002.

[13] 朱世云，林春绵．环境影响评价．北京：化学工业出版社，2007.

[14] 陆书玉．环境影响评价．北京：高等教育出版社，2001.

[15] 应试指导专家组．环境影响评价工程师职业资格考试配套模拟试卷环境影响评价技术方法．北京：化学工业出版社，2009.